"十四五"职业教育国家规划教材

建筑设备与识图

第 2 版

主　编　王东萍

副主编　尚苏芳　武芳芳

参　编　杨童童　康兰兰　胡忠魁

　　　　符佩佩　叶　真

主　审　焦志鹏

机械工业出版社

本书是"十四五"职业教育国家规划教材。

本书依据现行的国家建设工程规范、规程及相关文件编写。全书主要介绍了建筑设备各系统的基本知识、各系统施工图等，简要介绍了设备系统安装知识。在内容的编排顺序上，将建筑设备中的给水排水、电气两部分必讲内容放在前面，其他几个系统可根据南北方差异、学校课时的多少酌情选用。内容上循序渐进、由浅入深（各系统的基本知识→系统施工图及识读→系统的施工安装→系统的验收），从理论到实践，逐步达到能看懂简单设备工程施工图、能做好工种间的协调配合、能从事安装工程计价及其他施工管理工作、能依据国家现行规程进行工程验收的职业能力，实现职业教育高素质技术技能型人才的培养目标。

本书适用于以培养技术技能型应用人才为目标的土建类高等职业院校非设备安装类的各个专业，也可作为有关工程技术人员的参考用书。

为便于教学，本书配有电子课件、CAD 图纸、微课视频等教学资源。凡使用本书作为授课教材的教师，均可登录机工教育服务网（www.cmpedu.com）下载课件和图纸；扫描书中二维码，即可观看微课视频。此外，读者还可加入机工社职教建筑 QQ 群（221010660）交流、讨论、获取资源。如有疑问，请拨打编辑电话 010-88379375。

图书在版编目（CIP）数据

建筑设备与识图／王东萍主编. --2 版. -- 北京：机械工业出版社，2024. 9（2025. 1 重印）. --（"十四五"职业教育国家规划教材）. -- ISBN 978-7-111-76716-9

Ⅰ. TU8

中国国家版本馆 CIP 数据核字第 2024046ED4 号

机械工业出版社（北京市百万庄大街 22 号　邮政编码 100037）
策划编辑：陈紫青　　　　　　责任编辑：陈紫青
责任校对：郑　雪　李小宝　　封面设计：鞠　杨
责任印制：郜　敏
三河市骏杰印刷有限公司印刷
2025 年 1 月第 2 版第 2 次印刷
184mm×260mm · 22.5 印张 · 451 千字
标准书号：ISBN 978-7-111-76716-9
定价：59.00 元（含图纸）

电话服务	网络服务
客服电话：010-88361066	机　工　官　网：www.cmpbook.com
010-88379833	机　工　官　博：weibo.com/cmp1952
010-68326294	金　书　网：www.golden-book.com
封底无防伪标均为盗版	机工教育服务网：www.cmpedu.com

关于"十四五"职业教育
国家规划教材的出版说明

为贯彻落实《中共中央关于认真学习宣传贯彻党的二十大精神的决定》《习近平新时代中国特色社会主义思想进课程教材指南》《职业院校教材管理办法》等文件精神，机械工业出版社与教材编写团队一道，认真执行思政内容进教材、进课堂、进头脑要求，尊重教育规律，遵循学科特点，对教材内容进行了更新，着力落实以下要求：

1. 提升教材铸魂育人功能，培育、践行社会主义核心价值观，教育引导学生树立共产主义远大理想和中国特色社会主义共同理想，坚定"四个自信"，厚植爱国主义情怀，把爱国情、强国志、报国行自觉融入建设社会主义现代化强国、实现中华民族伟大复兴的奋斗之中。同时，弘扬中华优秀传统文化，深入开展宪法法治教育。

2. 注重科学思维方法训练和科学伦理教育，培养学生探索未知、追求真理、勇攀科学高峰的责任感和使命感；强化学生工程伦理教育，培养学生精益求精的大国工匠精神，激发学生科技报国的家国情怀和使命担当。加快构建中国特色哲学社会科学学科体系、学术体系、话语体系。帮助学生了解相关专业和行业领域的国家战略、法律法规和相关政策，引导学生深入社会实践、关注现实问题，培育学生经世济民、诚信服务、德法兼修的职业素养。

3. 教育引导学生深刻理解并自觉实践各行业的职业精神、职业规范，增强职业责任感，培养遵纪守法、爱岗敬业、无私奉献、诚实守信、公道办事、开拓创新的职业品格和行为习惯。

在此基础上，及时更新教材知识内容，体现产业发展的新技术、新工艺、新规范、新标准。加强教材数字化建设，丰富配套资源，形成可听、可视、可练、可互动的融媒体教材。

教材建设需要各方的共同努力，也欢迎相关教材使用院校的师生及时反馈意见和建议，我们将认真组织力量进行研究，在后续重印及再版时吸纳改进，不断推动高质量教材出版。

机械工业出版社

第 2 版 前言

《建筑设备与识图》自 2018 年 12 月问世以来，受到读者的一致好评。在此期间，现代职业教育高质量发展。为跟随发展步伐，并应广大读者的要求，编者根据职业教育国家教学标准和相关文件要求，对接职业标准（规范）、职业技能等级标准等，在第 1 版的基础上更新内容，完成了本次修订。

本书依据近年来国家的相关标准、规范对相关内容进行了修订；并延续第 1 版的编写特色，即理论紧密联系实际，同时更注重内容的实用性、前瞻性和科学性；按照施工图深度要求，增加了一套实际工程全套设备施工图；以"知识拓展"的形式展示新方法、新技术、新工艺、新标准，体现专业升级和数字化转型、绿色化改造，同时深入挖掘思政元素，结合实际案例融入科学精神、工程思维、创新意识和素养，注重劳动精神、工匠精神的培养；同时，配套了在线精品课资源，包括微课、现场操作视频、动画、授课 PPT 等，并采用二维码技术，将部分在线资源融入本书，读者只需"扫一扫"就可以快捷使用在线资源。

本书由河南建筑职业技术学院王东萍（编写单元 1 课题 3、课题 4，单元 2 课题 1、课题 2、课题 5，附图 1~附图 35）担任主编，河南建筑职业技术学院尚苏芳（编写单元 1 课题 5~课题 10）、武芳芳（编写单元 4 课题 6，附图 50~附图 67）担任副主编，此外参与编写的还有河南建筑职业技术学院康兰兰（编写单元 2 课题 3、课题 4）、河南明天建设集团中誉恒信工程咨询有限公司胡忠魁（编写单元 3、附图 36~附图 49）、河南建筑职业技术学院符佩佩（编写单元 4 课题 1~课题 5、课题 7）、山西职业技术学院叶真（编写单元 5）、河南建筑职业技术学院杨童童（编写单元 1 课题 1、课题 2，单元 6）。全书由中国建筑东北设计研究院有限公司第六设计院焦志鹏主审。河南建筑职业技术学院张晓斌、张鹏举也参与在线资源的创作。

值此本书成稿之际，谨向有关老师、专家、企业表示深深的谢意，对参考文献的作者表示万分感谢！

本书虽经多次审稿，但由于水平有限，仍难免存在不足之处，恳请广大读者提出宝贵意见，以利于不断改进。

编　者

第1版 前言

"建筑设备与识图"课程是全国高职高专院校土建类的主要专业基础课程之一,本书是根据教育部对高职高专教育的教学基本要求和课程本身的特点、规律进行编写的。

本书在内容上以施工现场技术和管理能力培养为主线,遵循"专业知识够用为度"的编写理念,考虑到地域差异和气候差异,积极调整教材内容和单元顺序,精简传统教材中各专业基础理论等内容,增加施工图的识读内容;将建筑电气系统由传统教材的最后一部分提到教材的第二部分,方便各学校根据课时的多少,灵活选用。在知识体系上,由传统的学科体系转变为以任务、目标为主线的复合型人才培养的知识构成。在编写过程中,本书以现行的规范、规程为依据,以目前应用广泛的材料、机具和施工工艺为主线,大量参考相关图书文献,全面描述建筑设备工程中给水排水、电气、采暖、通风空调与土建施工的协调配合关系。随着无线网络的全面覆盖和智能手机的广泛使用,本书采用二维码技术,将大量的知识点以网络资源的形式融入教材,搭建起现实与虚拟的有效连接,读者只需"扫一扫"就可以快捷查阅相关内容。这样既丰富了教材内容,又能调动学生的学习积极性,有效提升了教学效果。

考虑到各院校所处地域不同,施工条件、施工水平和施工方法都有所不同,在教学过程中,应结合当地的实际条件,按照各自的教学计划和课程标准要求,调整教学内容。

本书由河南建筑职业技术学院王东萍(编写单元1课题1和课题3、单元2课题2、单元6)担任主编,河南建筑职业技术学院武芳芳(编写单元4课题3~课题7)担任副主编。参加编写的有:河南建筑职业技术学院兰琳琳(单元1课题2、课题4),河南建筑职业技术学院宋丽娟(单元1课题5~课题7、课题10),河南建筑职业技术学院魏思源(单元1课题8、课题9),郑州商业技师学院郭正恩(单元2课题1、课题5),河南建筑职业技术学院康兰兰(单元2课题3、课题4),河南建筑职业技术学院谢红杰(单元3),河南建筑职业技术学院符佩佩(单元4课题1、课题2),河南建筑职业技术学院王海霞(单元5)。全书由中国建筑东北设计研究院有限公司郑州分公司焦志鹏主审。值此本书成稿之际,笔者谨向有关专家学者、企业表示深深的谢意,特别是对参考文献的作者,表示万分感谢!

本书虽然多次审稿、修改,但由于水平有限,仍存在很多不足之处,恳请广大读者提出宝贵意见,以期不断改进。

编 者

二维码
资源清单

页码	图　形	页码	图　形
3	室内给水系统及基本给水方式	39	阀门型号表示方法
3	高层建筑分区给水方式	51	卫生器具种类、图例及其标准图
9	室内排水系统和排水体制	86	用电负荷分级及供电要求
25	自动喷水灭火系统组件	90	常用的控制电器与保护电器
33	PP-R 管道的热熔连接	96	电缆与设备连接
35	镀锌钢管的沟槽连接	139	低温地板辐射热水采暖系统

（续）

页码	图　形	页码	图　形
147	采暖系统附件	170	通风系统的分类
150	管道的保温	177	防火分区与防烟分区
152	施工图常用图例	186	常用的空气处理设备
166	散热器的安装	192	空调冷、热水和冷却水参数

目 录

建筑给水排水系统

单元目标

知识目标

1. 掌握建筑给水排水系统的基本组成和工作原理。
2. 熟悉生活给水系统、消防给水系统常用给水方式。
3. 熟悉建筑给水排水系统常用管材特点及连接方式，熟悉建筑给水排水系统常用附件、设备。
4. 了解建筑给水排水系统管道布置与敷设要求，了解建筑给水排水系统管道安装的基本要求。
5. 掌握建筑给水排水系统常用图例。

技能目标

1. 能正确识读简单建筑工程的建筑给水排水系统施工图。
2. 根据建筑施工要求，能做好与土建施工的相互配合工作。

素养目标

1. 通过学习建筑给水排水系统基本知识，树立重视资源和环境、节约用水的意识。
2. 通过学习建筑给水排水安装知识，培养团结合作精神和大局意识观。
3. 关注行业最新发展，增进职业认同感，培养爱岗敬业、恪尽职守的职业道德观。

单元概述

建筑给水排水系统是建筑设备工程的重要组成部分，承担建筑内部生活、生产活动的用水和排水，为人们的生活、工业生产、消防安全等提供保障。本单元主要介绍室内给水系统、室内排水系统、室内消防给水系统、室内热水供应系统。通过学习，掌握各系统的组成、工作原理、给水方式、常用管材、系统附件和设备及管道安装等基本知识，熟悉建筑给水排水系统安装与试压冲洗等基本流程，并能正确识读建筑给水排水系统施工图，为在工作中做好施工管理工作、工种间配合工作打下基础。

课题 1　室内给水系统

室内给水系统的任务，是根据各用户对水质、水量和水压的要求，经济合理地将小区给水管网中的水引至建筑物内，并送至各用水设备处，满足建筑内部生活、生产和消防用水的要求。

1.1.1　室内给水系统的分类与组成

1. 室内给水系统的分类

根据用途的不同，室内给水系统一般可分为生活给水系统、生产给水系统和消防给水系统。在一幢建筑物内，可以单独设置以上三种给水系统，也可以按水质、水压、水量和安全方面的需要，结合室外给水系统的情况，组成不同的共用给水系统，如生活、生产共用给水系统，生产、消防共用给水系统等。当两种及两种以上用水的水质相近时，应尽量采用共用的给水系统。

根据具体情况，也可以把给水系统用过的废水，按水质有选择地收集起来，经一定处理使水质达到建筑中水水质标准，再经过一定的升压设备和输送系统，用于建筑物冲洗厕所，或用于小区绿化、冲洗汽车等，这种系统称为中水系统。采用中水系统从节约水资源方面考虑是可行的，但应对技术、经济进行比较后再决定是否选用。

2. 室内给水系统的组成

室内给水系统主要由引入管、计量仪表、室内给水管网、给水附件、给水设备、配水设施等组成。

对一幢建筑物来说，将室外给水管引入建筑物的管道称为引入管。

计量仪表是计量、显示给水系统中的水量、流量、压力、温度、水位的仪表，如水表、流量计、压力表、真空表、温度计、水位计等。

室内给水管网包括给水横干管、立管、横支管。水由引入管经给水横干管引至立管，再由立管分配到各层的横支管，最终送到各配水点。

给水附件用于控制调节系统内水的流向、流量、压力，保证系统的安全运行，如各种阀门、调压孔板、报警阀组、水流指示器等。

给水设备是给水系统中用于升压、稳压、贮水和调节的设备，如水池、水箱、水泵、气压给水设备、吸水井等。

配水设施是将给水系统中的水放出以用于生活、生产、消防的设施，也可称为用水设施，如水龙头、与生产工艺有关的用水设备、室内消火栓、消防卷盘、自动喷水灭火系统的喷头等。

知识拓展

我国的水资源紧张。一方面，水资源分布不均匀。南北方气候差异大，降雨的时间、空间不同，水资源大多分布在南方地区。1952年毛主席视察黄河时首次提出"南水北调"，而后在50多种方案中最终确定了调水方案。"南水北调"工程分为中线工程、东线工程、西线工程，如今，东线工程和中线工程已完成建设。"南水北调"工程为工程两岸人民带来充足水资源的同时，也带来了良好的生态效益，成为优化水资源配置、保障饮水安全、复苏河湖生态、支持沿线经济社会高质量发展的典范。另一方面，传统水资源开发方式粗放，我国灌溉水利用系数低，而工业用水重复利用率低，万元产值取水量高，居民人均用水量大，水资源浪费严重。

节约用水已成为缓解水资源短缺、改善水生态环境的普遍共识，是国家发展重要战略之一。在推进节约用水的进程中，利用经济学上的价格杠杆来管理水，对实现水资源的优化配置，具有积极的促进作用。目前，我国重要城镇都采取阶梯式水价，阶梯式水价是在合理核定居民生活用水和各类工业及公共用水的用水定额基础之上，对自来水使用量实行分类计量收费和超定额累进加价制度，将水价分为两段或者多段，每一分段的单位水价保持不变，可实现对用水定额以内的单位用水实行低价，超过用水定额的部分则采取相对高价。表1-1是某重点城镇阶梯式水价的参考收费标准。

表1-1 某重点城镇阶梯式水价的参考收费标准

类别	水价/(元/t)	水资源税/(元/t)	污水处理费/(元/t)	合计/(元/t)
居民生活用水	3.29（第一阶梯）	0.2	0.85	4.34
	4.94（第二阶梯）	0.2	0.85	5.99
	9.87（第三阶梯）	0.2	0.85	10.92
工商、餐饮用水	7.26	0.2	1.2	8.66
洗浴、洗车用水	34.6	0.2	1.2	36

注：第一阶梯年用水量小于$120m^3$，第二阶梯年用水量为$120 \sim 180m^3$，第三阶梯年用水量大于$180m^3$。

2021年5月，国家发展改革委印发了《关于"十四五"时期深化价格机制改革行动方案的通知》，明确了"十四五"时期系统推进水资源价格改革的重点任务，并陆续出台了《城镇供水价格管理办法》《城镇供水定价成本监审办法》，为推动城镇居民生活用水合理调价调量提供政策指导。水资源是促进社会经济发展的基础资源，实现水资源的可持续利用是建设生态文明的重要保障，也是实现国家可持续发展的重要基础，让我们大家行动起来，从我做起，节约用水！

1.1.2 常用的给水方式

给水方式应依据用户对水质、水压和水量的要求，结合室外管网所能提供的水质、水量和水压情况、卫生器具及消防设备在建筑物内的分布、用户对供水安全可靠性的要求等因素，通过技术经济比较或综合评判来确定。常用的给水方式有直接给水方式、设升压设备的给水方式、分区给水方式。

室内给水系统及基本给水方式

1. 直接给水方式

室外管网水量和水压充足，能够全天保证室内用户用水要求的情况下，可采用直接给水方式，如图1-1所示。直接给水方式适用于低层建筑或高层建筑的下部楼层。

直接给水方式一般布置成下行上给式系统，即横干管设在底层地面以下，可以直接埋地敷设，也可以敷设在地沟内或地下室顶棚下。

2. 设升压设备的给水方式

室外管网的水质和水量能满足室内给水系统的需要，但水压经常不足时，需设置升压设备来满足室内用水要求。升压设备有水池、水泵、水箱，气压给水装置，变频调速给水装置等，如图1-2~图1-4所示。

3. 分区给水方式

在高层建筑中，室外管网的水压往往只能满足下部几个楼层的水压要求，大部分楼层需要设升压设备来满足用水要求，这就需要采用分区给水方式。根据现行规范要求，各分区最低卫生器具配水点处的静水压力不宜大于

高层建筑分区给水方式

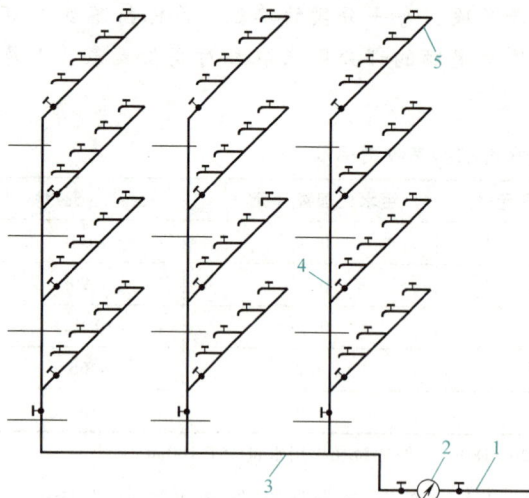

图 1-1　直接给水方式

1—引入管　2—水表　3—横干管　4—立管　5—横支管

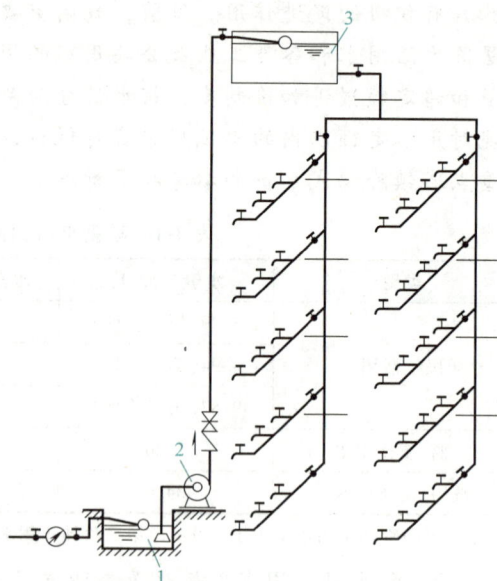

图 1-2　设水池、水泵、水箱的给水方式

1—贮水池　2—水泵　3—水箱

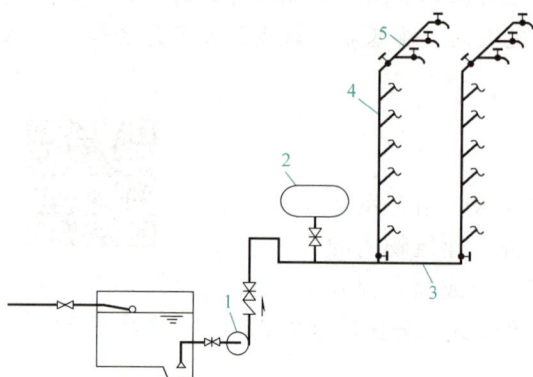

图 1-3　气压给水方式

1—水泵　2—气压水罐　3—给水横干管
4—给水立管　5—给水横支管

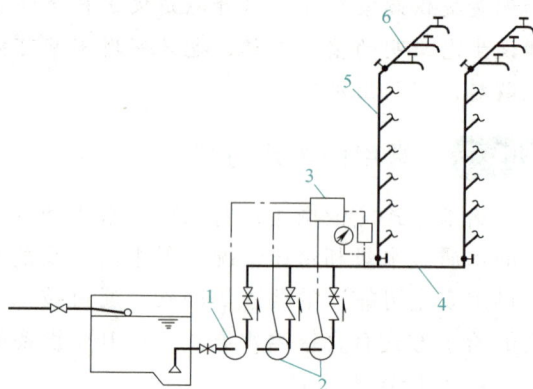

图 1-4　变频调速给水方式

1—变频泵　2—工频泵　3—电控柜　4—给水横干管
5—给水立管　6—给水横支管

0.45MPa，最大不得大于 0.55MPa；水压大于 0.35MPa 的入户管（或配水横管），宜设减压或调压设施；各分区最不利配水点的水压，应满足用水水压要求。常用的分区给水方式如图 1-5~图 1-9 所示。

高层建筑的下部楼层通常采用直接给水方式，上面的楼层再进行竖向分区。通过分区减少下部楼层管道系统的静压力，避免产生水击而形成噪声和振动，延长管道和零配件的使用寿命，降低管理费用。并联分区给水方式、无水箱分区给水方式、水箱减压分区给水方式、减压阀减压分区给水方式适用于建筑高度 100m 以下的高层建筑的生活给水系统；串联分区给水方式适用于建筑高度 100m 以上的高层建筑的生活给水系统。

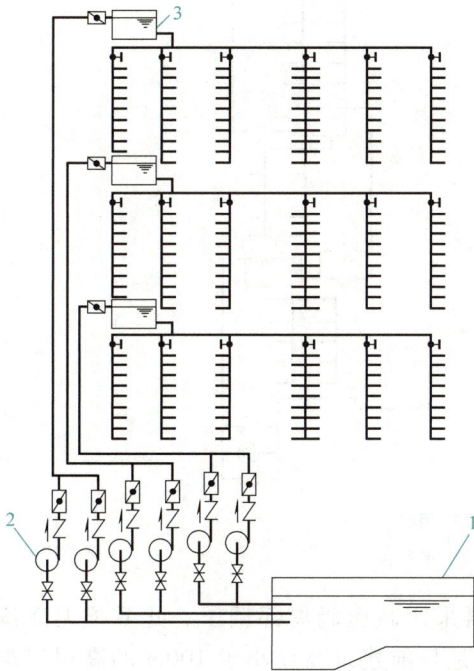

图 1-5 并联分区给水方式

1—贮水池 2—水泵 3—水箱

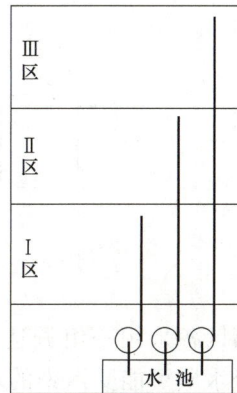

图 1-6 设变频调速给水装置的
并联分区给水方式原理图

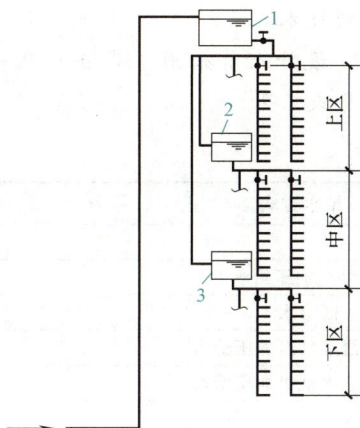

图 1-7 水箱减压分区给水方式

1—屋顶水箱 2—中区水箱 3—下区水箱

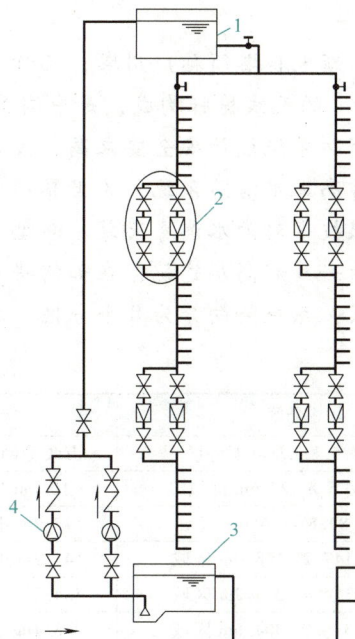

图 1-8 减压阀减压分区给水方式

1—屋顶水箱 2—减压阀组 3—贮水池 4—水泵

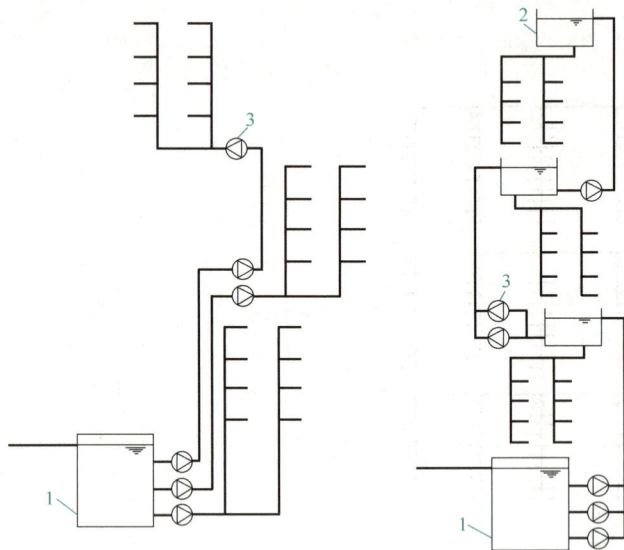

图 1-9 串联分区给水方式

1—水池 2—水箱 3—水泵

中区和高区各采用一组调速泵供水，分区内再采用减压阀局部调压。此系统无高位水箱，少了一个水质可能受污染的环节，水压稳定，是目前建筑高度小于 100m 的高层建筑的主流供水方式。

知识拓展

广州塔给水方式

广州新电视塔简称广州塔，又称"小蛮腰"，塔高 600m，由一座高达 450m 的主塔体和一根 150m 的天线桅杆构成，是中国第一高塔，也是广州市的新地标建筑。该工程的给水排水及水消防系统设计安全要求高，设计难度大，设计中首次采用了高位消防水箱兼做抗震阻尼器的常高压水消防系统，为世界独创，工程中还采用了雨水减压排水系统、雨水回用、利用光触媒技术对雨水消毒灭藻、新型给排水管材等多项新技术。

作为一座超高层建筑，在如何将水送上塔的问题上，设计人员采用了串联水泵+水箱的给水方式，系统竖向分为 8 个分区，各分区的给水方式见表 1-2。

表 1-2 广州塔给水分区

分区	给水方式
裙楼 6.8m 及以下各层	市政管网直接给水
裙楼 6.8～27.6m 区域	-10.0m 生活水池+变频调速给水泵组加压给水
塔楼 84.8～116.0m 区域	147.2m 中间生活水箱+重力减压分区给水
塔楼 147.2～168.0m 区域	147.2m 中间生活水箱+变频调速给水泵组加压给水
塔楼 334.4～355.2m 区域	334.2m 中间生活水箱+变频调速给水泵组加压给水
塔楼 376.0～404.6m 区域	438.4m 屋顶水箱+减压阀重力给水
塔楼 407.2～433.2m 区域	438.4m 屋顶生活水箱重力给水
塔楼 438.4～473.7m 区域	438.4m 屋顶生活水箱+变频调速给水泵组加压给水

广州塔的给水方式采用变频调速水泵串联水箱的方式,即水泵从低一区水箱加压后供给高一区水箱,高一区水箱内的水通过重力供给本区用户用水,以此为例重复,将水一级一级接力提升至屋顶水箱。整个建筑的竖向分区(基本在30m以内)保证所有给水点出水水压不超过0.45MPa。

1.1.3 室内给水管网的布置形式

根据给水横干管的布置位置,建筑给水管网常用的布置形式可分为以下几种。

(1)下行上给式 给水横干管布置在系统的下部,通过立管向上部各楼层供水。横干管可以敷设在地下室、地沟内或直接埋地。

(2)上行下给式 给水横干管布置在系统的上部,通过立管向下部各楼层供水。横干管可安装在设备层内、吊顶内、顶层顶棚下或非冰冻地区的平屋顶上。

(3)环绕式 给水横干管或配水立管互相连接成环,组成横干管环状或立管环状。消防管网多采用环状布置。

1.1.4 室内给水管道的布置与敷设

室内给水管道布置的总原则是:力求管线最短,阀件最少,敷设容易,不妨碍生产操作、交通运输和建筑物的使用,不影响美观,便于安装和维修。

1. 引入管

一幢单独建筑物的给水引入管,宜从建筑物用水量最大处引入。室内生活给水管道宜采用枝状布置,单向供水。消防给水管道宜从室外环状管网的不同管段设两条或两条以上引入管,在建筑内部连成环状双向供水或贯通枝状双向供水;如室外没有环状管网,应采取设贮水池或增设第二水源等措施。

引入管的埋设深度主要根据城市给水管网的埋深及当地的气候、水文地质和地面荷载而定。管顶最小覆土深度不得小于土壤冰冻线以下0.15m,车行道下的管线覆土深度不宜小于0.7m。

引入管的位置应考虑到便于水表的安装和维护管理,同时要注意和其他地下管线的协调。

引入管穿越承重墙或基础时,应配合土建预留孔洞,或预埋套管。管道穿越承重墙或基础做预留洞时,应保证管顶上部净空不得小于建筑物的最大沉降量,一般不宜小于0.1m。室内给水排水管道穿越基础、楼板预留洞尺寸可参见表1-3。预埋套管尺寸一般采用引入管放大两级的管径。对于有不均匀沉降、胀缩或受振动的构筑物且防水要求严格时(如管道穿越水池等),应采用柔性防水套管。遇到湿陷性黄土,引入管可从防水地沟内引入。

表1-3 室内给水排水管道穿越基础、楼板预留洞尺寸 (单位:mm)

序号	管道名称	管径	明管	暗管
			长×宽	宽×深
1	给水立管	≤DN25	100×100	130×130
		DN32~DN50	150×150	150×150
		DN70~DN100	200×200	200×200

（续）

序号	管道名称	管径	明管 长×宽	暗管 宽×深
2	给水引入管	≤DN40	—	200×200
		DN50~DN100		300×300
3	排水立管	≤DN50	150×150	200×130
		DN70~DN100	200×200	250×200
		DN125~DN150	300×300	300×300
4	排出管	≤DN80		300×300
		DN100~DN200		（管径+300）×（管径+300）

2. 水表节点

需单独计量用水量的建筑物，应在引入管上设水表节点，图1-10所示为带旁通管和管道倒流防止器的水表节点示意图。

水表节点一般设在建筑物外专门的水表井内，寒冷地区可在建筑内部设水表井。水表井的位置应考虑查表方便，便于检修，不受污染。装设水表的地方气温应在2℃以上，否则应采取保温措施。

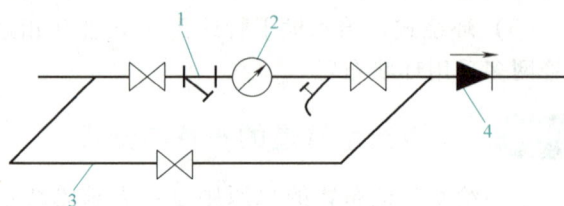

图1-10 带旁通管和管道倒流防止器的水表节点示意图
1—过滤器 2—水表 3—旁通管 4—管道倒流防止器

3. 室内给水管网

（1）室内给水管网的布置 室内给水管网在布置时主要考虑采用的给水方式，在布置时应注意以下几方面。

1）室内给水管道不得布置在遇水会引起燃烧、爆炸的原料、产品和设备上方。

2）室内给水管道不应穿越变配电房、电梯机房、通信机房、大中型计算机房、计算机网络中心、音像库房等遇水会损坏设备和引发事故的房间；不得在生产设备、配电柜上方通过；不得妨碍生产操作、交通运输和建筑物的使用。

3）给水管道不得敷设在烟道、风道、电梯井、排水沟内。给水管道不宜穿越橱窗、壁柜、木装修；不得穿过大便槽和小便槽，且立管距离大、小便槽端部不得小于0.5m。

4）给水管道不宜穿越建筑物的伸缩缝、沉降缝、变形缝。如必须穿越，则应设置补偿管道伸缩和剪切变形的装置。

5）室内冷、热水管上、下平行敷设时，冷水管应在热水管下方；卫生器具的冷水连接管应在热水连接管的右侧。生活给水管道不宜与输送易燃、可燃或有害的液体或气体的管道同管廊（沟）敷设。

6）塑料给水管道不得布置在灶台上边缘；明设的塑料给水立管距灶台边缘不得小于0.4m，距燃气热水器边缘不宜小于0.2m。达不到此要求时，应有保护措施。塑料给水管道不得与水加热器或热水炉直接连接，应有不小于0.4m的金属管段过渡。

7）给水引入管与排水排出管的净距不得小于1m。建筑物内埋地敷设的生活给水管与排水管之间的最小净距，平行埋设时不宜小于0.5m；交叉埋设时不应小于0.15m，且给水管应在排水管的上面。

8）需要泄空的给水管道，其横管宜设有 0.002~0.005 的坡度坡向泄水装置。

（2）室内给水管网的敷设　根据建筑物的性质及对美观和卫生方面的要求，建筑给水管网的敷设有明装和暗装两种形式。

明装就是管道在建筑内部沿墙、梁、柱、顶棚、地板等处做暴露敷设。这种敷设方式安装维修方便、造价低，但容易产生凝结水而影响环境卫生，同时由于管道表面积灰，会影响建筑内部整洁和美观。明装适用于一般民用建筑和厂房。厂房内管道架空敷设时，应注意与其他管道协调配合，不得妨碍生产操作、交通运输和建筑物的使用，且一定要符合安全防火要求。

暗装就是把管道隐蔽起来安装，水平管可敷设在吊顶内、管道设备层内、地下室、地沟或直接埋地；立管和支管敷设在管道井或墙槽内。这种敷设方式不影响建筑内部的美观和整洁，但是安装复杂、维修不便、造价高。暗装适用于对装饰和卫生标准要求高以及生产工艺有特殊要求的建筑物，如宾馆、医院、高级住宅、精密仪表车间等。

管道暗装时，必须考虑安装和检修时的便利性。管沟内的管道应尽量做单层布置；当采取双层或多层布置时，一般将管径较小、阀门较多的管道放在上层；给水管宜敷设在热水管和蒸汽管的下方，排水管的上方。

敷设在垫层或墙体管槽内的给水支管的外径不宜大于 25mm；敷设在垫层或墙体管槽内的给水管管材宜采用塑料、金属与塑料复合管材或耐腐蚀的金属管材；敷设在垫层或墙体管槽内的管材，不得采用可拆卸的连接方式；柔性管材宜采用分水器向各卫生器具配水，中途不得有连接配件，两端接口应明露。

给水管道在地沟内或沿墙、柱及管井内敷设时，应按施工技术规范和设计要求，每隔一定距离设管卡或支、吊架以固定；当地抗震设防烈度 6 度及以上地区，应设置抗震支吊架。

课题 2　室内排水系统

室内排水系统的任务是收集建筑内部卫生器具、生产设备受水器及屋面雨水和雪水，并根据需要对某些污水做局部处理，使之符合排放标准后排入室外管网中，为室外污水的处理和综合利用提供便利条件。

1.2.1　室内排水系统的分类和排水体制

1. 室内排水系统的分类

按照所排除污水的性质，室内排水系统可分为生活排水系统、生产排水系统、雨（雪）水系统。

室内排水系统和
排水体制

（1）生活排水系统　生活排水系统是排除民用建筑、公共建筑及工厂生活间的污、废水的系统。根据污（废）水处理、卫生条件或杂用水水源的需要，生活排水系统又分为排除冲洗便器的生活污水排水系统和排除盥洗、洗涤废水的生活废水排水系统。生活废水经过处理后可作为杂用水，用来冲洗汽车和厕所、浇洒绿地和道路等。生活污水多含有机物和细菌。

（2）生产排水系统　生产排水系统是排除工艺生产过程中产生的污、废水的系统。因为生产工艺种类繁多，所以生产污、废水的成分非常复杂，根据其污染程度可分为生产废水

和生产污水。生产废水是指生产排水中只有少量无机杂物、悬浮物，或只是水温升高，而不含有机物或有毒物质，只需简单处理后又能循环或重复使用，如空调冷却水。生产污水是指水的物理或化学性质发生变化，或含有对人体有害的物质，水质受到严重污染，如含酸、碱污水和含氰污水等。

（3）雨（雪）水系统　收集排除降落到屋面上的雨水和融化的雪水的系统。

2. 排水系统的排水体制

排水体制有合流制和分流制两种。建筑内部分流制一般是指生活污水与生活废水分别用不同的管道系统排出的排水系统。当建筑物对卫生标准较高，或生活污水需局部处理才能排到市政排水管道，或生活废水需回收利用时，均应采用分流制排水系统。建筑外部分流制排水系统是指将生活排水系统与雨水排水系统分成两个系统排除。新建小区应采用分流制排水系统。

1.2.2 室内排水系统的组成

室内排水系统由卫生器具和生产设备受水器、水封装置、室内排水管道、排出管、清通设备、通气管道、提升设备和污水局部处理构筑物组成，如图1-11所示。

1. 卫生器具和生产设备受水器

卫生器具和生产设备受水器是室内排水系统的起点，是用来满足日常生活和生产过程中各类卫生要求，收集和排除污（废）水的设备。建筑内的卫生器具和生产设备受水器应具有内表面光滑、不渗水、耐腐蚀、耐冷热、便于清洁、经久耐用等特点。

2. 水封装置

水封装置是设置在污废水收集器具的排水口下方，与排水横支管相连的一种存水装置，俗称存水弯。其作用是阻挡排水管道中的臭气和其他有害气体、虫类等通过排水管进入室内，污染室内环境。

严禁采用活动机械密封替代水封装置，严禁采用钟式结构地漏。当卫生器具构造内无存水弯或地漏无水封装置，其他设备的排水口或排水沟的排水口与生活污水管道连接时，必须在排水口以下设存水弯。医疗卫生机构内门诊、病房、化验室、试验室等不在同一房间内的卫生器具不得共用存水弯。卫生器具排水管段上不得重复设置水封装置。

3. 室内排水管道

室内排水管道由器具排水管、排水横支管、排水立管等组成。

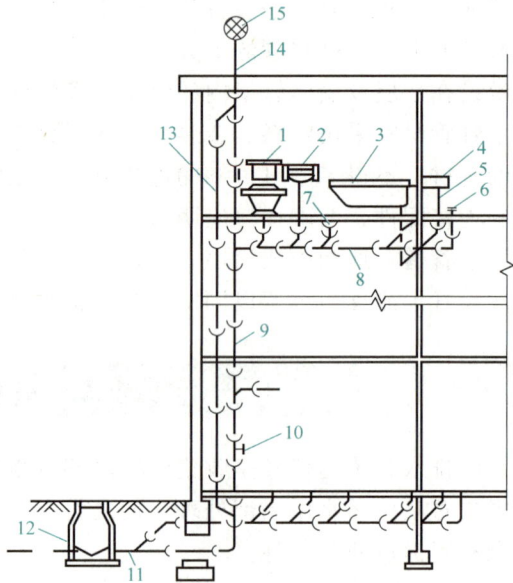

图1-11　室内排水系统图

1—坐便器冲洗水箱　2—洗脸盆　3—浴盆　4—厨房洗涤盆　5—器具排水管　6—清通设备　7—地漏　8—排水横支管　9—排水立管　10—检查口　11—排出管　12—排水检查井　13—专用通气管　14—伸顶通气管　15—通气帽

4. 排出管

排出管是连接室内、室外排水管道的联系管道。排出管需要穿越建筑物的基础或承重墙，土建施工时应予以配合。

5. 清通设备

为保证排水管道发生堵塞时能清通，在排水管道设计安装时应设置清通设备。室内排水系统常用的清通设备有清扫口、检查口和室内检查井。

（1）清扫口　清扫口一般设在排水横管上，是用于清扫排水横管的附件，其构造如图1-12所示。

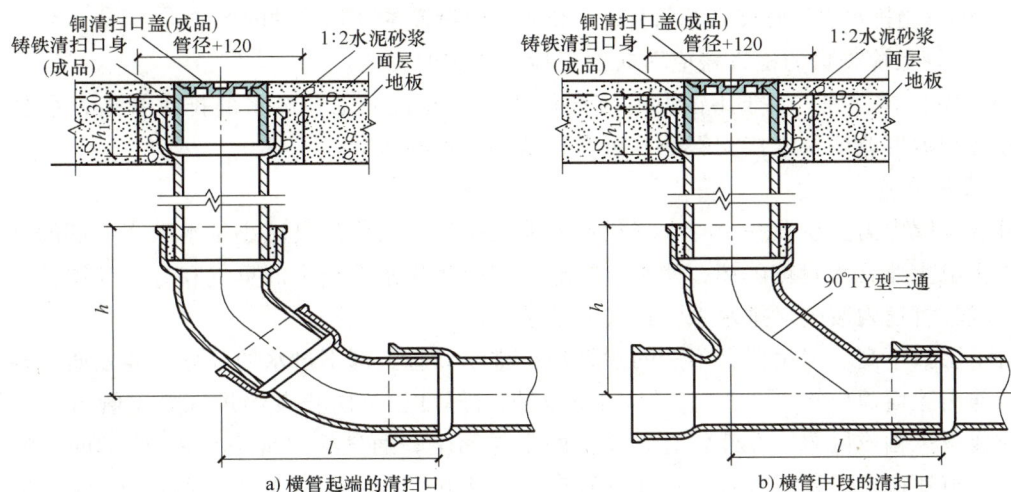

a) 横管起端的清扫口　　　　　　　　　　　b) 横管中段的清扫口

图1-12　清扫口

清扫口的设置应符合以下要求：

1）在连接2个及2个以上大便器或3个及3个以上卫生器具的铸铁排水横管上，宜设置清扫口；在连接4个或4个以上大便器的塑料排水横管上，宜设置清扫口。

2）水流偏转角大于45°的污水横管上应设置清扫口。

3）排水横管的直线管段上清扫口之间的最大距离，应符合表1-4的规定。

表1-4　清扫口间的距离

管径/mm	距离/m	
	生活废水	生活污水
50~75	10	8
100~150	15	10
200	25	20

4）清扫口不能高出地面，必须与地面相平。污水横管起端的清扫口与墙面的距离不得小于0.2m。当采用管堵代替清扫口时，为了便于清通和拆装，与墙面的净距不得小于0.4m。

5）当排水横管悬吊在转换层或地下室顶板下，设置清扫口有困难时，可用检查口代替清扫口。

（2）检查口　检查口（图 1-13）一般设在排水立管上，是一个带盖板的开口短管，清通时把盖板打开。

检查口的设置位置应符合以下要求。

1）排水立管上连接排水横支管的楼层应设检查口，且在建筑物底层必须设置。

2）当立管有水平拐弯或乙字管时，在该层立管拐弯处和乙字管的上部应设检查口。

图 1-13　检查口

3）检查口中心高度距操作地面宜为 1.0m，并应高于该层卫生器具上边缘 0.15m；当排水立管设有 H 形管件时，检查口应设置在 H 形管件的上方。

4）立管上检查口的检查盖应面向便于检查清扫的方位。

（3）室内检查井　对于不散发有害气体或大量蒸汽的工业废水的排水管道，在管道转弯变径处和坡度改变及连接支管处，可在建筑物内设检查井。

6. 通气管道

排水系统中需要设置一个与大气相通的通气系统，其作用是减小排水系统内部的气压变化，防止卫生器具水封被破坏，使水流畅通，同时将排水系统中的臭气和有害气体排到大气中去，减轻管道内废气对排水系统造成的锈蚀。

对于层数不高、卫生器具不多的建筑物，排水立管上部不过水的部分为伸顶通气管，其一般应伸出屋面面层至少 0.3m，并大于最大积雪厚度。为防止杂物进入排水管道，通气管顶端应装设风帽或网罩。在经常有人停留的平屋面上，通气管口应高出屋面 2.0m，如果采用金属管道还应考虑防雷装置。在通气管口周围 4.0m 以内有门窗时，通气管口应高出窗顶 0.6m 或引向无门窗一侧。通气管口不得与建筑物的风道和烟道连接，不宜设在屋檐檐口、阳台或雨篷下。

若建筑物层数较多或卫生器具数量较多时，还应设辅助通气管、专用通气管、器具通气管、环形通气管等。通气管系统的形式如图 1-14 所示。

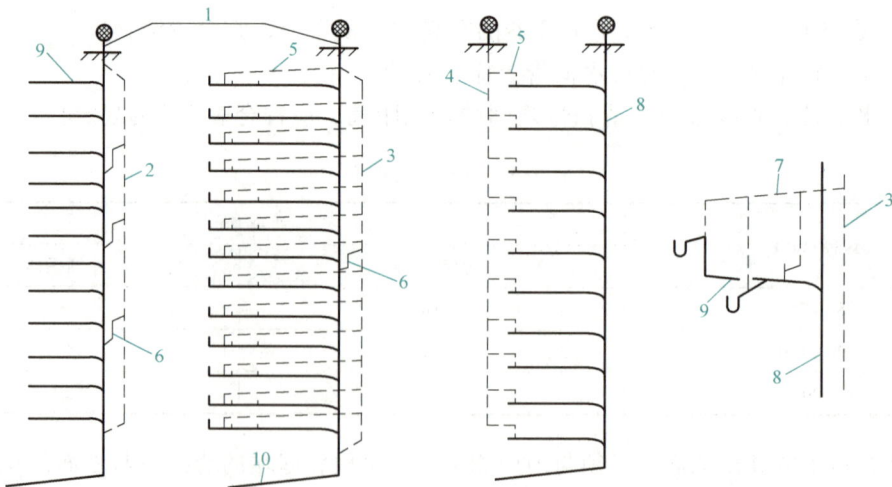

图 1-14　通气管系统的形式

1—伸顶通气管　2—专用通气管　3—主通气管　4—副通气管　5—环形通气管
6—结合通气管　7—器具通气管　8—排水立管　9—排水横支管　10—排出管

通气立管不得接纳污水、废水和雨水，不得与风道和烟道连接。

知识拓展

特殊单立管排水系统

建筑排水系统是重力流，为了保持系统压力稳定，要专门设置通气系统，形成双立管甚至三立管排水系统等，致使管道繁杂，施工困难，造价高。在这种情况下，特殊单立管排水系统，既可稳定排水又不占用过多面积，是非常好的解决方案。

特殊单立管排水系统适用于高层、超高层建筑内部排水系统，在以下情况下宜设置。

1）排水流量超过了仅设伸顶通气管的普通单立管排水系统中排水立管的最大排水能力。

2）同层排入排水立管的横支管数较多。

3）建筑标准要求较高、要求降低排水水流噪声和改善排水水力工况。

4）卫生间或管道井面积较小，难以设置通气立管。

特殊单立管排水系统根据发展历程可分为苏维托排水系统、旋流排水系统、芯形排水系统、UPVC螺旋排水系统。特殊单立管排水系统的特殊性有两个方面，一方面是使用特殊配件，如图1-15所示；另一方面是使用特殊管材，如图1-16所示。

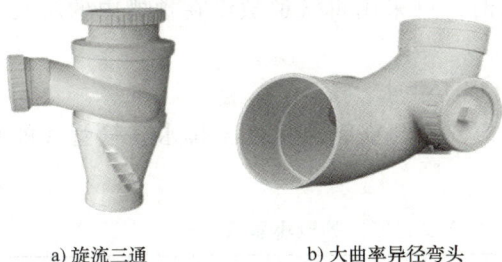

a) 旋流三通　　b) 大曲率异径弯头

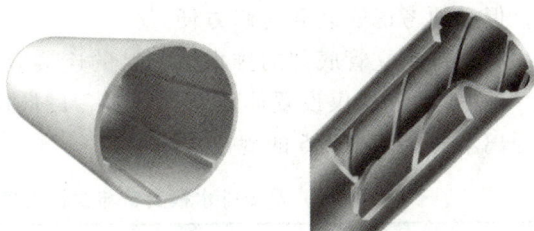

图1-15　特殊配件　　　　**图1-16　特殊管材——UPVC螺旋管**

特殊单立管排水系统省去了通气立管，减少了排水管占用面积，噪声小，与传统排水系统相比，达到相同排水效果时管道规格更小，安装和维修更方便，除节省安装人工和费用成本外，每套系统每层只需要安装一个孔洞，并且可以通过压力检测口接头逐层安装，逐层检查，保证系统安装质量。

7. 提升设备和污水局部处理构筑物

一些民用和公共建筑的地下室、人防建筑等，当卫生器具的污水不能自流排至室外管道时，须设污水泵和集水池等局部提升设备，将污水提升后排至室外排水管道中。

当个别建筑内排出的污水不允许直接排入室外排水管道时（如呈强酸性或强碱性的污水，含大量汽油、油脂或大量杂质的污水），则须设置污水局部处理设备，如化粪池、隔油池、降温池、医院污水处理设施等。

1.2.3　室内排水管道的布置与敷设

1. 室内排水管道布置原则

排水管道布置应力求简短，少拐弯或不拐弯，避免堵塞。

1）室内排水管道不得布置在遇水会引起爆炸、燃烧或损坏的原料、产品和设备的地方。

2）排水管不得穿越卧室、客厅、餐厅，不宜靠近与卧室相邻的内墙。

3）排水管道不得穿越沉降缝、伸缩缝、变形缝、烟道、风道；当排水管道必须穿越沉降缝、伸缩缝、变形缝时，应采取相应技术措施。

4）塑料排水管应避免布置在热源附近。塑料排水立管与家用灶具边的净距离不得小于 0.4m。

5）塑料排水管道应根据其管道的伸缩量设置伸缩节。

6）建筑塑料排水管穿越楼层、防火墙、管道井井壁时，应按要求设置阻火装置。

2. 室内排水管道布置与敷设的要求

室内排水管道的敷设有明装和暗装两种形式。

（1）器具排水管的布置与敷设　器具排水管是连接卫生器具和排水横支管的管段。器具排水管上应设水封装置，以防止排水管道中的有害气体进入室内。常用的水封装置有 S 形和 P 形存水弯，存水弯内的水封深度不得小于 50mm。有的卫生器具本身有水封装置可以不另设存水弯，如坐式大便器。

（2）排水横支管的布置与敷设　排水横支管的作用是把各个器具排水管收集的污水汇合并排至立管。横支管应具有一定的坡度。横支管不宜过长，以免落差太大，并尽量减少转弯，以避免阻塞。横支管在建筑底层时可以埋设在地下，在楼层中时可以沿墙明装在地板上（同层排水）或悬吊在楼板下。当建筑有较高要求时，可采用将管道敷设在顶棚内的暗装方式，但必须考虑安装和检修方便。

靠近排水立管底部的排水横支管的连接应符合以下要求。

1）排水立管仅设置伸顶通气管时，最低排水横支管与立管连接处至排水立管管底的垂直距离不得小于表1-5的规定。

表1-5　最低排水横支管与立管连接处至排水立管管底的最小垂直距离

立管连接卫生器具的层数	垂直距离/m	
	仅设伸顶通气管	设通气立管
≤4	0.45	按配件最小安装尺寸确定
5、6	0.75	
7~12	1.20	
13~19	底层单独排出	0.75
≥20		1.20

当最低横支管与立管连接处不满足最小垂直距离时，要设置成底层单排。

2）排水支管连接在排出管或排水横干管上时，连接点距立管底部下游的水平距离不宜小于 1.5m。

3）排水支管接入横干管竖直转向管段时，连接点应距转向处以下不得小于0.6m，如图1-17所示。

住宅卫生间的卫生器具排水管要求不穿越楼板进入他户，或不能穿越楼板时，应采用同层排水。同层排水目前的形式有：装饰墙敷设、外墙敷设、局部降板填充层敷设、全降板填充层敷设、全降板架空层敷设等。但采用同层排水时要有相应的技术措施保证排水管道畅通和卫生间的安全使用。

（3）排水立管的布置与敷设　排水立管应靠近最脏、杂质最多的排水点处。一般明装在墙角、柱角，美观要求高的可设在管道井内。为清通方便，排水立管上每隔一定距离应设检查口，检查口距地面1.0m，检查口盖应朝外。

立管穿越楼板时，应预留洞或预埋套管，预留孔洞尺寸具体可参照表1-3确定。

（4）排出管的布置与敷设　排出管汇集了多条立管的污水，布置与敷设时应力求排出管能以最短距离通至室外。

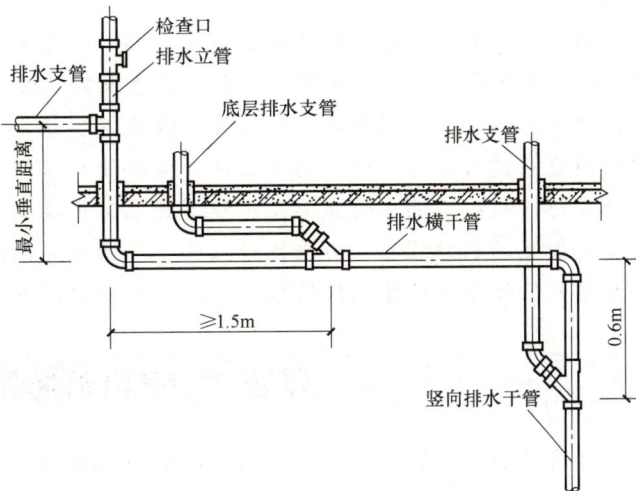

图1-17　排水支管连接立管、干管要求示意图

排出管与立管的连接宜采用45°弯头，排出管与室外排水管道连接处应设置检查井。分流制系统的生活污水先进入化粪池，局部处理后经检查井排入室外排水管道。检查井的中心或化粪池的外边缘距建筑物的基础不应小于3m，以防止漏水、渗水影响建筑物基础，但不宜超过10m，以免由于管道坡降太大而增大埋深。

排出管穿越承重墙时要预留孔洞或预埋穿墙套管，且管顶上部净空不得小于建筑物的最大沉降量，一般不宜小于0.15m。穿越地下室或地下构筑物的墙壁时，应注意做防水处理。排出管穿越基础预留孔洞尺寸见表1-3。

车行道下的排出管覆土深度不宜小于0.7m，生活排水或与生活排水水温相近的其他污水排出管的管底可在冰冻线以上0.15m。水温高于生活污水的排出管的埋深还可有所提高。

3. 室内排水管道的连接

为尽量避免管道堵塞，器具排水管与排水横支管连接处宜采用90°斜三通；排水横支管与立管连接处宜采用45°斜三通或45°斜四通和顺水三通或顺水四通；立管与排出管连接时，宜采用两个45°弯头、弯曲半径不小于4倍管径的90°弯头或90°变径弯头；排水立管应避免在轴线布置，当受条件限制时，宜用乙字管或两个45°弯头连接。

排水管道敷设时，需设吊环或卡箍以固定管道，且卡箍或吊环应固定在承重结构上。卡箍或吊环间距为：横支管不得大于2m，立管不得大于3m。层高小于或等于4m的，立管可设1个卡箍，立管底部的弯管处应设支墩。

> **知识拓展**

同层排水是指建筑排水系统中，器具排水管和排水横支管不穿越本层结构楼板到下层空间，且与卫生器具同层敷设并接入排水立管的排水方式。

按同层排水按管道敷设方式不同可分为沿墙敷设同层排水和地面敷设同层排水。其中地面敷设又可以分为不降板和降板两种类型。沿墙敷设同层排水的主要特点是器具排水管和排水横支管暗敷在本层结构楼板上方非承重墙（或装饰墙）内或明装在墙体外，再与排水立管相连。

　　同层排水的优点是产权清晰，卫生间排水管路系统布置在本层，管道检修可在本层内进行，不干扰下层住户；卫生器具的布置不受限制，因为楼板上没有卫生器具的排水管道预留孔，用户可自由布置卫生器具的位置，满足卫生洁具个性化的要求；排水管布置在楼板上，被回填垫层覆盖后有较好的隔声效果，从而使排水噪声大大减小；卫生间楼板不被卫生器具管道穿越，减小了漏水的概率，也能有效地防止疾病的传播；取代了异层排水方式中各个卫生器具设置的水封装置，由坐便接入器、多功能地漏和多功能顺水三通接入即可。主要缺点是土建造价较高且维修比较困难，一旦发生漏水情况，需要把地面砸掉，才能进行维修。

课题3　室内消防给水系统

　　随着经济的发展，城市人口的快速增多，高层建筑群大量出现，在解决人们居住需求的同时也增加了大量的消防隐患。为防止和减少火灾的危害，我国制定了《建筑设计防火规范（2018年版）》（GB 50016—2014）、《建筑防火通用规范》（GB 55037—2022）、《消防设施通用规范》（GB 55036—2022）等标准，对需要设置消防系统的建筑物做了若干规定。

1.3.1　建筑高度分界线

1. 高层建筑与单、多层建筑的划分

　　民用建筑根据其建筑高度和层数可分为单、多层民用建筑和高层民用建筑。高层民用建筑根据其建筑高度、使用功能和楼层的建筑面积可以分为一类和二类，具体划分细则见表1-6。

表1-6　民用建筑的分类

名称	高层民用建筑		单、多层民用建筑
	一类	二类	
住宅建筑	建筑高度大于54m的住宅建筑（包括设置商业服务网点的住宅建筑）	建筑高度大于27m，但不大于54m的住宅建筑（包括设置商业服务网点的住宅建筑）	建筑高度不大于27m的住宅建筑（包括设置商业服务网点的住宅建筑）
公共建筑	建筑高度大于50m的公共建筑 建筑高度大于24m以上部分任一楼层建筑面积大于1000m²的商店、展览、电信、邮政、财贸金融建筑和其他多种功能组合的建筑 医疗建筑、重要公共建筑 省级及以上的广播电视和防灾指挥调度建筑、网局级和省级电力调度建筑 藏书超过100万册的图书馆、书库	除一类高层公共建筑外的其他高层公共建筑	建筑高度大于24m的单层公共建筑 建筑高度不大于24m的其他公共建筑

　　注：商业服务网点为设置在住宅建筑的首层及二层，每个分隔单元建筑面积不大于300m²的商店、邮政所、储蓄所、理发店等小型营业性用房。

　　建筑高度大于100m的建筑可称为超高层建筑，其耐火极限、避难层设置等都有更高的要求。

　　建筑高度大于250m的建筑，其消防设计不仅要遵守现行的《建筑设计防火规范》，还应提交国家消防主管部门组织专题研究、论证。

2. 建筑高度的计算规则

建筑屋面为坡屋面时，建筑高度为建筑室外设计地面至其檐口与屋脊的平均高度；建筑屋面为平屋面（包括有女儿墙时的平屋面）时，建筑高度为建筑室外设计地面至其屋面面层的高度。建筑物上局部凸出的冷却塔、水箱间、瞭望塔、电梯机房等不计入建筑高度。

1.3.2　消防给水系统的设置

消防给水系统是指用水作为灭火剂的消防系统，其灭火机理主要是冷却降温，可用于可燃固体（一般为有机物，如棉、麻、木材等）的火灾。消防给水系统种类繁多，如消火栓系统、自动喷水灭火系统、水幕系统、雨淋系统、消防炮系统等。工程中较常见的消防给水系统是室内消火栓给水系统和自动喷水灭火系统，下面主要介绍这两类系统。

1. 室内消火栓给水系统的设置原则

下列建筑或场所（以民用建筑为例）应设置室内消火栓给水系统。

1）高层公共建筑，建筑高度大于21m的住宅建筑。

2）体积大于5000m³的车站、码头、机场的候车（船、机）建筑、展览建筑、商店建筑、旅馆建筑、医疗建筑、老年人照料设施、档案馆、图书馆。

3）特等、甲等剧场，超过800个座位的其他等级的剧场和电影院等以及超过1200个座位的礼堂、体育馆等单、多层建筑。

4）建筑高度大于15m或体积大于10000m³的办公建筑、教学建筑和其他单、多层建筑。

5）建筑面积大于300m²的汽车库和修车库。

2. 自动喷水灭火系统的设置原则

自动喷水灭火系统设置在火灾危险性大、火势蔓延快、人员疏散困难的工业建筑和民用建筑中，下面主要介绍其在民用建筑中的设置场所。

1）一类高层公共建筑及其地下、半地下室。

2）二类高层公共建筑及其地下、半地下室中的公共活动用房、走道、办公室、旅馆的客房、可燃物品库房。

3）建筑高度大于100m的住宅建筑。

4）特等和甲等剧场，座位数大于1500个的乙等剧场，座位数大于2000个的会堂或礼堂，座位数大于3000个的体育馆，座位数大于5000个的体育场的室内人员休息室与器材间等。

5）任一层建筑面积大于1500m²或总建筑面积大于3000m²的单、多层展览建筑、商店建筑、餐饮建筑和旅馆建筑。

1.3.3　室内消火栓给水系统

1. 室内消火栓给水系统的分类

室内消火栓给水系统根据系统压力大小不同可分为高压消防给水系统和临时高压消防给水系统，且应独立设置，不应与生产和生活给水系统合用。

（1）高压消防给水系统　高压消防给水系统又称为常高压消防给水系统，是指管网内经常保持满足水灭火设施所需的工作压力和流量，火灾时不需启动消防水泵直接加压的系统。

（2）临时高压消防给水系统 临时高压消防给水系统是指在准工作状态时，不能满足水灭火设施所需的工作水压和流量，火灾时自动启动消防水泵以满足水灭火设施所需的工作水压和流量的系统。

2. 室内消火栓给水系统的组成

室内消火栓消防给水系统主要由水源、消防给水管道系统、水泵接合器、室内消防设备等组成。

（1）水源 消防用水可由室外给水管网、天然水源或消防水池供给。当采用室外给水管网直接供水，消防用水量达到最大时，其水压应满足室内最不利点灭火设备的要求。利用天然水源时，应保证枯水期最低水位时的消防用水量，并应有可靠的取水设施。

（2）消防给水管道系统 消防给水管道系统包括消防管网、消防水池、消防水泵和消防水箱。

消防管网一般应布置成环状，并设置阀门。民用建筑的消防管网应与生活给水系统分开设置。

当室外给水管网或天然水源不能满足消防用水量时，或当市政给水管道为枝状或只有一条进水管时，应设消防水池。严寒和寒冷地区的消防水池应采取防冻保护设施。

消防水泵应设备用泵，且应采用自灌式吸水。一组消防水泵的吸水管不应少于2条，消防泵房应有不少于2条出水管与室内环状管网连接，且任意一条管道都能通过全部消防水量。消防水泵启动后，严禁向消防水箱充水。同组消防水泵吸水管、输水管设计示意图如图1-18所示。

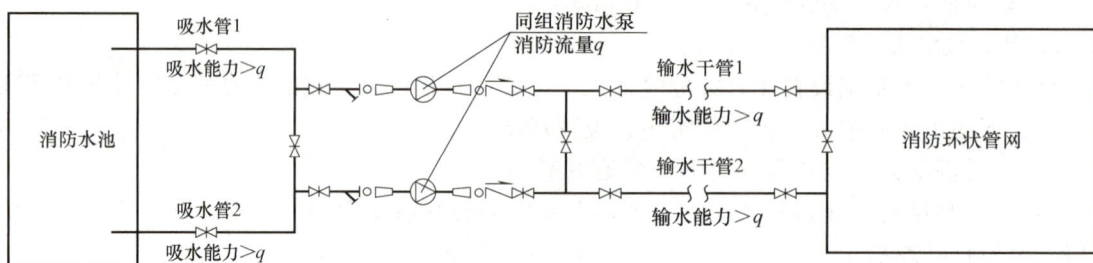

图1-18 同组消防水泵吸水管、输水管设计示意图

消防水箱贮存初期灭火水量，其最低水位应满足灭火设施的压力要求。一类高层公共建筑，最不利点消火栓的静水压力不应低于0.10MPa，建筑高度超过100m时，不应低于0.15MPa；高层住宅、二类高层公共建筑、多层公共建筑，最不利点消火栓的静水压力不应低于0.07MPa，多层住宅不宜低于0.07MPa。

（3）水泵接合器 下列场所的室内消火栓给水系统应设置消防水泵接合器：超过5层的公共建筑；超过4层的厂房或仓库；其他高层建筑；超过2层或建筑面积大于10000m²的地下建筑（室）。

水泵接合器有地上式、地下式、墙壁式三种安装形式以及多功能水泵接合器。

水泵接合器的给水流量宜按10~15L/s计算。水泵接合器应设置在室外便于消防车使用的地点，距水泵接合器15~40m内，应设室外消火栓或消防水池。水泵接合器的外形如图1-19所示。

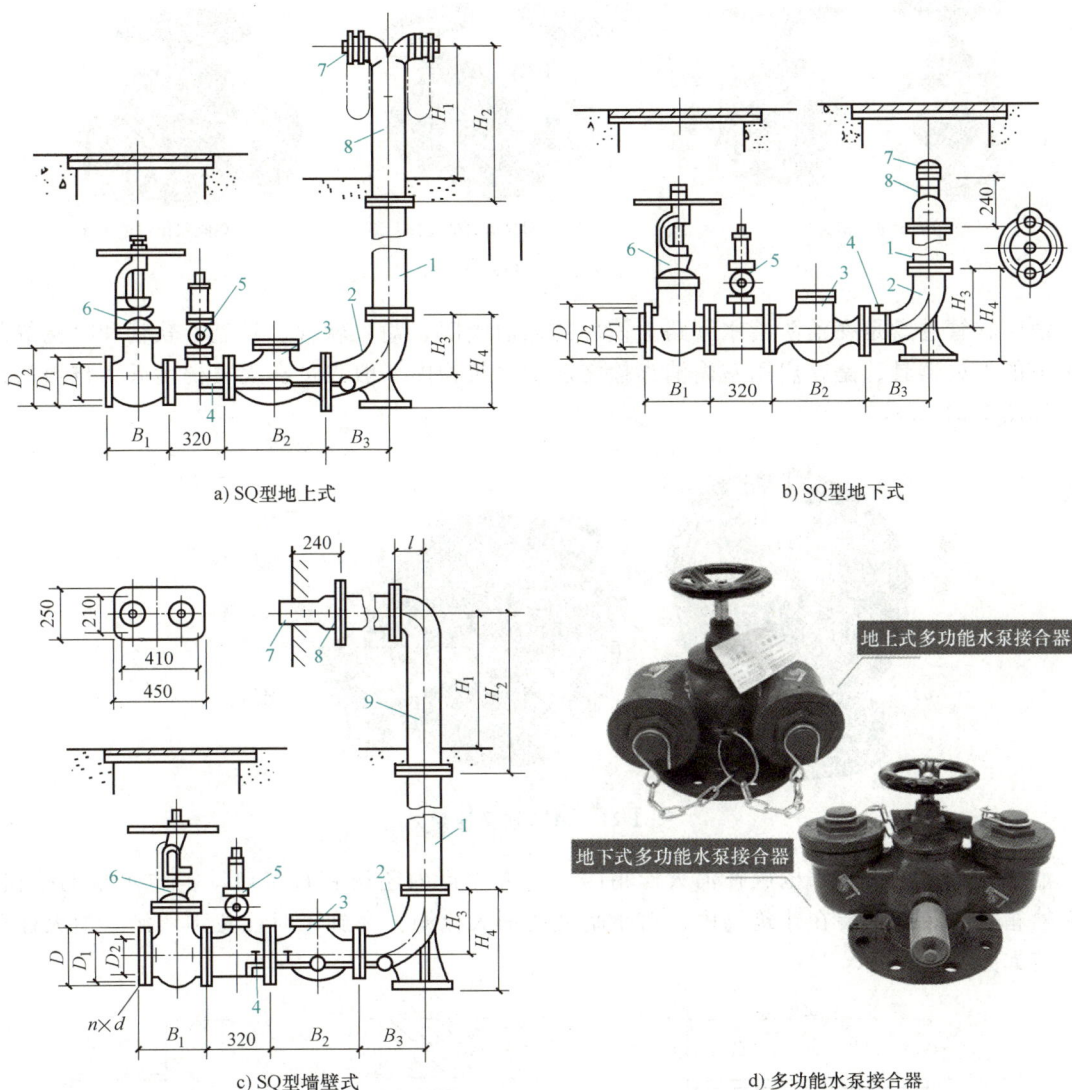

a) SQ型地上式

b) SQ型地下式

c) SQ型墙壁式

d) 多功能水泵接合器

图 1-19　水泵接合器外形图

1—法兰接管　2—弯管　3—止回阀　4—放水阀　5—安全阀　6—闸阀

7—进水用消防接口　8—接合器本体　9—法兰弯管

（4）室内消防设备　室内消防设备包括消火栓、水龙带、水枪和消防软管卷盘。

消火栓是一个带内扣接头的阀门，一端接消防立管，一端接水龙带，规格为 DN65。

常见的消火栓有单阀单出口消火栓、双阀双出口消火栓、单阀双出口消火栓，根据功能还有减压稳压型消火栓，如图 1-20 所示。

水龙带的口径与消火栓一致，应采用带衬里的水龙带。其常用的长度有 15m、20m 和 25m 几种，不宜超过 25m。

水枪是一个渐缩管，喷口口径有 11mm、13mm、16mm、19mm 几种，一般宜配置 16mm 或 19mm 的水枪。当消火栓的设计流量为 2.5L/s 时，宜配置 11mm 或 13mm 的水枪。

a) 单阀单出口消火栓   b) 双阀双出口消火栓   c) 单阀双出口消火栓

图 1-20 消火栓

消防软管卷盘是在消防给水管路上使用的，由阀门、输入软管、卷盘、软管和喷枪等部件组成的灭火器具，是在启用室内消火栓之前供建筑物内一般人员在火灾初期灭火自救的设施，如图 1-21 所示。

图 1-21 消防软管卷盘

消火栓、水龙带、水枪放在消火栓箱内，消火栓箱内还设有直接启动消防水泵的按钮。消火栓箱可明装或暗装在建筑物内，对于暗装的消火栓箱，在施工时注意预留洞。消火栓箱的安装如图 1-22 所示。

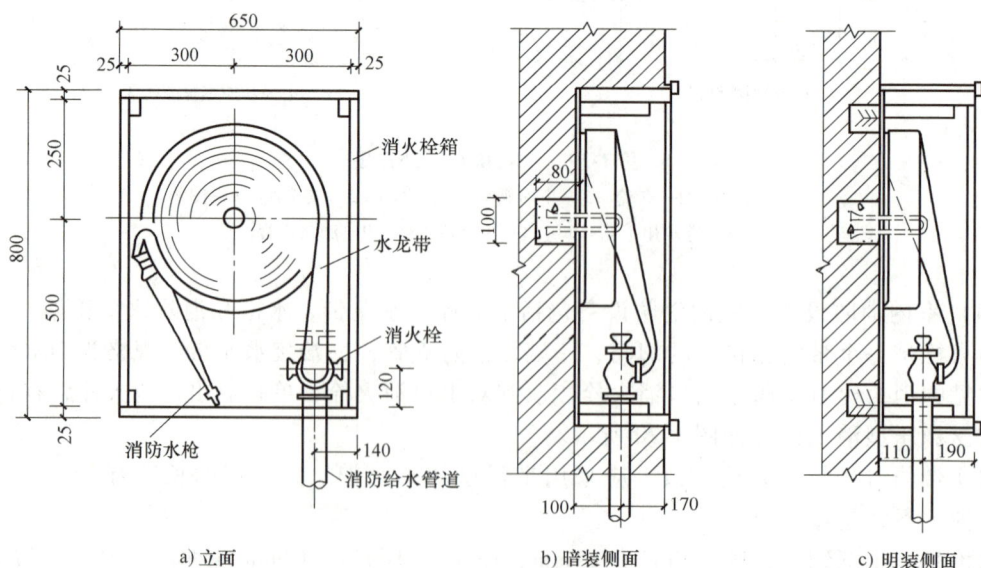

a) 立面   b) 暗装侧面   c) 明装侧面

图 1-22 消火栓箱的安装

3. 常用的消火栓给水方式

（1）设高位消防水箱的消火栓给水系统　设高位消防水箱的消火栓给水系统如图1-23所示，一般用于多层建筑。消防水箱应储存10min的消防用水量，当和其他系统合用时，应采取消防用水不作他用的技术措施。

（2）高层不分区的消火栓给水系统　在高层建筑中，当建筑物内消火栓栓口的静水压力不超过1.0MPa时，可采用不分区的给水方式，如图1-24所示。当消火栓栓口压力超过0.5MPa时，应设减压设施。

（3）高层分区的消火栓给水系统　当建筑物内消火栓栓口的静水压力超过1.0MPa或系统的工作压力大于2.4MPa时，应采用分区的

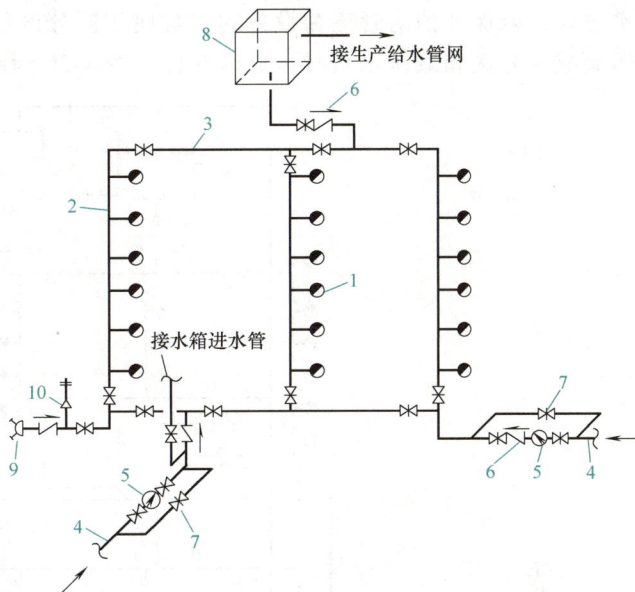

图 1-23　设高位消防水箱的消火栓给水系统

1—室内消火栓　2—消防立管　3—消防干管　4—引入管　5—水表
6—止回阀　7—旁通管及阀门　8—水箱　9—水泵接合器　10—安全阀

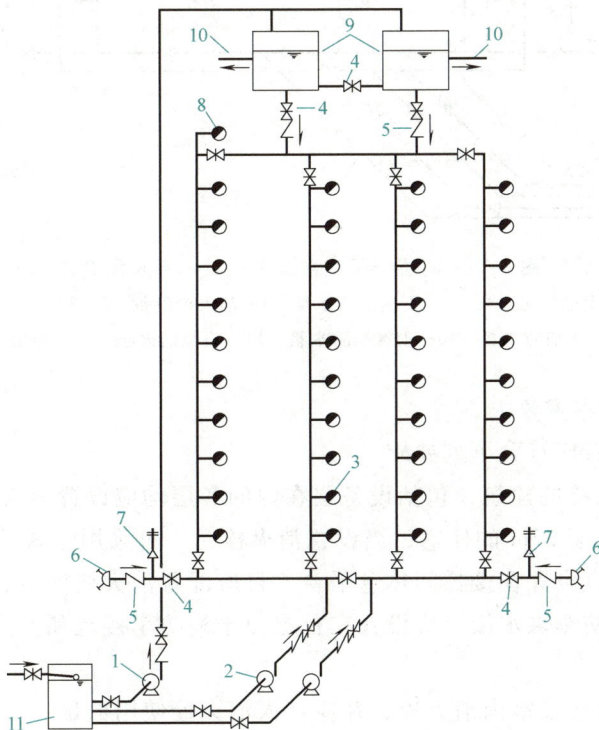

图 1-24　高层不分区的消火栓给水系统

1—生活、生产水泵　2—消防水泵　3—消火栓设备　4—阀门　5—止回阀　6—水泵接合器
7—安全阀　8—检验消火栓　9—高位水箱　10—至生产管网　11—水池

给水方式，以保证消防管道和设备的正常使用。分区给水方式同样有并联分区、串联分区、减压阀减压分区和减压水箱减压分区几种，图1-25为高层分区室内消火栓给水系统示意图。

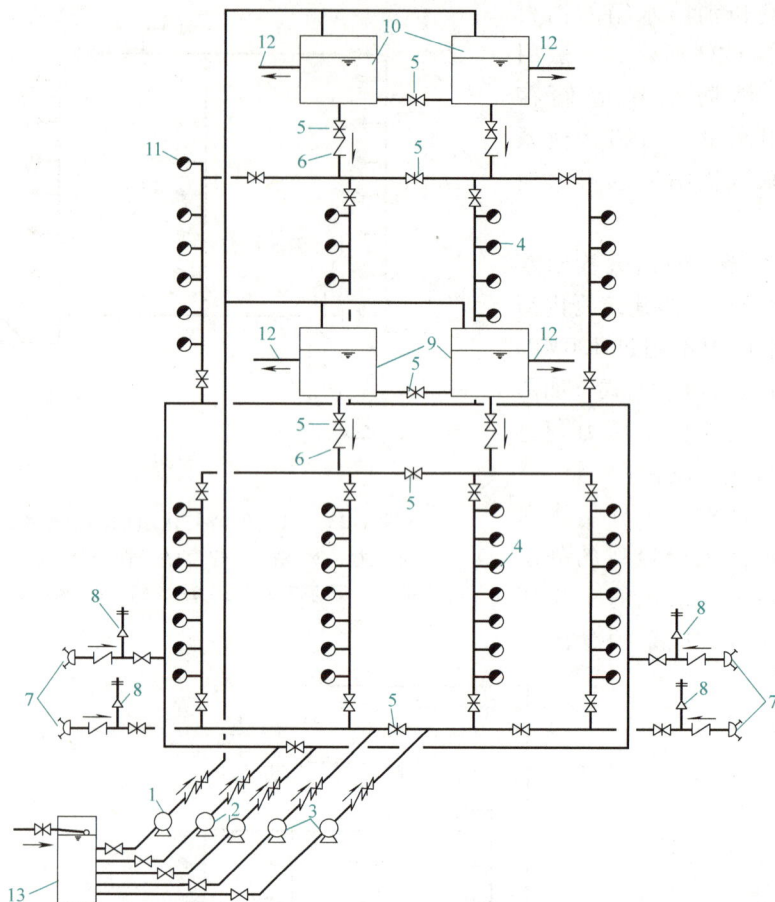

图 1-25　高层分区室内消火栓给水系统示意图

1—生活、生产水泵　2—上区消防水泵　3—下区消防水泵　4—消火栓设备　5—阀门　6—止回阀　7—水泵接合器　8—安全阀　9—下区消防水箱　10—上区消防水箱　11—检验消火栓　12—至生产管网　13—水池

4. 室内消火栓的布置要求

室内消火栓的布置应符合下列要求。

1）设有室内消火栓的建筑，包括设备层在内的各层均应设置消火栓。

2）建筑高度不大于27m的住宅，当设置消火栓时，可采用干式消防竖管，并满足下列要求：干式消防竖管宜设置在楼梯间休息平台，且应配置消火栓栓口；干式消防竖管应设置消防车供水接口；消防车供水接口应设置在首层便于消防车接近和安全的地点；竖管顶端应设置自动排气阀。

3）消防电梯前室应设室内消火栓，并应计入消火栓使用数量。

4）室内消火栓应设在走道、楼梯间及其休息平台等明显易于取用地点。栓口离地面高度宜为1.1m，其出水方向宜向下或与设置消火栓的墙面呈90°。

5）冷库内的消火栓应设在常温穿堂或楼梯间内。

6）室内消火栓的间距应由计算确定。要求 2 支水枪的 2 股充实水柱到达室内任何部位的建筑物，室内消火栓的间距不应大于 30m；要求 1 支水枪的 1 股充实水柱到达室内任何部位的建筑物，室内消火栓的间距不应大于 50m。

7）室内消火栓的布置应满足同一平面有 2 支水枪的 2 股充实水柱同时到达任何部位。建筑高度小于或等于 24m 且体积小于或等于 5000m³ 的多层仓库，建筑高度小于或等于 54m 且每单元设置一部疏散楼梯的住宅，以及规范规定可设 1 支水枪的场所，可采用 1 支水枪的 1 股充实水柱到达室内任何部位。

8）室内消火栓栓口处的动压力不应大于 0.5MPa，当大于 0.7MPa 时必须设置减压设施。高层建筑、厂房、库房和室内净空高度超过 8m 的民用建筑，消火栓栓口动压不应小于 0.35MPa，且消防水枪充实水柱应按 13m 计算；其他场所，消火栓栓口动压不应小于 0.25MPa，消防水枪充实水柱应按 10m 计算。

1.3.4　自动喷水灭火系统

自动喷水灭火系统是指由洒水喷头、报警阀组、水流报警装置（水流指示器或压力开关）等组件，以及管道、供水设施组成，并能在发生火灾时喷水的自动灭火系统。自动喷水灭火系统应设置在人员密集、不易疏散、外部增援灭火与救生困难的性质重要或火灾危险性大的场所。自动喷水灭火系统，是当今世界上公认的最为有效的自救灭火设施，是应用广泛、用量最大的自动灭火系统。国内外应用实践证明：自动喷水灭火系统具有安全可靠、经济实用、灭火成功率高等优点。

1. 自动喷水灭火系统的分类

自动喷水灭火系统按喷头的开启形式可分为闭式系统和开式系统；按报警阀的形式可分为湿式系统、干式系统、干湿两用系统、预作用系统等；按喷头形式可分为普通喷头、快速响应喷头、大水滴型喷头和快速响应早期抑制喷头等。

2. 自动喷水灭火系统组成和工作原理

湿式系统由闭式洒水喷头、水流指示器、湿式报警阀组、管道和供水设施组成，准工作状态下，管道中充满用于启动系统的有压水。

与其他系统相比，湿式系统结构相对简单，处于警戒状态时，由消防水箱或稳压泵、气压给水装置等稳压设施维持管道内充水的压力。发生火灾时，环境温度达到启动喷头温度时，喷头喷水灭火，水流指示器发出电信号报告起火区域，报警阀组或稳压泵的压力开关输出启动消防泵的信号，完成系统的启动。系统启动后，由供水泵向开放的喷头供水，开放的喷头按不低于设计规定的喷水强度均匀喷洒，达到灭火的目的。为保证扑救初期火灾的效果，喷头开放后，要求在持续喷水时间内连续喷水。湿式系统工作原理如图 1-26 所示。

湿式系统适合在环境温度不低于 4℃ 且不高于 70℃ 的环境中使用。在实际工程中，这种系统是最常用的一种自动喷水灭火系统。湿式系统示意图如图 1-27 所示。

干式系统与湿式系统的区别是采用了干式报警阀组，在准工作状态时，配水管道中充满用于启动系统的有压气体。为保持气压，需要配套设置补气系统。闭式喷头开放后，配水管道有一个排气充水的过程。系统开始喷水的时间，会因排气充水过程而产生滞后，因此削弱了系统的灭火能力。但因配水管道内在准工作状态下没有水，所以不会由于系统误喷或管道泄漏而造成水渍损失，同时对环境温度没有要求。

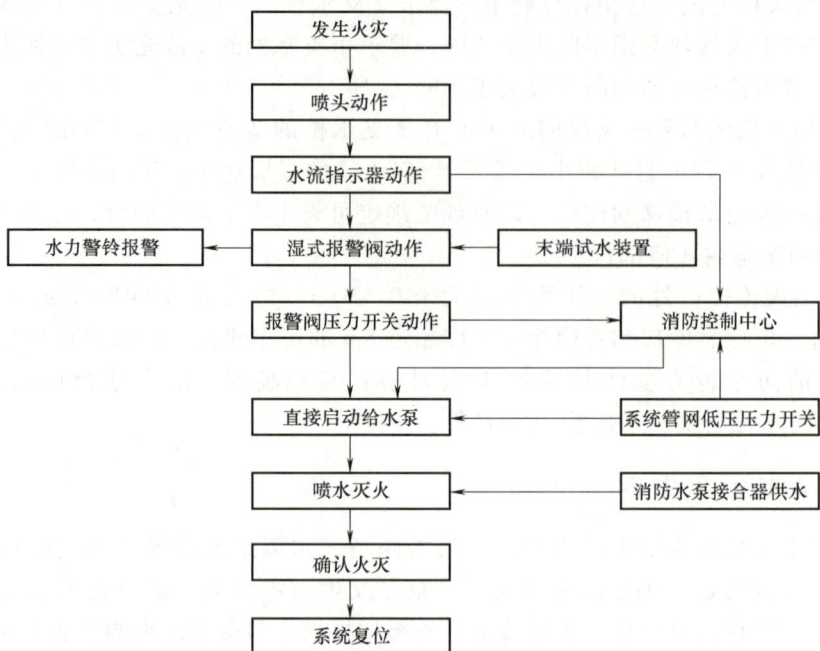

图 1-26　湿式系统工作原理

预作用系统采用预作用报警阀组，并由配套的火灾自动报警系统启动。准工作状态下，配水管道为不充水的空管，利用火灾探测器的热敏性能优于闭式喷头的特点，由火灾报警系统开启雨淋阀后为管道充水，使系统在闭式喷头动作前转换为湿式系统。准工作状态时，也可在配水管道内维持一定气压，这样有助于监测管道的严密性和寻找泄漏点。

重复启闭预作用系统能在扑灭火后自动关阀、复燃时再次开阀，用于灭火后必须及时停止喷水的场所。为防止误动作，该系统与常规预作用系统的不同之处是采用了一种既可以输出火警信号，又可在环境恢复常温时输出灭火信号的感温探测器。当其感应到环境温度超出预定值时，报警并启动水泵和打开具有复位功能的雨淋阀，为配水管道充水，在喷头动作后喷水灭火。喷水过程中，当火场温度恢复至常温时，探测器发出关停

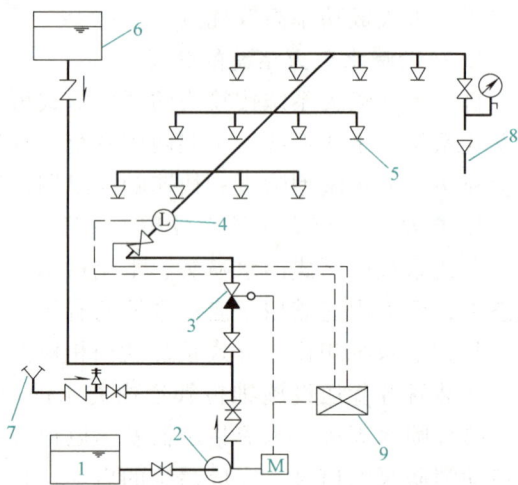

图 1-27　湿式系统示意图

1—水池　2—水泵　3—湿式报警阀组　4—水流指示器
5—闭式喷头　6—高位水箱　7—水泵接合器
8—末端试水装置　9—消防报警控制器
M—驱动电动机

系统的信号，在按设定条件并延迟喷水一段时间后，关闭雨淋阀停止喷水。若火灾复燃、温度再次升高，系统则再次启动，直到彻底灭火。目前，这种系统有两种形式，一种是喷头具有自动重复启闭的功能，另一种是系统通过烟温感传感器控制系统的控制阀，从而实现系统

的重复启闭功能。

3. 自动喷水灭火系统组件

（1）闭式喷头　闭式洒水喷头是自动喷水灭火系统的关键。当在喷头的保护区域内失火时，热气流上升，使喷头周围空气温度上升。达到预定温度时，玻璃球内液体挥发，玻璃球破碎（或易熔合金锁片上的焊料熔化），喷头打开，喷水灭火。喷头根据热敏元件的不同可分为易熔合金喷头和玻璃球喷头两种；根据溅水盘的形式和安装位置的不同可分为直立型、下垂型、边墙型和吊顶型等。图1-28为几种常见喷头。

自动喷水灭火
系统组件

a) 下垂型喷头　　b) 直立型喷头　　c) 边墙型喷头　　d) 易熔合金型喷头

图1-28　几种常见喷头

从火灾开始到喷头打开，一般需要几分钟的时间，它与喷头的类型、喷头动作温度、喷头到火源的距离及火势燃烧速度有关。我国生产的洒水喷头感温级别有普通温级、中温级和高温级三种，动作温度为72℃、98℃、142℃左右。喷头的动作温度根据环境温度确定，闭式喷头的公称动作温度宜比环境温度高30℃左右。

（2）报警阀　湿式和干式报警阀的作用：接通或关断报警水流；喷头动作后报警水流将驱动水力警铃和压力开关报警；防止水倒流。准工作状态时，湿式报警阀阀板前后水压相等，干式报警阀阀板前的水压与阀板后的气压相等，由于阀芯的自重，其处于关闭状态。发生火灾时，闭式喷头喷水，报警阀后的压力下降，阀板开启，向管网供水，同时通过水力警铃和压力开关发出火警信号。

报警阀应设在安全且便于操作的地点，安装高度距地面宜为1.2m，安装报警阀的部位应有排水设施。连接报警阀进出口的控制阀，宜采用信号阀。与报警阀连接的水力警铃应设在值班室附近，且两者之间的管道长度不宜大于20m。

（3）水流指示器　水流指示器（图1-29）的作用是及时报告起火区域，因此每个防火分区、每个楼层均应设水流指示器。但当一个湿式报警阀组仅控制一个防火分区或一个层面的喷头时，由于报警阀组的水力警铃和压力开关已能发挥报告起火区域的作用，因此也可不设水流指示器。

（4）压力开关　水力警铃报警时，压

a) 沟槽式水流指示器　　b) 丝扣式水流指示器

图1-29　水流指示器

力开关自动接通电动警铃报警，并把信号传至消防控制室或启动消防水泵。自动喷水系统中，应采用压力开关控制稳压泵，并应能调节稳压泵的启停压力。

（5）延迟器　安装在报警阀与水力警铃之间的信号管道上，用于防止管道中的水压波动引起误报警。报警阀开启后，需将延迟器充满后方可冲打水力警铃报警。

湿式报警阀组的外形如图1-30所示。

（6）末端试水装置　末端试水装置由试水阀、压力表和试水接头组成，用于检验系统的可靠性——测试系统在开放一只喷头的最不利条件下能否可靠报警并正常启动。因此每个报警阀组控制的最不利点处，均应设末端试水装置，其他防火分区、楼层的最不利点喷头处，均应设直径为25mm的试水阀。

末端试水装置测试的内容包括：水流指示器、报警阀、压力开关、水力警铃的动作是否正常，配水管道是否畅通，管道最不利点处的喷头工作压力等。测试时，为保证测试效果，试水装置的出水应采取孔口出流的方式排入排水管道。末端试水装置如图1-31所示。

图1-30　湿式报警阀组

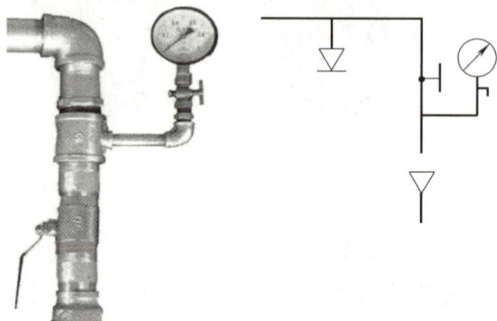

图1-31　末端试水装置

（7）其他装置　干式、预作用自动喷水灭火系统的配水管道应设快速排气阀，有压充气管道的快速排气阀入口前应设电动阀。预作用系统还应设置火灾探测器。

4. 自动喷水灭火系统管网设置要求

室内消火栓管网宜与自动喷水灭火系统的管网分开设置；当合用消防泵时，供水管路应在报警阀前分开设置。

自动喷水灭火系统的配水管道应采用内外壁热镀锌钢管、涂覆钢管、铜管、不锈钢管、氯化聚氯乙烯管（PVC-C）。管道应采用沟槽式连接、法兰连接、钎焊、卡压连接、承插口粘接等连接方式。

课题4　室内热水供应系统

热水供应系统是水的加热、储存和输配的总称。室内热水供应系统的任务是供给生产、生活用户洗涤、沐浴用热水，并保证用户得到符合设计要求的水量、水温和水质。

1.4.1　室内热水供应系统及其组成

图1-32为多层建筑集中热水供应系统。它主要由第一循环系统、第二循环系统和附件组成。

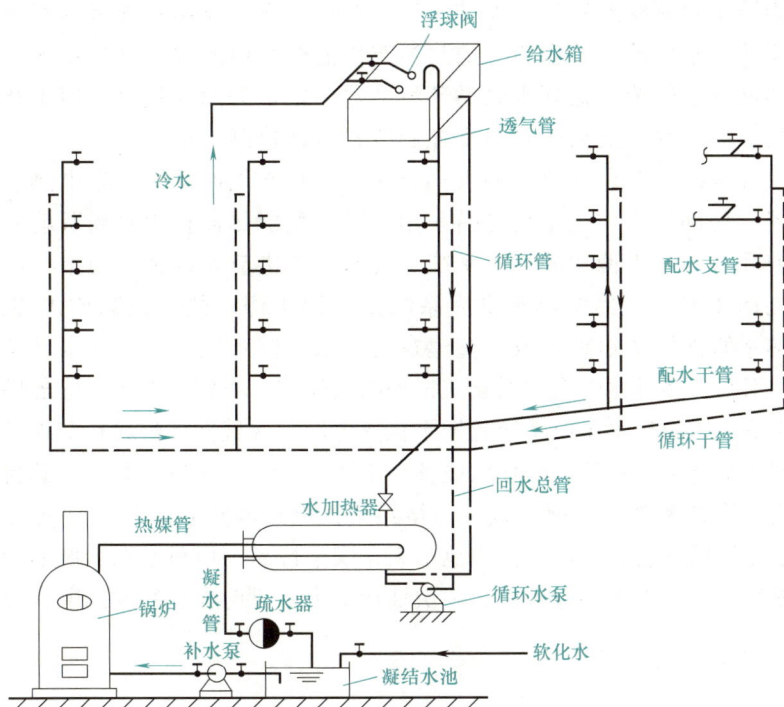

图 1-32 多层建筑集中热水供应系统

第一循环系统（热媒循环系统，即热水制备系统）由发热设备（如锅炉）、水加热器或贮水器及其之间的管道系统组成。

第二循环系统（配水、循环系统，即热水供应系统）是连接贮水器（或水加热器）和热水配水点之间的管道，由热水配水管网和循环管网组成。根据使用要求，该系统可设计成半循环系统（图 1-32）、全循环系统（图 1-33）和非循环系统。全循环热水供应系统在配水干管、立管、支管均设有循环管道，能保证用户随时得到符合设计水温要求的热水，但造价较高。半循环系统仅在干管处设循环管道或仅在干管、立管处设循环管道，能保证干管或干管、立管的水温，使用时需先放掉一部分冷水（支管中的水或支管与立管中的水），但工程投资较少。非循环系统不设循环管道，使用时需先放掉管

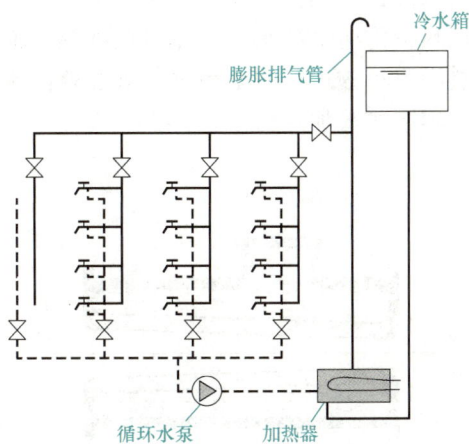

图 1-33 全循环热水供应系统

道中的冷水，适用于连续供水或定时供水的小型热水供应系统。

由于热媒系统和热水系统中控制、连接的需要，以及由于温度的变化而引起的水的体积膨胀、超压、气体的分离和排除等，因此需要设置附件。常用的附件有温度自动控制装置、疏水器、减压阀、安全阀、膨胀水箱（或罐）、管道自动补偿器、闸阀、自动排气装置等。

集中热水供应系统的工作流程：锅炉生产的蒸汽经热媒管送入水加热器把冷水加热，蒸

汽放热后变成凝结水由凝结水管排至凝结水池，锅炉用水由凝结水池旁的凝结水泵压入。水加热器中所需要的冷水由给水箱供给，加热器产生的热水由配水管网送到各个用水点。不配水时，配水管和循环水管依靠循环水泵循环流动着一定量的循环热水，用于补偿配水管路在此期间的热损失。循环水泵的启闭靠温度控制装置自动控制。

室内热水供应系统按照供应范围的大小分为局部热水供应系统、集中热水供应系统和区域热水供应系统。局部热水供应系统是指采用各种小型加热器在用水场所就地加热，供局部范围内的一个或几个用水点使用的热水系统。局部热水供应系统常采用小型燃气加热器、电加热器、太阳能加热器等。集中热水供应系统是在锅炉房、热交换站或加热间把水集中加热，然后通过热水管网输送给整幢或几幢建筑的热水供应系统。集中热水供应系统适用于热水用水量较大，用水点多且比较集中的建筑，如高级住宅、宾馆、医院、疗养院、体育馆、游泳池、大型饭店等。区域热水供应系统是把水在热电厂、区域性锅炉或热交换站集中加热，通过市政热水管网送至整个建筑群、居住区或整个工矿企业的热水供应系统。其特点是便于热能的综合利用和集中维护管理，有利于减少环境污染，可提高热效率和自动化程度，热水成本低，占地面积小，使用方便、舒适，供水范围大，安全性高，但热水在区域锅炉房中的热交换站制备，管网复杂，热损失大，设备多，一次性投资大，目前在一些发达国家应用较多。

1.4.2　水的加热方式

水的加热方式主要有直接加热和间接加热两类。直接加热也称为一次换热方式，是利用燃油、燃气或燃煤为燃料的热水锅炉、燃气热水器、电热水器等，把冷水直接加热到所需的温度；或是将蒸汽或高温水通过穿孔管、喷射器与冷水直接混合加热来制备热水，常用设备有汽水混合加热器（图1-34）等。间接加热也称为二次换热方式，是利用热媒通过水加热器把热量传递给冷水，使冷水被加热，而热媒在加热过程中，与被加热水不直接接触。间接加热噪声小，运行安全稳定，被加热的水不易受污染，常用设备有快速式水加热器、加热水箱、容积式水加热器（图1-35）等。

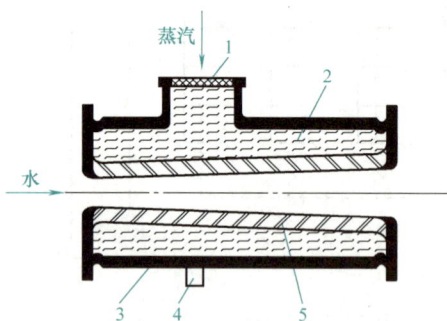

图1-34　汽水混合加热器

1—过滤网　2—填料　3—外壳　4—排污塞　5—喷管

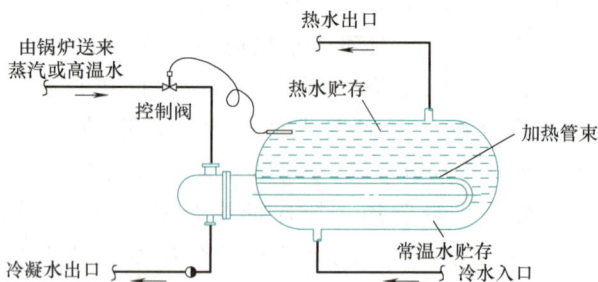

图1-35　容积式水加热器

1.4.3　太阳能热水供应系统

《建筑给水排水设计标准》（GB 50015—2019）规定：对日照时数大于1400h/年且年太阳辐射量大于4200MJ/m^2及年极端最低气温不低于−45℃的地区，宜优先采用太阳能作为热水供应系统的热源。

太阳能热水器是将太阳能转换成热能并将水加热的装置，主要包括太阳能集热器、贮水箱、控制系统、管路、辅助能源、安装支架和其他部件。

按热水供应的范围不同，太阳能热水供应系统可分为集中热水供应系统、集中-分散热水供应系统、分散热水供应系统，目前后两种较为常用。集中热水供应系统是采用集中的太阳能集热器和集中的贮水箱供给一幢或几幢建筑物所需热水的系统。集中-分散热水供应系统是采用集中的太阳能集热器和分散的贮水箱供给一幢建筑物所需热水的系统，如图 1-36 所示。分散热水供应系统是采用分散的太阳能集热器和分散的贮水箱供给各个用户所需热水的小型系统。

分散热水供应系统按运行方式主要包括三种：自然循环直接系统，原理如图 1-37 所示；自然循环间接系统；强制循环间接系统，原理如图 1-38 所示。

自然循环直接系统是集热器和水箱结合在一起的整体式系统，其工作原理是在太阳能集热器中直接加热水以供给用户。

自然循环间接系统一般指分体式自然循环系统，该系统集热器中的传热工质和水箱中的水是相互独立的，通过换热器将水箱中的水加热，其工作原理是利用传热工质的温度梯度产生的密度差所形成的自然对流进行反复循环，从而将水箱中的水加热。

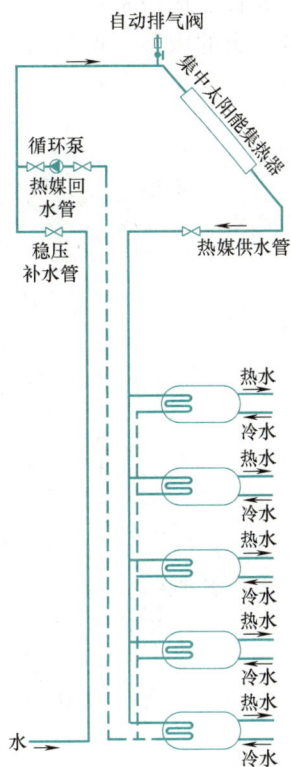

图 1-36　太阳能集中-分散热水供应系统图

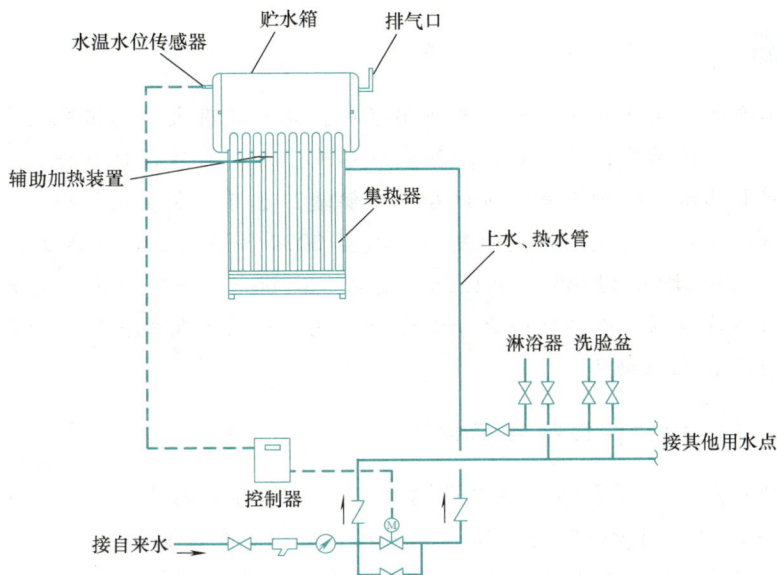

图 1-37　太阳能自然循环直接系统原理图

在自然循环系统中，为了保证必要的热虹吸压头，贮水箱应高于集热器上部，这使布置受到一定的限制，但这种系统结构简单，不需要附加动力，控制简单，易于安装，维修方便。

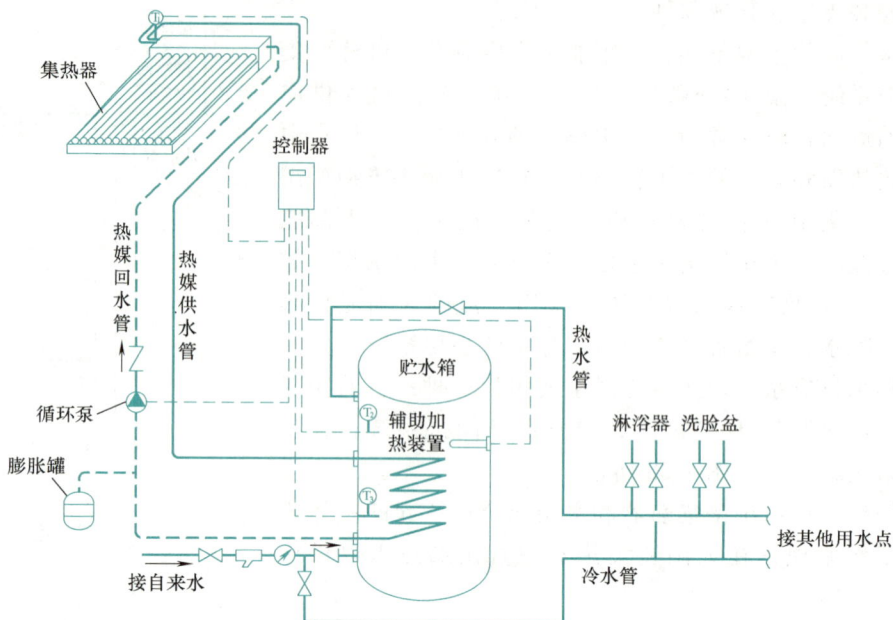

图 1-38 太阳能强制循环间接系统原理图

强制循环间接系统主要指分体式强制循环承压系统，该系统水箱与集热器相互独立，利用水箱中的换热器进行热交换，使用循环泵和温差控制进行循环。其特点：承压运行设计，全自动控制系统，使用方便；采用密闭双循环技术，卫生条件好；安全提供热水，设置压力温度双重安全阀。

知识拓展

太阳能热水系统是太阳能光热的主要应用领域，此外还有太阳能热泵技术，即集太阳能热能和地热能于一体的系统，可以利用太阳能加热地下水，再通过热泵将地下水的热能提取出来，用于供暖和热水。这种系统既可以在冬季供暖，也可以在夏季制冷。

太阳能的另一主要应用领域为光伏发电。截至 2024 年 6 月底，我国太阳能发电装机容量约 7.1 亿 kW，同比增长 51.6%，我国光伏发电产业领先，全球光伏发电装机容量接近一半在我国。我国幅员辽阔，有丰富的太阳能资源，充分利用太阳能，可以为各行业各领域实现"双碳"目标提供强劲助力。

1.4.4 热水管网的布置与敷设要求

按配水干管的设置位置不同，热水管网可布置成下行上给式（图 1-32）、上行下给式（图 1-33）。下行上给式配水系统可利用最高配水点放气，系统最低点设泄水装置，设有循环管道时，循环立管应在最高配水点以下 0.5m 处与配水立管连接。上行下给式配水系统的配水干管最高点应设排气装置（如自动排气阀或集气罐）。

热水管网的布置与敷设除了满足给（冷）水管网布置与敷设的要求外，还应该注意由于水温高而产生的体积膨胀、管道伸缩补偿、保温、排气等问题。

热水管道应选择耐腐蚀和安装方便的管材及相应配件。可采用薄壁铜管、薄壁不锈钢管、塑料热水管（如交联聚乙烯管）、塑料和金属复合热水管（如交联铝塑复合管）等。

热水干管根据所选定的方式可以敷设在地沟、地下室顶部、建筑物最高层或专用设备技术层内。一般建筑物的热水管线放置在预留沟槽、管道竖井内。明装管道尽可能布置在卫生间或非居住的房间。管道穿楼板、墙壁及基础时应加套管，穿越屋面及地下室外墙时应加防水套管。楼板套管应该高出地面 50~100mm，以防积水时由楼板孔流到下一层。

为防止热水管道输送过程中发生倒流或串流，应在水加热器或贮水罐给水管上、机械循环第二循环管上、加热冷水所用的混合器的冷热水进水管上装设止回阀。

为方便排气和泄水，热水横管均应有与水流相反的坡度（$i \geqslant 0.003$），并在管网的最低处设置泄水阀门，以便检修时泄空管网内存水。

横干管直线段应设置足够的补偿器。为了避免管道热伸长所产生的应力损坏管道，立管与横干管连接应如图 1-39 所示。

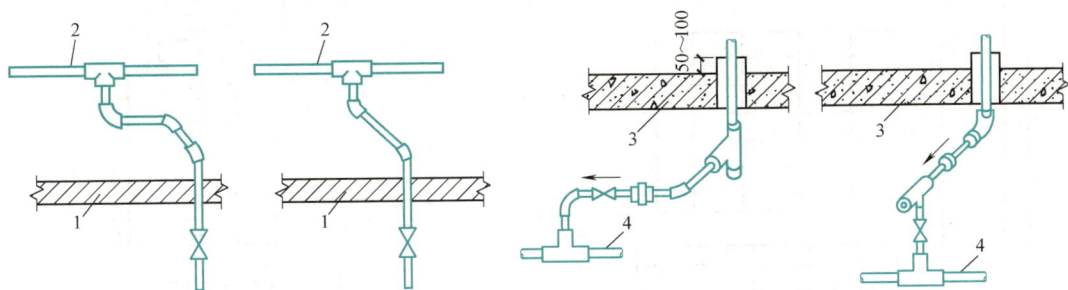

图 1-39　热水立管与横干管的连接方式
1—吊顶　2—配水干管　3—结构层　4—循环干管

为了满足运行调节和检修的要求，在水加热设备、贮水器、锅炉、自动温度调节器、疏水器等设备的进出水口的管道上，还应装设必需的阀门。

为了减少散热，热水系统的配水干管、循环干管、水加热器、贮水罐等，一般要进行保温。保温材料应当选取导热系数小、耐热性高和价格低的材料。

1.4.5　高层建筑热水供应系统的特点

高层建筑具有层数多、建筑高度大、热水用水点多等特点，与给（冷）水系统相同，为解决热水管网系统压力过大的问题，可采用竖向分区的供水方式。高层建筑热水系统分区的范围，应与给（冷）水系统的分区一致，各区的水加热器、贮水器的进水，均应由同区的给（冷）水系统设专管供应。但因热水系统水加热器、贮水器的进水由同区给（冷）水系统供应，水加热后，再经热水配水管送至各配水点，故热水在管道中的流程远比同区冷水水嘴流出的冷水所经历的流程长，所以尽管冷、热水分区范围相同，混合水嘴处冷、热水压力仍有差异。为保持良好的供水工况，应采取相应措施适当加大冷水管道的阻力，减小热水管道的阻力，以使冷、热水压力保持平衡；也可采用内部设有温度感应装置，能根据冷、热水压力大小、出水温度高低自动调节冷热水进水量比例，保持出水温度恒定的恒温式水嘴。

高层建筑热水供应系统的分区供水方式主要有集中式和分散式两种。

1. 集中式

集中设置水加热器、分区设置热水管网的供水方式如图1-40所示，各区热水配水循环管网自成系统，加热设备、循环水泵集中设在底层或地下设备层，各区加热设备的冷水分别来自各区冷水水源，如冷水箱等。其优点：各区供水自成系统，互不影响，供水安全、可靠；设备集中设置，便于维修、管理。其缺点：高区水加热器和配、回水主立管管材需承受高压，设备和管材费用较高。该分区方式不宜用于多于3个分区的高层建筑。

2. 分散式

分散设置水加热器、分区设置热水管网的供水方式如图1-41所示，各区热水配水循环管网自成系统，各区的加热设备和循环水泵分散设置在各区的设备层中。其优点是：供水安全可靠，且水加热器按各区水压选用，承压均衡，回水立管短。其缺点是：设备分散设置不但要占用一定的建筑面积，而且维修管理也不方便，此外热媒管线较长。

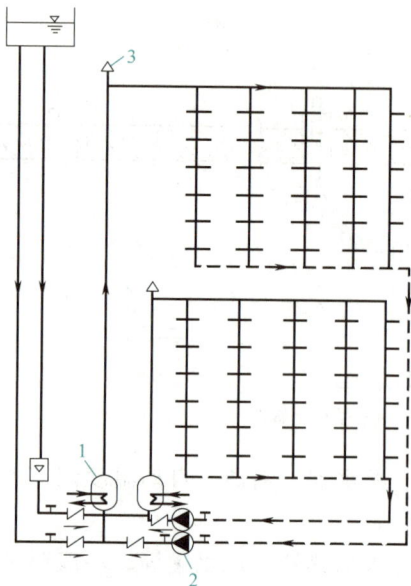

图1-40　集中设置水加热器、分区设置热水管网的供水方式

1—水加热器　2—循环水泵　3—排气阀

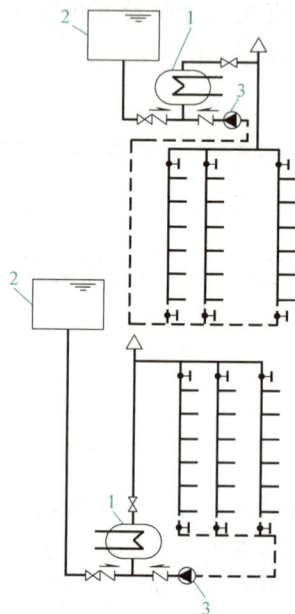

图1-41　分散设置水加热器、分区设置热水管网的供水方式

1—加热器　2—给水箱　3—循环水泵

课题5　室内给水排水系统常用管材

1.5.1　塑料管

塑料管一般是以合成树脂为原料，加入稳定剂、润滑剂、增塑剂等，采用热塑的方法在制管机内经挤压加工而成的。塑料管是目前应用广泛的管材，其优点是化学性能稳定、耐腐蚀、重量轻、外形美观、内壁光滑、安装方便，可防止水在输送过程中的二次污染；缺点是

线性变形大、机械性能差、不耐高温、易老化等。塑料管规格按产品规定的方法表示，常用公称外径 dn，设计若都按公称直径 DN 表示，应有其与相应产品规格的对照表。在选用塑料管时，应有质量检验部门的产品合格证，有卫生部门的认证文件。

PP-R 管道的热熔连接

1. 聚丙烯管

国际标准中，聚丙烯冷热水管分为 PP-H、PP-B、PP-R 三种，其中 PP-R 是无规共聚聚丙烯管，它提高了抗冲击性能，增加了挠性，降低了熔化温度，同时具有良好的化学稳定性、耐压耐热性，阻力小。PP-R 管广泛用于住宅、办公楼、宾馆等建筑的给水系统。PP-R 管分为冷水管和热水管两种，热水管表面涂刷一条红线，冷水管涂刷一条蓝线，管子出厂长度一般为 4m，常用规格为 $dn20 \sim dn110$，形式如图 1-42a 所示。

a) PP-R给水管   b) PVC-U排水管   c) HDPE给水管

d) PEX管   e) PE-RT管

图 1-42　几种常用给排水塑料管材

聚丙烯管采用热熔连接、电熔连接、过渡接头螺纹连接和法兰连接。管径 $\leqslant dn110$ 时，采用热熔连接；管径 $> dn110$ 管道热熔连接困难的场合，采用电熔连接。PP-R 管与小管径的金属管、螺纹阀门卫生器具金属配件连接时，可采用带铜内丝或外丝嵌件的 PP-R 过渡接头螺纹连接；PP-R 管道与较大管径的金属附件或管道连接时，可采用法兰连接。

PP-R 热熔管件有直通、弯头、三通、变径、管堵等，PP-R 过渡接头主要有带内丝或外丝的直通、弯头和三通等。

2. 硬聚氯乙烯管

硬聚氯乙烯（PVC-U）管有较高的化学稳定性，并有一定的机械强度，主要优点是耐腐蚀性能好、重量轻、成型方便、加工容易，缺点是强度较低、耐热性差。

PVC-U 管主要用于室内生活污水和屋面雨水系统的排除，常用口径为 $dn50 \sim dn200$，形式如图 1-42b 所示。PVC-U 管可用胶粘剂承插连接、密封橡胶圈承插连接或法兰连接。排水用 PVC-U 管管件有 45°和 90°弯头、斜三通、顺水三通、瓶型三通、斜四通、顺水四通、角四通、大小头、管箍、P 形存水弯、S 形存水弯、检查口和清扫口等。

给水用 PVC-U 管常用规格为 $dn20 \sim dn110$，生活给水管胶粘连接时采用给水专用胶粘剂，不得影响供水水质。

知识拓展

建筑单立管排水系统常用 PVC-U 中空螺旋消声管（图 1-43）和实壁螺旋消声管（图 1-44）。PVC-U 中空螺旋消声管和实壁螺旋消声管具备 PVC-U 实壁管的所有优点性能，尤其是隔声效果明显。它们是一种螺旋消声管，其特征在于管材内壁上制有螺旋筋，螺旋筋呈直线斜向均布，并与消声管中心线的夹角为 8°~20°。其特点是在排水时，水流在螺旋筋的导流下，按螺旋筋的斜向直线沿管材内壁排出，不会对其内壁产生较强的冲击，因此噪声比较小。它能比标准实壁管降低 8~10dB，遏制了在污水排放过程中所产生的噪声。

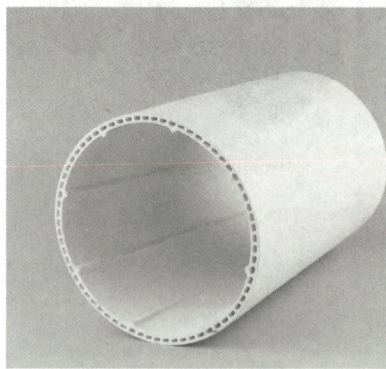

图 1-43　中空螺旋消声管

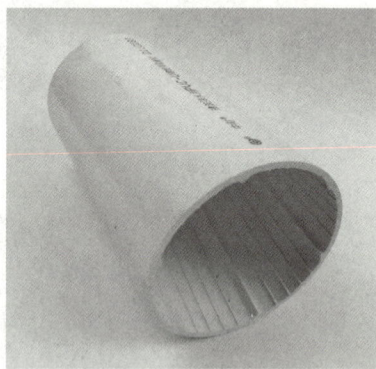

图 1-44　实壁螺旋消声管

芯层发泡 PVC-U 复合管（图 1-45）分为三层，内外壁为皮层，中部为芯层，采用共挤技术加工而成。皮层和芯层均以 PVC 树脂为主要成分，所不同的是芯层加入发泡剂及大量丙烯酸酯、抗冲击改性剂和泡孔调节剂。其最大特点是质轻、价廉。用胶粘剂粘接安装，方便快捷。它是一种新型排水管材，在降低水流噪声、耐热特性、使用温域、抗冲击性、施工难度、节约原材料等方面，较传统 PVC-U 管有巨大的优势。

图 1-45　芯层发泡 PVC-U 复合管

3. 聚乙烯管

聚乙烯具有显著的耐化学性能，生产管材时一般添加2%的炭黑以提高管材的抗老化稳定性。其中高密度聚乙烯（HDPE）管比普通聚乙烯管密度大，低温抗冲击性好，冬期施工时不会发生管子脆裂现象，同时具有优异的抗刮痕能力和较好的耐候性能。HDPE管道主要用于市政供水系统、建筑室内外埋地给水系统、水处理工程管道系统、园林灌溉及其他领域的工业用水管道系统等，常用规格为 $dn20 \sim dn630$，形式如图 1-42c 所示，可采用热熔或电熔连接。HDPE 双壁波纹管用于埋地排水管道，规格为 $dn200 \sim dn800$，采用橡胶圈承插连接。

交联聚乙烯（PEX）管由聚乙烯材料制成，它将聚乙烯线性分子结构通过物理及化学方法变成三维网络结构。PEX 管继承了聚乙烯管材固有的耐化学腐蚀性和柔韧性，提高了耐热性和抗蠕变能力，常用规格为 $dn16 \sim dn63$，形式如图 1-42d 所示，适用于室内冷热水供应系统和低温地板辐射采暖系统，主要连接方式为卡压式连接。

耐热聚乙烯（PE-RT）管是一种可以用于热水管的非交联聚乙烯管，它保留了聚乙烯良好的柔韧性、高热传导性和惰性，耐压性更好，形式如图 1-42e 所示，主要用于建筑物内的低温热水采暖系统，易弯曲，便于地暖施工，可采用热熔连接。

根据施工方法与用途不同，聚乙烯管件可分为电热熔管件、热熔对接管件、承插管件、钢塑转换接头。管件主要有套筒、弯头、三通、鞍形三通、变径、管堵、法兰等。

1.5.2 钢管

钢管的优点是强度高，承受内压大，抗震性能好，易于加工，接口方便，安装容易，内表面光滑，水力条件好，变形量小；缺点是造价较高，抗腐蚀性差。钢管容易锈蚀，影响供水水质，目前多用于消防给水系统、采暖系统和工业给水系统等。

镀锌钢管的沟槽连接

钢管按其生产工艺不同，可分为焊接钢管和无缝钢管等，如图 1-46 所示。

a) 镀锌焊接钢管　　　　b) 非镀锌焊接钢管　　　　c) 无缝钢管

图 1-46　几种常用钢管

1. 焊接钢管

焊接钢管（低压流体输送用焊接钢管）属于有缝钢管，用来输送工作压力和温度较低的介质。这种钢管按有无镀锌层分为镀锌钢管（白铁管）和非镀锌钢管（黑铁管），镀锌钢管是在黑铁管内外壁镀锌而成的。镀锌是为了防锈、防腐，延长管道的使用年限。焊接钢管按壁厚不同可分为普压钢管和加厚钢管两种，普压钢管一般用在工作压力小于 1.0MPa 的管道上；加厚钢管用在工作压力小于 1.6MPa 的管道上。

镀锌钢管通常长度为 4~9m，非镀锌钢管通常长度为 4~10m。焊接钢管规格通常以公称直径 DN 表示，一般情况下，公称直径既不等于管子的实际内径，也不等于实际外径，公称直径相同的管道、管件、阀门可以互相连接，并具有互换性。

焊接钢管可采用螺纹连接、焊接、法兰连接和沟槽连接，连接形式如图 1-47 所示。

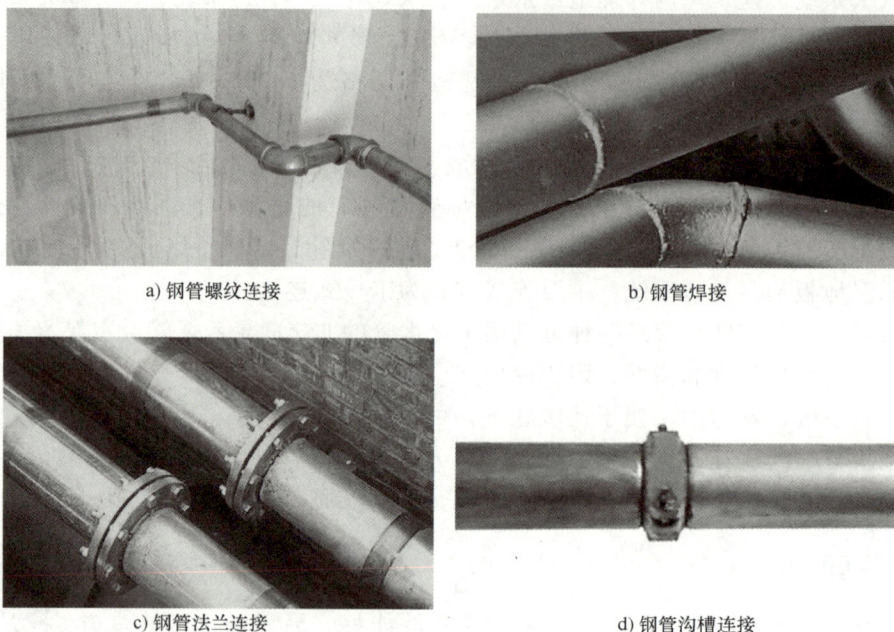

a) 钢管螺纹连接

b) 钢管焊接

c) 钢管法兰连接

d) 钢管沟槽连接

图 1-47　钢管的连接形式

螺纹连接是管径 ≤DN100 镀锌钢管的常用连接形式，它是指通过管道与管件上的内外丝连接，如图 1-48 所示。常用管件有管箍、弯头、三通、四通、活接头、补心、对丝、根母、管堵等。这些管件中，等径的规格常用公称直径 DN（mm）表示，如 DN20；异径的规格常用 DN（$D \times d$）（mm）表示（D 为大管径，d 为小管径，并且同一异径管件 $D>d$），如 DN25×20。这些管件用可锻铸铁或软钢（熟铁）制成，也分为镀锌（白铁）与非镀锌（黑铁）两种，与相应的管材配合使用。

焊接是经常采用的一种连接方式，它用于管径 ≥DN40、不需经常拆卸的管道上。

法兰连接用于较大管径的管道上（DN50 以上），常将法兰盘焊接或用螺纹连接在管端，再用螺栓连接。法兰连接一般用于阀门、水泵、水表等处，拆卸方便。

沟槽连接是在钢管末端用电动机械压槽机压出一定宽度和深度的沟槽，再用卡箍环抱，锁紧螺栓。此方式目前广泛用于消防管道的连接。

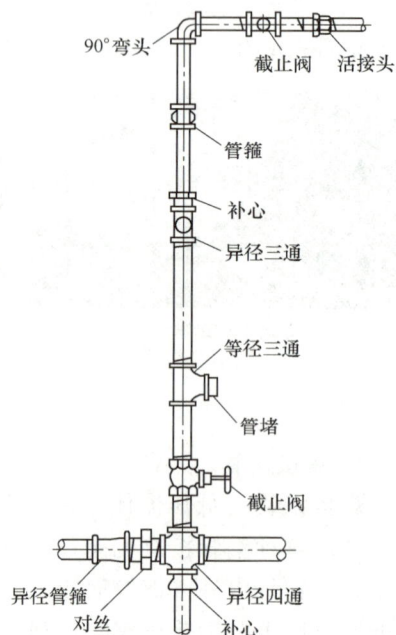

90°弯头　截止阀　活接头
管箍
补心
异径三通
等径三通
管堵
截止阀
异径管箍　异径四通
对丝　补心

图 1-48　常用钢管管件

知识拓展

在对管材管径进行标注时，内外热浸镀锌钢管、衬塑钢管（衬塑复合管）采用公称直径 DN 表示，硬聚氯乙烯排水管（PVC-U）、聚丙烯给水管（PP-R）采用公称外径 dn（或 De）表示。当两类管材在工程实践中需要连接时，要注意相同管径才能连接。塑料管公称外径与公称直径对照表见表 1-7 和表 1-8。

表 1-7　塑料管公称外径与公称直径对照表（给水）

塑料管外径 dn/mm	20	25	32	40	50	63	75	90	110
公称直径 DN/mm	15	20	25	32	40	50	65	80	100

表 1-8　塑料管公称外径与公称直径对照表（排水）

塑料管外径 dn/mm	50	75	110	160
公称直径 DN/mm	50	75	100	150

在工程实践中，对管径的常用称呼有：4 分管（DN15）、6 分管（DN20）、1 寸管（DN25）、1.25 寸管（DN32）、1.5 寸管（DN40）、2 寸管（DN50）、2.5 寸管（DN65）、3 寸管（DN80）、4 寸管（DN100）。

2. 无缝钢管

无缝钢管是用普通碳素钢、优质碳素钢或低合金钢通过热轧或冷轧制造而成，其特征是纵、横向均无焊缝，所以能承受较高压力。无缝钢管在同一外径下有几种壁厚，其规格用外径×壁厚（$D×\delta$）表示，如 $D108×4$ 表示外径 108mm、壁厚 4mm。

无缝钢管一般采用焊接连接和法兰连接，管件有无缝冲压弯头、无缝焊接弯头和异径管等。

除以上焊接钢管和无缝钢管外，大管径钢管还有螺旋缝电焊钢管和直缝卷制电焊钢管等，这里不再赘述。

1.5.3　复合管

1. 钢塑复合管

钢塑复合管是由普通镀锌钢管或管件与 PE、PEX、PP-R、ABS 等塑料管或管件复合而成，兼具镀锌钢管变形量小和塑料管耐腐蚀的特点，可用于生活给水系统或消防给水系统。根据生产工艺的不同，钢塑复合管有衬塑管和喷塑管之分，建议采用衬塑管，其形式如图 1-49a 所示。钢塑复合管的规格用公称直径 DN 表示。钢塑复合管一般采用螺纹连接，所用管件为衬塑管件，端口做好防腐处理。

2. 铝塑复合管

铝塑复合管是以焊接铝管为中间层，内外层均采用聚乙烯（或交联聚乙烯）管，通过黏合剂复合而成，如图 1-49b 所示。铝塑复合管的规格用公称外径 dn（或 De）表示，常用规格为 $dn16\sim dn63$。铝塑复合管适用于输送介质温度不大于 40℃，管内压力不大于 1.0MPa 的生活给水系统和直饮水供应系统。铝塑复合管可采用卡压式连接、卡套式连接或螺纹挤压式连接。

目前工程中还有不锈钢-塑料复合管、铜塑复合管、钢丝网骨架塑料复合管等，这里不再赘述。

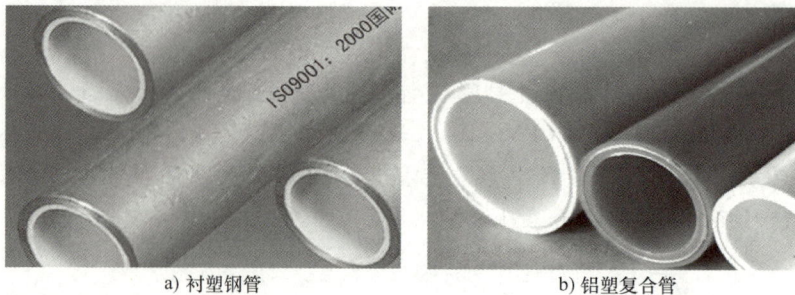

a) 衬塑钢管　　　　　　　　b) 铝塑复合管

图 1-49　常用给水复合管

1.5.4　铸铁管

1. 给水铸铁管

给水铸铁管按材质分为普通铸铁管和球墨铸铁管。

普通铸铁管又称灰铸铁管，可用于消防和生产给水系统的埋地管材。与钢管相比，其价格较低，耐腐蚀性较好，但质脆，自重大。为了防止管内结垢，铸铁管内壁涂水泥砂浆衬里层，外壁喷涂沥青防腐层。普通铸铁管接口有承插式和法兰两种，以前者居多，采用刚性承插连接，有石棉水泥接口、铅接口、沥青水泥砂浆接口、膨胀性水泥接口等形式。

球墨铸铁管强度高、韧性大、抗腐蚀性强，本身有较大的延伸率，同时管口之间采用柔性接口，提高了管网的工作可靠性，因此得到了越来越广泛的应用，尤其适用于城市自来水管埋地敷设。球墨铸铁管采用离心浇筑，规格 DN80 以上，长 4~9m。球墨铸铁管采用柔性承插连接，按接口形式分为推入式（T 形）和机械式（压兰式，即 K 形）。

2. 排水铸铁管

排水铸铁管有刚性接口和柔性接口两种。为使管道具有良好的曲挠性和伸缩性，防止管道裂缝、折断，建筑内部排水管道应采用柔性接口机制排水铸铁管。按制造工艺不同，柔性接口机制排水铸铁管可分为两种：连续铸造排水铸铁管和水平旋转离心铸造排水铸铁管。排水铸铁管规格为 DN50 以上。

柔性接口机制排水铸铁管连接如图 1-50 所示。其连接方式可分为不锈钢带卡紧螺栓连接（也称为卡箍式连接）和法兰压盖螺栓连接（也可称为承插式连接）。不锈钢带卡紧螺栓连接采用不锈钢带、胶圈连接，施工方便，占用空间小；法兰压盖螺栓连接采用胶圈、法兰

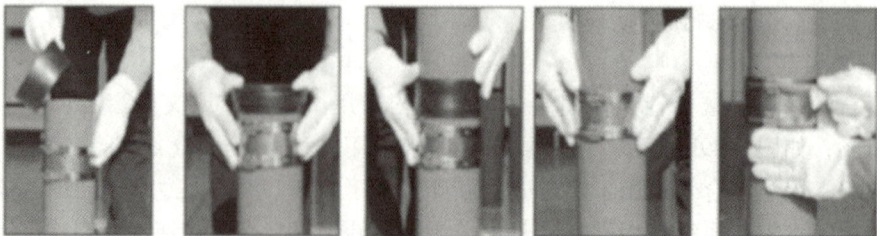

a) 不锈钢带卡紧螺栓连接

图 1-50　柔性接口机制排水铸铁管的连接

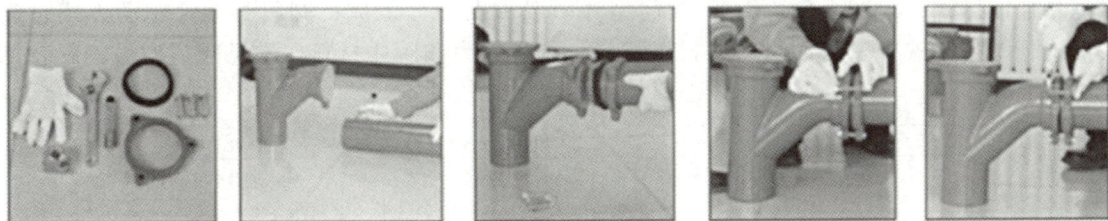

b) 法兰压盖螺栓连接

图 1-50 柔性接口机制排水铸铁管的连接（续）

压盖的形式。

排水铸铁管的优点是耐腐蚀、耐用；缺点是性脆、自重大，每根管不太长，管接口多。

1.5.5 有色金属管

随着人民生活水平的提高，对管材的要求也越来越高，有色金属管在给水中的应用也越来越广泛，如薄壁不锈钢管、薄壁铜管，如图 1-51 所示。

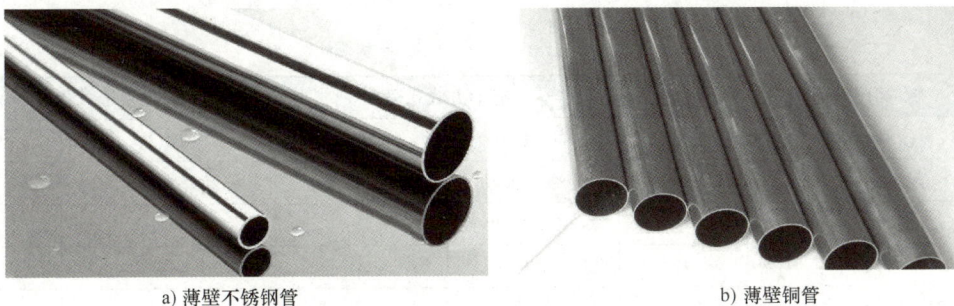

a) 薄壁不锈钢管

b) 薄壁铜管

图 1-51 有色金属管

在钢中添加铬和其他金属元素，就形成了具有一定耐腐蚀性能的不锈钢管。薄壁不锈钢管是用壁厚为 0.6~2.0mm 的不锈钢带或不锈钢板，经过自动氩弧焊等熔焊焊接工艺制成的管材。它具有安全、卫生、强度高、耐蚀性好、坚固耐用、寿命长、免维护、美观等特点。薄壁不锈钢管可采用焊接或卡压等连接方式。

纯铜呈紫红色，故又称紫铜。铜合金根据合金成分不同主要有黄铜（铜锌合金）、青铜（铜锡合金等）、白铜（铜镍合金）。应用较多的是纯铜管和黄铜管，其主要用于生活给水、热水供应等。铜及铜合金管的连接方式有螺纹连接、焊接连接和法兰连接，以螺纹连接为主。家装用的薄壁铜管具有耐腐蚀、抗渗透、耐压、温度适用范围大、经久耐用、卫生条件好、安装方法多样、可再生利用等特点，连接方式为焊接。

课题6 室内给水排水系统常用附件

1.6.1 阀门

阀门是用来控制调节系统内水的流向、流量、压力，保证系统安全运行的附件，按作用可分为调节附件、控制附件、安全附件。不同阀门

阀门型号表示方法

以型号加以区别，如图 1-52 所示。阀门型号一般由七部分组成：阀门类型、驱动方式、连接形式、结构形式、密封面材料或衬里材料、公称压力和阀体材料。常见阀门型号编制表见表 1-9。

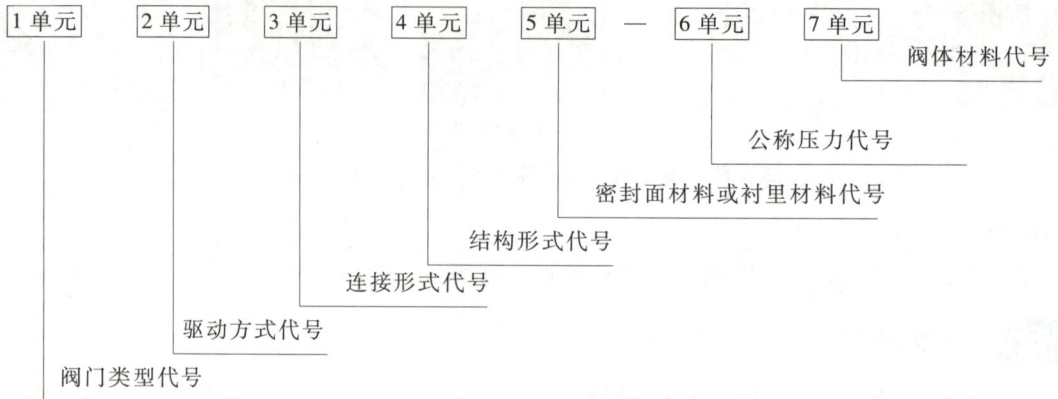

图 1-52　阀门型号构成

表 1-9　常见阀门型号编制表

阀门类型代号		驱动方式代号		连接形式代号	
闸阀	Z	电磁动	0	内螺纹	1
截止阀	J	电磁—液动	1	外螺纹	2
蝶阀	D	电—液动	2	法兰	4
止回阀	H	蜗杆	3	焊接	6
减压阀	Y	气动	6	对夹	7
球阀	Q	液动	7	卡箍	8
弹簧式安全阀	A	气—液动	8	卡套	9
杠杆式安全阀	GA	电动	9	—	—

密封面/衬里材料代号		公称压力代号	阀体材料代号	
合金钢	H		灰铸铁	Z
铜合金	T		可锻铸铁	K
橡胶	X	公称压力代号以阿拉伯数字表示，其数值是以 MPa 为单位的公称压力值的 10 倍，如公称压力为 1.6MPa，则公称压力代号为 16	球墨铸铁	Q
衬橡胶	J		铜及铜合金	T
氟塑料	F		碳钢	C
尼龙塑料、衬铅	N、Q		铝合金	L
搪瓷、渗硼钢	C、P		铬镍系不锈钢	P
密封面材料同阀体	W		铬钼钒钢	V

　　阀门型号编制举例：阀门采用电动装置操作，法兰连接端，明杆楔形式双闸板结构，阀座密封面材料是阀体本体材料，公称压力 PN10（1.0MPa），阀体材料为灰铸铁的闸阀，型号表示为：Z942W—10（Z），Z 可省略。阀门采用液动装置操作，法兰连接端，垂直板式结构，阀座密封面材料为铸铜，阀瓣密封面材料为橡胶，公称压力 PN2.5（0.25MPa），阀体

材料为灰铸铁的蝶阀，型号表示为 D741X—2.5Z。

下面介绍几种室内给水系统常用的阀门。

1. 闸阀

闸阀用来开启和关闭管道中的水流、调节流量。闸阀的优点是对水流的阻力小，阀全开时水流呈直线通过；缺点是不易关严，水中有杂质落入阀座后，阀不能关闭到底，因而产生磨损和漏水。管径>DN50 时宜选用闸阀。闸阀安装无方向性，多用于允许水双向流动的管道。室内给水系统常用的闸阀如图 1-53 所示。

2. 截止阀

截止阀与闸阀一样用来启闭水流、调节流量，同时它也可以用来调节压力（主要指采暖系统）。截止阀的优点是关闭严密；缺点是对水流阻力较大。安装时注意方向，应使水低进高出，防止装反，允许的水流方向用箭头表示在外壳上。一般管道直径小于或等于 50mm 时，或需经常启闭的管道上采用截止阀。截止阀如图 1-54 所示。

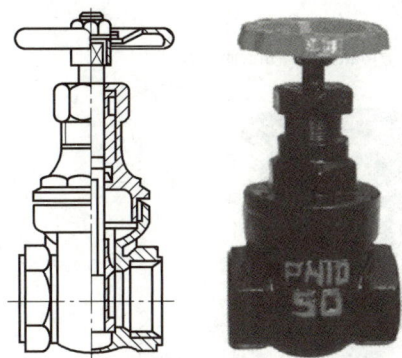

图 1-53　闸阀

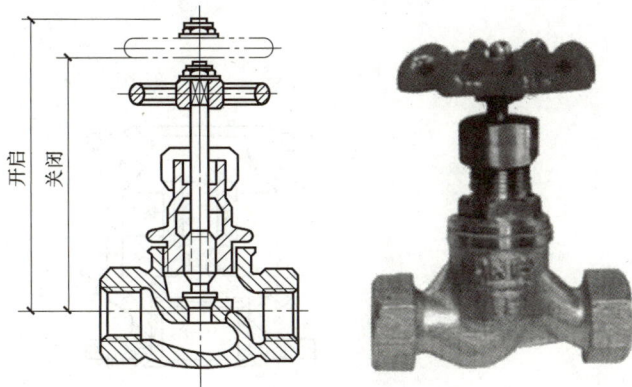

图 1-54　截止阀

3. 蝶阀

蝶阀是利用一个圆盘形的阀板，在阀体内绕其自身轴线旋转，从而达到启闭和调节目的的阀门。蝶阀结构简单，外形尺寸紧凑，启闭灵活，开启度直观，水流阻力小，阀体不易漏水。蝶阀用在双向流动的管道上，多用于消防给水系统。图 1-55 为常见的对夹式蝶阀。

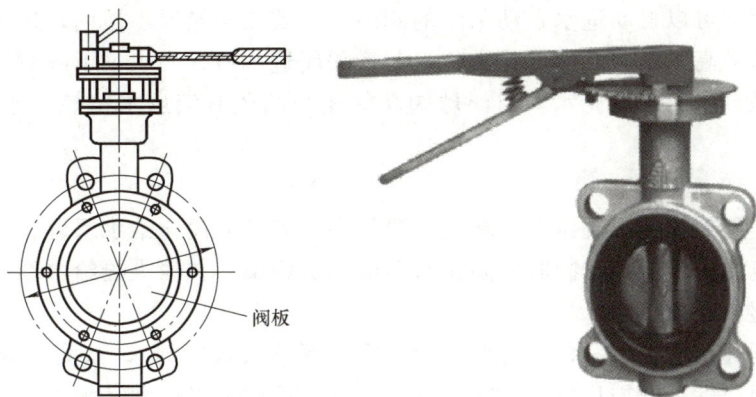

图 1-55　对夹式蝶阀

4. 止回阀

止回阀又称逆止阀，是一种自动启闭的阀门，用来阻止水流的反向流动。如在水泵吸水管始端，为了防止吸水管中的水倒流，装有底阀，底阀亦属于止回阀类。水泵出水管路上安装止回阀以保护水泵在停泵时不受影响。

止回阀有严格方向性，安装时必须使水流方向与阀体上箭头方向一致，不得装反。止回阀常见类型如图 1-56 所示。

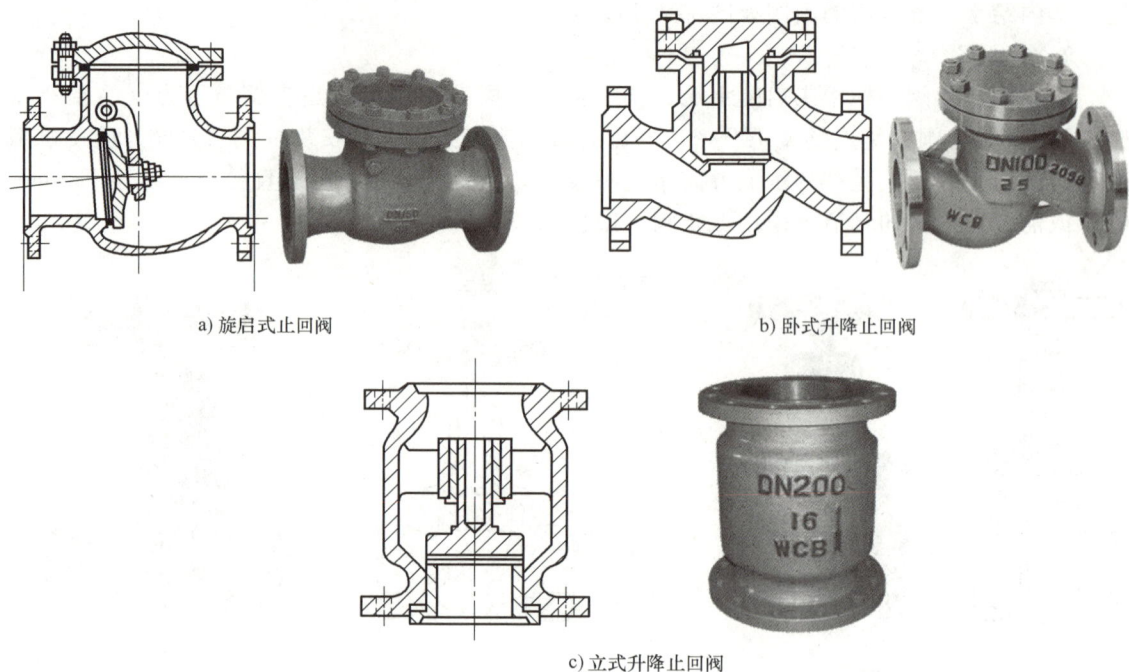

a) 旋启式止回阀　　　　　　　b) 卧式升降止回阀

c)立式升降止回阀

图 1-56　止回阀常见类型

1）旋启式止回阀：一般直径较大，水平、垂直管道上均可装置，用于阀前压力小的管道。
2）卧式升降止回阀：装于水平管道上，水头损失较大，只适用于小管径。
3）立式升降止回阀：用于竖直管道。

5. 浮球阀

浮球阀是一种可以自动进水自动关闭的阀门，安装在水箱或水池内，用来控制水位。当水箱充水到设计最高水位时，浮球随水位浮起，关闭进水口；当水位下降时，浮球下落，进水口开启，于是自动向水箱充水。与浮球阀功能相同的还有液压水位控制阀。图 1-57 所示为小型浮球阀。

6. 减压阀

减压阀的作用是降低水流压力。在高层建筑中，它可以简化给水系统，减少或替代减压水箱，增加建筑的使用面积，同时可防止水质的二次污染。在消火栓给水系统中，可防止消火栓栓口处的超压现象。

常用的减压阀有两种，一种是可调式减压阀（弹簧式减压阀），如图 1-58 所示；另一种是比例式减压阀（活塞式减压阀），如图 1-59 所示。可调式减压阀宜水平安装，比例式减压阀宜垂直安装。

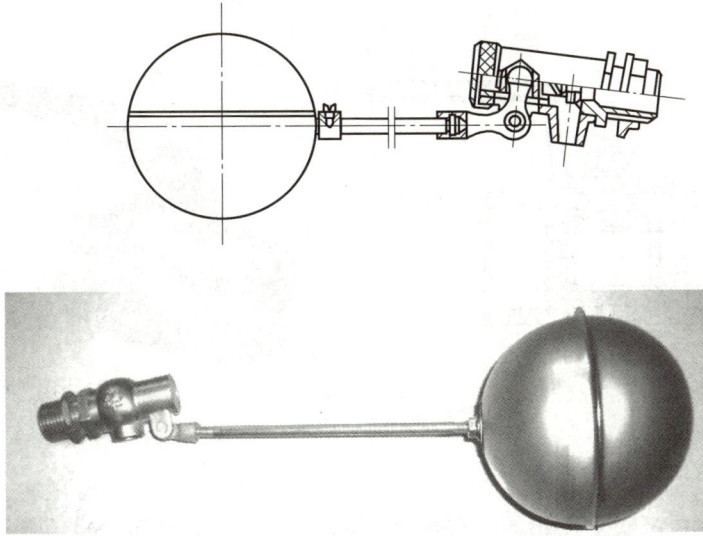

图 1-57 小型浮球阀

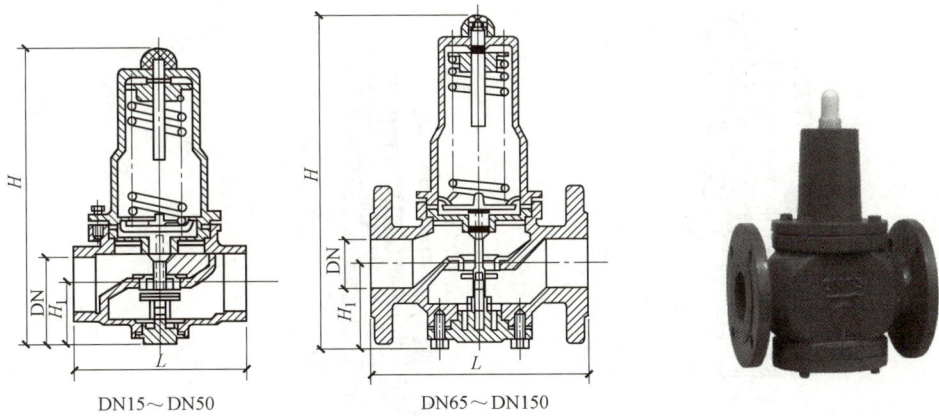

DN15～DN50   DN65～DN150

图 1-58 可调式减压阀

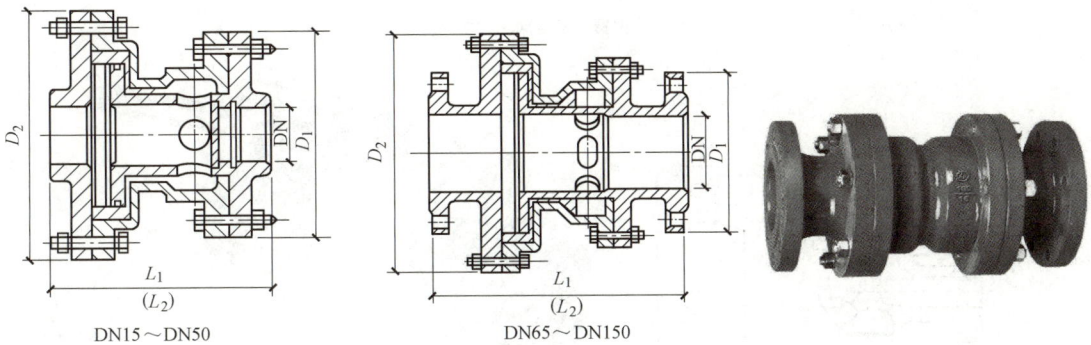

DN15～DN50   DN65～DN150

图 1-59 比例式减压阀

7. 球阀

球阀是利用一个中间开孔的球体阀芯，靠旋转球体来控制阀门的。它只能全开或全关，不能调节流量，水流阻力比较小，常用于小管径的给水管道中。球阀如图1-60所示。

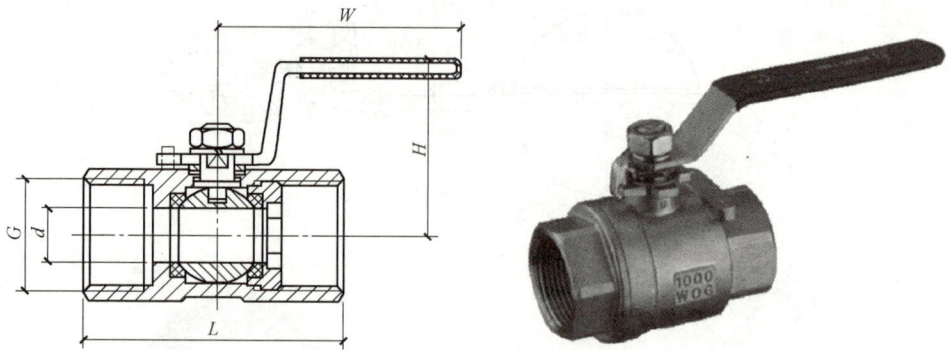

图 1-60 球阀

8. 安全阀

安全阀是保证系统安全使用的一种附件，系统中安装安全阀，可以避免管网、设备或密闭容器（如锅炉）因超压而受到破坏。安全阀有弹簧式和杠杆式两种，如图 1-61 所示。

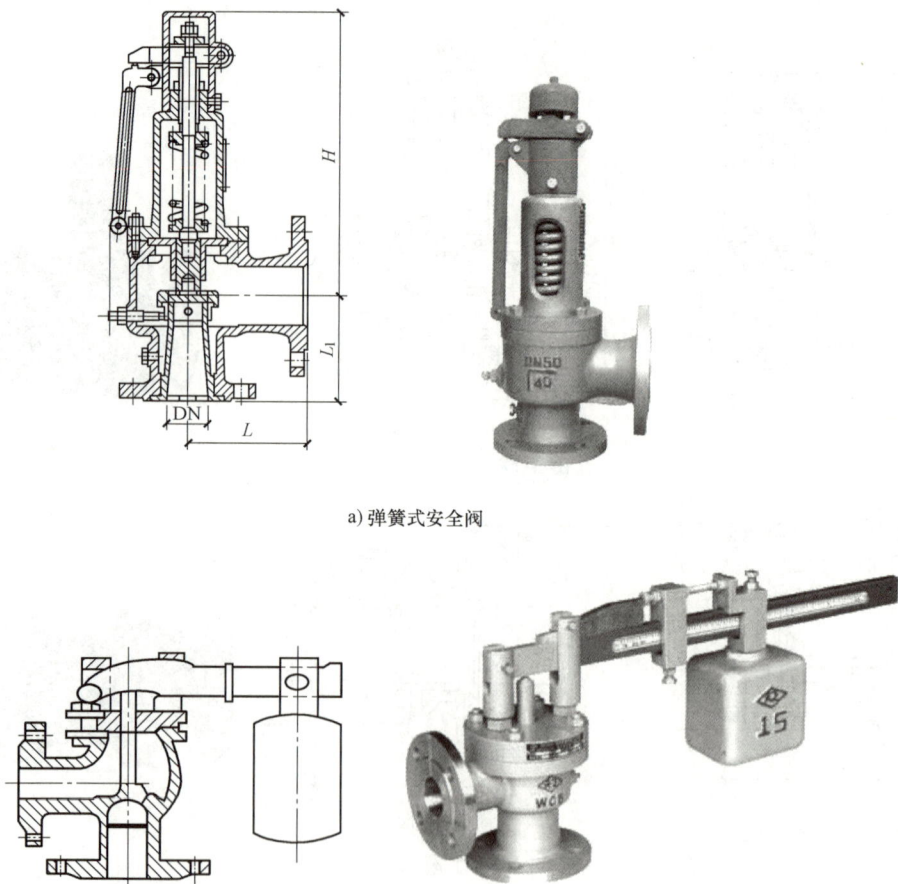

a) 弹簧式安全阀

b) 杠杆式安全阀

图 1-61 安全阀

1.6.2 水龙头

水龙头是安装在各种卫生器具上的配水设施,又称水嘴,用来开启或关闭水流。常用的水龙头有以下几种。

1. 普通龙头

普通龙头装设在厨房洗涤盆、污水池及盥洗槽上,由可锻铸铁或铜制成,直径有15mm、20mm、25mm三种。图1-62所示为普通龙头。

2. 感应龙头

感应龙头是利用光电元件控制启闭的水龙头。使用时手放在水龙头下,挡住光电元件即可开启放水,使用完毕后手离开即可关闭停水。感应龙头节水且无接触操作,清洁卫生,多设于公共场合,如图1-63所示。

图 1-62 普通龙头

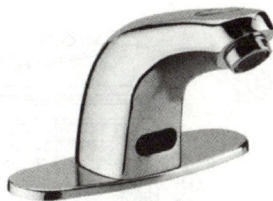

图 1-63 感应龙头

3. 混合龙头

混合龙头通常装设在浴盆、洗脸盆等处,用来分配调节冷热水。混合龙头样式很多,图1-64为几种常见的混合龙头,前三种一般用于洗脸盆或厨房洗涤盆,后三种一般用于浴盆或淋浴器。

F1101   40mm
F1101B 35mm

F1102   40mm
F1102B 35mm

F1104   40mm
F1104B 35mm

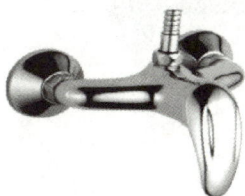

F1103   40mm
F1103B 35mm

F1103A   40mm
F1103AB 35mm

F1109   40mm
F1109B 35mm

图 1-64 混合龙头

此外,还有许多根据特殊用途制成的水龙头,如用于化验室的鹅颈水嘴,集中热水供应点的热水龙头及皮带龙头等。

1.6.3　水表

水表是一种计量建筑物用水量的仪表。需要单独计量用水量的建筑物，应在给水引入管上装设水表。为了节约用水，规定住宅建筑每户安装分水表，计量用水量。

建筑给水系统常用的是流速式水表。流速式水表是根据管径一定时，通过水表的水流速度与流量成正比的原理来测量的。水流通过水表时推动翼轮旋转，翼轮轴传动一系列联动齿轮（减速装置），再传递到记录装置，在度盘指针指示下便可读到流量的累积值。

流速式水表按功能的不同可分为普通水表、IC卡水表、远传水表等；按叶轮构造不同可分为旋翼式水表和螺翼式水表。旋翼式水表的翼轮转轴与水流方向垂直，水流阻力较大，多为小口径水表，宜用于测量小流量。螺翼式水表的翼轮转轴与水流方向平行，阻力较小，口径较大，适用于测量大流量，如图1-65所示。

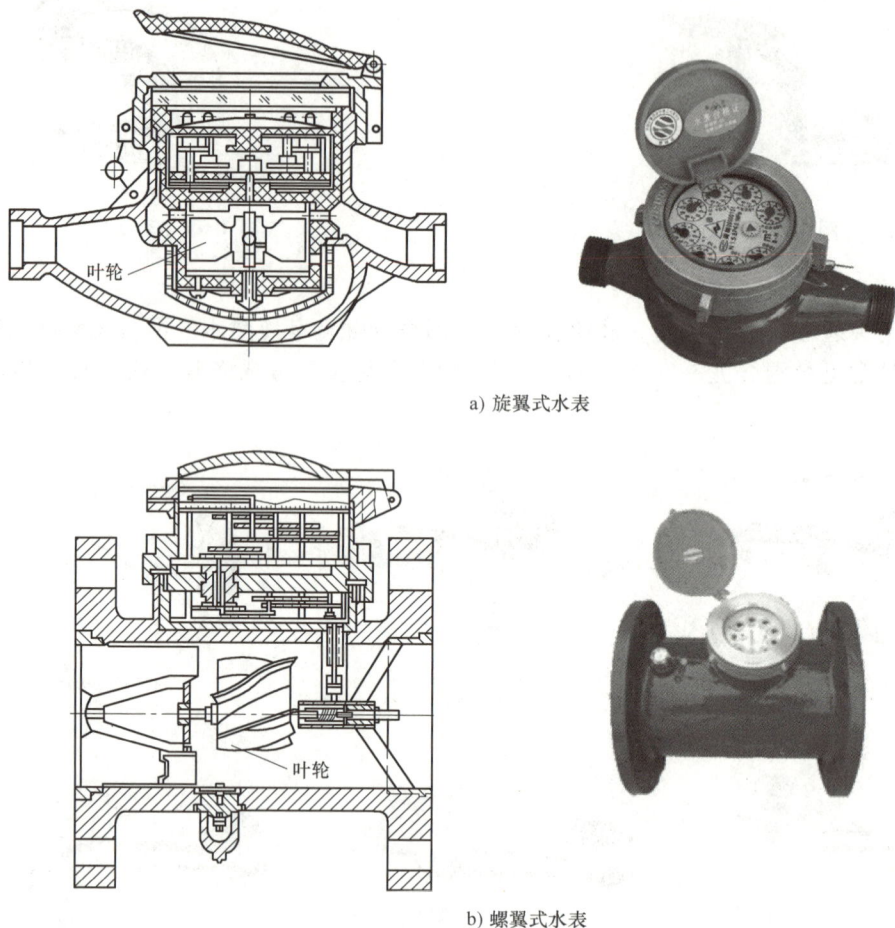

a) 旋翼式水表

b) 螺翼式水表

图 1-65　水表

流速式水表按其计数机件所处状态又分干式和湿式两种。干式水表的计数机件用金属圆盘与水隔开；湿式水表的计数机件浸在水中。湿式水表机件简单，计量准确，但只能用在水中不含杂质的管道上。住宅分户水表一般采用湿式旋翼水表。

知识拓展

党的二十大报告指出，要加强城市基础设施建设，打造宜居、韧性、智慧城市。智慧水务是智慧城市的重要组成部分，是指通过信息化技术、物联网技术、大数据技术等手段，对水资源的监测、调度、管理和利用进行智能化、自动化和系统优化的一种水务管理模式。

当前，我国智慧水务注重技术应用，一方面集中在 AI 技术的应用，如河南省焦作市博爱县第二污水厂项目应用数字孪生赋能污水厂低碳运维，采用三维可视化建模，工艺仿真、自控仿真和三维可视化等技术构建了三维虚拟水厂，实现水质预测、水量预测、生化分析、物料平衡、运行调整、设备维护、故障诊断等功能。另一方面，水务行业出现了大量数字化产品，如智能井盖、智能水泵、智能水表（图 1-66）等。据报道，北京市自来水集团已为用户安装了 330 余万支智能远传水表，智能远传水表基于新一代物联网技术实现远程传输，具备信号采集和数据处理、存储、通信等功能。结合智能水表，北京自来水集团公司推出了空巢老人安全预警、户内用水异常预警等延伸服务，后台系统通过智能远传水表定期监测用户家中夜间（凌晨1—5时）的用水情况。若用水量持续大于预警值，则发出用水异常预警，工作人员将联系用户及时上门核实原因，帮助用户发现用水设备漏水、管线连接不规范等异常情况，避免水资源浪费。未来，智能水表数据还有望接入"城市大脑"系统，建立企业与政府跨平台数据对接，为构建智慧型城市提供基础支撑。

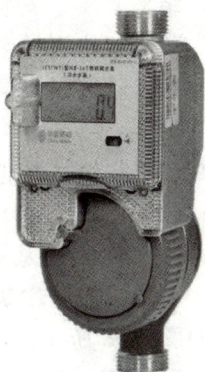

图 1-66　智能物联网水表

1.6.4　清通设备

清通设备安装在室内排水管道上，其作用是清通建筑物内的排水管道。清通设备按其构造和设置位置不同，可分为清扫口、检查口和室内检查井。清扫口一般设在卫生器具较多的水平管道起端；检查口多设在排水立管上，距地 1.0m；室内检查井一般设在不产生蒸汽和有害气体的工业废水管道上。

1.6.5　地漏

地漏是一种内有水封，用来排除地面水的特殊排水装置，一般设置在经常有水溅落的地面、有水需要排除的地面和经常需要清洗的地面，如淋浴间、盥洗室、厨房、卫生间等的地面。地漏有金属和塑料两种材质。在排水口处盖有算子，用于阻止较大杂物落入地漏。地漏安装在地面最低处，地面应有不小于 0.01 的坡度坡向地漏，算子顶面应比地面低 5~10mm。带有水封的地漏，其水封深度不得小于 50mm。

课题 7　室内给水系统常用设备

当室外管网压力、流量不能满足室内用水要求或室内对水压有特殊要求时，需在室内给水系统设升压、贮水设备。下面简要介绍室内给水系统常用的升压、贮水设备。

1.7.1 水泵

水泵是将电动机的能量传递给水的一种动力机械，是市政和建筑水暖系统中的主要升压设备，起着对水的输送、提升和加压的作用。

1. 水泵分类

水泵的种类很多，在建筑给水系统中一般采用离心式水泵。离心式水泵是靠叶轮的高速转动，将能量传递给水，使水得到能量，向高处输送。离心式水泵的构造如图 1-67 所示。

离心式水泵具有流量和扬程选择范围大、体积小、结构紧凑、安装方便和效率高的优点。

离心式水泵按泵轴位置不同可分为卧式泵和立式泵；按叶轮数量不同可分为单级泵和多级泵；按水泵提供的压力（扬程）不同可分为低压泵、中压泵和高压泵；按水进入叶轮的形式不同可分为单吸泵和双吸泵；按所抽送液体的性质不同可分为清水泵和污水泵；按水泵转速是否可调可分为定速泵和变频调速泵，后者在高层建筑中应用广泛。常用离心式水泵形式如图 1-68 所示。

2. 水泵型号表示

为正确合理选用水泵，必须知道水泵的基本性能参数。每台水泵上都有一个表示其工作特性的牌子，即铭牌。图 1-69 所示为 IS50-32-125A 离心泵的铭牌，其中流量、扬程、效率、吸程等均代表水泵的性能，称为水泵的基本性能参数。IS50-32-125A 水泵型号的解释如下：IS——国际标准离心泵，50——进口直径（mm），32——出口直径（mm），125——叶轮名义直径（mm），A——第一次切割。

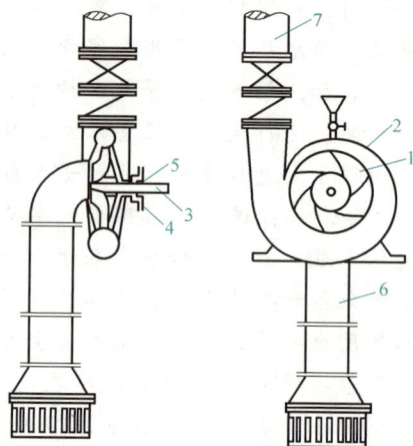

图 1-67 单级离心式水泵构造图
1—叶轮 2—泵壳 3—泵轴 4—轴承
5—填料函 6—吸水管 7—压水管

a) 卧式单级单吸离心泵(IS)　　b) 卧式单级双吸离心泵(SH)　　c) 卧式单吸多级离心泵　　d) 立式单吸多级离心泵(DL)

图 1-68 常用离心式水泵形式

选择水泵时，必须根据设计流量 Q 和相应于设计流量的水泵扬程 H，按水泵的性能表或特性曲线确定水泵的型号。水泵的性能表和特性曲线参阅厂家样本或有关专业手册。

3. 水泵的隔振

水泵在运行时有很大的噪声，当对邻近建筑物或房间有影响时，应采取隔振措施。水泵

离心式清水泵

型号 IS50-32-125A	转速 2900r/min
流量 11m³/h	效率 58%
扬程 15m	配套功率 1.1kW
吸程 7.2m	重量 32kg
出厂编号×××××	出厂日期××××年××月××日

图 1-69　离心泵铭牌示例

的隔振主要包括下列内容：水泵机组隔振；管道隔振；支架隔振。水泵机组隔振可采用橡胶隔振垫或弹簧阻尼隔振器。管道隔振是在水泵的进、出水管设置可曲挠管道配件。支架隔振是选用弹性支架、弹性托架、弹性吊架。

1.7.2　贮水箱、贮水池

室内给排水系统的贮水箱按功能不同可分为高位水箱、冲洗水箱、隔断水箱、膨胀水箱等，下面主要介绍高位水箱。

高位水箱具有贮备水量、稳定水压、调节水泵工作和保证供水的作用。

水箱材料有不锈钢板、钢板、钢筋混凝土、热浸镀锌板、玻璃钢等。生活给水系统应采用不锈钢水箱，如图 1-70 所示。用钢板焊制的水箱其内外表均应防腐，可用于消防给水系统。水箱按形状可分为圆形和矩形两类，矩形水箱容易加工且便于成组放置，因此采用较多。

水箱上应设置下列附属管道。

（1）进水管　进水管是向水箱供水的管道。进水管上应设两个或两个以上浮球阀，只有在水箱由水泵直接供水，并且水泵的压水管是直接接入水箱，不与其他管道连接。水泵的启闭由水箱的水位自动控制时，才允许不设置浮球阀。在每个浮球阀的引水管道上设置一个阀门。为避免水质污染，生活饮用水水箱的进水管应在溢流水位以上接入；当溢流水位确定有困难时，进水管口的最低点高出溢流边缘的高度等于进水管的管径，但不应小于 25mm，且不应大于 150mm。

（2）出水管　出水管是将水箱的水送到室内给水管网中去的管道。生活给水系统的水箱出水管管底应高出水箱底至少 50mm，一般为 100mm。

（3）溢水管　溢水管用来控制水箱的最高水位。溢水管管底应在允许水位以上 20mm，管径应比进水管大 1~2 号，但在水箱底以下可与进水管管径相同。溢水管上不得设任何阀门，不得与污水管道直接连接。溢水管一般引到建筑物顶层的卫生器具上，就近泄水；也可泄至平屋顶屋面上通过屋面雨水系统排除；如果附近没有卫生器具，又无法通过雨水系统加以排除，可通过空气隔断装置和水封装置与排水管道相连。

（4）泄水管　水箱使用一段时间后，水箱底会积存一些杂质，需要清洗。冲洗水箱的污水由泄水管排出。泄水管的管口由水箱底部接出，连接在溢水管上，管径 40~50mm。泄水管上需装设阀门。

（5）水位信号管　水位信号管安装在溢水管口以下 10mm 处，管径 15~20mm，信号管另一端接到经常有值班人员房间的污水池上，以便及时发现水箱浮球装置失灵而进行修理。信号管上不装阀门，可以采用电信号装置代替信号管。

（6）通气管　供生活饮用水的水箱应设有密封箱盖，箱盖上应设有检修人孔和通气管。

通气管可伸至室内或室外，但不得伸到有有害气体的地方。

水箱的人孔、通气管、溢水管管口应有防止灰尘、昆虫和蚊蝇进入的滤网，通气管不得与排水系统和通风道连接。水箱配管结构如图 1-71 所示。

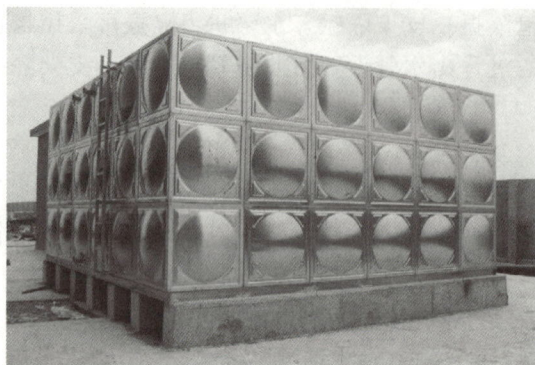

图 1-70　不锈钢水箱

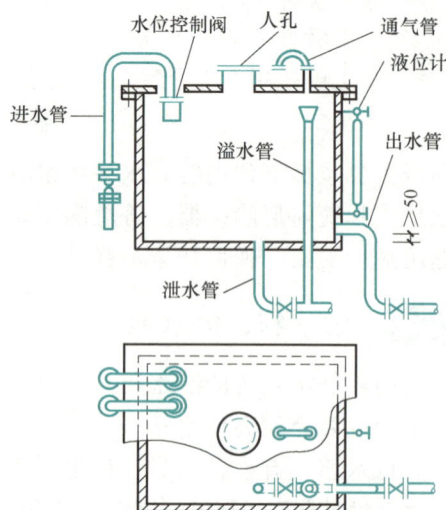

图 1-71　水箱配管结构示意图

1.7.3　变频调速供水设备

变频调速供水设备是一种节能型加压设备。它是利用电动机在电源频率不同情况下转速不同这一规律，由变频器改变其电源频率来改变电动机转速，从而改变水泵的转速，实现变流量供水。

变频调速供水设备具有高效节能、安装灵活、运行稳定可靠、自动化程度高、设备紧凑、占地面积小（省去高位水箱）、对管网系统中用水量变化适应能力强等特点。

变频调速供水设备的工作原理如图 1-72 所示。供水系统中扬程发生变化时，压力传感器即向微机控制器输入水泵出水管压力的信号。当出水管压力值大于系统中设计供水量对应的压力值时，微机控制器即向变频调速器发出降低电源频率的信号，水泵转速降低，使水泵的出水量减少，水泵出水管的压力降低。反之，水泵的出水量增加，水泵出水管的压力提高。

变频调速供水设备分为恒压变流量供水、变压变流量供水、带有小水泵或小气压罐的变频调速变压（恒压）变流量供水三种。图 1-73 所示为带气压罐的全自动变频调速恒压消防供水设备。

变频调速供水设备要求有可靠的电源，应有双电源或双回路供电，电机应有过载、短路、过压、缺相、欠压、过热等保护功能。

1.7.4　气压水罐

给水设备在结构上较多采用"水泵组+变频电控柜"的形式。和生产用水定时定量不同，生活用水量变化曲线较大，而且具有明显的时间特性，因此，生活给水设备应具有"多用水多耗电，少用水少耗电"的节能特点。气压罐是水泵可以进入睡眠的前提条件，利

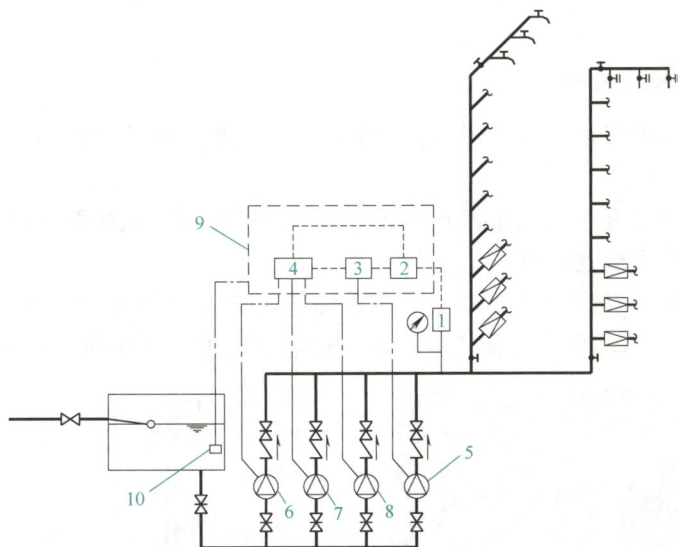

图 1-72 变频调速供水设备原理图

1—压力传感器 2—微机控制器 3—变频调速器 4—恒速泵控制器
5—变频调速泵 6~8—恒速泵 9—电控柜 10—水位传感器

图 1-73 全自动变频调速恒压消防供水设备

用水的压缩性极小的性质，用外力将水储存在罐内，气体受到压缩时压力升高，当外力消失时气体膨胀可将水排除。由于水的压缩比远远小于气体，因此当管网有小流量的泄漏时可造成压力大幅度下降，引起水泵频繁启动。

气压罐根据外壳材质不同一般分为碳钢膨胀罐和不锈钢膨胀罐。

课题8 卫 生 器 具

卫生器具是建筑给水排水系统的重要组成部分，是用来满足日常生活中各种卫生要求、收集和排除生活及生产中产生的污、废水的设备。

卫生器具必须坚固耐用、不透水、耐腐蚀、耐冷热、表面光滑便于清洗。目前制造卫生器具的常用材料有陶瓷、铸铁搪瓷、不锈钢、塑料

卫生器具种类、
图例及其标准图

和水磨石等。

1.8.1　便溺用卫生器具

厕所或卫生间中的便溺用卫生器具，主要作用是收集、排除粪便污水。

1. 大便器

我国常用的大便器有坐式大便器和蹲式大便器两种类型。大便器应根据使用对象、设置场所、建筑标准等因素确定，且应选用节水型大便器。

（1）坐式大便器　坐式大便器本身带有存水弯，其冲洗设备一般为低水箱或延时自闭冲洗阀，如图 1-74 所示。坐式大便器多装设在住宅、宾馆或其他高级建筑内。

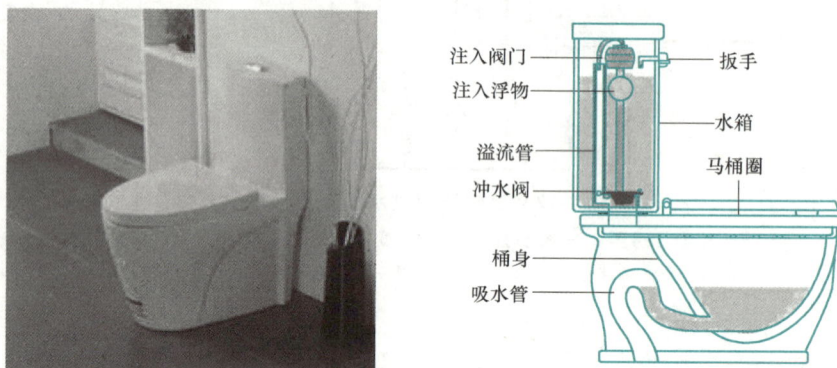

图 1-74　坐式大便器

（2）蹲式大便器　蹲式大便器本身一般不包括存水弯，故需另外装设，存水弯的水封深度不得小于 50mm。底层采用 S 形存水弯，其余楼层可采用 P 形存水弯。为了装设蹲坑和存水弯，大便器一般安装在地面以上的平台中。冲洗设备可采用延时自闭冲洗阀、高水箱，也可采用低水箱。蹲式大便器广泛应用于集体宿舍、公共建筑卫生间、公共厕所内，成组布置时间距≥900mm。图 1-75 为蹲式大便器。

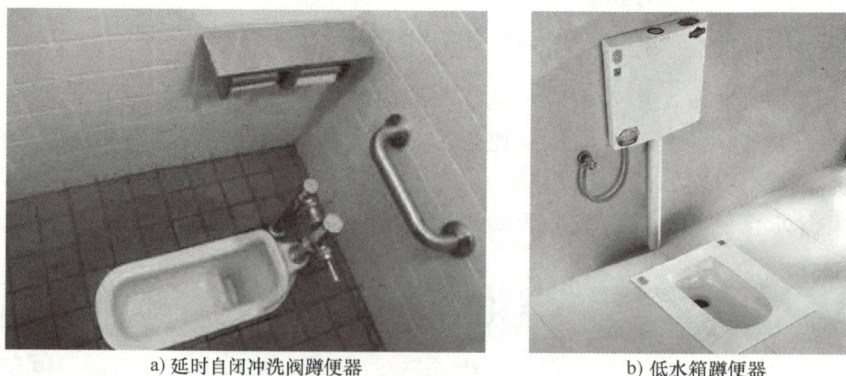

a) 延时自闭冲洗阀蹲便器　　b) 低水箱蹲便器

图 1-75　蹲式大便器

2. 小便器

小便器设于公共建筑的男厕所内，有挂式和立式两种。挂式小便器悬挂在墙上，其冲洗设备应采用延时自闭冲洗阀或自动冲洗装置。小便器应装设存水弯。挂式小便器多设于住宅建筑中；立式小便器装置在对卫生设备要求较高的公共建筑内，如展览馆、写字楼、宾馆等男厕中，多为成组装置，成组间距一般为700mm。图1-76所示为挂式小便器，图1-77为立式小便器。

图 1-76　挂式小便器

图 1-77　立式小便器

3. 大便槽

大便槽是个狭长开口的槽，用水磨石或瓷砖建造。从卫生观点评价，大便槽并不好，受污面积大，有恶臭，而且耗水量大，不够经济，但设备简单，建造费用低，因此可在建筑标准不高的公共建筑或公共厕所内采用。

大便槽的槽宽一般为200~250mm，底宽150mm，起端深度350~400mm，槽底坡度不小于0.015，大便槽底的末端做有存水门坎，存水深10~50mm，存水弯及排水管管径一般为150mm。大便槽宜采用自动冲洗水箱进行定时冲洗。

4. 小便槽

小便槽是用瓷砖沿墙砌筑的浅槽，因有建造简单、经济、占地面积小、可同时供多人使用等优点，经常被设在卫生标准不高的工业企业、公共建筑、集体宿舍的男厕所中。

小便槽宽300~400mm，起端槽深不小于100mm，槽底坡度不小于0.01，槽外侧有400mm的踏步平台，平台做成0.01的坡度坡向槽内。

小便槽应采用自动冲洗水箱或延时自闭阀控制的多孔冲洗管冲洗，多孔冲洗管设在距地面1.1m高度的地方，管径15mm或20mm，管壁开有直径2mm、间距30mm的一排小孔，小孔喷水方向与墙面呈45°夹角。小便槽长度一般不大于6m。

1.8.2　盥洗、沐浴用卫生器具

1. 洗脸盆

洗脸盆设在盥洗间、浴室、卫生间中，供洗脸洗手用，安装方式有墙架式、台式、立式等，如图1-78所示。

洗脸盆的盆身后部开有安装水龙头用的孔，在孔的下面与给水管道连接，盆的后壁有溢水孔，盆底部设有排水栓，可用塞头关闭。成组装置的洗脸盆，间距一般为700mm，可以

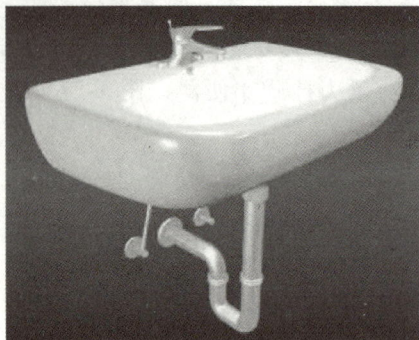

a) 墙架式洗脸盆　　　　　　　b) 台式洗脸盆　　　　　　　c) 立式洗脸盆

图 1-78　洗脸盆

装设一个统一使用的存水弯。

2. 盥洗槽

盥洗槽如图 1-79 所示，亦为瓷砖水磨石类现场建造的卫生器具，装置在同时有多人需要使用盥洗的地方，如工厂、学校的集体宿舍、工厂生活间等，它比洗脸盆的造价低，使用灵活。盥洗槽一般为长条形，槽宽 500～600mm，槽长 4.2m 以内可采用一个排水栓，超过 4.2m 设置两个排水栓，盥洗槽水龙头间距≥700mm，槽下用砖垛支撑。

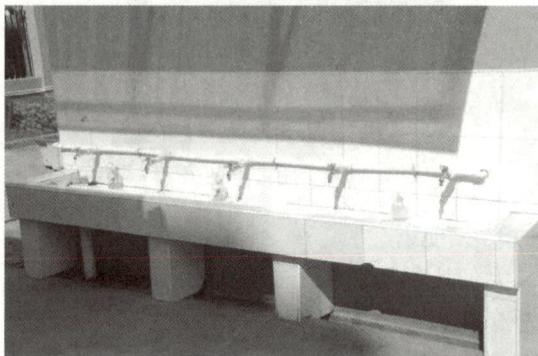

图 1-79　盥洗槽

3. 浴盆

浴盆设在住宅、宾馆、医院等卫生间及公共浴室内，有长方形和正方形两种，浴盆颜色在浴室内需与其他用具的色调协调。浴盆配有冷热水管或混合龙头，其混合水经混合开关后流入浴盆，混合龙头管径为 20mm。所有浴盆的排水口、溢水口均设在装置龙头的一端。浴盆底有 0.02 坡度，坡向排水口。有的浴盆还配置固定式或软管活动式淋浴莲蓬头。浴盆一般用陶瓷、铸铁搪瓷制成，如图 1-80 所示。

4. 淋浴器

淋浴器与浴盆相比，具有占地面积小、造价低、耗水量较小、清洁卫生等优点，故广泛应用在集体宿舍、体育馆、机关、学校的浴室和公共浴室中。淋浴器有成品的，也有用管件现场组装的，如图 1-81 所示。

图 1-80　浴盆

一般淋浴器的莲蓬头下缘安装在距地面 2.0～2.2m 高度，给水管径为 15mm，其冷热水截止阀离地面 1.15m，成组安装淋浴头的间距为 900～1000mm。淋浴间的地面有 0.005～0.01 的坡度坡向排水口或排水明沟。

5. 妇女卫生盆

妇女卫生盆为专供妇女卫生之用，一般设于妇产科医院。

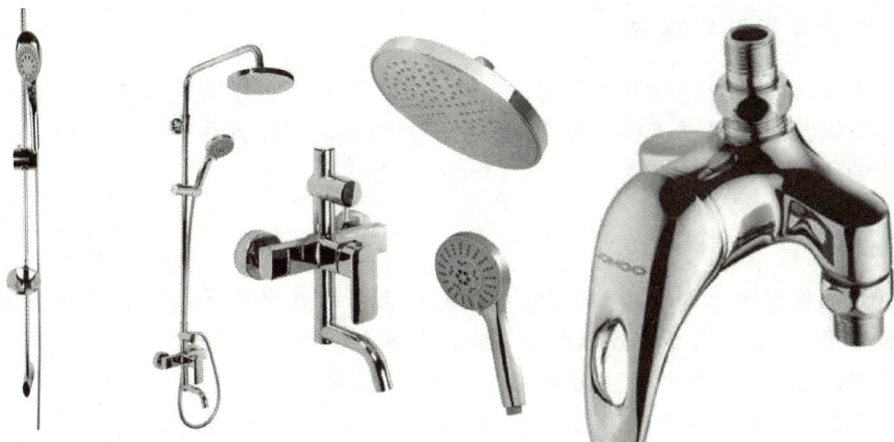

图 1-81　淋浴器

1.8.3　洗涤用卫生器具

1. 洗涤盆

洗涤盆设在厨房或公共食堂内，供洗涤碗碟、蔬菜等食物之用。洗涤盆按用途不同有家用和公共食堂用之分，有墙架式、柱脚式，单格、双格，有搁板、无搁板或有、无靠背等。图 1-82 为普通不锈钢双格厨房洗涤盆。洗涤盆可以设置冷热水龙头或混合龙头，排水口在盆底的一端，口上设十字栏栅，卫生要求严格时还设有过滤器，为使水在盆内停留，备有橡皮或金属制的塞头。在医院手术室、化验室等处，因工作需要常装置肘式开关或脚踏开关的洗涤盆。

2. 化验盆

化验盆装置在工厂、科学研究机关、学校化验室或实验室中，通常为陶瓷制品。盆内已有水封，排水管上不需装存水弯，也不需盆架，用木螺栓固定于实验台上。盆的出口配有塞头。根据使用要求，化验盆可装置单联、双联、三联的鹅颈龙头。图 1-83 为双联龙头化验盆。

图 1-82　普通不锈钢双格厨房洗涤盆

图 1-83　双联龙头化验盆

3. 污水盆

污水盆装置在公共建筑的厕所、盥洗室内，供打扫厕所、洗涤拖布或倾倒污水之用。污水盆深度一般为 400~500mm，材料为陶瓷或水磨石。安装方式有架空和落地两种，住宅可采用落地安装，公共卫生间内多采用架空安装。

1.8.4 其他专用卫生器具

生活中还有其他一些专用卫生器具，如饮水器、医疗或科学研究室等特殊需要的卫生器具。饮水器是供人们饮用冷开水的器具，卫生、方便，适宜设置在工厂、学校、车站、体育馆场等公共场所。

知识拓展

根据《水效标识管理办法》，目前的水效标识上，水效评价等级划分为3个级别：1级为高效节水型器具，2级为节水型器具，3级为市场准入的用水器具。

消费者可以通过水效标识识别器具的节水性能，2级以上才是节水型器具。

根据不同用水产品的技术成熟度、市场监管能力和水效标准完善情况，未来水效标识将适时拓展到商用产品、工业设备、灌溉设备等。

课题9 建筑给水排水工程施工图

建筑给水排水工程施工图是建筑给水排水工程施工的依据，也是建筑给水排水工程施工必须遵守的文件。对于施工人员来说，只有具备识读施工图的能力，才能把设计意图贯彻到实际工程的施工中去。

1.9.1 建筑给水排水工程施工图的常用图例

建筑给水排水工程施工图中的管道、附件、卫生器具、设备等众多，在施工图中采用统一的图例表示。表1-10中摘录了《建筑给水排水制图标准》（GB/T 50106—2010）中规定的部分图例。凡未列入该标准图例中的可自设，但在图纸上应专门画出图例，并加以说明。在识读建筑给水排水施工图前，应熟悉图纸中的有关图例。

1.9.2 建筑给水排水工程施工图组成

建筑给水排水工程施工图由文字部分和图示部分组成。

1. 文字部分

文字部分包括设计施工说明、图纸目录、图例、主要设备材料表等。

（1）设计施工说明 设计图纸上用图或符号表达不清楚的问题，或有些内容用文字能更简单明了说明清楚的问题，用文字加以说明。

设计施工说明的主要内容：设计依据（设计依据的各种文件、规范）；设计范围；设计概况及技术指标（如给水系统的选择、排水体制的选择等）。施工说明的主要内容：图中尺寸采用的单位；采用管材及连接方式、捻口材料等；管道防腐、防结露做法；保温材料，保温层厚度，保护层做法；卫生器具类型及安装方式；施工注意事项；系统的水压试验要求；施工验收应达到的质量要求；如果有水泵、水箱等设备，还须写明型号、规格及运行要点等；建筑节能、节水设计说明。

（2）图纸目录 包括设计人员绘制部分和所选用的标准图部分。

（3）图例 包括制图标准中的图例和自行设计的图例。

表 1-10 建筑给水排水工程施工图常用图例

名称	图例	说明	名称	图例	说明
管道		用于一张图上只有一种管道	水泵接合器		
	— J —	用汉语拼音字头表示管道类别	自动喷淋头		左为平面 右为系统 下嘴
	— P —	用线型区分管道类别	水龙头		
闸阀			淋浴喷头		左为平面 右为系统
截止阀		左为管径≥DN50 右为管径<DN50	圆形地漏		左为平面 右为系统
止回阀			清扫口		左为平面 右为系统
电动闸阀			检查口		
减压阀		左侧为高压端	存水弯		
蝶阀			洗脸盆		左为立式 右为台式
浮球阀			浴盆		
延时自闭阀			小便器		
水表			大便器		左为蹲式 右为坐式
可曲挠接头			污水池		
压力表			小便槽		
水流指示器			多孔管		
水泵		左为平面 右为系统	通气帽		左为成品 右为铅丝球
单出口消火栓		左为平面 右为系统			
双出口消火栓		左为平面 右为系统	伸缩节		
柔性防水套管			球阀		
			水力液位控制阀		
安全阀		左侧为平衡锤安全阀 右侧为弹簧式或通用安全阀	交叉管		管道交叉不连接，在下方和后方的管道应断开

（4）主要设备材料表　设备材料表中应列出图纸中用到的主要设备型号、规格、数量及性能要求等，用于在施工备料时控制主要设备的性能。

对于重要工程，为了使施工准备的材料和设备符合图纸要求，并且便于备料，设计人员应编制一个主要设备材料明细表。它包括序号、名称、型号规格、单位、数量、备注等项目，施工图中涉及的设备、管材、阀门、仪表等均列入表中。对于一些不影响工程进度和质量的零星材料，可不列入表。简单工程也可不编制设备材料明细表。

一般中小型工程的文字部分直接写在图纸上，工程较大、内容较多时另附专页编写，并放在一套图纸的首页。

2. 图示部分

（1）平面图　平面图是给水排水施工图的基本图样。它反映卫生器具、给水排水管道、附件等在建筑内的平面布置情况。一般情况下，建筑的给水系统和排水系统不是很复杂，通常将给水管道、排水管道绘制在一张图上，称为给水排水平面图。

平面图的主要内容：建筑物内与给水排水有关的建筑物轮廓，定位轴线及尺寸线，各房间名称（也可不写）等；卫生器具、热交换器、贮水罐、水箱、水池、水泵等的平面布置、平面定位尺寸；给水引入管、污水排出管的平面位置、平面定位尺寸、管径及系统编号；给水排水干、立、横支管的位置、管径及立管编号。

平面图是建筑给水排水施工图的主要部分，一般采用与建筑平面图相同的比例，常用1：50、1：100，大型车间可用1：200。

平面图的数量，视卫生器具和给水排水管道布置的复杂程度而定。对于多层房屋，底层由于设有引入管和排出管且管道需与室外管道相连，宜单独画出一个完整的平面图（如能表达清楚与室外管道的连接情况，也可只画与卫生设备和管道有关的平面图）。楼层平面图只需抄绘与卫生设备和管道布置有关的平面图，一般应分层抄绘。若楼层的卫生设备和管道布置完全相同，则只需画出相同楼层的一个平面图，称为标准层平面图。设有屋顶水箱的楼层可单独画出屋顶给水排水平面图。但当管道布置复杂，通过一个平面图不能表达清楚时，需要单独表示，如一层给水平面图、一层排水平面图、一层自动喷淋平面图等。

在给水排水平面图中，墙、柱、门窗等都用细线表示。由于给水排水平面图主要反映管道系统各组成部分的平面位置，因此房屋的轮廓线应与建筑施工图一致，一般只需抄绘房屋的墙体、柱子、门窗洞、楼梯等主要部分，至于房屋的细部尺寸、门窗代号等均可省去。为使土建施工与管道设备的安装一致，在各层给水排水平面图上，必须标明定位轴线，并在平面图的定位轴线间标注尺寸；同时还应标注出各层平面图上的相应标高。

房屋的建筑平面图是从门窗部位水平剖切的，而管道平面图的剖切位置则不限于此高度。凡是为本层设施配用的管道均应画在该层平面图中，底层平面图还应包括埋地或地沟内的管道；如有地下层，引入管、排出管、汇集横干管可绘于地下层平面图内。

室内给水排水管道，不论直径大小，一律用粗单线表示。可用汉语拼音字头为代号表示管道类别，也可用不同线型表示不同类别的管道，如给水管用粗实线，排水管用粗虚线。在平面图中，不论管道在楼面或地面的上部还是下部，均不考虑其可见性。平面图上有各种立管的编号，底层给水排水平面图中的管道按系统编号，一般给水以每根引入管为一个系统，排水以每根排出管为一个系统。当建筑物的给水引入管或排水排出管的数量超过一根时，应进行编号，编号宜按图1-84的方法表示。立管编号的表示方法如图1-85所示。

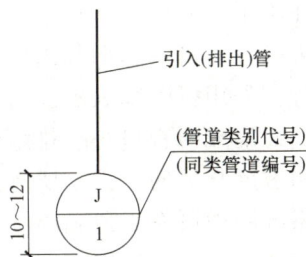

图 1-84　给水引入（排水排出）管编号的表示方法

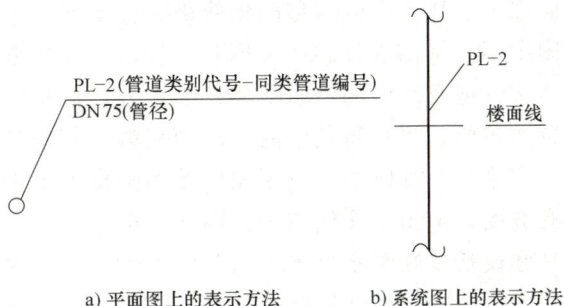

图 1-85　立管编号的表示方法

a) 平面图上的表示方法　　b) 系统图上的表示方法

给水排水管的管径尺寸以毫米（mm）为单位，金属管道（如焊接钢管、铜管、不锈钢管、铸铁管）以公称直径 DN 表示，如 DN15、DN50 等；塑料管一般以公称外径 dn（De）表示，如 $dn20$（$De20$）等。管径一般注在该管段的旁边；如位置不够，也可用引出线引出标注。各种附件或设备均可用表 1-10 中的图例表示，也可根据习惯自行设计图例。

（2）系统图　系统图也称轴测图，《建筑给水排水制图标准》（GB/T 50106—2010）规定，给水排水系统图宜用 45°正面斜轴测投影法绘制。系统图表示给水排水系统的空间位置及各层间、前后左右间关系，给水排水附件的位置。给水系统图、排水系统图应分别绘制。

系统图的主要内容：自引入管，经室内给水管道系统至用水设备的空间走向和布置情况；自卫生器具，经室内排水管道系统至排出管的空间走向和布置情况；管道的管径、标高、坡度、坡向及系统编号和立管编号；各种设备（包括水泵、水箱、水加热器等）的接管情况、设置位置和标高、连接方式及规格；管道附件的种类、位置、标高；排水系统通气管设置方式、与排水立管之间的连接方式，伸顶通气管上的通气帽的设置及标高；节点详图的索引号等。

给水排水系统图上各立管和系统的编号应和平面图上一一对应，在给水排水系统图上还应画出各楼层地面的相对标高。给水排水系统图的比例宜选用 1：200、1：100、1：50。如采用与给水排水平面图相同的比例，在绘图时，按轴向量取长度较为方便。如果按一定比例绘制时图线重叠，允许局部不按比例绘制，可适当将管线拉长或缩短。

45°正面斜轴测图的轴间角及轴向变形系数如图 1-86 所示。由于通常采用与给水排水平面图相同的比例，因此沿坐标轴 OX、OY 方向的管道，不仅与相应的轴测轴平行，而且可从给水排水平面图中量取长度；平行于坐标轴 OZ 方向的管道，则也应与轴测轴 OZ 相平行，且可按实际高度以相同的比例做出。凡不平行坐标轴方向的管道，则可通过做平行于坐标轴的辅助线，从而确定管道的两端点再连接而成。为了便于绘制和阅读，立管平行于 OZ 轴方向；平面图上左右方向的水平管道，沿 OX 轴方向绘制；平面图上前后方向的水平管道，沿 OY 轴方向绘制。卫生器具、阀门等设备，用图例表示。

给水排水系统图中的管道，都用粗实线表示，不必像

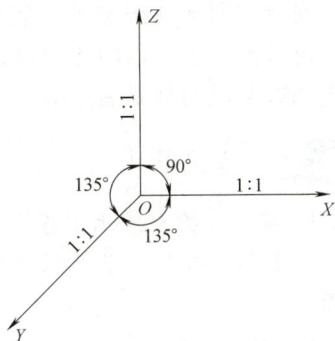

图 1-86　45°正面斜轴测图的轴间角及轴向变形系数

平面图中那样用不同线型的粗线来区分不同类型的管道，其他图例和线宽仍按原规定。在系统图中不必画出管件的接头形式，管道的连接方式可用文字写在施工说明中。

在管道系统中的给水附件，如水表、截止阀、水龙头、消火栓等，可用图例画出。相同布置的各层，可只将其中的一层画完整，其他各层只需在主管分支处用折断线表示。

在排水系统图中，可用相应图例画出卫生设备上的存水弯、地漏或检查口等。排水横管虽有坡度，但由于比例较小，因此可按水平管道绘制，但宜注明坡度与坡向。由于所有卫生器具和设备已在给水排水平面图中表达清楚，因此在排水管道系统图中没有必要画出。

为了反映管道和房屋的联系，系统图中还要画出管道穿越的墙、地面、楼层、屋面的位置。一般用细实线画出地面和墙面，并加轴测图中的材料图例线，用两条靠近的水平细实线画出楼面和屋面。

对于水箱等大型设备，为了便于与各种管道连接，可用细实线画出其主要外形轮廓的轴测图。

管道的管径一般标注在该管段旁边，管道各管段的管径要逐段标出，当连续几段的管径都相同时，可以仅标注它的始段和末段，中间段可省略不注。

凡有坡度的横管（主要是排水管），都要在管道旁边或引出线上标注坡度，如 0.5%，数字下面的单边箭头表示坡向（指向下坡的方向）。当排水横管采用标准坡度（或称为通用坡度）时，则在图中可省略不注，而在施工图的文字说明中写明。

管道系统图中标注的标高是相对标高，即以建筑标高的 ±0.000 为 ±0.000。在给水系统图中，所注标高为管中心标高，一般要注出引入管、横管、阀门、水龙头、卫生器具的连接支管、各层楼地面及屋面等的标高。在排水系统图中，所注标高为管内底标高，一般应标注立管上检查口、排出管的起点标高。其他排水横管的标高，可根据卫生器具的安装高度和管件的尺寸，由施工人员决定。此外，还要标注各层楼地面及屋面等的标高。

（3）详图　给水排水平面图和管道系统图表示了卫生器具及管道的布置等情况，而卫生器具的安装、管道的连接，需有施工详图作为依据。常用的卫生设备安装详图，通常套用现行的给水排水标准图集（国家标准或地方标准）中的图样，不必另行绘制，只要在施工说明中写明所套用的图集名称及其中的详图图号即可。当没有标准图时，需要设计人员自行绘制。

安装详图的比例较大，可按需选用 1∶30、1∶20、1∶10，也可用 1∶5、1∶2、1∶1等。安装详图必须按施工安装的需要表达得详尽、具体、明确，一般都用正投影的方法绘制，设备的外形可以简化画出，管道用双线表示，安装尺寸也应注写得完整和清晰，主要材料表和有关说明都要表达清楚。

1.9.3　建筑给水排水工程施工图的识读

1. 教学楼给水排水工程施工图识读

图 1-87～图 1-95 为六层教学楼的给水排水工程施工图，下面介绍该套图的识读方法和步骤。

1）查明建筑物情况。这是一幢六层教学楼。卫生间在建筑物的Ⓕ～Ⓖ轴线/⑫～⑭轴线处。卫生间分为男女卫生间和盥洗间，总进深 7.0m，总开间 8.0m。

2）看给水排水设计施工说明，了解工程概况，熟悉有关的设计资料，了解本套图纸中

设计施工说明

1. 单位：标高以米计，其余均以毫米计。给水管道标高为管中心线标高，排水管道为管内底标高。

2. 管材
   (1)给水系统：生活给水系统每层横支管采用PP-R管，热熔连接，规格用De表示；其余生活给水管道均采用村塑镀锌钢管，螺纹连接，规格以DN表示。消防给水管采用PN1.25MPa管道。PP-R管与镀锌接钢管连接处采用法兰连接。
   (2)排水系统：排水立管采用内螺旋PVC-U管，其余采用PVC-U管，胶粘剂粘接。PVC-U均采用国标管。

3. 所有排水管与排水横干管连接处均采用45°弯头。排水横平管道均采用i=0.026的坡度。排水立管检查口中心距地面1.0m，检查口盖和盖口盖均朝外设置。

4. 管道防腐与保温：设于室外的给水管道外包2cm厚的保温棉保温，外做防水保护层。生活给水村塑镀锌管刷银粉漆两道，消防管道刷红丹防锈漆两道、银粉漆两道防腐。埋地钢管做加强防腐。

5. ±0.000以下管道做基础，穿墙处均做柔性防水套管。

6. 采用SQS$^{100}_{150}$-C型地上式消防水泵接合器。灭火设备装置按现行有关规定配置。

7. 消火栓采用SN65单出口消火栓，安装时栓口垂直于墙面向外。采用QZ19水枪，DN65、25m长村胶水龙带。

8. 施工及验收规范：《建筑给水塑料管道工程技术规程》（CJJ/T 29—2010）；《建筑排水塑料管道工程技术规程》（CJJ/T 98—2014）。

主要设备材料表、图例

图例及主要设备材料表（序号6~32）

序号	名称	规格	数量	单位	备注
6	蝶阀	DN100	1	个	
7	蝶阀	DN100	18	个	
8	蝶阀	DN65	6	个	
9	蝶阀	DN50	1	个	
10	延时自闭冲洗阀	dn40	78	个	标准图集号：12S108-1 PP-R阀门
11	管道倒流防止器	DN65	1	套	
12	止回阀	DN100	1	个	
13	水泵接合器	DN100	1	套	标准图集号：99S203
14	安全阀	DN100		个	
15	冲洗水箱	15.2L	6	个	
16	可曲挠橡胶接头	DN80	2	个	
17	柔性防水套管				标准图集号：02S404
18	柔性防水套管				标准图集号：02S404
19	单出口消火栓箱	650×800×320	2	套	标准图集号：15S202
20	水龙头	dn20	12	个	PP-R龙头
21	自闭冲洗蹲便器		78	套	标准图集号：09S304
22	台式洗脸盆		18	套	标准图集号：09S304
23	污水池		12	个	标准图集号：09S304
24	小便槽		6	个	标准图集号：09S304
25	地漏	dn50	18	个	标准图集号：09S304
26	清扫口			个	
27	伸缩节			个	
28	检查口			个	
29	存水弯			个	
30	给水管				单向，2×45°弯头
31	排水管	dn110(1型)	12	个	
32	消防立管				

主要设备材料表（序号1~5）

序号	名称	规格	数量	单位	备注
1	截止阀	DN65	2	个	铜阀门
2	截止阀	DN50	2	个	铜阀门
3	截止阀	dn50	18	个	PP-R阀门
4	角式截止阀	dn32	6	个	PP-R阀门
5	角式截止阀	dn20	18	个	PP-R阀门

标题栏

资质等级	乙级	证书编号	
工程编号	×××××××号	数学楼	
合同编号			
项目	AJX		
设计阶段			
××××设计院			
专业	水施		
负责人			
校对人			
设计			
制图			
审定		图别 水施	
审核		图名 设计施工说明、主要设备材料表、图例	
项目负责人		图号 SS9-01	
		日期	

图1-87 图例及主要设备材料表、设计说明

一层给水排水平面图 1:100

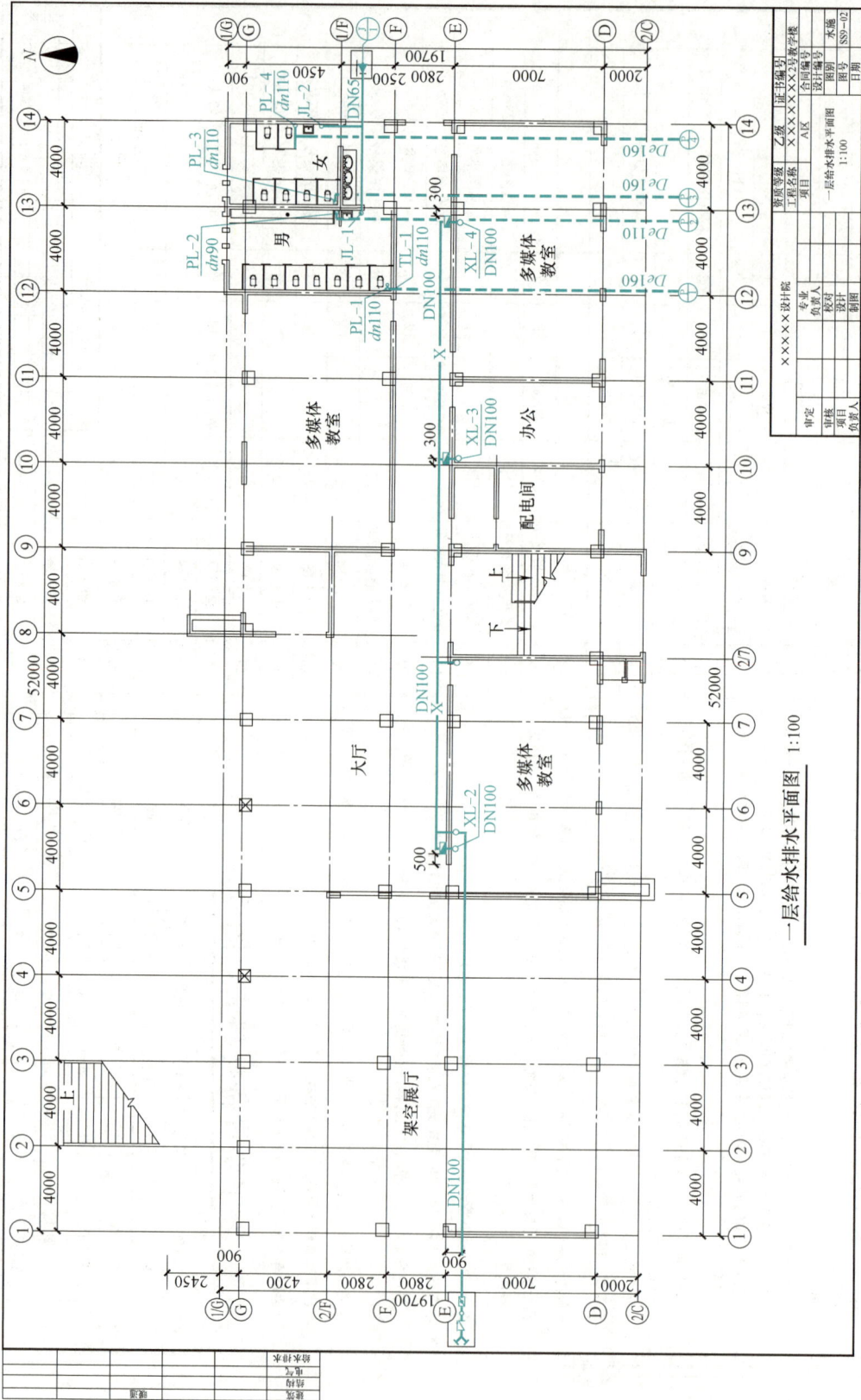

图 1-88 一层给水排水平面图

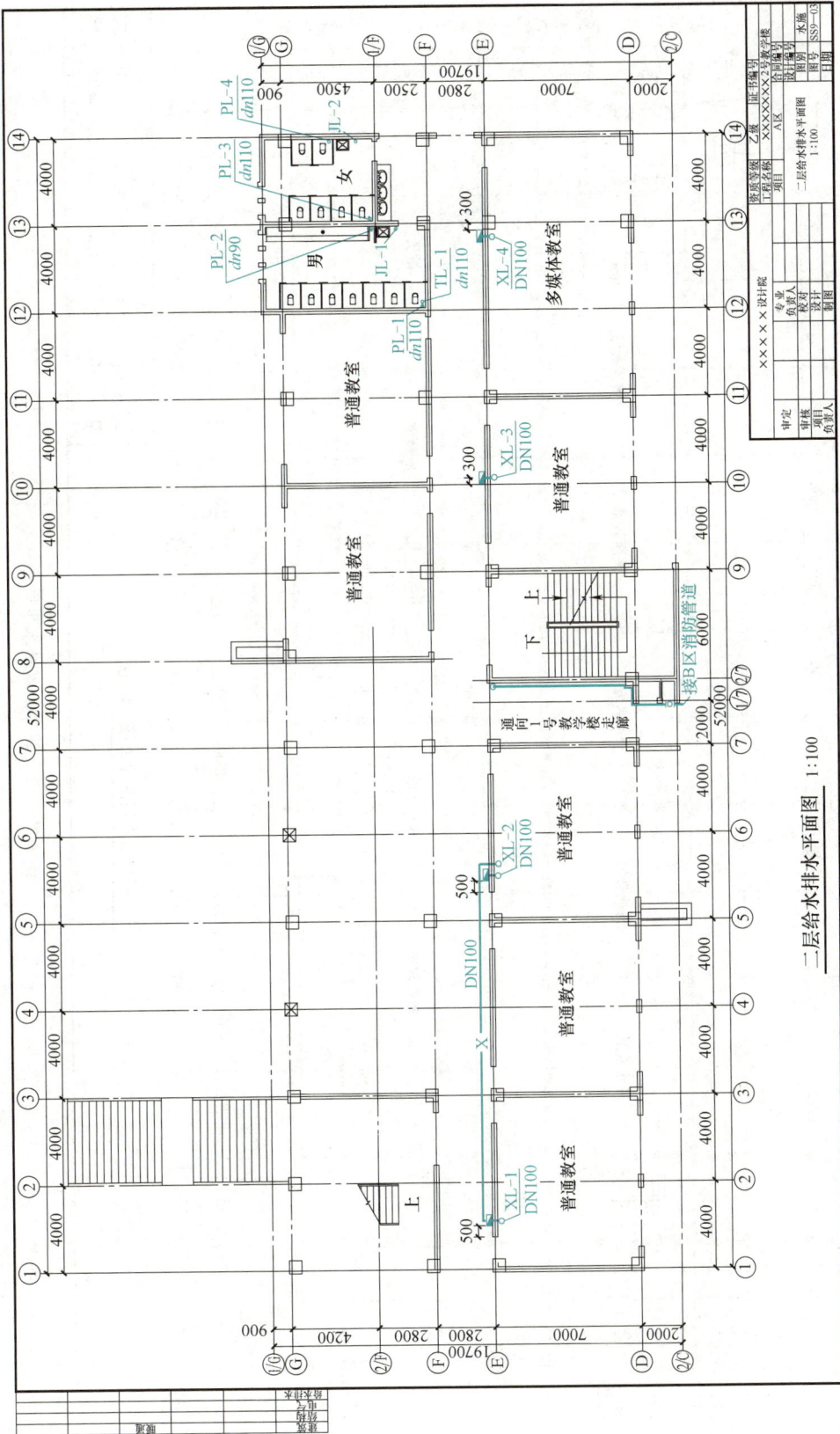

图 1-89 二层给水排水平面图

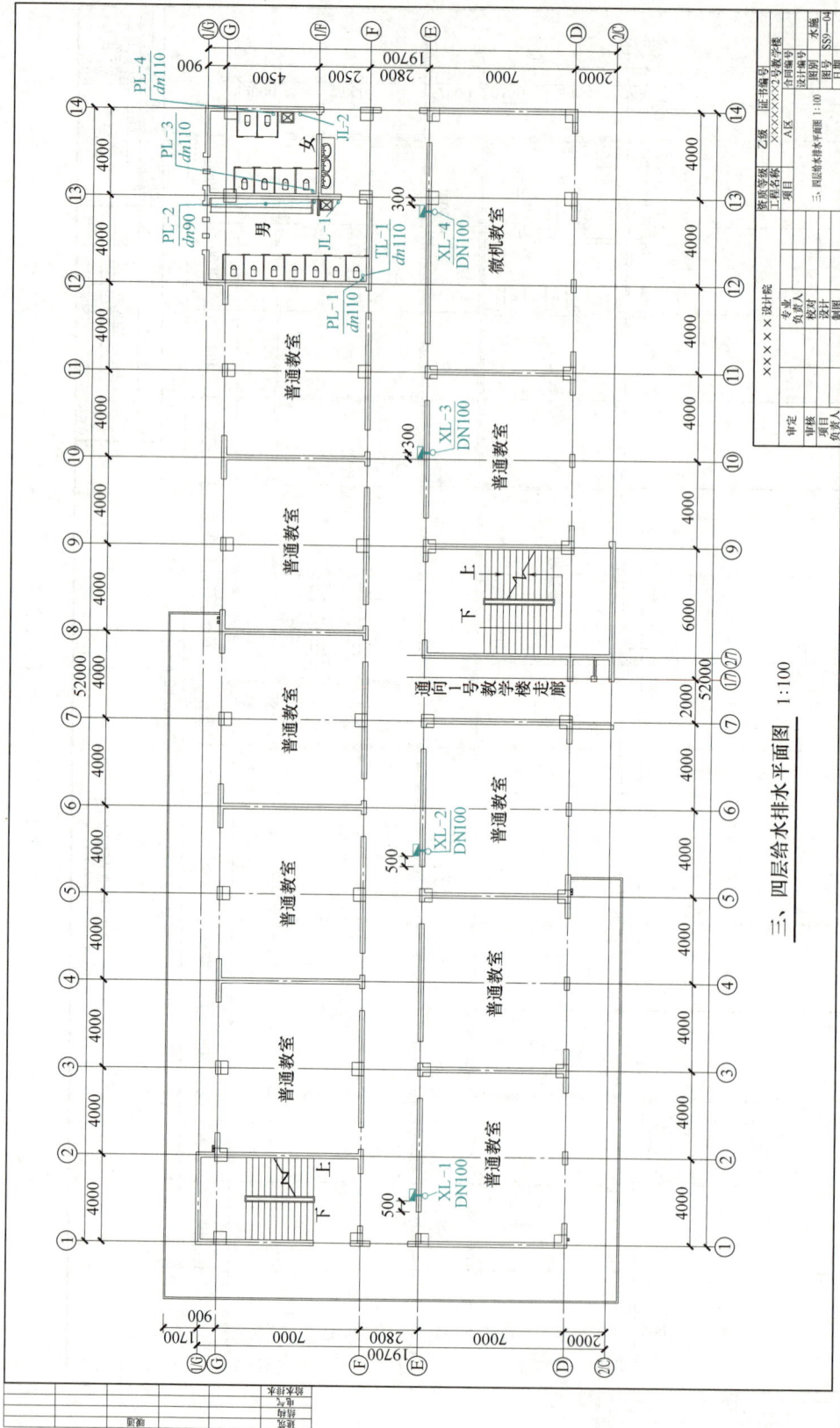

三、四层给水排水平面图 1:100

图1-90　三、四层给水排水平面图

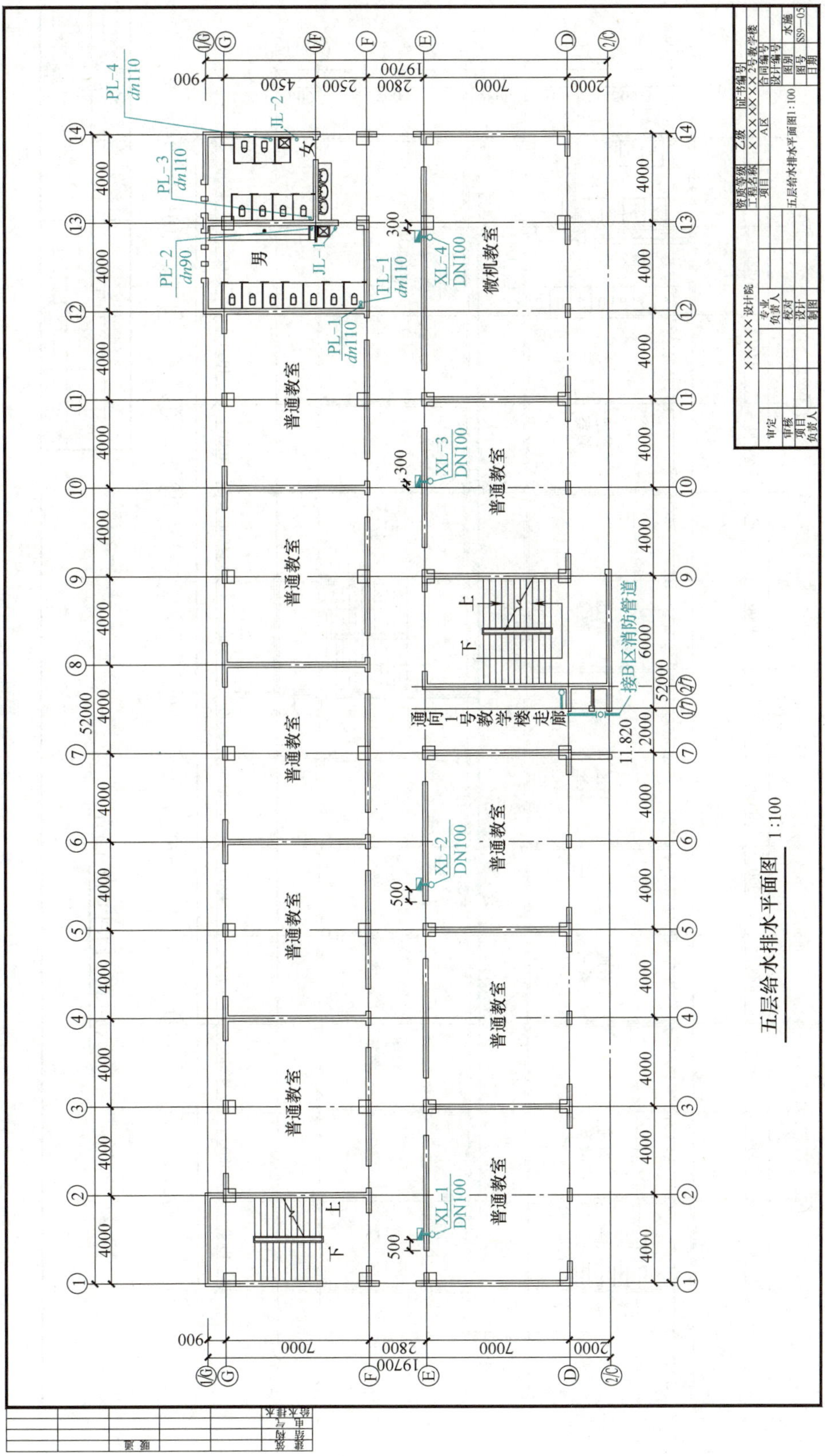

五层给水排水平面图 1:100

图 1-91 五层给水排水平面图

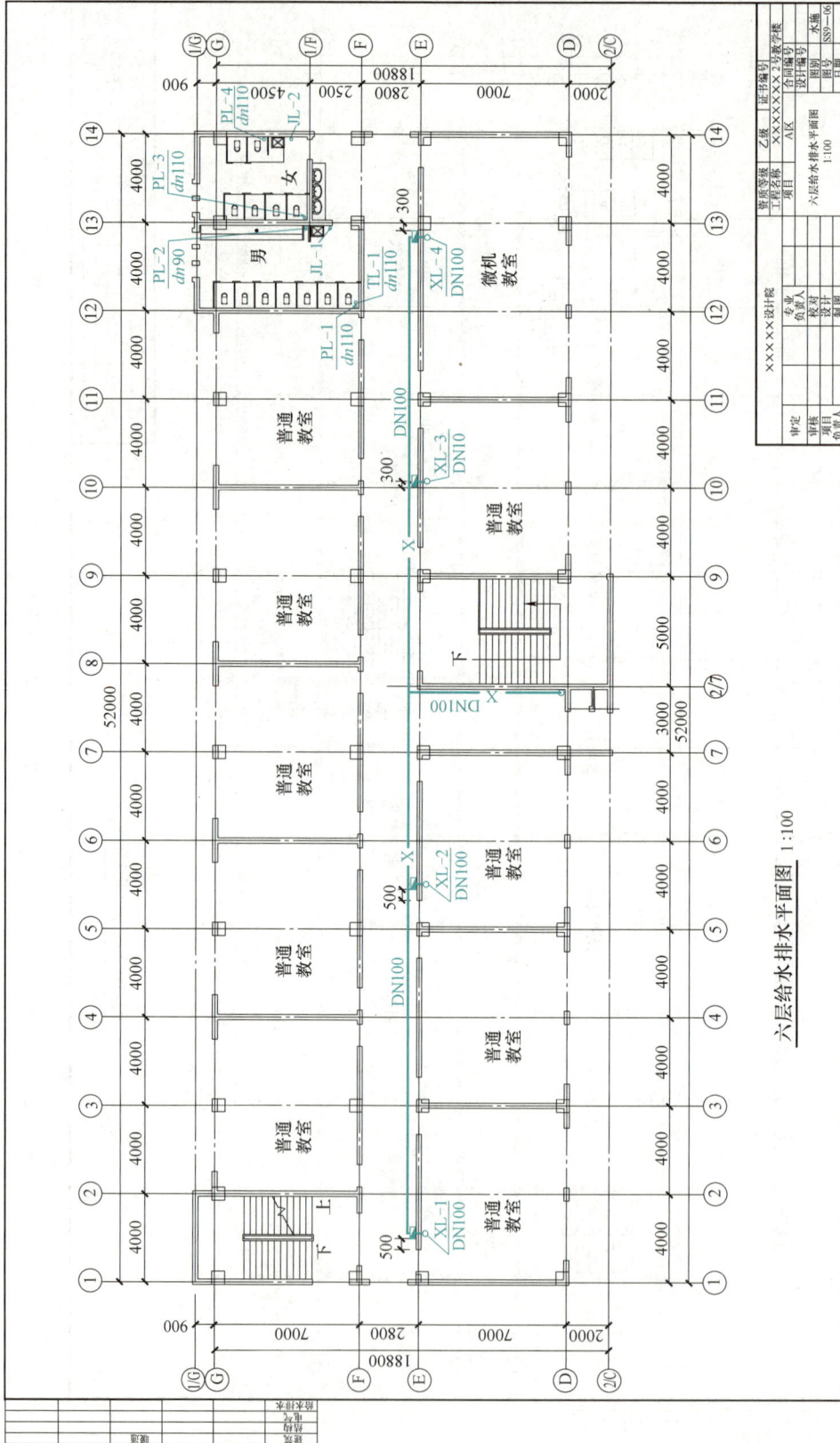

六层给水排水平面图　1:100

图 1-92　六层给水排水平面图

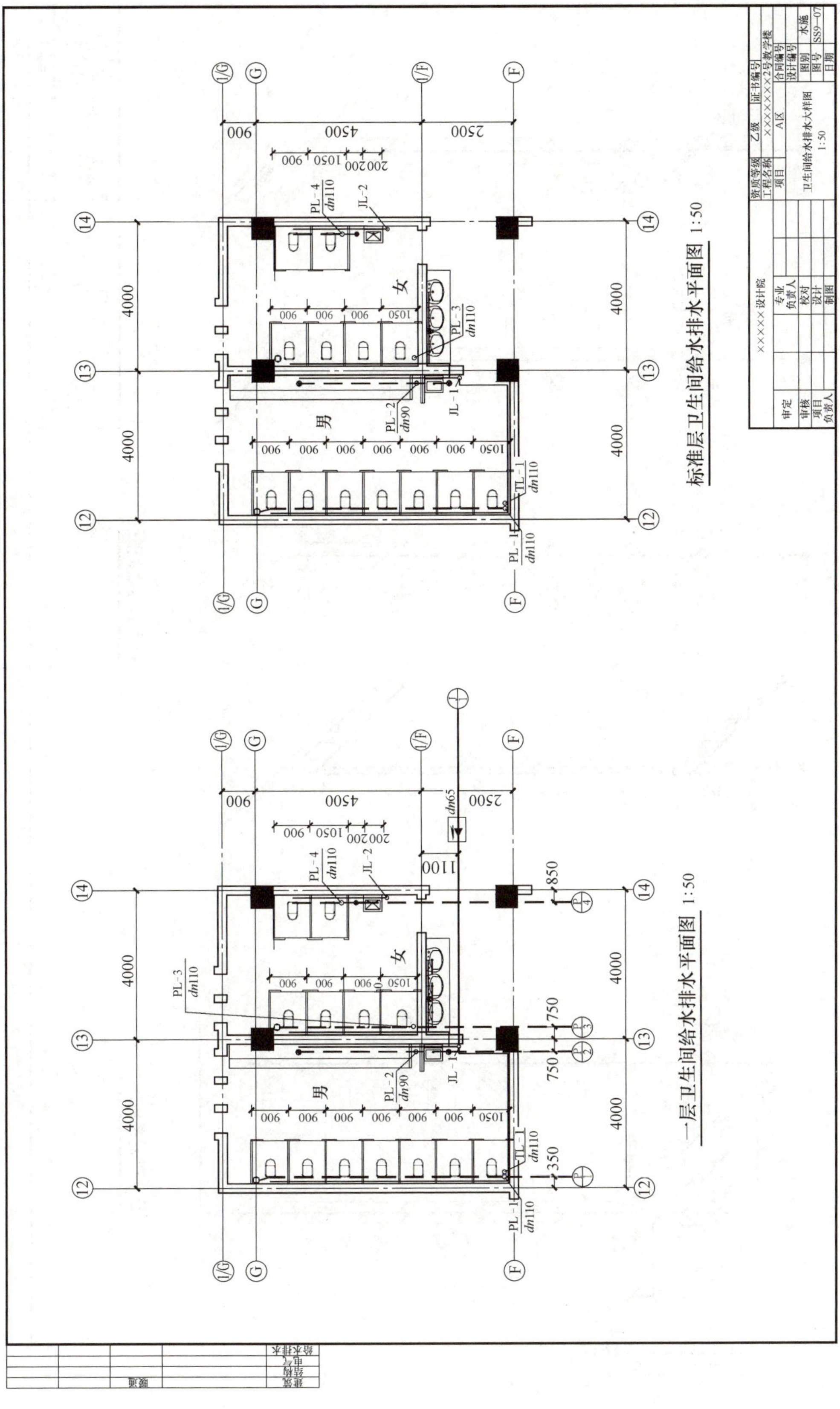

图 1-93 卫生间给水排水大样图

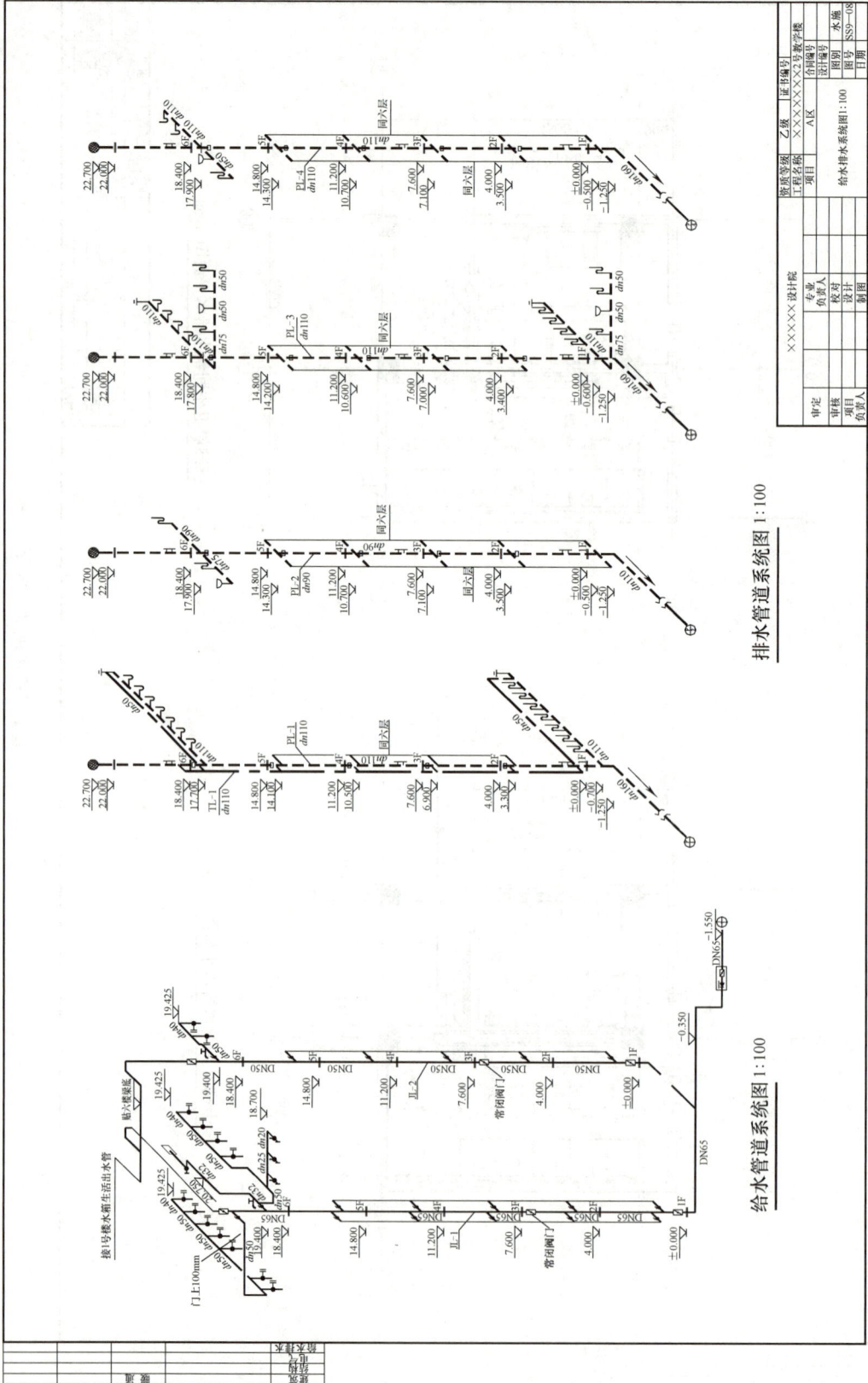

排水管道系统图 1:100

给水管道系统图 1:100

图 1-94 给水排水系统图

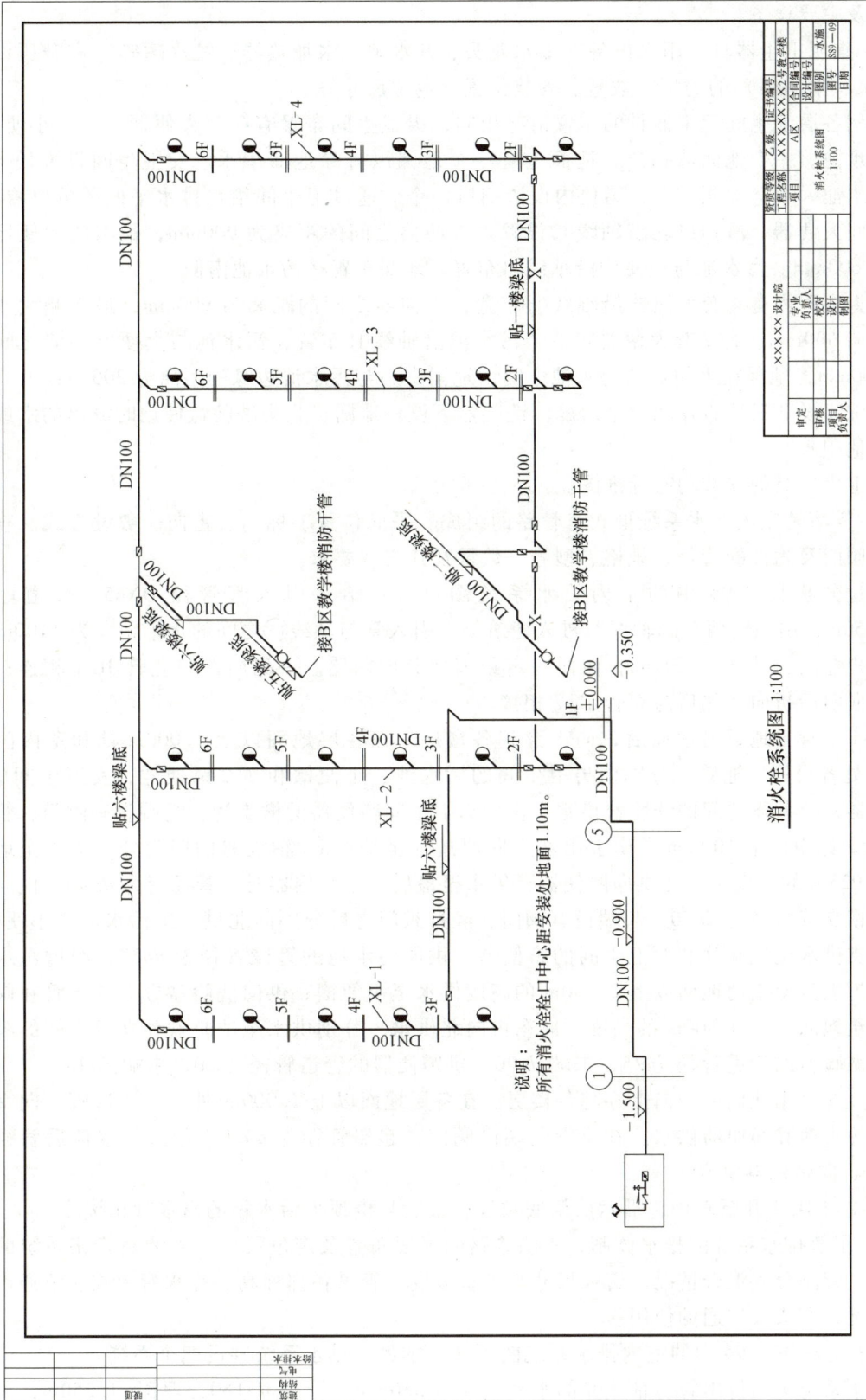

消火栓系统图 1:100

图 1-95 消火栓系统图

的图例及主要设备。

3）查明卫生器具、用水设备（如水龙头、开水炉、水加热器、贮水罐等）和升压设备（如水泵、水箱等）的类型、数量、安装位置、定位尺寸等。

本例各层卫生间卫生器具的布置情况相同，男卫生间布置有 7 套大便器，一个小便槽，一个污水池，一个地面清扫口，地面上有一个地漏以排除地面积水。女卫生间设大便器 6 套，污水池一个，地漏一个，蹲位内设清扫口一个。通过卫生间给水排水平面图可以看出，男卫生间大便器、清扫口均沿轴线⑫设置。大便器之间的距离为 900mm，最南侧大便器中心距墙 600mm。污水池与小便槽沿轴线⑬布置。地漏布置在污水池南侧。

女卫生间内有 4 套大便器沿轴线⑬布置，大便器之间的距离为 900mm，最南侧大便器中心距墙 600mm。有 2 套大便器和一个污水池沿轴线⑭布置，污水池与大便器隔墙之间距离为 400mm，地漏在大便器与污水池中间，地漏中心与污水池边缘的距离为 200mm。

盥洗间设 3 只洗脸盆和一个地漏。洗脸盆下设一地漏，收集洗脸盆使用时溅出的水或地面的其他积水。

各卫生器具的安装均有标准图。

4）弄清楚室内给水系统形式、管路的组成、平面位置、标高、走向、敷设方式。查明管道、阀门及附件的管径、规格、型号、数量及其安装要求。

通过分析图 1-94 中的室内给水系统图可知：给水引入管管径 DN65，管道埋深为 -1.550m，由东向西穿越轴线⑭进入建筑物，引入管与轴线⑯之间的水平距离为 1100mm，管道进户登高，升至 -0.350m，向西一定距离后分成两路。一路向西与立管 JL-1 相连；另一路先向西后折向北然后与立管 JL-2 相接。

JL-1 立管自地下出地面后，向上穿越各楼层。在各层地面以上 1.000m 处和室内门上 100mm 处各设一三通管，分别向男卫生间的污水池、小便槽和 7 个蹲便器，女卫生间的 4 个蹲便器，公共盥洗间的洗脸盆供水。供向男卫生间蹲便器的横支管，起端设有阀门，管径为 $dn50$，经由门上 100mm 向南引出然后向西送水至轴线⑥/轴线⑫的墙角处，下探至地面以上 1.025m 的高度，向北供向蹲便器，供水至最后一个蹲便器时，管径变为 $dn40$。供向小便槽的横支管管径为 $dn50$，起端设有阀门，经过阀门之后分别向北供水给污水池、小便槽，向下分支供水至洗脸盆和女卫生间的蹲便器。供向污水池的管段管径为 $dn32$，经过污水池后，管道上升至室内地面以上 2.350m 的高度供水至小便槽；供向洗脸盆方向的支管在阀门后下探至地面以上 0.300m 的高度，向东再向北供水，分别供水至洗脸盆和女卫生间的蹲便器。供洗脸盆的管道管径 $dn25$，末端 $dn20$；供蹲便器的管道管径 $dn50$，末端 $dn40$。

JL-2 立管出地面后，向上穿越各楼层。在各层地面以上 1.000m 处设一三通管，向女卫生间的污水池和蹲便器供水。在支管起端设阀门，起端管径为 $dn50$，经过污水池后管径变为 $dn40$，向蹲便器供水。

JL-1 与 JL-2 升至六楼，沿六层梁底敷设，最后与楼顶生活水箱的出水管相接。

5）了解排水系统的排水体制，查明管路的平面布置及定位尺寸，弄清楚管路系统的具体走向、管路分支汇合情况、管径尺寸与横管坡度、管道各部标高、存水弯形式、清通设备设置情况、弯头及三通的使用。

通过分析图 1-94 中的室内排水系统图可知，本例的排水系统共设四个系统。

排水系统 1 的排出管与轴线⑫的水平距离为 350mm，管径 $dn160$，埋深 -1.250m，承担

PL-1 收集的污水。PL-1 负荷各层男卫生间的 7 组大便器和一个地面清扫口,从底层至顶层与通气立管连接。由于每层排水横支管上安装的大便器数量过多,排水横支管长度过长,为了使排水横支管排水畅通,在每层的排水横支管上设置了环形通气管,同时设置了副通气立管,使其在每一层与环形通气管完成连接。蹲便器在其他楼层设 P 形存水弯,底层设 S 形存水弯,与大便器相连的支管管径均为 $dn110$。副通气立管编号为 TL-1,副通气立管与环形通气管管径均为 $dn110$。

排水系统 2 的排出管与轴线⑬的水平距离为 750mm,管径 $dn110$,负荷 PL-2 收集的污水。PL-2 负荷各层男卫生间的污水池、小便槽和地漏,从底层至顶层与通气立管连接。与小便槽相连的支管管径为 $dn90$,污水池均采用 S 形存水弯,管径 $dn75$,地漏自带存水弯,管径 $dn75$。立管适当部位设伸缩节。一、六层地面以上 1.000m 处设一检查口。

排水系统 3 的排出管与轴线⑬的水平距离为 750mm,管径 $dn160$,埋深−1.250m,承担 PL-3 收集的污水。PL-3 负荷各层女卫生间东侧四个蹲便器和公共盥洗间的 3 个洗脸盆,从底层至顶层与通气立管连接。连接蹲便器的横支管管径为 $dn110$,连接洗脸盆的支管管径为 $dn50$,汇合后管径为 $dn75$。

排水系统 4 的排出管与轴线⑭的水平距离为 850mm,管径 $dn160$,埋深−1.250m,承担 PL-4 收集的污水。PL-4 负荷各层女卫生间东侧的 2 个蹲便器、一个地漏和 1 个污水池。连接蹲便器的横支管管径为 $dn110$,连接地漏和污水池的横支管的管径为 $dn50$。

PL-1、PL-2、PL-3、PL-4 及六层以上的伸顶通气管管径分别为 $dn110$、$dn90$、$dn110$、$dn110$,伸顶通气管伸出屋面向上 700mm,顶端各设通气帽一个。

6)了解管道支吊架形式及设置要求,弄清楚管道油漆、涂色、保温及防结露等要求。

室内给水排水管道的支吊架在图纸上一般都不画出来,由施工人员按有关规程和习惯做法自己确定,如本例的给水管道为明装,可采用管卡,按管线的长短、转弯多少及器具设置情况,分管径大小确定各种规格管卡的数量。排水立管用立管卡子,装设在排水管道承口下面,每层设一个,排水横管则采用吊卡,间距不超过 2m。管道的防腐、防结露、保温等根据管材特点按图纸说明及有关规定执行。

2. 住宅给水排水工程施工图识读

附图 1~附图 20 为某八层住宅给水排水工程施工图,本套施工图依据现行施工图绘制深度要求绘制。从设计施工说明和平面图可知:该建筑物为多层住宅楼,地上八层,地下一层,建筑高度 25.50m,一层住宅入口处室内外高差为 0.30m。一梯一户,每户有一个厨房,三个卫生间,一个生活阳台。该套施工图设计包括:室内生活给水系统、室内生活排水系统、室内消防给水系统、室内热水系统、废水系统、冷凝水系统、雨水系统。下面重点讲解室内生活给水系统、室内热水系统、室内消防给水系统和室内生活排水系统。

1)了解管材、附件等基本情况。生活给水管采用衬塑复合管、PP-R 管;生活排水管采用 PVC-U 建筑排水塑料管、柔性接口铸铁管;消火栓给水系统管道采用内外壁热浸镀锌钢管;雨水管、空调冷凝水管采用抗紫外线 PVC-U 管;压力废水管采用镀锌钢管。水表采用全铜旋翼式水表。

2)查明卫生器具、用水设备(如水龙头、开水炉、水加热器、贮水罐等)和升压设备(水泵、水箱等)的类型、数量、安装位置、定位尺寸等。

该住宅楼设置有卫生器具的有厨房、生活阳台、客厅卫生间、主卧卫生间、书房卫生间。厨房设置有双格洗涤盆 1 个；生活阳台设洗衣机 1 台；客厅卫生间洗脸盆 1 个，坐式大便器 1 个，淋浴器 1 个，并在卫生器具中间位置设置有两个地漏；主卧卫生间有洗脸盆 2 个，坐式大便器 1 个，淋浴器 1 个，浴盆 1 个，地漏 2 个；书房卫生间设置有洗脸盆 1 个，淋浴器 1 个，坐式大便器 1 个，地漏 1 个。各卫生器具均沿墙布置，具体的定位尺寸详见大样图，安装详图见标准图集《卫生设备安装》(09S304)。

3) 弄清楚室内给水系统形式、管路的组成、平面位置、标高、走向、敷设方式，查明管道、阀门及附件的管径、规格、型号、数量及其安装要求。

该住宅楼的给水方式采取分区给水，一~三层为低区，由市政给水管网直接供水；四~八层为加压区，由箱式无负压供水设备加压供水。

从地下一层给排水平面图可知，给水系统引入管 2 根在轴线③东侧，从北向南穿过建筑外墙，进入建筑物内，其中低区市政给水引入管管径 DN40，穿建筑物外墙时设带止水翼环的套管，且引入管上设截止阀、止回阀；高区给水引入管管径 DN50。2 根引入管的标高为 -0.700m，在一层水暖井的垂直下方汇集（JL-1'、ZJL-1'），并垂直向上爬升至水暖井。在一层给排水平面图中，从水暖井给水立管 ZJL-1'、JL-1' 上引出立管 ZJL-1、JL-1 至轴线⑧西侧。

结合给水系统展开图可知，JL-1 负责一~三层住宅供水，在距离地面 0.5m 处引出每层的给水支管，同时 JL-1 的管径在引出给水支管后变小为 DN32、DN25、DN20。在一层，由于市政给水管的压力大于允许的入户压力，给水支管在截止阀后加装可调式减压阀组，减压阀组采取一用一备，阀前阀后设闸阀、过滤器、压力表，阀后压力降为 0.15MPa。对于加压供水立管 ZJL-1，在八层接出分立管供七~八层住户用水，在六层接出分立管供四~六层住户用水。在 2 支分立管的上端，都加装可调式减压阀组，控制阀后压力为 0.12MPa，保障供水的安全可靠。所有入户给水支管在始端都设截止阀。

一户一表，贯彻节约用水的国家政策。给水支管采用暗敷，在水表之后，支管接至地面垫层内。所有立管顶端都加设排气阀。

结合给水系统图和给排水系统大样图可知，从水暖井中接出给水支管，向东入户后，经过两次垂直转弯、增设入户截止阀后，首先进入厨房，在厨房分为南、北两支路，北支路 DN15 给洗涤盆供水，南支路西侧向厨房燃气热水器供水，东侧向南延伸给户内三个卫生间供水。同时燃气热水器产生的热水通过热水管道向室内盥洗卫生器具供水。户内冷水管道和热水管道的走向一致，管径一致，遵循"左热右冷，上热下冷"的设置原则。东侧冷水管管径 DN20，在客厅重又分成东西两路，西路供书房卫生间供水，器具给水支管管径都由 DN20 变为 DN15。东路向东延伸给阳台洗衣机、客厅卫生间、主卧卫生间供水，其中所有器具给水支管管径也都由 DN20 变为 DN15。洗涤盆、洗脸盆、坐式大便器都采用角阀与卫生器具龙头连接，安装高度根据用户所选卫生器具种类而定，具体可参见标准图集《卫生设备安装》(09S304)。入户后所有给水支管都暗敷在地面垫层内。室内给水干管、引入管、井内立管采用衬塑复合管，给水入户支管（水表后）采用 PP-R 管。衬塑复合管与金属管、塑料管、阀门连接时采用专用过渡接头。

对于消防给水系统，室内采用临时高压消防给水系统，竖向不分区，由室内消火栓泵直接供水，每层只设 1 个室内消火栓箱，消火栓箱内均设报警按钮，消防水泵房和消防水箱集中设置在小区另一住宅楼下地库内。该建筑物地下一层和一层的室内消火栓箱设置在电梯厅的东墙上，二~八层的室内消火栓箱设置在电梯厅的北墙处，屋顶试验消火栓箱设置在轴线⑧处墙西侧。室内设置 XL-1、XL-2 两根立管，管径均为 DN100，在八层水暖井内，两根立管用水平干管连接，同时，在地下一层，两根立管分别与地库室内消火栓环状管网连接，从而构成消防大环状管网。

消防给水 XL-1 立管负责给消火栓供水，屋顶试验消火栓设有压力表和消火栓，管径 DN65。地下一层消火栓为旋转减压稳压室内消火栓，型号 SNZW65-Ⅲ；一~八层为旋转室内消火栓，型号 SNZ65，其中一~六层配有减压孔板。

4）了解排水系统的排水体制，查明管路的平面布置及定位尺寸，弄清楚管路系统的具体走向、管路分支汇合情况、管径尺寸与横管坡度、管道各部标高、存水弯形式、清通设备设置情况、弯头及三通的使用。

该建筑物采用雨污分流、污废合流的排水体制。室内生活污水、厨房废水合流至室外污水管道，经化粪池处理后排入市政污水管道。从地下一层给排水平面图可看出，该建筑物设置了 5 个污废水排水系统$\frac{W}{1}$~$\frac{W}{5}$，底层污废水单独排放。

以污水排水系统$\frac{W}{5}$为例，该排水系统承担主卧卫生间的排水，结合排水系统图可知，该系统设置 WL-5 排水立管，立管管径为 DN100，设伸顶通气管，伸出屋面 1.6m，顶端设通气帽；每层均设置检查口，距离该层地面 800mm。立管采用下层排水方式，各层的排水横支管接在下一层排水立管上，连接的 45°斜三通距离楼板面 320mm。结合给排水大样图可知，主卧卫生间设有洗脸盆器具排水管、坐式大便器器具排水管、两个地漏、浴盆器具排水管。根据《建筑给水排水设计标准》（GB 50015—2019）的规定，坐式大便器的器具排水管管径不小于 DN100。其余卫生器具，浴盆的器具排水管采用专用管件，设 U 形水封，其余卫生器具排水管（包括地漏）都设 S 形存水弯，管径均为 DN50。卫生间分为两路排水横支管，西侧支路从西向东，南侧支路从南向北，汇集到排水立管 WL-5 处，经斜 45°四通连接至排水立管 WL-5 上，连接处在楼板面下 0.4m 处，横支管的倾斜度无具体说明，按《建筑给水排水设计标准》（GB 50015—2019）规定不应小于 0.026 通用坡度，同时结合施工说明可知，不同管径的横干管坡度也不同。

排水立管和支管均采用硬聚氯乙烯 PVC-U，承插连接。一层检查口以下污水立管、底层排水横干管及底层单排管均采用柔性接口铸铁管，不锈钢卡箍连接。埋地管道采用法兰承插式柔性连接。

其余排水系统的识图可结合各楼层给排水平面图、大样图、给排水系统图综合进行。

课题 10　建筑给水排水系统的安装

建筑给水排水系统在安装前应具备下列条件：有正式单位签发的设计图并已经会审；有批准的施工方案、施工组织设计，已进行技术交底；材料、施工机具已准备就绪，能保证正常施工；施工现场有材料堆放库房（尤其是塑料管材），能满足施工需要。给水排水系统必须按设计图施工，变更设计时必须具有设计单位的同意文件。建筑给水排水系统的施工必须严格执行《建筑给水排水及采暖工程施工质量验收规范》（GB 50242—2002）及其他建筑安装工程质量检验评定标准的有关规定。

建筑给水排水系统的安装分为两部分：管道安装和卫生器具的安装。管道安装是在主体完工，回填土回填并经自然沉降后进行的；卫生器具是在室内装修基本完工后安装的。

1.10.1 安装准备工作

为保证管道工程施工的顺利进行，确保施工质量和施工的安全，在管道安装之前应做好以下准备工作。

1. 备料

按照给水排水施工图要求的种类、规格和数量，进行给水排水设备、器具、管材及附件的备料。要求各种材料应有明确的厂家名称、出厂日期、规格、检验代号等。

用于生活给水系统的塑料管材及管件，应有卫生检验部门的检验报告或认证报告，有质量检验部门的产品质量合格证，有建筑管理部门颁发的准用证书等。管材应有规格、型号、批号、生产厂的名称或商标、生产日期和执行的标准号；管件上应有明显的商标和规格代号。管材和管件的内外壁应光滑、平整；无气泡、无裂口、无裂纹、无脱皮、无明显痕纹及凹陷等。胶粘剂必须标有生产厂家名称、出厂日期、有效使用期限，有出厂合格证和使用说明；胶粘剂内不得有团块，不得有颗粒和其他杂质，不得呈胶凝状态，不得有析出物，不得分层等。

所有管材及附件均应按照施工图的要求准备，所有进入现场的设备和材料均应进行各方面的检验。在施工之前，必须把主要材料备齐，且贮、运应符合材料的要求。对于不影响施工进度的零星材料，允许在施工过程中购买。

2. 检查预埋套管或预留洞

管道安装是在建筑主体工程完工后开始的。管道安装开始前，应按施工图中卫生器具的位置、给水排水管道的位置，结合施工规范的要求，认真检查各预埋套管和预留洞。要求各预埋套管和预留洞的位置和尺寸准确无误。需要重新打洞的，打洞时应避免打断受力筋。

3. 清理现场

由于给水排水管道施工中，垂直方向作业量大，并常与装饰施工、土建施工同时进行，为保证施工质量和施工人员的安全，必须认真清理现场。

4. 管道预制加工

根据设计图画出管道分支、变径、阀门位置等施工草图。根据施工草图，结合现场情况，分段量出各管段实际安装的准确尺寸并记录在施工草图上，按测得的尺寸进行管道的预加工（包括下料、套螺纹、焊法兰盘、调直等）。

1.10.2 室内给水排水系统的安装

管道安装应遵循下列原则：先地下，后地上；先室内，后室外；先横干管、立管，后横支管；先横平竖直埋设支、吊架，后安装管道。

1. 室内生活给水管道的安装

室内生活给水管道安装的工艺流程：安装准备→预制加工→引入管安装→干管安装→立管安装→支管安装→管道试压→刷油保温→管道冲洗和消毒→水表安装。

（1）安装准备 熟悉图纸，确定施工方法，核对管道走向和预留孔洞的尺寸，合理排管，注意管道交叉的避让原则。

（2）预制加工　按设计图绘出施工草图及安装尺寸，进行预制加工。

（3）引入管安装　管道穿越地下室或地下构筑物外墙，应采取防水措施，如预埋刚性防水套管；对有严格防水要求的构筑物，必须设置柔性防水套管。埋地金属管应涂沥青漆做好防腐。

（4）干管安装　水平干管应有 0.002～0.005 的坡度坡向室外泄水装置。总进口端头可加装临时丝堵以备试压。安装前管膛应清扫，所有管口要加好临时丝堵。

（5）立管安装　统一吊线安装立管管卡，将预制管段编号，分层排开，自下向上顺序安装。立管阀门朝向合理，支管甩口高度、方向正确，并加好临时丝堵。装好的立管要进行最后检查，保证垂直度和离墙距离。立管由下向上安装，当遇墙体变薄或上下层墙体错位，造成立管距离太远时，可采用冷弯弯管（灯叉弯）或用弯头调整立管位置，再逐层安装至高层给水横支管。安装在墙内的立管宜在结构施工中预留管槽，立管安装时吊直找正，用卡件固定，支管的甩口应明露并做好临时封堵。

给水立管穿过楼板应设金属或塑料套管。安装在楼板内的套管，其顶部应高出装饰地面 20mm；安装在卫生间及厨房内的套管，其顶部应高出装饰地面 50mm，套管底部与楼板地面相平。套管与管道之间缝隙应用阻燃密实材料和防水油膏填实，端面光滑。

立管位置调整好后，固定立管管卡。穿立管的楼板孔隙用水冲洗湿润孔洞四周，吊模板，再用不小于楼板混凝土强度等级的细石混凝土灌严、捣实，待卡具及堵眼混凝土达到强度后拆模。

（6）支管安装　支管暗装时，核对立管甩口高度，画线剔槽（槽已预留时应清槽）；敷设支管后，找平找正并用钩钉固定，器具用水口要留在明处并上好丝堵。支管明装时，从立管甩口逐段安装，设置必要的临时固定卡。核定卫生器具留口位置是否合适，找平找正后，安装支管卡件，去掉临时固定卡，上好丝堵。如支管上装有水表，先装连接管，试压后交工前再换装水表。

冷、热水管和水龙头平行安装，应符合下列规定：上下平行安装，热水管应装在冷水管的上面；垂直平行安装，热水管应装设在冷水管的左侧；在卫生器具上安装冷、热水龙头，热水龙头应安装在左侧。

（7）管道试压　为了检验管道系统的强度和严密性，须对给水管道进行水压试验。室内给水管道的水压试验必须符合设计要求；当设计未注明时，各种材质的给水管道系统试验压力均为工作压力的 1.5 倍，但不得小于 0.6MPa。

（8）刷油保温　管道防腐的方式有涂料防腐和特殊防腐两种。涂料防腐是指在管道表面涂刷防腐涂料，一般按底漆、面漆、罩面漆的顺序进行涂层。例如焊接钢管，可先用附着力强、防腐防水性能好的红丹防锈漆、铁红防锈漆、红丹醇酸防锈漆等底漆涂刷 1～2 遍，再用耐光、耐气候变化、覆盖能力强的灰色防锈漆、各色油性调和漆等面漆涂刷两遍。对于镀锌钢管，应在锌皮破坏处刷防锈漆，整个明装管道系统及支架应刷银粉漆或其他面漆。特殊防腐是对埋地的管道，由内向外按照沥青底漆、沥青涂料、玻璃丝布加强包扎层、塑料布保护层等材料进行的防腐施工，其结构形式按土壤性质不同分为普通防腐层、加强防腐层和特加强防腐层。

需保温和防结露的管段按设计要求进行保温层、保护层敷设及保护层刷油。

（9）管道冲洗和消毒　为保证供水水质和管道系统的使用安全，生活给水系统管道在交付使用前必须进行冲洗和消毒，并经有关部门取样检验，符合《生活饮用水卫生标准》（GB 5749—2022）后方可使用。

（10）水表安装 水表应安装在便于检修、不受曝晒、污染和冻结的地方。安装螺翼式水表，表前与阀门应有不小于8倍水表接口直径的直线管段。表外壳距墙表面净距为10~30mm；水表进水口中心标高按设计要求，允许偏差为±10mm。

2. 室内消防给水系统的安装

室内消防自动喷水灭火系统和消火栓灭火系统安装的工艺流程：安装准备→支架制作安装→干管安装→报警控制阀安装→立管安装→喷洒分层干支管、消火栓及支管安装→水泵、水箱、水泵接合器安装→管道试压→喷头短管试压→管道冲洗→水流指示器安装→节流装置安装→报警阀其他组件、喷头、消火栓配件安装→系统通水调试→系统验收。

室内消防管道的安装要求很多与室内生活给水管道相同，如管道连接操作、管道穿楼板和墙套管的设置、管道支架的间距、横管坡度，这里不再赘述。消火栓安装要求栓口朝外，并不应安装在门轴侧，栓口中心距地面1.1m，允许偏差±20mm。室内消火栓系统安装完成后应取屋顶层（或水箱间内）试验消火栓和首层取两处消火栓做试射试验，达到设计要求为合格。

3. 室内排水管道的安装

以排水铸铁管为例，排水管道系统的安装工艺流程：安装准备→预制加工→排出管安装→排水立管安装→通气管安装→通球试验→排水横支管安装→灌水试验→封堵洞口→刷油防腐。

（1）安装准备 按施工图、技术交底及卫生器具情况检查、核对预留孔洞尺寸及位置，进行必要的定位放线。

（2）预制加工 按施工草图对部分管材及管件进行预制，如打口养护。

（3）排出管安装 排出管按设计或规范要求设置坡度，排出管与立管用两个45°弯头加直管段连接，并与室外排水管道相连伸至室外第一个检查井。排出管穿基础应预留孔洞，并保证管顶上部净空不小于建筑物沉降量150mm。高层建筑排出管穿地下室外墙或地下构筑物时，必须采取严格的防水措施。

（4）排水立管安装 安装立管须两人配合，将预制好的管段上部拴牢，上拉下托、找正，临时卡牢，然后进行接口。立管上检查口应按设计要求设置，安装高度为中心距地1m±20mm，朝向应便于检修，安装立管的检查口处应安装检修门。立管安装完毕后，再设型钢支架，配合土建填堵立管洞。

（5）通气管安装 立管上部通气管高出屋面300mm，但必须大于最大积雪厚度。在通气管出口4m以内有门、窗时，通气管应高出门、窗顶600mm或引向无门、窗一侧。在经常有人停留的平屋顶上，通气管应高出屋面2m，并应根据防雷要求设置防雷装置。

（6）通球试验 为检验管道是否畅通，排水主立管及水平干管均应做通球试验。通球球径不小于排水管道管径的2/3，通球率须达到100%为合格。

（7）排水横支管安装 排水横支管按设计或规范规定坡度、支吊架间距施工，吊钩或卡箍固定在承重结构上，按要求合理设置清扫口。施工验收规范规定：连接2个或在连接2个及2个以上大便器或3个及3个以上卫生器具的污水横管上应设置清扫口。清扫口可根据实际情况设在上一层楼地面上或在污水管起点设置堵头代替清扫口。

（8）灌水试验 隐蔽或埋地的排水管道在隐蔽前必须做灌水试验，其灌水高度应不低于底层卫生器具的上边缘或底层地面高度。

（9）封堵洞口　排水管道安装完毕试验合格后，应及时对管道穿基础、楼板、墙体处的孔洞进行封堵。排水管道穿楼板处，应配合土建进行支模，用大于或等于楼板混凝土设计等级的细石混凝土分层捣实。

（10）刷油防腐　排水管道的防腐做法可参考给水管道，此处不再赘述。

此外，排水系统若采用塑料排水管，还应按设计要求合理设置安装伸缩节，并注意大小头、顺水三通、顺水四通等管件的安装方向。高层建筑物内，DN≥100mm 的明装管道穿楼板或墙体时应设置防火套管或阻火圈，以阻止火势蔓延。

4. 卫生器具的安装

卫生器具的安装是在管道安装完毕，室内装修基本完工后进行的。安装前应熟悉施工图纸，并参照《卫生设备安装》（09S304），做到所有卫生器具的安装尺寸和节点做法符合国家标准及施工图纸的要求。卫生器具安装基本技术要求有：准确、美观、稳固、严密、使用方便、可拆卸等，同一房间成排的卫生器具应同高。卫生器具在安装过程中及安装完成后，都应注意成品的保护，尤其是陶瓷制品的卫生器具。

知识拓展

建筑信息模型（BIM）技术是使用通用数据环境将建筑物虚拟模型数字化的方法，以便不同行业的相关从业者可以协同地输入、交换和共享信息。BIM 技术能够应用在建筑项目整个生命周期的各个阶段，包括整体规划、建筑设计、项目施工、运营和维护等，能满足各单位、各专业的沟通交流、协同作业需求。

机电安装工程作为建筑行业重要的组成部分，在管线设计、性能要求和结构安全等方面的要求越来越高。传统建筑工程施工中，由于设计和施工中存在偏差，传统施工材料耗费大，施工时间长。随着装配式施工技术的兴起，装配式机电工程也逐渐受到重视。利用 BIM 技术对建筑设计信息的多维集成，以模型为载体，实现设计数据的实时共享。同时利用 BIM 技术建立机电安装工程模型，并对模型进行管线碰撞检查，完成系统深化设计，并用于指导预制加工图纸的设计，实现对预制构件加工生产的宏观控制。

图 1-96 为利用 BIM 技术进行的管线碰撞检测。医院建筑的管线工程复杂，各系统管线安排在一起容易发生碰撞，给工程施工带来麻烦。利用 BIM 技术对设备工程管线进行碰撞检测，解决管线排布不合理的问题，从设计层面减少偏差，推进工程下一步顺利进行。

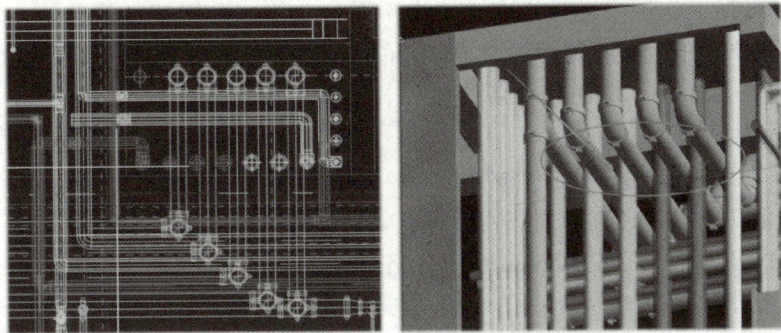

图 1-96　管线碰撞检测

将工程施工进度计划导入 BIM 模型进行 4D 模拟，以动态的形式直观了解到施工细节，而且在模拟过程中查找施工进度不合理之处，便于及时对进度安排进行合理调整；同时将施工模拟计划完成节点与现场施工实际完成节点进行对比，掌握工程实际情况，便于对现场材料、劳动力、资金等资源及时进行合理规划调整。这种基于 BIM 技术的施工进度模拟，实现了施工进度、资源和现场信息可视化和集成化的管理，提高了施工效率，缩短了施工周期。

1.10.3 室内给水排水系统的试验、冲洗与消毒

室内给水管道安装完毕后，应根据设计要求、施工规范要求等对管道系统进行试验和冲洗消毒。给水管道水压试验的目的是检验管道系统的强度和严密性，保证系统安全可靠地运行，同时为工程验收做好技术准备；给水管道冲洗消毒的目的是保证供水水质、保证管道系统的使用安全。

室内排水管道安装完毕后，应进行灌水试验和通球试验。灌水试验的目的是防止排水管道本身及管道接口处渗漏影响建筑物的正常使用，保证安装工程的质量。通球试验的目的是保证排水管道的畅通。一般情况下，管道交付使用前应做排水立管和排水水平干管的通球试验。

1. 给水管道的水压试验

（1）试压要求与方法　给水管道的水压试验必须符合设计要求，当设计未注明时，各种材质的给水管道系统试验压力均为工作压力的 1.5 倍，并不得小于 0.6MPa。工作压力可按水泵的扬程或小区给水管网提供的压力选用。

管道的水压试验可分步来做。埋地的给水引入管和水平干管必须在隐蔽前进行水压试验，试验合格并验收后才能隐蔽；给水管道系统全部安装完毕，进行系统的水压试验（高层建筑可分区做水压试验）。

水压试验时，先打开管道系统高处的排气阀或最高水龙头，关闭泄水阀及其他水龙头，然后向管内充水直至水从最高水龙头处流出。关闭排气阀或最高水龙头、关闭进水阀，用手摇泵或电动试压泵加压。压力应逐渐升高，一般分 2~3 次升至试验压力。在试压过程中，每升高一次压力，都应停下来对管道进行检查，无问题再继续升压，直至升到试验压力。

采用金属及金属复合管的给水管道系统，在试验压力下观测 10min，压力降不应大于 0.02MPa，然后降到工作压力进行检查，不渗不漏为合格。采用塑料管的给水管道系统，在试验压力下稳压 1h，压力降不得超过 0.05MPa，然后在工作压力的 1.15 倍状态下稳压 2h，压力降不得超过 0.03MPa，同时检查各连接处，不渗不漏为合格。

（2）试压注意事项

1）试压完毕，应及时将管内水放空。

2）当气温低于 0℃时，应采用热水（50℃左右）进行试压。

3）试压用的压力表必须是经过检验的合格产品。

4）一般情况下，管道应先试压，合格后方可进行防腐和保温。当必须先做防腐保温时，应留出各管道接口处，待试压合格后再进行管道接口处的防腐保温。

给水系统交付使用前必须进行通水试验，试验的方法是开启阀门放水、打开水龙头放水。

2. 给水管道的冲洗与消毒

为保证供水水质、保证管道系统的使用安全，生活给水管道系统在交付使用前必须进行冲洗和消毒，并经有关部门取样检验，符合《生活饮用水卫生标准》（GB 5749—2022）后方可使用。

（1）给水管道的冲洗　室内给水管道应用水进行冲洗，其冲洗顺序一般按总管→干管→立管→支管依次进行。当支管数量较多时，可关闭部分支管逐根进行冲洗，也可数根支管同时进行冲洗。管道冲洗时应保证所有管道均能冲洗到，不留死角。

冲洗时，保证管道内的流速不小于 1.0m/s。冲洗应连续进行，以排出口处排出水的色度和透明度与进水口处相同且无杂物为合格。

（2）给水管道的消毒　生活饮用水管道，在冲洗合格后、管道使用前应采用游离氯含量 20~30mg/L 的水灌满进行消毒，含氯水在管道中应停留 24h 以上。消毒完毕，再用饮用水冲洗，并经有关部门取样检验，符合《生活饮用水卫生标准》（GB 5749—2022）为合格。

3. 排水管道的灌水试验、通球试验

（1）排水管道的灌水试验　试验前，将出口管端部和器具支管端部封闭，然后满水 15min 水面下降后，再灌满观察 5min，液面不降，管道及接口无渗漏为合格。

隐蔽或埋地的排水管道在隐蔽前必须做灌水试验，其灌水高度应不低于底层卫生器具的上边缘或底层地面高度。地上部分的排水管道以一层楼的高度为标准，分层做灌水试验，但灌水高度不宜超过 8m。

（2）排水管道的通球试验　排水主立管及水平干管管道均应做通球试验，通球球径不小于排水管道管径的 2/3，通球率必须达到 100%。

通球试验的方法是从伸顶通气管上部投入不小于排水管道管径 2/3 的皮球，用水冲，能顺利通过排水管道冲到室外第一个检查井为合格。

复习思考题

一、选择题

1. 管材选择：生活给水管道可采用（　　），消火栓给水系统可采用（　　），自动喷水灭火系统可采用（　　），排水系统可采用（　　）。

A. 热浸镀锌钢管和无缝钢管　　B. PVC 管　　　　　　C. PP-R 管　　　　D. PEX 管

E. 球墨铸铁管

2. 管道常用连接方式选择：热浸镀锌钢管可采用（　　），无缝钢管可采用（　　），PVC 管可采用（　　），PP-R 管可采用（　　）。

A. 螺纹连接　　　　　　　　　B. 焊接　　　　　　　C. 热熔连接　　　　D. 沟槽连接

E. 承插粘接

3. 以下阀门在安装时无方向性要求的是（　　）。

A. 截止阀　　　　　　　　　　B. 闸阀　　　　　　　C. 止回阀　　　　　D. 减压阀

E. 蝶阀

4. 消防环状管网常选用的阀门是（　　）。

A. 截止阀　　　　　　　　　　B. 止回阀　　　　　　C. 蝶阀　　　　　　D. 闸阀

5. 常用的减压阀有可调式和比例式两种，可调式减压阀宜（　　　）安装，比例式减压阀宜（　　　）安装。

A. 水平　　　　　　　　B. 垂直

6. 室内冷、热水管道平行敷设时，冷水管应在热水管的（　　　）。

A. 上边、右边　　　　B. 上边、左边　　　C. 下边、右边　　D. 下边、左边

二、填空题

1. 离心式水泵按泵轴位置分为_____和_____；按叶轮数量分为_____和_____。

2. 离心泵的性能参数有_____、_____、_____、_____、和_____等。

3. 室内排水管道上的清通设备有_____、_____和_____。

4. 水箱材料的选择：生活给水系统应采用_____，消防给水系统常选用_____。

5. 室内消火栓安装要求栓口朝_____，并不应安装在门轴侧，栓口中心距地面_____m。

6. 室内消火栓系统安装完成后应取_____和_____消火栓做试射试验，达到设计要求为合格。

7. 室内生活给水管道安装完毕后，应根据设计要求、施工规范等对管道系统进行_____和_____试验。

8. 室内排水管道安装完毕后，应进行_____和_____试验。

三、简答题

1. 室内给水系统由哪几部分组成？可分成哪几类？

2. 按给水横干管的位置不同，室内给水管网的布置形式有哪些？

3. 室内排水系统由哪几部分组成？可分为哪几类？

4. 常用的排水系统体制有哪些？

5. 室内消火栓给水系统由哪些部分组成？

6. 室内消火栓给水系统分区的依据是什么？

7. 室内消火栓箱由哪些部分组成？安装方式是什么？

8. 湿式自动喷水灭火系统由哪些部分组成？工作原理是什么？

9. 常用的闭式喷头有哪些？

10. 建筑给水排水工程中常用的阀门有哪些？画出它们的图例。

11. 常用的排水管材有哪几种？如何选用？

12. 阀门型号是如何表达的？

13. 室内排水系统中水封的作用是什么？防止水封破坏的措施有哪些？

14. 常用水表类型有哪些？住宅分户计量用哪种水表？

15. 简述排水管道的布置原则和敷设方式。

16. 室内给水排水系统安装前的准备工作有哪些？

17. 说出室内给水排水管道安装应遵循的原则。

18. 给水管道水压试验的目的是什么？试压值是如何规定的？

19. 室内给水管道冲洗的顺序是什么？

20. 说出室内生活给水管道消毒的方法。

21. 室内哪些排水管道必须做灌水试验？说出灌水试验的方法。

四、应用题

1. 画图表示直接给水方式、设水池水泵水箱的给水方式、设变频调速泵组的给水方式。

2. 绘制带旁通管的水表节点图。

3. 画图表示高层不分区的消火栓给水系统。

4. 画图示意水箱的配管结构。

5. 写出室内生活给水管道系统的安装工艺流程。

6. 写出给水管道水压试验的方法步骤。

7. 建筑给水排水施工图的组成有哪些？写出识图的顺序。

建筑电气系统

单元目标

知识目标

1. 了解电路基本知识，熟悉三相交流电。
2. 了解电力系统基本概念及常用电压等级，熟悉负荷分级及供电要求。
3. 掌握常用供配电方式，熟悉常用控制电器与保护电器。
4. 熟悉常用导线、电缆及型号表示。
5. 熟悉电光源及照明器具。
6. 掌握建筑电气照明工程施工图的组成及表达方法。

技能目标

1. 熟知用电负荷分级及各级负荷的供电要求。
2. 能分析低压配电方式。
3. 熟练掌握导线、电缆的型号表示。
4. 具备一般建筑电气照明工程施工图的识读能力。

素养目标

1. 培养积极向上的生活态度。
2. 通过建筑电气系统知识的学习，培养科学严谨、细致认真的工作态度。
3. 通过学习，激发热爱本专业的热情。

单元概述

电能在整个社会生活中的应用非常广泛，并发挥着越来越重要的作用，建筑行业同样依靠电能为施工、办公及生活等提供动力。建筑供配电是建筑电气的重要内容，建筑电气技术人员必须掌握建筑供配电的基本知识，才能更好地理解建筑供配电系统，从而能够在工作中依据电气施工图进行施工、购置设备材料、编制审核工程概预算，以及进行电气设备的运行、维护和检修。本单元着重介绍电力系统用电负荷分级、低压配电方式、常用导线与电缆、照明器具、建筑防雷与接地等知识，介绍电气照明施工图、防雷装置电气施工图及其识读方法。通过学习，应掌握电气系统基本分析能力，能识读一般建筑电气照明施工图、防雷装置电气施工图，能适应行业相关岗位工作。

课题1 建筑电气系统基础知识

2.1.1 电路基本知识

1. 电路的组成及作用

（1）电路的组成 电路由电源、负载和中间环节组成。不同的电路，线路功能、设备类型、连接形式等不同。

电源的作用是产生电能。电气工程中的电源设备主要有发电机、蓄电池等。变配电所内的电力变压器对于由其供电的线路来说，也称为电源设备。在建筑内部，电气线路的电源一般指为其供电的电力变压器。

负载的作用是消耗电能，将电能转化为机械能、热能、光能等。建筑电气线路中用电的设备都称为负载。蓄电池在充电状态时，是作为负载的。

中间环节的作用是传递、分配和控制电能。电路的中间环节主要包括导线（电缆）、控制电器（如开关等）、保护电器等设备。配电箱（柜）是中间环节中的重要设备，它将开关、熔断器等控制保护设备集中安装在箱体内，便于线路的控制、维护和管理。

（2）电路的作用 建筑电气工程电路的作用主要有两个。

1）电能的传输和分配：电力工程将电能从发电厂运输到用电单位，其中包括发电、变电、输电、配电、用电等环节。建筑电气工程中的电力、照明等线路均属于电力工程的一部分线路。

2）信息的传递和处理：在建筑物中一般有网络、电视线路，这些线路主要是对包含某些信息的电信号进行传递和处理，还原出声音和图像，满足人们对信息的需要。除此之外，建筑物中安装的楼宇对讲系统、消防系统、广播系统、安全防范系统等线路都具有此功能。

2. 交流电路

在工业生产及日常生活中，广泛使用的是交流电路。交流电具有容易生产、运输经济、易于变化电压等优点。

（1）发电机的星形连接和三相四线制供电方式 三相交流发电机是三相交流电路的电源，其内部有三相绕组，工作时相当于三个单相交流电源为电路提供电能。由三相交流电源供电的电路，称为三相交流电路。三相交流电路与单相交流电路相比，有节省输电线用量、输电距离远、输电功率大等优点。目前电力系统广泛采用三相交流电路。对于建筑电气系统，其三相电源为三相电力变压器的三相绕组。

三相交流电源的连接方式主要有星形连接（Y）和三角形连接（△）。其中星形连接形式比较常用，本书只介绍星形连接。

三相发电机的电枢上有三个对称放置的独立绕组 $A\text{-}X$、$B\text{-}Y$、$C\text{-}Z$。这三个绕组分别称为 A 相绕组、B 相绕组、C 相绕组，把三相绕组的末端 X、Y、Z 连接在一起成为公共点（称为中性点），从中性点引出一根导线称为中性线，由三相绕组的始端 A、B、C 分别引出三根线，称为相线（俗称火线），如图 2-1 所示，这就构成了发电机的星形连接和三相四线制供电系统。

在三相四线制供电系统中，相线与中性线之间的电压称为相电压，它们的有效值分别用

U_A、U_B、U_C 表示。由于三相电源是对称的，因此三个相电压有效值相等，可以用 U_P 表示。

不同两个相线之间的电压称为线电压，其有效值分别用 U_{AB}、U_{BC}、U_{CA} 表示。它们的有效值也相等，用 U_L 表示。

线电压与相电压有效值之间的关系可用式（2-1）表示。

$$U_L = \sqrt{3}\, U_P \qquad (2\text{-}1)$$

常用的低压三相四线供电系统中，相电压220V，线电压为380V，一般称为380/220V三相四线制供电系统，是建筑电气工程中常采用的供电方式。

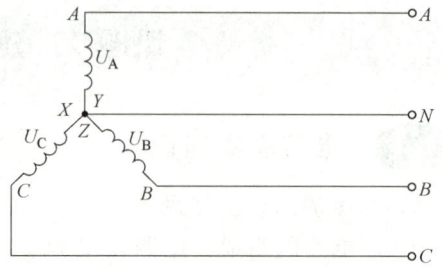

图 2-1　发电机星形连接和三相四线制供电系统

（2）三相交流电路的负载　三相交流电路中接入的负载有两类：一类是必须接上三相电源才能正常工作的三相用电设备，如三相异步电动机等；另一类是额定电压为220V或380V，只需接两根电源线的单相用电设备，如单相电动机、白炽灯、荧光灯、单相电焊机等。

三相异步电动机等三相用电设备，其内部三相绕组完全相同，是对称的三相负载。单相设备需要分组接到三相电路中，一般为不对称的三相负载。三相负载常见的连接方式有星形连接（Y）和三角形连接（△）。

1）三相负载的星形连接。将每相负载的一端连接到一起，另一端分别连接到三根相线上，如图2-2所示，为星形连接形式。星形连接方式的条件是负载额定电压等于电源相电压。

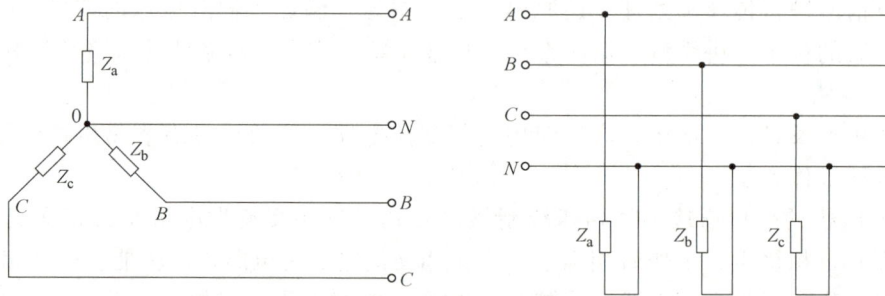

图 2-2　三相负载的星形连接

2）三相负载的三角形连接。三相负载的三角形连接方式如图2-3所示。由于三相负载只需要三根电源线供电，因此它属于三相三线制供电电路。每相负载连接于两根相线之间，因此负载的电压与相应的线电压相等。

在380/220V供电系统中，三相负载的连接方式需要根据负载的额定电压来确定。如果负载的额定电压为380V，则可以接成三角形连接方式；若额定电压为220V，则只能连接为星形连接方式。

三相电源的中性点常直接接地，因此中性点又称为零点，中性线又称为零线。为了防止设备因漏电对人造成伤害，工程中常从中性点接地处另外引出一条导线，与设备外壳连接，这条导线称为保护线。在电气工程中，为了区分各电源线，常以不同的颜色区分。在建筑内

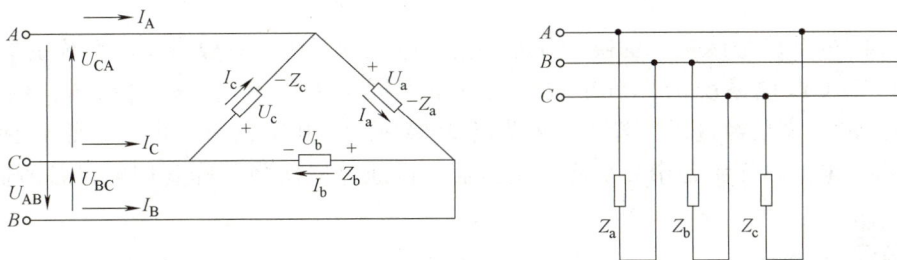

图 2-3　三相负载的三角形连接

配线的中线一般用淡蓝色导线。A 相线（L_1）、B 相线（L_2）和 C 相线（L_3）分别用黄、绿、红色导线，保护线（PE）用绿黄双色导线。

2.1.2　电力系统概述

电力系统是由发电厂、电力网和电力用户组成的统一整体。典型的电力系统如图 2-4 所示。

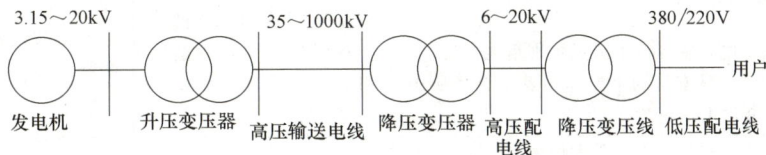

图 2-4　电力系统示意图

1. 发电厂

发电厂是将其他形式的能（如水的势能，风的动能，煤燃烧时发出的热能，以及光能、化学能、原子能等）转变为电能的场所。

2. 电力网

电力网是电力系统的重要组成部分，是电力系统中输送、交换和分配电能的中间环节。电力网由变电所、配电所和各种电压等级的电力线路所组成。电力网的作用是将发电厂生产的电能变换、输送和分配到电能用户。

我国电力网的电压等级主要有 0.22kV、0.38kV、3kV、6kV、10kV、20kV、35kV、110kV、220kV、330kV、500kV、1000kV 等。一般情况下，35kV 及以上的电力线路为输电线路，20kV 及以下电力线路为配电线路。

3. 电力用户

在电力系统中一切消耗电能的用电设备或用电单位均称为电力用户。电力系统中某一时刻所有用电设备消耗功率的总和称为电力负荷。用电设备按其用途可分为动力用电设备（如电动机）、照明用电设备（如灯具）、工艺用电设备（如电焊设备）等。

对于供配电系统，提供安全、可靠的电能供应是其首要任务，此外应保证提供的电能质量满足要求。衡量电能质量的指标是电压和频率。我国交流电的频率为 50Hz，允许偏差为 $\pm(0.2 \sim 0.5)$ Hz；各级额定电压一般情况下的允许偏差范围为 $\pm 5\% U_N$。在保证供配电系统安全、可靠、优质的前提下，要尽可能地减少供配电系统的建设投资，降低供配电系统的年运行费用。

　　小区供配电系统是接受、变换、分配和消费电能的系统，一般供配电系统主要由外部电源系统和内部变配电系统两部分组成。用电量不同会采用不同的供电系统，供电电压为35kV及以上时，需要经过两次降压，即先将35kV降为10kV的供电电压，然后通过小区内部高压线路将电能输送到各个二次降压变压器，再通过二次降压降到用电设备所需的电压。

2.1.3　用电负荷分级及供电要求

用电负荷分级及供电要求

　　根据供电可靠性及中断供电在政治、经济上所造成的损失或影响的程度，用电负荷分为特级负荷、一级负荷、二级负荷和三级负荷。民用建筑主要用电负荷分级见表2-1。

表2-1　民用建筑主要用电负荷分级

用电负荷级别	用电负荷分级依据	适用建筑物示例	用电负荷名称
特级	1）中断供电将危害人身安全、造成人身重大伤亡 2）中断供电将在经济上造成特别重大损失 3）在建筑中具有特别重要作用及重要场所中不允许中断供电的负荷	高度150m及以上的一类高层公共建筑的消防用电	安全防范系统、航空障碍照明等
一级	1）中断供电将造成人身重大伤害 2）中断供电将在经济上造成重大损失 3）中断供电将影响重要用电单位的正常工作，或造成人员密集的公共场所秩序严重混乱	一类高层建筑	安全防范系统、航空障碍照明、值班照明、警卫照明、客梯、排水泵、生活给水泵等
二级	1）中断供电将在经济上造成较大损失 2）中断供电将影响较重要用电单位的正常工作或造成公共场所秩序混乱	二类高层建筑	安全防范系统、客梯、排水泵、生活给水泵等
		一类和二类高层建筑	主要通道、走道及楼梯间照明等
三级	不属于特级、一级和二级的用电负荷	—	

　　常见民用建筑中的特级、一级、二级用电负荷见表2-2。

表2-2　常见民用建筑中的特级、一级、二级用电负荷

序号	建筑物名称	用电负荷名称	负荷等级
1	国家级会堂、国家级宾馆、国家级国际会议中心	主会场、接见厅、宴会厅照明，电声、录像、计算机用电	特级
		客梯、总值班室、会议室、主要办公室、档案室用电	一级
2	国家及省部级数据中心	计算机系统用电	特级
3	国家及省部级防灾中心、电力调度中心、交通指挥中心	防灾、电力调度及交通指挥计算机系统用电	特级
4	办公建筑	建筑高度超过100m的高层办公建筑主要通道照明和重要办公室用电	一级
		一类高层办公建筑主要通道照明和重要办公室用电	二级

（续）

序号	建筑物名称	用电负荷名称	负荷等级
5	住宅建筑	建筑高度大于54m的一类高层住宅的航空障碍照明、走道照明、值班照明、安防系统、电子信息设备机房、客梯、排污泵、生活水泵用电	一级
		建筑高度大于27m但不大于54m的二类高层住宅的走道照明、值班照明、安防系统、客梯、排污泵、生活水泵用电	二级
6	一类高层民用建筑	消防用电,值班照明,警卫照明,障碍照明用电,主要业务和计算机系统用电,安防系统用电,电子信息设备机房用电,客梯用电、排水泵、生活水泵用电	一级
		主要通道及楼梯间照明用电	二级
7	二类高层民用建筑	消防用电,主要通道及楼梯间照明用电,客梯用电,排水泵、生活泵用电	二级
8	建筑高度大于150m的超高层公共建筑	消防用电	特级

特级用电负荷应由3个电源供电，并应符合下列规定：3个电源应由满足一级负荷要求的两个电源和一个应急电源组成；应急电源的容量应满足同时工作最大特级用电负荷的供电要求；应急电源的切换时间应满足特级用电负荷允许最短中断供电时间的要求；应急电源的供电时间应满足特级用电负荷最长持续运行时间的要求。

应急电源可采用：独立于正常工作电源的专用馈电线路输送的城市电网电源；独立于正常工作电源的发电机组；蓄电池组。当提供的第二电源不能满足一级负荷要求，或电源切换时间不能满足用电设备允许中断供电时间要求时，或建筑高度150m以上的建筑，应设置自备柴油发电机组。

一级用电负荷应由两个电源供电，并应符合下列规定：当一个电源发生故障时，另一个电源不应同时受到损坏；每个电源的容量应满足全部一级用电负荷的供电要求；一级负荷应由双重电源的两个低压回路在末端配电箱处切换供电。

二级负荷的供电应符合下列规定：二级负荷的外部电源进线宜由35kV、20kV或10kV双回路线路供电；当负荷较小或地区供电条件困难时，二级负荷可由一回35kV、20kV或10kV专用的架空线路供电；对于冷水机组（包括其附属设备）等季节性负荷为二级负荷时，可由一台专用变压器供电。

三级负荷对供电的可靠性要求较低，对供电电源无特殊要求。

课题2　建筑供配电系统

2.2.1　建筑供配电形式

1. 民用建筑常用的供电形式

民用建筑的供电电压主要与建筑用电容量、用电设备特性、供电距离、供电线路的回路数、当地公共电网现状及其发展规划等有关。用电容量在250kW以下的小型民用建筑，可由低压380/220V供电，不设变压器；用电容量在250kW及以上的中型民用建筑，采用

20kV 或 10kV 供电，经变压器降为 380/220V 后供电；对于大型民用建筑，由于用电负荷大，电源进线可采用 35kV 及以上，先降压至 10kV 或 20kV，再将 10kV 或 20kV 高压配线连至变电所，降为 380/220V。

2. 民用建筑常用的配电形式

低压配电系统的基本配电方式主要有放射式和树干式。由基本方式组合派生出来的配电方式还有混合式、链接式等。

（1）放射式　放射式低压配电系统如图 2-5 所示。其特点：单个用电设备的电源线和干线均由变电所低压侧引出，当配电出线发生故障时，不会影响其他线路的运行，因此供电可靠性较高。其缺点：由于从低压母线引出的线较多，有色金属消耗量较大，使用的开关设备也较多，因此投资较大。在建筑内部，由楼层配电箱或竖井内配电箱至用户配电箱的配电，应采用放射式配电；公共建筑内的 35kV、20kV 或 10kV 供电系统宜采用放射式；对于部分容量较大的集中负荷或重要用电设备，应从变电所低压配电室放射式配电。

（2）树干式　由电源引出一条干线，沿途向数个配电箱或电气设备供电的方式，称为树干式配电方式，其形式如图 2-6 所示。其优点：供电形式灵活，引出配电干线较少，采用开关设备自然较少，有色金属消耗量也较少，故其总投资少。其缺点：当干线发生故障时，用电设备均受到影响，供电可靠性较差。在多层建筑中，由总配电箱至楼层配电箱宜采用树干式配电；高层建筑中，向楼层各配电点供电时，宜采用分区树干式配电。

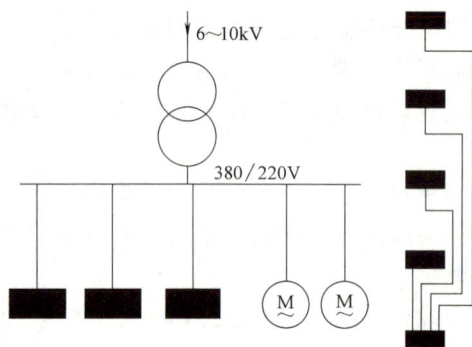

图 2-5　放射式

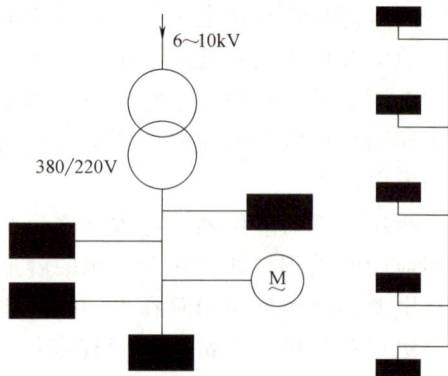

图 2-6　树干式

（3）混合式　在实际工程中，纯树干式接线极少单独使用，往往采用的是树干式与放射式的混合。放射式和树干式混合使用，能吸取两种配电方式的优点，兼顾节省金属材料的经济性和保证电源供电的可靠性。如图 2-7 所示为混合式配电方式。

（4）链接式　链接式接线的特点基本与树干式相同，这种接线适用于用电设备距离近、容量小的一般设备。链接式相连的设备每一回路一般不超过 5 台

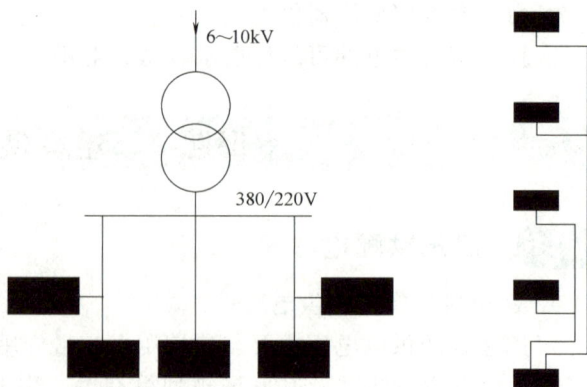

图 2-7　混合式

（配电箱不超过 3 台），且容量不宜超过 10kW，如图 2-8 所示。

配电设计时，配电线路（无论高压线路还是低压线路）的接线方式应力求简单。运行经验证明：配电系统如果接线复杂，层次过多，不仅投资较大，维护不便，而且电路串联的元件过多，会使因误操作或元件故障而产生的事故增多，且事故处理和恢复供电的操作也比较麻烦，延长停电时间。另外接线复杂，层次过多，会造成配电级数多，继电保护级数也会相应增多，保护动作时间也相对延长，这对供配电系统的故障保护也十分不利。因此《民用建筑电气设计标准》（GB 51348—2019）规定：35kV、20kV 或 10kV 供配电系统中，同一电压等级的配电级数不宜多于两级，低压系统不宜多于三级。

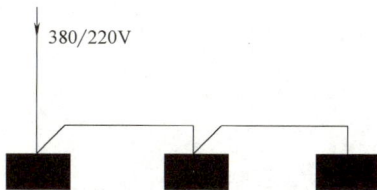

图 2-8　链接式

知识拓展

传统的低压配电中，电能从发电厂输送到用户终端，中间要经过多次升压降压，这样会存在一定程度上的能量损耗。目前提出一种新能源低压配电方案，采用直流输电、微电网技术和能量存储技术，可以有效减少能量损耗，提高能源利用率，采用合理的低压配电，实现能源的可持续发展。

2.2.2　配电箱（柜）

配电箱（柜）是集中、切换、分配电能的设备，具有方便停、送电，计量和判断停、送电的作用。

配电箱（柜）一般由箱（柜）体、开关（断路器）、保护装置、监视装置、电能计量表以及其他二次元器件组成。配电柜安装在发电站、变电站的进线与馈线处以及用电量较大的进线处；配电箱则安装在用电容量较小用户的进线处以及用户的二级或三级配电处。

配电箱（柜）按照负荷类型可分为照明配电箱（柜）和动力配电箱（柜），按电压等级分为高压配电柜和低压配电柜。目前配电柜均为铁质柜；配电箱多为铁质箱体，仅个别终端配电箱箱体为铁质，面板为 PVC 材质。

按结构分，低压配电柜有固定式、抽屉式两种，如图 2-9 所示。固定式配电柜结构简单，检修方便，占用空间大；抽屉式配电柜结构紧凑，检修快，占用空间较小。

2.2.3　室内变配电站（室）

变配电是电力系统中非常重要的环节，是接受、变换和分配电能的环节。大体量建筑（高层或单层面积大的多层）是民用建筑发展的趋势。单体建筑面积大，用电负荷相对较大，变配电室多设于民用建筑内部。设于民用建筑内部的变配电室应符合下列要求。

室内变配电站（室）设有可燃油油浸变压器、充有可燃油的高压电容器和多油开关等设备时，应保证其疏散门直通室外或安全出口；油浸变压器室、多油开关室、高压电容器室均应设置防止油品流散的设施；变压器室应位于建筑的靠外侧部位，不应设置在地下二层及以下楼层；变压器室之间、变压器室与配电室之间应采用防火门和耐火极限不低于 2.00h 的防火分隔墙。

a) 封闭固定式配电柜　　　b) 开启固定式配电柜　　　c) 封闭抽屉式配电柜

图 2-9　低压配电柜

　　设于建筑物内部的变配电室，常受空间的限制，变配电设备安装紧凑，因此高低压设备、变压器常选用封闭带防护外壳的型号。封闭的高低压柜与带防护外壳的变压器可以并排放置。

　　变配电室内的高压柜、变压器柜、低压配电（电容器）柜的布置应满足设备检修所需要的距离。

常用的控制电器与保护电器

2.2.4　常用的控制电器与保护电器

1. 闸刀开关

　　闸刀开关又称刀开关或隔离开关。常见的胶盖刀开关广泛用在照明电路和小容量（5.5kW）又不频繁起动的电机动力电路中。闸刀开关的结构如图 2-10 所示。

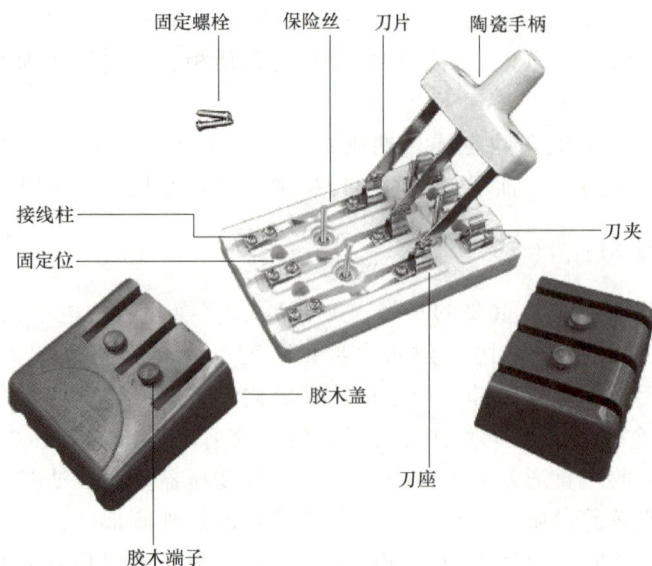

图 2-10　闸刀开关的结构

2. 熔断器

熔断器俗称"保险"，串接在被保护的电路中，用于电路的短路保护和严重过载保护，它主要由熔体和熔座两部分组成。

（1）熔断器的分类 常见的熔断器有插入式，如 RC1A 系列，主要用于照明电路的短路保护；螺旋式，如 RL6、RL7、RLS2 系列，主要用于电动机电路的短路保护；封闭管式，如无填料熔断器、有填料熔断器、快速熔断器；自复式，自复式熔断器是一种新型熔断器，一般与断路器配合使用。图 2-11 为几种常见熔断器的结构。

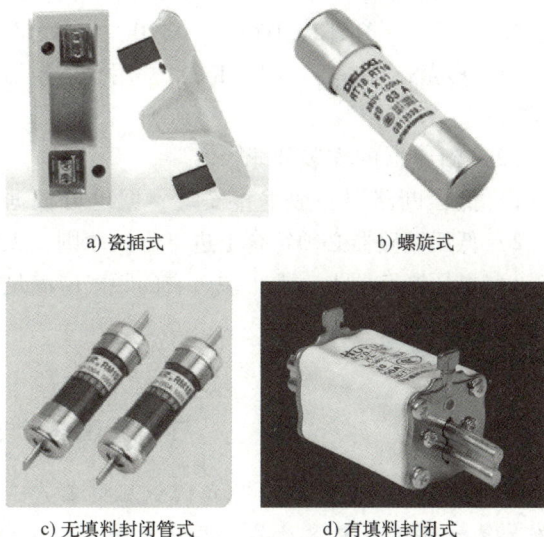

a) 瓷插式   b) 螺旋式

c) 无填料封闭管式   d) 有填料封闭式

图 2-11 常见熔断器的结构图

（2）熔断器的型号 熔断器的型号按图 2-12 所示规则表示。

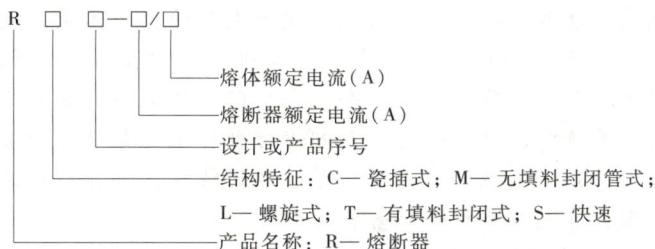

熔体额定电流（A）
熔断器额定电流（A）
设计或产品序号
结构特征：C— 瓷插式；M— 无填料封闭管式；
L— 螺旋式；T— 有填料封闭式；S— 快速
产品名称：R— 熔断器

图 2-12 熔断器的型号表示

3. 断路器

（1）断路器的分类 低压断路器是一种能通断负荷电流，并能对电气设备进行过载、短路、失压、欠压等保护的低压开关电器。其形式主要有塑壳式断路器、微型塑壳式断路器和框架式断路器，如图 2-13 所示。

a) DW15系列框架式断路器   b)DZ20系列塑壳式断路器   c)DZ47系列微型塑壳式断路器

图 2-13 常见低压断路器

框架式断路器（图 2-13a）为敞开式结构，广泛应用于工业企业变电所及其他变电场所，其产品有 DW15、DW16、ME 等系列，额定电流可高达 4000A。

塑壳式断路器（图 2-13b）为封闭结构，广泛用于变（配）电、建筑照明线路中，其产品系列有 DZ10、DZ12、DZ15、DZ20、CM1、M 等系列。

微型塑壳式断路器（图 2-13c）常用于建筑照明线路中，其产品系列有 C65N、DZ47、S500、NC 等。

（2）断路器的安装要求

1）低压断路器一般垂直安装，但也可根据产品允许情况横装。

2）低压断路器必须符合上进下出的原则，无特殊情况不允许倒进线，以免发生触电事故。

3）电压断路器上、下、左、右的距离应满足有关规定，有利于散热，保证开关的正常工作。

知识拓展

了解我国低压电器的发展史

20 世纪 60—70 年代，是我国低压电器产业的形成阶段。我国在外国技术的基础上设计开发出第一代低压电器产品，其体积很大，材料消耗多，性能指标也不理想。第二代产品生产于 20 世纪 70—80 年代，技术指标明显提高，保护特性较完善，产品体积缩小，结构上适应成套装置要求，成为此后很长一段时间内我国低压电器的支柱产品。20 世纪 90 年代，我国自行开发出第三代低压电器产品，基本形成了较为完整的生产体系，我国的低压电器企业已经掌握了第三代低压电器产品的核心技术，并取得一些自主知识产权。2010 年 8 月底，由上海电器科学研究所及人民电器厂等八家企业合作研制的第四代智能低压电器产品通过专家组鉴定，标志着我国低压电器产品研发由仿制设计到自主创新设计的跨越。第四代低压电器产品除了继承第三代产品的特性外，还深化了智能的特性，且具有高性能、多功能、小型化、高可靠、绿色环保、节能与节材等显著特点。

进入 21 世纪后，我国在 5G 通信技术等领域第一次与发达国家站在同一起跑线上，甚至领先于世界水平。2020 年我国已经进入一个人、机、物互联互通的全联网智慧时代，未来的智能化电器网络性能增强，具有功能软件化、通信 IP 化、扁平化、无线化、灵活组网和即插即用等特征。在提高智能化的同时，将不断提高小型化、高分断、高可靠性、模块化、组合化、多功能、绿色节能等综合技术、经济性能指标。作为电气从业人员，可以在智能化和信息化发展中为我国低压电器技术的不断发展和应用，做出自己的努力和贡献。

目前，全球低压电器领域运营的外资代表企业以施耐德、ABB、西门子三家为主，内资企业以正泰、良信、常熟三家为代表；国际贸易则以加西亚、三信国际为代表。在 OEM 领域，份额超 80% 的非智能低压元器件国产厂商已实现深度替代；在不需要涉及连续用电的领域，国产厂商替代程度更深、份额更大；而在基础设施的高端领域及部分新兴工业领域，随着国产低压电器厂商的技术水平不断提升，国产化替代加速推进，为我国本土企业提供了新机会。

课题 3　建筑电气照明系统

2.3.1　室内常用导线与电缆

1. 常用导线

常用导线可分为裸导线和绝缘导线。裸导线主要用于架空线路，绝缘导线用于一般动力和照明线路。绝缘导线的种类很多，按线芯材料分为铜芯和铝芯；按线芯股数分为单股和多股；按线芯结构分为单芯、双芯和多芯；按绝缘材料分为橡胶绝缘和聚氯乙烯绝缘等。

（1）裸导线的型号表示　裸导线的型号按图2-14所示的规则表示。

钢芯截面（mm²）
铝（铜）芯截面（mm²）
导电材料及特征：T—铜；L—铝；G—钢；Y—硬质；R—软质；J—绞线

图2-14　裸导线的型号表示

（2）绝缘导线的型号表示　绝缘导线的型号按图2-15所示的规则表示。

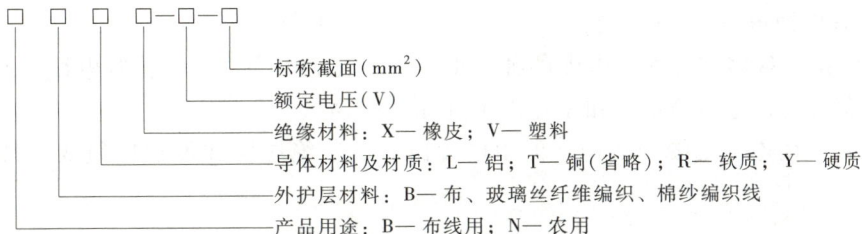

标称截面（mm²）
额定电压（V）
绝缘材料：X—橡皮；V—塑料
导体材料及材质：L—铝；T—铜（省略）；R—软质；Y—硬质
外护层材料：B—布、玻璃丝纤维编织、棉纱编织线
产品用途：B—布线用；N—农用

图2-15　绝缘导线的型号表示

（3）常用导线的种类和用途见表2-3。

表2-3　常用导线的种类和用途

型号	含义	用途
BX BLX	橡胶绝缘电线（图2-16a）	弯曲性能好，对气温适应较广，固定敷设于室内或室外，明敷、暗敷或穿管，作为设备安装用线
BV BLV	聚氯乙烯绝缘电线（图2-16b）	绝缘性能好，价格便宜，对气候适应性差，低温时变硬发脆，高温或日光照射下绝缘层老化加快。用于室内一般动力、照明线路
BVR	铜芯聚氯乙烯绝缘软电线（图2-16c）	多芯铜线，较软，方便施工，用于安装时要求柔软的场所，如各种狭窄空间
BVVB BLVVB	聚氯乙烯绝缘聚氯乙烯护套铜芯（铝芯）扁护套线（图2-16d）	固定敷设于要求机械防护较高，潮湿等场合，可明敷或暗敷
RVB	两芯平型铜芯聚氯乙烯绝缘软线（图2-16e）	供各种移动电器、仪表、电信设备、自动化装置接线用，也用于内部安装用线。安装环境温度不低于-15℃。用于中轻型移动电器、仪器仪表、家用电器、动力照明等要求柔软的地方
RVS	两芯铜芯聚氯乙烯绞型连接软线（图2-16f）	供各种移动电器、仪表、电信设备、自动化装置接线用，也用于内部安装用线。安装环境温度不低于-15℃。用于中轻型移动电器、仪器仪表、家用电器、动力照明等要求柔软的地方

a) 橡胶绝缘电线　　　　　b) 聚氯乙烯绝缘电线　　　　　c) 铜芯聚氯乙烯绝缘软电线

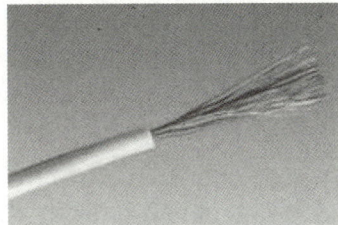

图2-16　常用导线

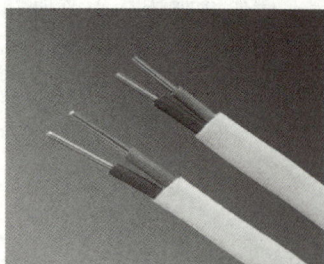

d) 聚氯乙烯绝缘聚氯乙烯护套铜芯扁护套线　　e) 两芯平型铜芯聚氯乙烯绝缘软线　　f) 两芯铜芯聚氯乙烯绞型连接软线

图 2-16　常用导线（续）

2. 常用的电缆

电缆是一种多芯导线。电缆的种类很多，主要有电力电缆、控制电缆、通信电缆等。下面主要介绍电力电缆的结构和型号表示方法。

（1）常用电力电缆的结构　电力电缆由线芯、绝缘层和保护层组成，其结构如图 2-17所示。

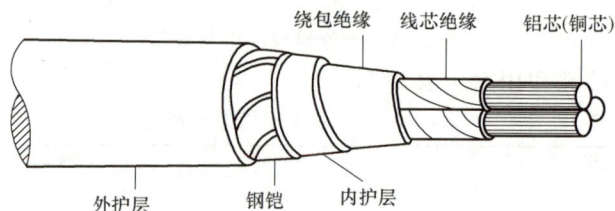

图 2-17　电力电缆结构示意图

1）线芯。用来传导电流，常用材料是高电导率的铜和铝，芯数有单芯、二芯、三芯、四芯和五芯共五种。

2）绝缘层。保证导电线芯之间、导电线芯与外界的绝缘。

3）保护层。内护层保护绝缘层不受潮湿，防止电缆浸渍剂外流及轻度机械损伤。外护层保护内护层，防止内护层受机械损伤和化学腐蚀。

（2）电力电缆的型号　电力电缆的型号比较复杂，一般由五部分组成，如图 2-18所示，其型号组成及含义见表 2-4。

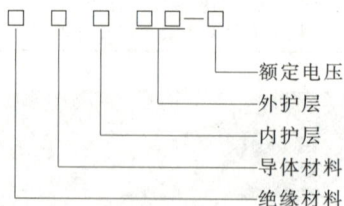

图 2-18　电力电缆的型号表示

例如，VV42-10-3×50 表示铜芯、聚氯乙烯绝缘、聚氯乙烯护套、粗钢线铠装、外护层是聚氯乙烯的电力电缆，额定电压 10kV、3 芯、标称截面积 50mm^2。

YJV22 则表示铜芯、交联聚乙烯绝缘、聚氯乙烯护套、双钢带铠装、外护层是聚氯乙烯的电缆。

表 2-4　电力电缆型号组成及含义

绝缘代号	导体代号	内护层代号	特征代号	外护层代号	
				第一数字	第二数字
Z—纸绝缘 X—橡胶绝缘 V—聚氯乙烯 YJ—交联聚乙烯 Y—聚乙烯	T—铜（省略） L—铝	Q—铅护套 L—铝护套 H—橡套 V—聚氯乙烯护套 Y—聚乙烯护套	D—不滴流 P—屏蔽 F—分相铅包	2—双钢带 3—细圆钢丝 4—粗圆钢丝	1—纤维绕包 2—聚氯乙烯 3—聚乙烯

电力电缆的符号中，有一些表示性能的符号。例如 WDZN，其中 W 指的是无卤，D 指的是低烟，Z 指的是阻燃，N 指的是耐火，所以电线 WDZN 的总称为无卤低烟阻燃耐火型电缆，主要特点就是绝缘皮采用的是卤素物质，所以即便在燃烧状态下，也不会产生浓烟和卤气体。WDZN 具有低卤低烟、无卤低烟等特性，并且具有良好的阻燃性，这种电缆一般不容易燃烧，还可以有效阻止火势蔓延；即使被火燃烧，它也是无毒、低烟、无卤的，并且没有腐蚀性，适用于人口密集的公共场所。WDZ—YJY 表示铜芯、交联聚乙烯绝缘、聚乙烯护套、无卤低烟阻燃电力电缆，ZR 表示阻燃，NH 表示耐火。

3. 矿物绝缘电缆

一种以铜护套包裹铜导体芯线，并以氧化镁粉末为无机绝缘材料隔离导体与护套的电缆，最外层可按需选择适当保护套，通称 MICC 或 MI 电缆（图 2-19）。普通电缆不具备阻燃、耐火、无卤及低烟特性，电缆绝缘和护套层材料含有卤素，燃烧时产生的烟雾浓度大，腐蚀性高且含有有害气体。矿物绝缘电缆中用的铜和矿物质绝缘是无机物，此种电缆不会燃烧，也不会助燃，在接近火焰的条件下矿物绝缘电缆可连续操作温度高达250℃。此外，在紧急情况下，电缆可在接近铜护套熔点的温度（1083℃）下，在短时间内继续操作。同时，矿物绝缘电缆具有寿命长、防爆性好、防水、外径小、机械强度高、载流量大、耐腐蚀性高、耐火等优点，适用于额定电压1000V以下的线路，目前主要用于消防线路。

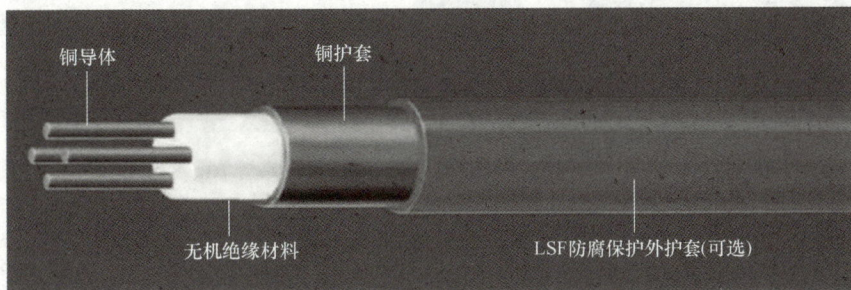

图 2-19　矿物绝缘电缆结构组成

知识拓展

超导电缆

超导电缆是利用超导体制成的一类电缆。超导电缆运行总损耗仅为常规电缆的50%～60%，同样截面超导电缆的电流输送能力是常规电缆的3～5倍。同样的传输能力，超导电缆使用的材料较少，节省金属材料。与常规电缆相比，超导电缆不会漏油污染环境。2021年12月22日，世界首条35千伏公里级超导电缆在上海投运，2023年8月18日，超导输电示范工程首次实现满负荷运行。深圳10kV三相同轴超导电缆系统于2021年9月成功研制并投运，是全球首个应用于超大型城市高负荷密度供电区域的三相同轴超导电缆工程，2023年12月获得认定。这些技术拥有自主知识产权，标志着国内新型电力系统建设领域关键技术取得重大突破。

2.3.2　室内配电线路的布置与敷设

室内配电系统是指从建筑配电箱或配电室至各楼层分配电箱或各楼层用户单元开关之间的供电线路，属于低压配电线路。

1. 配电要求

要求供电可靠；电压质量高；配电线路力求接线简单，操作方便，安全，具有一定的灵活性，并能适应用电负荷的发展需要；多层建筑宜分层设置配电箱，每套房间宜有独立的电源开关，单相用电设备应适当配置，力求达到三相负荷平衡。

2. 室内配电线路的敷设

（1）室内线路配线类型　当干线电流在200A及以下时，采用绝缘电线；当干线电流在200～400A时，采用电线电缆；当干线电流在400A以上时，采用封闭式母线。室内线路配线类型如图2-20所示。

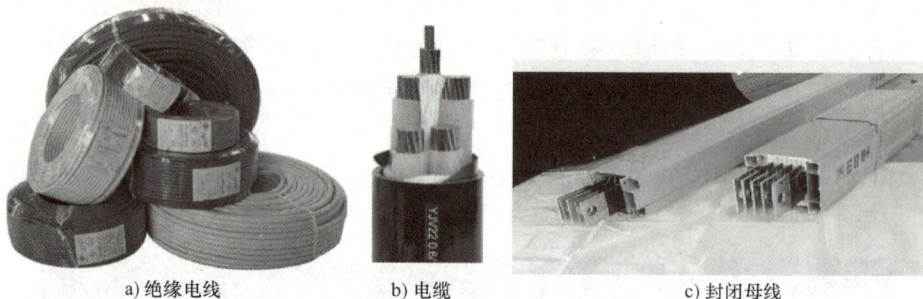

电缆与设备连接

a) 绝缘电线　　　　b) 电缆　　　　c) 封闭母线

图2-20　室内线路配线类型

（2）室内线路敷设一般要求

1）所用导线的额定电压应大于线路的工作电压。

2）导线敷设时，应尽量减少接头。

3）穿管导线和槽板配线中间不允许有接头；必须接头时，应把接头放在接线盒、开关盒或灯头盒内。

4）导线在连接和分支处，不应受机械力的作用，导线与电器端子的连接要牢靠压实。

5）各种明配线应垂直和水平敷设，且要求横平竖直，其偏差应符合有关规定。一般导线水平高度距地不应小于2.5m，垂直敷设不应低于1.8m，否则应加管、槽保护，以防机械损伤。

6）明配线穿墙时应采用经过阻燃处理的保护管保护，穿过楼板时应采用钢管保护，其保护高度与楼面的距离不应小于1.8m，但在装设开关的位置，可与开关高度相同。

7）入户线在进墙的一段应采用额定电压不低于500V的绝缘导线；穿墙保护管的外侧，

应有防水弯头，且导线应弯成滴水弧状后才能引入室内。

8）电气线路经过建筑物、构筑物的沉降缝或伸缩缝时，应装设两端固定的补偿装置，导线应留有余量。

9）配线工程施工中，电气线路与管道的最小距离应符合有关规定。

10）配线工程施工结束后，应将施工中造成的建筑物、构筑物的孔、洞、沟、槽等修补完整。

（3）常用的室内线路敷设方式

1）钢管配线。导线穿钢导管敷设，适用于建筑物内明、暗敷设工程，不适用于具有酸、碱等腐蚀介质场所的配管工程。

钢管配线常使用的钢管有水煤气钢管、焊接钢管、电线管（管壁较薄、管径以外径计算）、普利卡金属管和金属软管（俗称蛇皮管）等。

管路敷设时应尽量减少中间接线盒，在管路较长或转弯时可加装接线盒。管路水平敷设时，高度不应低于 2.0m；垂直敷设时，不低于 1.5m（1.5m 以下应加保护管保护）。管路较长，超过下列情况时应加接线盒：管路无弯时，30m；管路有一个弯时，20m；管路有两个弯时，15m；管路有三个弯时，8m。当无法加装接线盒时，应将管径加大一号。穿钢管暗敷布线如图 2-21 所示。

图 2-21 穿钢管暗敷布线

2）塑料管配线。塑料管有硬塑料管、半硬塑料管、塑料波纹管、软塑料管等。硬塑料管（PVC 管）适用于民用建筑或室内有酸、碱腐蚀性介质的场所，但环境温度在 40℃ 以上的高温场所或经常发生机械冲击、碰撞、摩擦等易受机械损伤的场所不应使用。半硬塑料管适用于正常环境一般室内场所，不应用于潮湿、高温和易受机械损伤的场所。混凝土板孔布线应用塑料绝缘电线穿半硬塑料管敷设。建筑物顶棚内，不宜采用塑料波纹管；现浇混凝土内也不宜采用塑料波纹管。

管路敷设时，若采用套管连接，则套管长度为连接管径的 1.5～3 倍，套管口用专用塑料管黏接剂粘接。当采用插入连接时，用两个管径相同的管子，将一个管子端头加热软化后，把另一个端头涂胶的管子插入而形成连接。插入的长度为管径的 1.1～1.8 倍。直管每隔 30m 应加装补偿装置，做法如图 2-22 所示。塑料管引出地面时，应用钢管保护，或用专用过渡接头连接钢管与塑料管，由钢管引出地面，做法如图 2-23 所示。

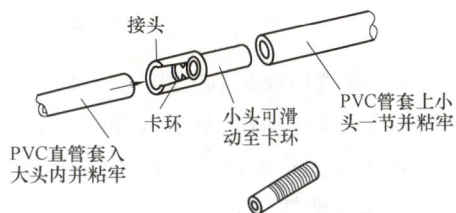

图 2-22 塑料管直管补偿装置安装示意图

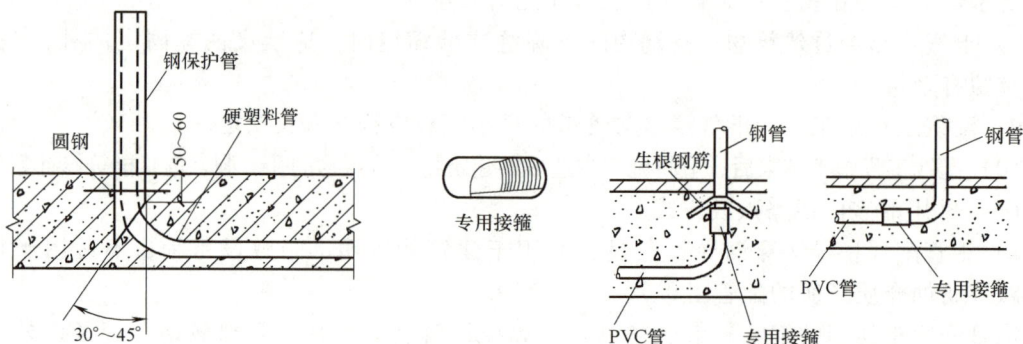

图 2-23 塑料管引出地面做法

管与盒、箱连接时，一般同材质的管、盒才能连接，应一管一孔，管口露出盒、箱应小于5mm。管路进盒、箱应采用端接头与内锁母连接，做法如图 2-24 所示。

3）线槽配线。配线用线槽主要有塑料线槽和金属线槽。线槽配线适用于正常环境中室内明布线，钢制线槽不宜在有腐蚀性气体或液体环境中使用。线槽由槽底、槽盖及附件组成，外形美观，可对建筑物起到一定的装饰作用。图 2-25 为塑料线槽室内安装示意图。

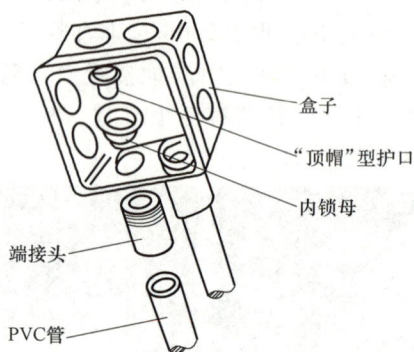

图 2-24 管子与接线盒连接示意图

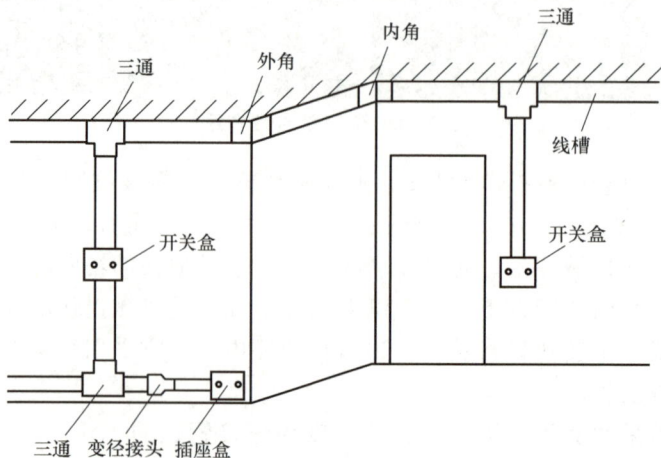

图 2-25 塑料线槽室内安装示意图

4）电缆桥架配线。电缆桥架可以用来敷设电力电缆、控制电缆等，适用于电缆数量较多或较集中的室内外及电气竖井内等场所架空敷设，也可以在电缆沟和电缆隧道内敷设。电缆桥架把电缆从配电室或控制室送到用电设备。

电缆桥架按形式分为梯级式、托盘式、槽式、组合式；按材料分为钢制、铝合金制和玻璃钢制电缆桥架。托盘式电缆桥架的结构和空间布置如图 2-26 所示。

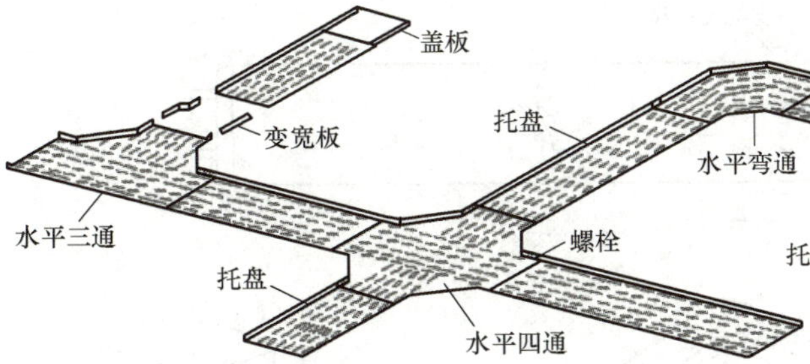

图 2-26　托盘式电缆桥架的结构和空间布置

5）封闭式母线配线。封闭式插接母线（又称母线槽）配线是将电源母线封闭安装在特制的金属槽内后，再进行敷设的配电线路。它具有体积小、绝缘强度高、传输电流大、性能稳定、供电可靠、规格齐全、施工方便等特点，现已广泛用于高层建筑和多层厂房等建筑。图 2-27 为封闭插接母线安装示意图。

2.3.3 电光源与照明器具

1. 电光源

常用电光源有三大类，即热辐射光源、气体放电光源和场致发光光源。

（1）热辐射光源

1）白炽灯。白炽灯是第一代电光源的代表，价格便宜，启动迅速，便于调光，应用范围广。白炽灯主要由玻璃泡管、灯丝、支架、引线和灯头组成。由于输入白炽灯的电能只有 20% 以下转化为光能，80% 以上转化为红外线辐射能和热能，因此白炽灯的发光效率不高。

2）卤钨灯。卤钨灯是对白炽灯的改进。泡壳多采用石英玻璃，灯头一般为陶瓷制，灯丝通常做成螺旋形直线状，灯管内充入适量的氩气和微量卤素碘或溴，因此常用的卤钨灯有碘钨灯和溴钨灯。卤钨灯比普通白炽灯光效高，寿命长；同时可有效地防止泡壳发黑，光能量维持性好。

（2）气体放电光源

1）荧光灯。荧光灯主要由荧光灯管、镇流器和启动器组成，如图 2-28 所示。

荧光灯具有光色好、光效高、寿命长、表面温度低等优点，且光色为冷色光，能创造安静的气氛，广泛应用于教室、阅览室、办公室等场合。

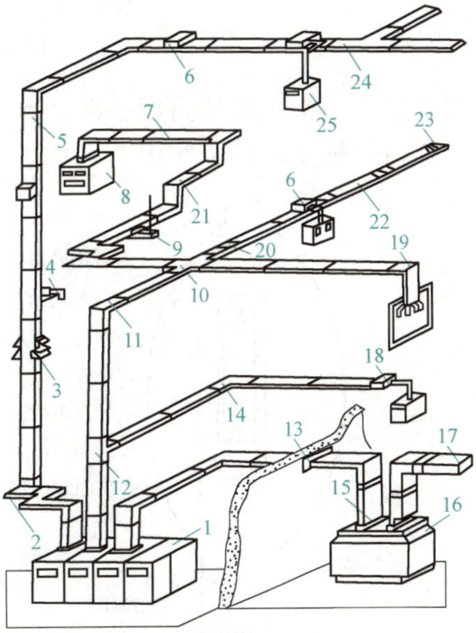

2）高压水银荧光灯。高压水银荧光灯又称高压汞灯（图 2-29），其发光原理和荧光灯一样，只是构造上增加一个内管。高压汞灯是一种功率大、发光效率高的光源，常用于空间

图 2-27　封闭插接母线安装示意图

1—配电柜　2—特殊母线　3—支承器　4—中心主承配件　5—伸缩母线　6—插接箱　7—普通型母线槽　8—分电盘　9—吊架　10—十字形水平弯头　11—L形垂直弯头　12—T形垂直弯头　13—穿墙用配件　14—L形水平弯头　15—馈电母线　16—变压器　17—高压母线　18—终端母线　19—接线母线　20—变容量接头　21—Z形垂直弯头　22—带插孔母线　23—终端盖　24—T形水平弯头　25—分线箱

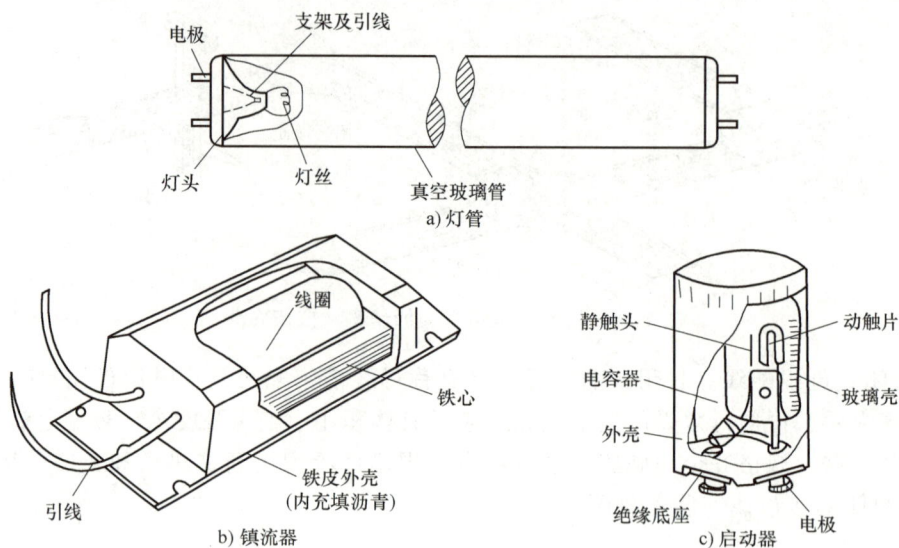

电极　支架及引线

灯头　灯丝　真空玻璃管
a)灯管

线圈

铁心

铁皮外壳
(内充填沥青)

引线
b) 镇流器

静触头　动触片

电容器　玻璃壳

外壳

绝缘底座　电极
c) 启动器

图 2-28　荧光灯结构示意图

高大的建筑物中，悬挂高度一般在 5m 以上。由于它的光色差，因此在室内照明中可与白炽灯、碘钨灯等光源混合使用。

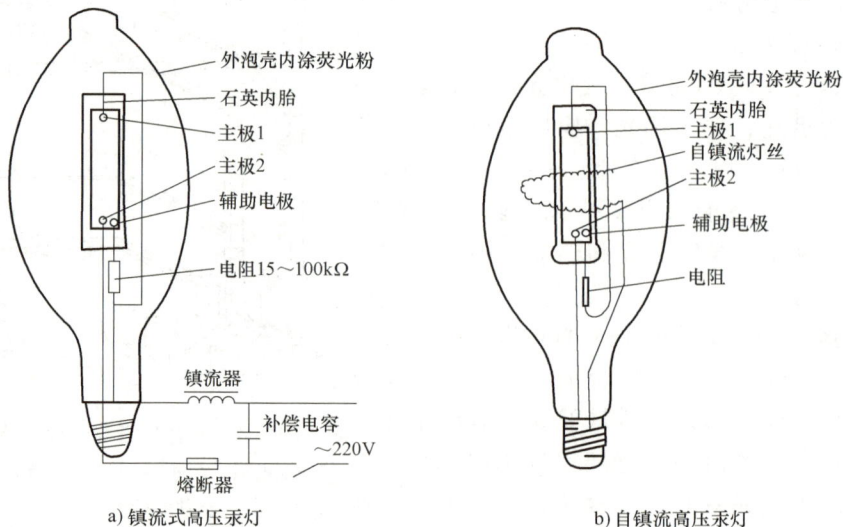

外泡壳内涂荧光粉
石英内胎
主极1
主极2
辅助电极

电阻15~100kΩ

镇流器

补偿电容

~220V

熔断器

a)镇流式高压汞灯

外泡壳内涂荧光粉
石英内胎
主极1
自镇流灯丝
主极2
辅助电极

电阻

b)自镇流高压汞灯

图 2-29　高压汞灯

（3）场致发光光源　LED 灯是注入式电致发光光源的代表照明器。图 2-30 所示为发光二极管的外形及构造。和普通光源相比，它有工作寿命长、耗电低、响应速度快、体积小、重量轻、耐抗击、易于调光调色、无污染等优点，应用十分广泛。

2. 照明器具

照明器具的种类很多，常用的有灯具、开关、灯座、插座、挂线盒等。

（1）灯具　灯具是使电光源发出的光进行再分配的装置。其作用是使电光源发出的光通量按需要方向照射，遮挡刺眼的光线防止眩光，保护灯泡或灯管等。图 2-31 所示为常见

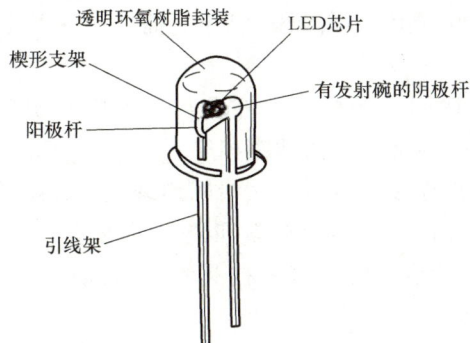

图 2-30 发光二极管的外形及构造

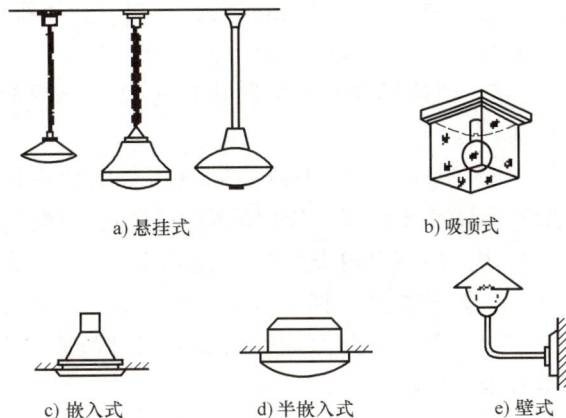

a) 悬挂式　　b) 吸顶式

c) 嵌入式　　d) 半嵌入式　　e) 壁式

图 2-31 常见灯具的种类及外形

灯具的种类及外形。

（2）开关　根据安装方式分为明装式和暗装式；按其结构分为单极开关、双极开关、三极开关、单控开关、双控开关、多控开关等。开关安装与接线的一般规定如下。

1）要求同一场所的开关切断方向一致，操控灵活，导线压接牢固。

2）翘板式开关距地面高度设计无要求时，应为 1.3m；距门口 150~200mm。开关不得置于单扇门后。

3）开关位置应与灯位相对应，并列安装的开关高度应一致。同一室内安装相同型号的开关插座高度应一致，其高度差不应大于 5mm；并排安装相同型号开关的高度差不应大于 1mm，且控制有序不错位。

4）在易燃、易爆和特别潮湿的场所，开关应分别采用防爆型、密闭型，或安装在其他场所进行控制。

5）灯具电源的相线必须经开关控制。

6）开关连接的导线宜在圆孔接线端子内折回头压接（孔径允许折回头压接时）。

7）多联开关不允许拱头连接，应采用缠绕或 LC 型压接帽压接总头后，再进行分支连接。

（3）插座　按安装方式分为明装式和暗装式；按其结构分为单相双极双孔、单相三极三孔、三相四极四孔和组合式多孔多用插座等。插座安装与接线的一般规定如下。

1）车间及实验室等工业用插座，除特殊场所设计另有要求外，距地面不应低于 0.3m。

2）在托儿所、幼儿园及小学等儿童活动场所应采用安全插座。采用普通插座时，其安装高度不应低于 1.8m。

3）同一室内安装的插座高度应一致；成排安装的插座高度应一致。

4）地面安装插座应有保护盖板；专用盒的进出导管及导线的孔洞，用防水密闭胶严密封堵。

5）在特别潮湿和有易燃、易爆气体及粉尘的场所不应装设插座，如有特殊要求应安装防爆型的插座，且有明显的防爆标志。

6）单相两孔插座有横装和竖装两种。横装时，面对插座左零右火；竖装时，面对插座上火下零。

7）单相三孔、三相四孔及单相五孔插座的（PE）线均应接在上孔，插座保护接地端子不应与工作零线端子连接。

8）当接插有触电危险家用电器的电源时，采用能断开电源的带开关插座，开关断开相线。

9）不同电源种类或不同电压等级的插座安装在同一场所时，外观与结构应有明显区别，不能互相代用，使用的插头与插座应配套。同一场所的三相插座相序一致。

10）插座箱内安装多个插座时，导线不允许拱头连接，宜采用接线帽或缠绕形式接线。

（4）挂线盒 挂线盒的作用是悬挂吊线或连接线路，一般有塑料和瓷质两种。

（5）灯座 灯座的作用是固定灯泡或灯管，并供给电源。灯座按其结构形式可分为螺口和卡口灯座。

知识拓展

用电量是一个国家经济发展的重要指标，1980—2020年，我国人均用电量、人均生活用电量年均增速分别为7.6%、11.3%，在主要国家中增长最快。从远远不足世界平均水平，到今天的电力能源消费大国，电力工业取得了举世瞩目的成就。我国2021年的发电量、用电量数值再创历史新高。其中，总发电量达到了81121.8亿kW·h，与2020年相比新增了8.1%，是全球各国中最高的。根据中国电力企业联合会发布《2022年中国电力行业经济运行报告》指出，2022年，中国全社会用电量8.64万亿kW·h，比上年增长3.6%。电力行业认真贯彻落实党中央国务院关于能源电力安全保供的各项决策部署，积极落实"双碳"目标新要求，有效应对极端天气影响，全力以赴保供电、保民生，为经济社会发展提供了坚强电力保障。

课题4 建筑防雷与接地

2.4.1 建筑防雷

1. 建筑防雷装置的组成

防雷装置的作用是将雷云电荷或建筑物感应电荷迅速引导入地，以保护建筑物、电气设备及人身不受损害。防雷装置主要由接闪器、引下线、接地装置和避雷器等组成，如图2-32所示。

（1）接闪器 接闪器是引导雷电流的装置。接闪器的类型主要有避雷针、避雷线、避雷带（网）等。

（2）引下线 引下线是将雷电流引入大地的通道。引下线的材料多采用镀锌扁钢或圆钢。

（3）接地装置 接地装置可迅速使雷电流在大地中流散。接地装置按安装形式分为垂直接地体和水平接地体。现在的建筑防雷，常用钢筋混凝土基础内的钢筋或地下管道作为接地体，此方式能够满足接地电阻及埋设深度的要求，节省金属导体，效果比较好。

（4）避雷器 避雷器用来防护雷电沿线路侵入建筑物内，以免电气设备损坏。常用避雷器的形式有阀式避雷器、管式避雷器、金属氧化物避雷器、保护间隙和击穿保险器等。

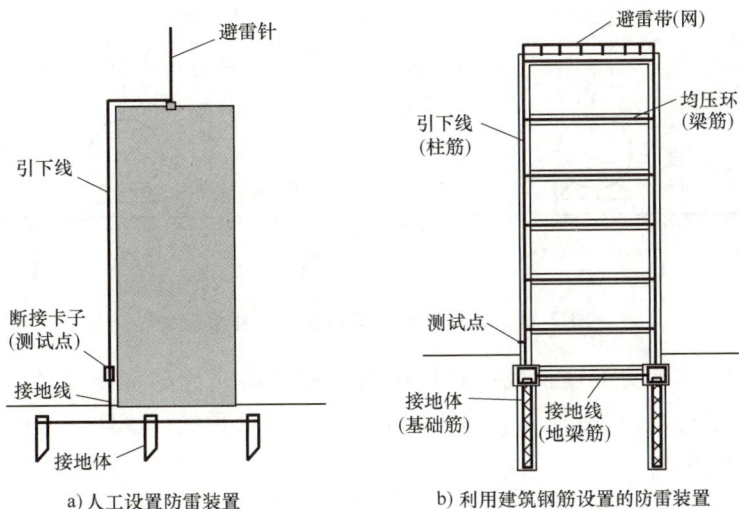

图 2-32 建筑防雷装置的组成

2. 建筑物的防雷保护措施

（1）直击雷及其防护措施　防直击雷的有效措施是将与接地装置有效连接的接闪装置，安装在建筑物的最高点，如屋脊或屋角等最易受雷击的地方。当高空出现雷云的时候，接闪装置把雷电集中到它上面，并迅速导入大地，从而有效地保护建筑物。

（2）间接雷及其防护措施　雷电感应是附近有雷云或落雷所引起的电磁作用的结果，分为静电感应和电磁感应两种。屏蔽措施可采用混凝土结构中的顶板、地板的建筑钢筋与墙面、窗口的金属防护网构成一个屏蔽网。

（3）雷电波侵入及其防护措施　架空线路在直接受到雷击或因附近落雷而感应出过电压时，如果在中途不能使大量电荷入地，它们就会侵入建筑物内，破坏建筑物和电气设备。防止雷电波侵入的方法是把进入建筑物的各种线路等管道尽量全线埋地引入，并在入户端将电缆的金属外皮、钢管与接地装置连接。

2.4.2　接地

接地就是将电气设备的某些部位、电力系统的某点与大地相连，提供故障电流及雷电流的泄流通道，稳定电位，提供零电位参考点，以确保电力系统、电气设备的安全运行，同时确保电力系统运行人员及其他人员的人身安全。

1. 接地方式

（1）工作接地　为保证电气设备的可靠运行并提供部分电气设备和装置所需要的相电压，将电力系统中的变压器低压侧中性点通过接地装置与大地直接相连，这种接地方式称为工作接地，如图 2-33 所示。

（2）保护接地　为了防止电气设备因绝缘损坏而造成触电事故，将电气设备的金属外壳通过接地线与接地装置连接起来，这种为保护人身安全的接地方式称为保护接地。如图2-33 所示，保护接地的形式有两种：一种是将设备的外露可导电部分经接地线直接接地；另一种是设备的外露可导电部分经公共的保护线接地。

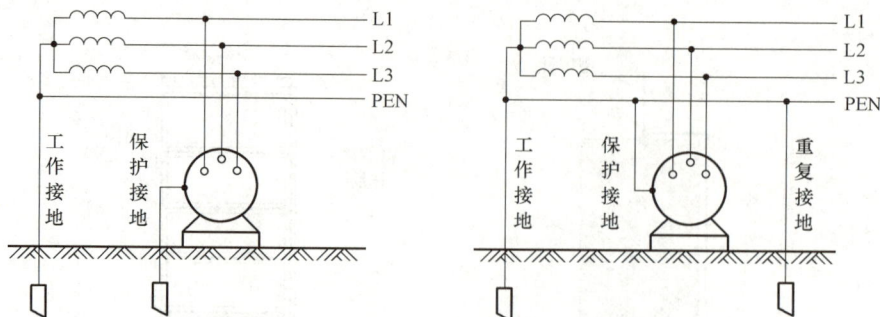

图 2-33 工作接地、保护接地、重复接地

（3）重复接地 当线路较长或接地电阻要求较高时，为尽可能降低零线的接地电阻，除变压器低压侧中性点直接接地外，将零线上一处或多处再进行接地，这种接地方式称为重复接地，如图 2-33 所示。

（4）防雷接地 为泄掉雷电流而设置的防雷接地装置，称为防雷接地。

2. 接零

（1）工作接零 单相用电设备为取得单相电压而接的零线，称为工作接零。其连接线称中性线（N）或零线，与保护线共用时称 PEN 线。

（2）保护接零 为了防止电气设备因绝缘损坏而使人身遭受触电危险，将电气设备的金属外壳与电源的中性线用导线连接起来，称为保护接零。其连接线称保护线（PE）或保护零线，与工作零线共用时称 PEN 线。

3. 低压配电系统的接地形式

低压配电系统是电力系统的末端，几乎遍及建筑的每一角落，平常使用最多的是 380/220V 的低压配电系统。从安全用电等方面考虑，低压配电系统有三种接地形式——IT 系统、TT 系统、TN 系统。下面重点介绍 TN 系统。

TN 系统是在电源端处一点（中性点）直接接地，而装置的外露可导电部分是利用保护导体连接到上述接地点上。

按照中性导体与保护导体的配置，TN 系统又有三种类型。

（1）TN-S 系统 整个系统中，全部采用单独的保护导体，如图 2-34 所示。

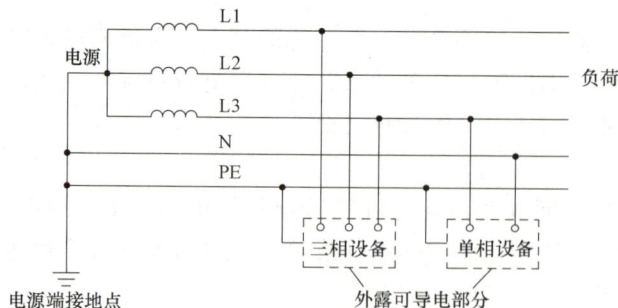

图 2-34 TN-S 系统

（2）TN-C 系统 在整个系统中，中性导体的功能与保护导体的功能合并在一根导体中（PEN 导体），如图 2-35 所示。

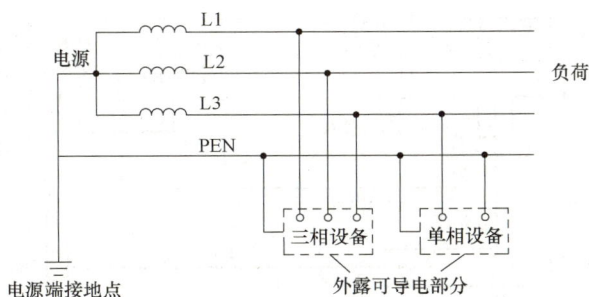

图 2-35 TN-C 系统

（3）TN-C-S 系统　在系统中，一部分中性导体的功能与保护导体的功能合并在一根导体中，如图 2-36 所示。

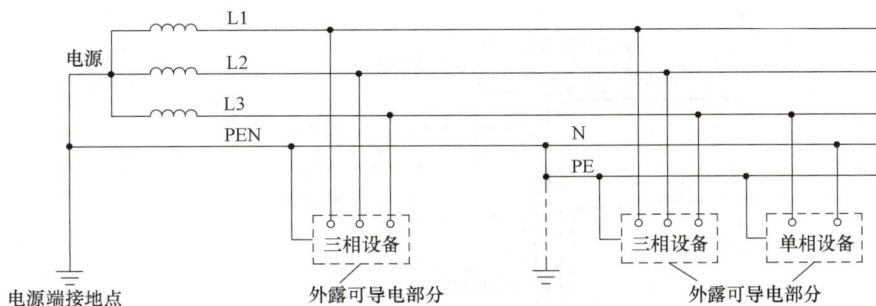

图 2-36 TN-C-S 系统

对 TN 系统，在同一电源供电的范围内，所有 PE 导体或 PEN 导体都是连通的，其上的故障电压可在各个装置间互窜，对此需要采取等电位联结措施加以防范。

4. 等电位连接

（1）等电位连接的概念　等电位连接就是电气装置的各外露导电部分和装置外导电部分的电位实质上相等的连接。等电位连接能够消除或减少各部分之间的电位差，减少保护电器动作不可靠的危险性，消除或降低从建筑物外窜入电气装置外露导电部分上的危险电压。

（2）等电位连接的种类　等电位连接主要包括总等电位连接、局部等电位连接、辅助等电位连接。

1）总等电位连接（MEB）。同一建筑物内电气装置、各种金属管道、建筑物金属支架、电气系统的保护接地线、接地导体等通过总等电位连接端子板互相连接，以消除建筑物内各导体间的电位差。总等电位连接导体一般设置在配电室、电缆竖井等位置。建筑物内总等电位连接方式如图 2-37 所示。

2）局部等电位连接（LEB）。当电气装置或电气装置一部分的接地故障保护的条件不能满足时，在局部范围内将各可导电部分连接。局部等电位连接导体一般设置在卫生间、游泳馆更衣室、盥洗室等位置。卫生间局部等电位连接方式如图 2-38 所示。

3）辅助等电位连接（SEB）。将两个及两个以上可导电部分进行电气连接，使其故障接触电压降至安全限值以下。

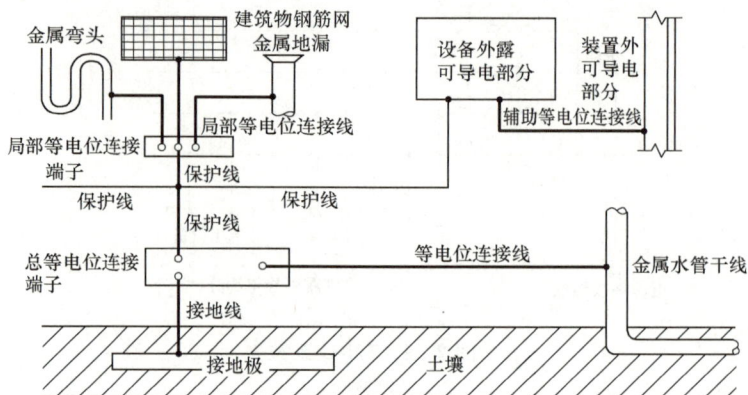

图 2-37　建筑物内总等电位连接

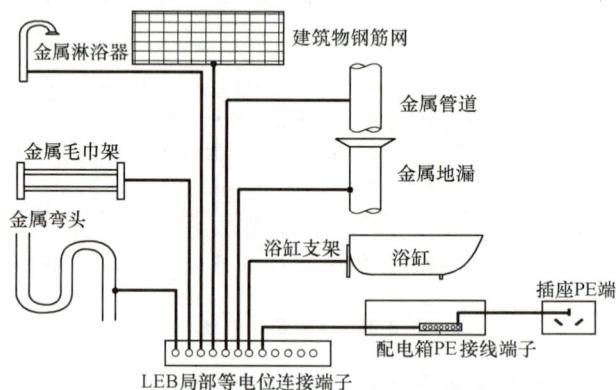

图 2-38　卫生间局部等电位连接

知识拓展

　　科技水平的提高促进传统建筑向新型智能建筑的发展，而雷电对智能建筑造成的伤害是无法估量的，由此，智能建筑对于防雷防护的要求更为严格。在智能建筑中采用等位线连接措施、运用提前放电避雷针和网络防雷器、设计新型的接闪器和布局合理的引下线等方法，都能有效保障智能建筑的安全。同时，可采用预防性保护，即雷电预警。在高层建筑中采用主动式雷电预警系统除了可实现雷电监测、预警和临近主动防护等功能外，还可自动分析、学习，评判防雷效果，实时告警及维护故障等。

课题5　建筑电气施工图

　　建筑电气技术人员必须依据电气施工图进行施工、购置设备材料、编制审核工程概预算，以及进行电气设备的运行、维护和检修，因此，作为建筑电气的技术人员，必须熟悉建筑电气施工图的组成和绘制方法，能够识读一般建筑电气施工图。

2.5.1　建筑电气施工图的组成

建筑电气施工图由首页、电气系统图、电气平面图、电气原理接线图、设备布置图、安装接线图和大样图等组成。

1. 首页

首页主要包括图纸目录、设计说明、图例及主要材料表等。图纸目录包括图纸的名称和编号。设计说明主要阐述该电气工程的概况、设计依据、基本指导思想、图纸中未能表明的施工方法、施工注意事项、施工工艺等。图例及主要材料表一般包括该图纸内的图例、图例名称、设备型号规格、设备数量、安装方法、生产厂家等。

2. 电气系统图

电气系统图是表现整个工程或工程一部分的供配电方式的图纸，它集中反映电气工程的规模。

3. 电气平面图

电气平面图是表现电气设备与线路平面布置的图纸，它是进行电气安装的重要依据。电气平面图包括电气总平面图、电力平面图、照明平面图、变电所平面图、防雷与接地平面图等。

电力及照明平面图表示建筑物内各种设备与线路之间的平面布置关系、线路敷设位置、敷设方式、线管与导线的规格、设备的数量、设备型号等。

在电力及照明平面图上，设备并不按比例画出它们的形状，通常采用图例表示，导线与设备的垂直距离和空间位置一般也不另用立面图表示，而是标注安装标高，以及附加必要的施工说明。

4. 电气原理接线图

电气原理接线图是表现某设备或系统电气工作原理的图纸。它用来指导设备与系统的安装、接线、调试、使用与维护。电气原理接线图包括整体式原理接线图和展开式原理接线图两种。

5. 设备布置图

设备布置图是表现各种电气设备之间的位置、安装方式和相互关系的图纸。设备布置图主要由平面图、立面图、断面图、剖面图及构件详图等组成。

6. 安装接线图

安装接线图是表现设备或系统内部各种电气组件之间连线的图纸，用来指导接线与查线，它与原理图相对应。

7. 大样图

大样图是表现电气工程中某一部分或某一部件的具体安装要求与做法的图纸。大部分大样图选用的是国家标准图。

2.5.2　建筑电气施工图的识读要点

在掌握一定的建筑电气工程设备和施工知识的基础上，熟悉施工图常用图例，掌握导线的表示方法是识读建筑电气施工图的必备能力。

1. 图例

建筑电气施工图中有大量图例，在掌握一定的建筑电气工程设备知识和施工知识的基础上，认识图例是识读施工图的前提，大部分图例是国家统一规定的图形符号和文字符号。

（1）图形符号　图形符号具有一定的象形意义，比较容易和设备相联系识读。图形符号很多，掌握民用建筑电气工程中常用的图形符号，会明显提高读图的速度。表 2-5 为建筑电气施工图常用图形符号。

表 2-5　建筑电气施工图常用图形符号

序号	图例	说明	序号	图例	说明
1		电力配电箱	20		单管荧光灯
2		照明配电箱	21		双管荧光灯
3	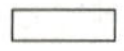	一般配电箱符号	22		花灯
4		事故照明配电箱	23		壁灯
5		断路器箱	24		顶棚灯
6		单相带熔丝两极插座	25		负荷开关
7		单相两极插座	26		断路器
8		单相带接地三极插座	27		隔离开关
9		单相密闭两极插座	28		带熔丝负荷开关
10		三相四极插座	29		熔断器
11		单相两极加三极插座	30	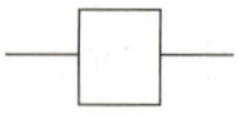	线圈
12		单控双联开关	31		触点开关
13		单控单联开关	32		向上配线
14		单控单联密闭开关	33		向下配线
15	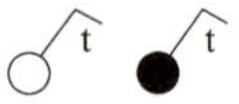	单控单极延时开关	34		垂直通过配线
16	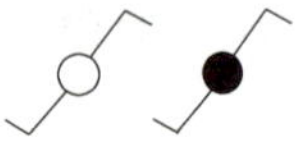	双控单联开关	35		由下引来配线
17	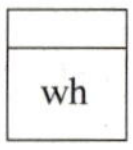	电度表（瓦时计）	36		由上引来配线
18	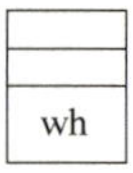	复费率电度表	37		接线盒（平面图）
19		风扇开关	38		电压互感器
			39		变压器
			40		电流互感器

（2）文字符号　文字符号在图纸中表示设备参数、线路参数与敷设方法等，掌握好用电设备、配电设备、线路和灯具等常用的文字标注形式是读图的关键。

1）线路的文字标注：表示线路的性质、规格、数量、功率、敷设方法、敷设部位等。其基本格式为

$$a\text{-}b(c \times d)\text{-}e\text{-}f$$

式中　a——回路编号；

　　　b——导线或电缆型号；

　　　c——导线根数或电缆的线芯数；

　　　d——每根导线标称截面面积（mm^2）；

　　　e——线路敷设方式，见表2-6；

　　　f——线路敷设部位，见表2-6。

例如，WL1-BV（3×2.5）-SC15-WC 表示照明支线第 1 回路，铜芯聚氯乙烯绝缘导线 3 根，标称截面面积 2.5mm^2，穿管径为 15mm 的焊接钢管敷设，在墙内暗敷设。

再例如，n_1-WDZ-YJY-5×10-JDG40-WS：回路编号为 n_1，铜芯交联聚乙烯绝缘、聚乙烯护套、无卤低烟阻燃电力电缆，5 芯，标称截面积 10mm^2，穿管径 40mm 的套接紧定式钢导管，沿墙面敷设。

表 2-6　电气施工图文字标注符号

表达线路敷设方式的符号	表达线路敷设部位的符号	表达照明灯具安装方式的符号
SC—穿焊接钢管敷设	AB—沿或跨梁（屋架）敷设	SW—线吊式
MT—穿普通碳素钢电线套管敷设	AC—沿或跨柱敷设	CS—链吊式
CP—穿可挠金属电线保护套管敷设	CE—沿吊顶或顶板面敷设	DS—管吊式
PC—穿硬塑料导管敷设	SCE—吊顶内敷设	W—壁装式
FPC—穿阻燃半硬塑料导管敷设	WS—沿墙面敷设	C—吸顶式
KPC—穿塑料波纹电线管敷设	RS—沿屋面敷设	R—嵌入式
CT—电缆托盘敷设	CC—暗敷设在顶板内	CR—吊顶内安装
CL—电缆梯架敷设	BC—暗敷设在梁内	WR—墙壁内安装
MR—金属槽盒敷设	CLC—暗敷设在柱内	S—支架上安装
PR—塑料槽盒敷设	WC—暗敷设在墙内	CL—柱上安装
M—钢索敷设	FC—暗敷设在地板或地面下	HM—座装
DB—直埋敷设		
TC—电缆沟敷设		
CE—电缆排管敷设		
JDG—套接紧定式钢导管敷设		

2）用电设备的文字标注：表示用电设备的编号、容量等参数。其基本格式为

$$\frac{a}{b}$$

式中　a——设备的工艺编号；

　　　b——设备的容量（kW）。

3）配电设备的文字标注：表示配电箱等配电设备的编号、型号、容量等参数。其基本格式为

$$a\text{-}b\text{-}c \quad 或 \quad a\frac{b}{c}$$

式中　a——设备编号；

　　　b——设备型号；

　　　c——设备容量（kW）。

　　4）灯具的文字标注：表示灯具的类型、型号、安装高度、安装方法等。其基本格式为

$$a\text{-}b\frac{c\times d\times L}{e}f$$

式中　a——同一房间内同型号灯具个数；

　　　b——灯具型号或代号；

　　　c——灯具内光源的个数；

　　　d——每个光源的额定功率（W）；

　　　L——光源的种类；

　　　e——安装高度（m）（当为"—"时表示吸顶安装）；

　　　f——安装方式。

2. 导线的表示方法

　　连接导线在电气施工图中使用非常多，导线可以采用多线和单线的表示方法。每根导线可以单独绘制表示，如图 2-39a 所示，也可以多根导线用一条线表示，称为单线图，导线的根数可用短斜线加数字的方法来表示，如图 2-39b 所示。

　　建筑电气施工图大部分是以单线图绘制的。单线图是电气施工图识读的一个难点，识读时要判断导线根数、性质和接线等问题。施工图中导线的根数用短斜线加数字表示时，一般三根及以上根数才标注。只有熟悉设备接线方式，才能读懂单线图，图 2-40～图 2-42 列举了几种照明线路的单线图及其对应的接线图。

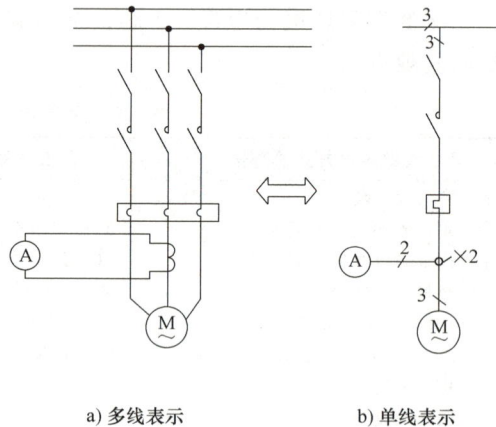

a) 多线表示　　　　b) 单线表示

图 2-39　导线的表示方法

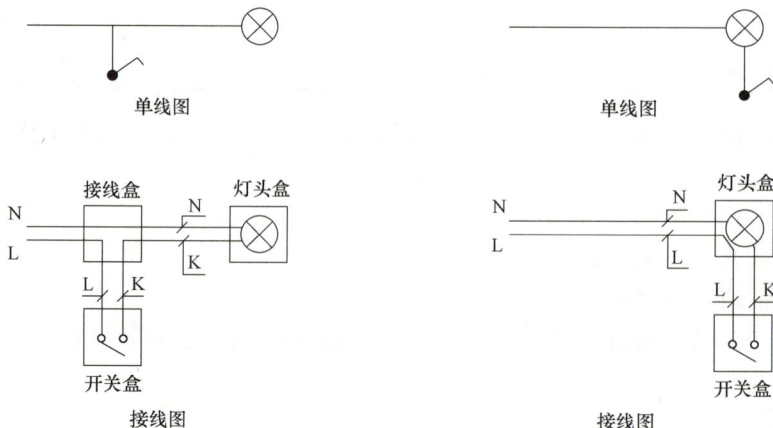

图 2-40　单控单联开关控制一盏灯

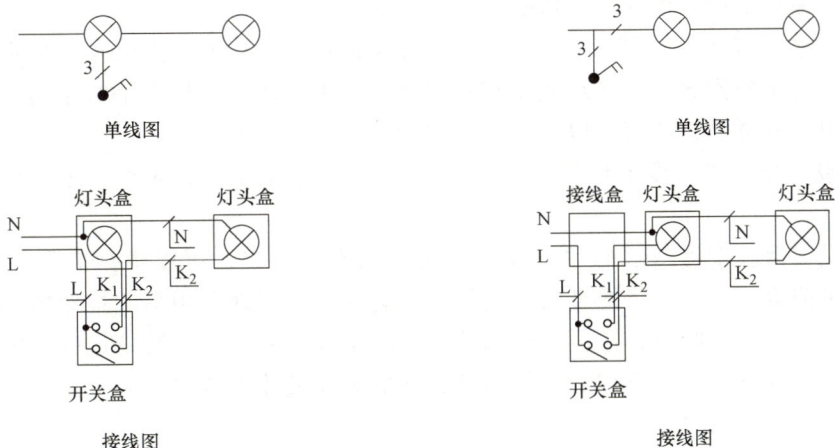

图 2-41　单控双联开关控制两盏灯

2.5.3　建筑电气施工图的识读

1. 识图步骤

　　识读建筑电气施工图，除了应该了解建筑电气施工图的特点外，还应该按照一定的阅读顺序进行识读，这样才能比较迅速、全面地读懂图纸，以完全实现读图的意图和目标。一套建筑电气施工图所包括的内容比较多，图纸往往有很多张，一般应按以下顺序依次阅读，有时还应进行对照阅读。

　　（1）看图纸目录及标题栏　了解工程名称、项目内容、设计日期、工程全部图纸数量、图纸编号等。

　　（2）看总设计说明　了解工程总体概况及设计依据，了解图纸中未能表达清楚的各有关事项，如供电电源的来源、电压等级、线路敷设方式，设备安装高度及安装方式，补充使用的非国标图形符号，施工时应注意的事项等。有些分项局部问题

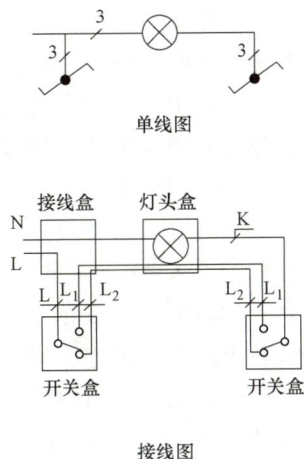

图 2-42　两个双控单联
开关控制一盏灯

会在各分项工程的图纸上说明，看分项工程图纸时，要先看设计说明。

　　（3）看电气系统图　各分项工程的图纸中都包含系统图，如变配电工程的供电系统图、电力工程的电力系统图、电气照明工程的照明系统图以及电缆电视系统图等。看系统图的目的是了解系统的基本组成，主要电气设备、元件等连接关系以及它们的规格、型号、参数等，掌握该系统的基本概况。

　　（4）看电路图和接线图　了解各系统中用电设备的电气自动控制原理，以指导设备的安装和控制系统的调试工作。因为电路图多采用功能布局法绘制，所以看图时应依据功能关系从上至下或从左至右一个回路一个回路地阅读。若能熟悉电路中各电器的性能和特点，对读懂图纸将会有很大的帮助。在进行控制系统的配线和调校工作中，还可配合阅读接线图和端子图。

　　（5）看电气平面布置图　平面布置图是建筑电气施工图中的重要图纸之一，如变配电所设备安装平面图（还应有剖面图）、电力平面图、照明平面图、防雷与接地平面图等，它们都用来表示设备安装位置、线路敷设部位、敷设方法以及所用导线型号、规格、数量等，

是安装施工、编制工程预算的主要依据。

（6）看安装大样图　安装大样图是按照机械制图方法绘制的用来详细表示设备安装方法的图纸，也是用来指导施工和编制工程材料计划的重要图纸。特别是对于初学安装的人员来说，大样图更显重要，甚至可以说是不可缺少的。

（7）看设备材料表　设备材料表提供了该工程所使用的主要设备、材料的型号、规格和数量。

严格地说，阅读工程图纸的顺序并没有统一的硬性规定，可以根据需要，自己灵活掌握，并应有所侧重。有时一张图纸需反复阅读多遍。为更好地利用图纸指导施工，使其安装质量符合要求，阅读图纸时，还应配合阅读有关施工及检验规范、质量检验评定标准以及全国通用电气装置标准图集，以详细了解安装技术要求及具体安装方法。

2. 电气施工图读图实例

（1）电气照明系统图和平面图识读　某学校教学楼是集教学与办公为一体的综合楼，建筑面积六千多平方米，主楼（教学用）六层，办公楼四层。该楼配套的电气工程项目主要有电气照明系统、照明远程控制系统、配电系统、应急照明系统、防雷接地系统、有线电视系统、电话系统、音响广播系统、电铃系统、网络系统等。

本实例主要介绍电气照明施工图，现以该教学楼的办公楼部分电气照明系统为例，讲解办公楼的照明系统图（图2-43）和照明平面图（图2-44）。

1）办公楼的照明系统图。如图2-43所示，该照明系统图表示了办公楼整体的电气联系，其供电方式为链接式。虚线框表示楼层和配电箱。电源引自教学楼低压配电室AA3号配电柜，进入AL-1-4配电箱。电源进线处标注"WLM32-VV（5×16）敷设于电缆沟内"，其中，"WLM32"表示出自3号配电柜（AA3）第二条回路的照明干线；"VV（5×16）"表示进线的型号规格，VV表示聚氯乙烯绝缘聚氯乙烯护套的塑料电缆，5根16mm²的线芯，三根相线，一根中性线，一根保护线；在电缆沟内敷设。在一层111教师休息室内有一个编号为AL-1-4的配电箱，其中，"AL"表示照明配电箱；"1"表示楼层编号，即一层；"4"表示配电箱编号，即第四号配电箱（在教学楼的主楼一层还有1、2、3号配电箱）。配电箱右上角的文字"SCS07FNB203×220×113"表示配电箱的型号与规格。配电箱内，电源进线三根相线接在断路器C65N-20/3P的一端，中性线和保护线分别接在配电箱右下角的"N"中性线接线端子板和"PE"保护线接线端子板，这是配电箱的一般接线方法。断路器C65N-20/3P是一种微型断路器，额定电流为20A，"3P"表示三极。该断路器是配电箱内总开关，其引出线分为四个回路——WL141、WL142、WL143、WL144，"WL"表示照明支路，前两位数字"14"表示配电箱所在楼层及其编号，第三位数字"1""2""3""4"分别表示回路编号。每个回路都有断路器控制，WL141与WL142使用的是断路器C65N-10/1P，"1P"表示单极，WL143使用的是断路器C65N-20/1P和漏电保护器C45-ELM。WL141与WL142分别取用U相线和V相线，中性线取自"N"中性线接线端子板，导线标注"BV（2×2.5）PC16-WC"。在导线的标注中，"BV"表示塑料绝缘铜芯线；"（2×2.5）"表示2根导线线芯截面面积均为2.5mm²，"PC16"表示敷设方法，即穿管径16mm硬塑料管敷设；"WC"表示敷设部位，即墙内暗设。WL143插座回路取用W相线，导线标注中"SC20"表示穿管径20mm焊接钢管敷设，"FC"表示在地面内暗设。WL144为办公楼走廊灯供电，线路取用U相线。

AL-4-4
C65N-20/3P
SCS07FNB
203×220×113

2-C65N-10/1P
U
V
W
C65N-20/1P
C45-ELM

WL441　BV (2×2.5) PC20-WC
411、412办公室照明
WL442　BV (2×2.5) PC20-WC
413、414办公室照明
WL443　插座电源
BV (3×4) PC20-FC

N　PE

BV (5×6) SC20-WC　　四层411办公室

AL-3-4
C65N-20/3P
SCS07FNB
203×220×113

2-C65N-10/1P
W
U
V
C65N-20/1P
C45-ELM

WL341　BV (2×2.5) PC20-WC
311、312办公室照明
WL342　BV (2×2.5) PC20-WC
313、314办公室照明
WL343　插座电源
BV (3×4) PC20-FC

N　PE

BV (5×10) SC32-WC　　三层311办公室

AL-2-4
C65N-20/3P
SCS07FNB
203×220×113

2-C65N-10/1P
V
W
U
C65N-20/1P
C45-ELM

WL241　BV (2×2.5) PC20-WC
211、212办公室照明
WL242　BV (2×2.5) PC20-WC
213、214办公室照明
WL243　插座电源
BV (3×4) PC20-WC

N　PE

BV (5×10) SC32-WC　　二层211办公室

AL-1-4
C65N-20/3P
SCS07FNB
203×220×113

2-C65N-10/1P
U
V
W
C65N-20/1P
C45-ELM
C65N-10/1P
U

WL141　BV (2×2.5) PC16-WC
111、112办公室照明
WL142　BV (2×2.5) PC16-WC
113、114办公室照明
WL143　插座电源
BV (3×4) SC20-FC
WL144　一～四层走廊照明
BV (2×2.5) PC16-WC
一层111教师休息室

N　PE

WLM32-VV (5×16)敷设于电缆沟内
→来自低压配电室AA3号配电柜

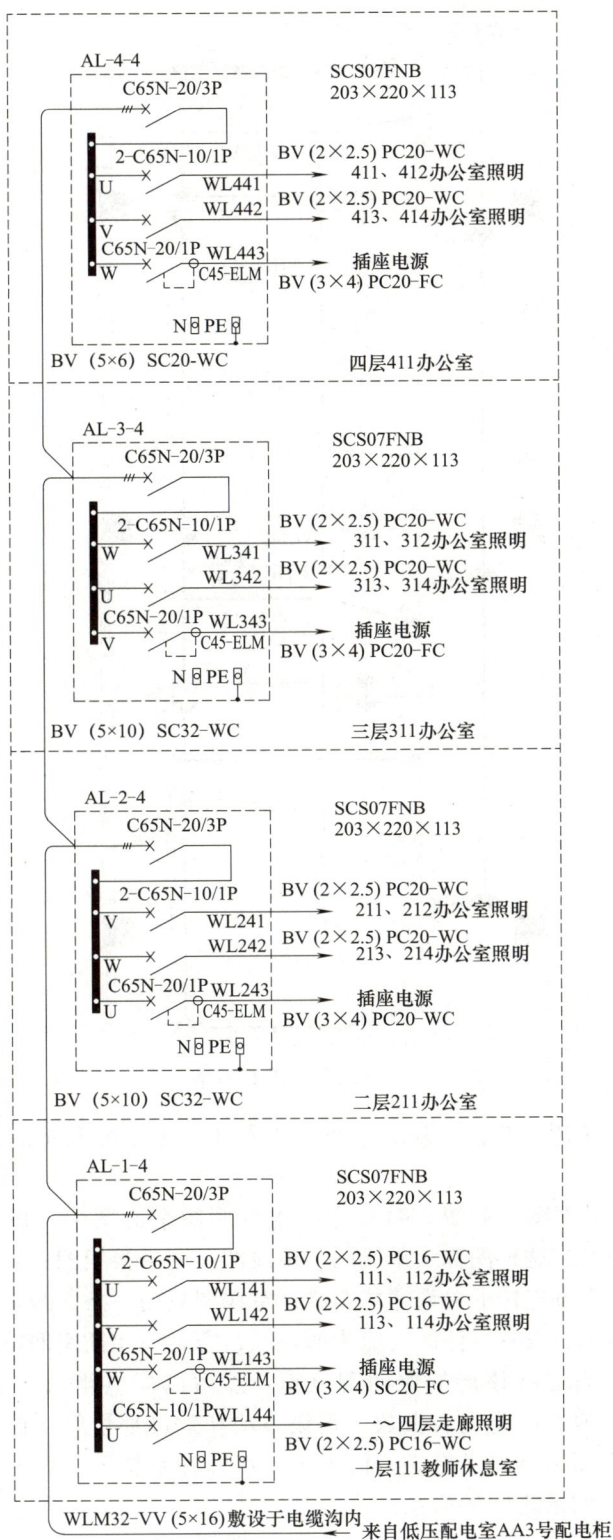

图 2-43　办公楼照明系统图

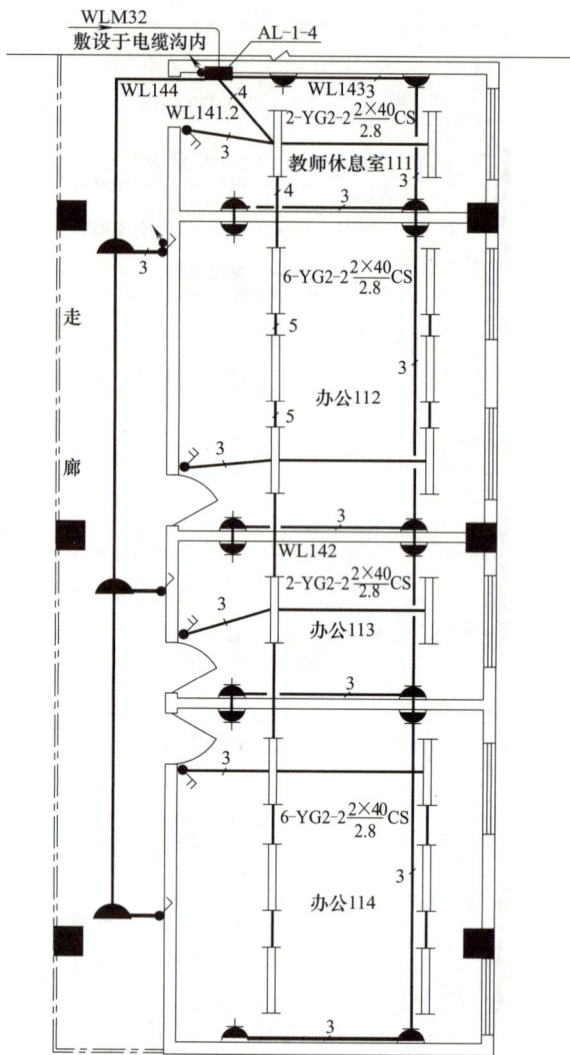

图 2-44　办公楼一层照明平面图

二~四层配电箱系统图分析同一层，这里不再赘述。至于配电箱的位置，只能在照明平面图中查阅。

2）办公楼的照明平面图。如图 2-44 所示，电气照明平面图中，每个回路只用一条图线与相应的设备图例相联系，这种图称为单线图。单线图不同于接线图：接线图需要把回路内每根导线画出来，这样与设备连接的关系才能明确；单线图只用一条图线表示，导线的根数可以通过画短斜线和数字表示，没有标注的一般为两根线，若是单相插座回路，则为三根导线。

阅读照明平面图，首先找该层的照明配电箱，然后以配电箱为中心，沿着各条支路识读。阅读主要内容有：线路的走向、根数、敷设方法和敷设部位等；设备的安装部位、安装方法等。另外，在平面图内有些没有表示的内容，可以在系统图、详图、图例表等其他图纸中找到，所以要注意各图纸之间的联系。

在教师休息室的靠近门边墙上，安装了照明配电箱 AL-1-4，通过查阅该套图纸的图例表可知，该箱底边距地 1.4m，暗装在墙内，距门 1m。配电箱旁边带箭头的黑点，表示由此向上（二层）配线。从配电箱引出四条回路，其中WL141和WL142支路走向相同，因此用一条图线表示，图线上用短斜线加"4"表示四根线，即U、V、N、N线。这些线从配电箱引出，沿墙穿管向上敷设至二层楼板内。其中WL141直接引入111室二层楼板靠近门的荧光灯灯头盒内，由该灯头盒向左，引线至111室门边的灯开关。此开关为单控双联开关，进去一根相线（U线），出来两根控制线，因此图中显示的是三根线，灯开关暗装底边距地1.3m。由灯光盒向右，引线至另一个荧光灯的灯头盒，一根控制线，一根零线；向下，引线至112室内荧光灯的灯头盒。111室内荧光灯安装文字标注"2-YG2-2 $\frac{2\times40}{2.8}$ CS"，其中"2"表示两盏灯具，"YG2-2"表示荧光灯型号；"2×40"表示每盏荧光灯内有两根40W的灯管；"CS"表示安装方法，即链吊式安装。在112室内，仍然是U相线为荧光灯供电。六个荧光灯分成两组由单控双联开关控制，由导线的根数可以判断出靠门的一排三盏荧光灯为一组，其余三盏为另一组。WL142经111、112室二层楼板引向113室二层楼板靠近门的灯头盒，引线为两根导线，即V线和N线，接下来荧光灯线路的分析和111、112室的一样，不再赘述。

插座回路WL143在平面图中没有标出敷设方法，可以在系统图中查找，查询出的敷设方法为3根4mm^{2}塑料绝缘铜芯导线穿直径20mm的焊接钢管在地面内敷设。单相带接地极插座暗装在墙内，底边距地0.3m。

走廊灯供电回路WL144由二层楼板引至靠近111室走廊内的灯头盒，由此灯头盒分别引线至附近声光控制灯开关和其他走廊灯的灯头盒。从靠近111室门的声光控制灯开关接线盒内，向上引线至二层相同位置的声光控制灯开关接线盒内，为二层走廊灯供电，同时向三层相同位置的声光控制灯开关接线盒引线，直至四层走廊。

其他层的照明平面图与一层大致相同，这里不再赘述。

在读图中会遇到很多图例，一般一套图纸内的图例大部分都在主要设备材料表或图例表中显示，所以读图时应多结合图例表。电气工程图例很多，但经常使用的不多，在平时练习和实践中逐渐掌握那些常用的图例，对我们读图是很有帮助的。

附图21～附图49是一栋八层住宅的电气施工图，包括380/220V配电系统、照明系统、有线电视系统、光纤到户通信系统、安防监控系统、访客对讲系统、消防应急照明及疏散系统等。下面简要介绍一下配电系统和照明系统。

配电系统主要包括住户用电、公共照明用电、普通电梯用电。从竖向配电系统图可以看出，住户用电干线直接通过埋地电缆进入电井桥架；公共电源干线分别从变电所沿相应的桥架进入地下室配电间，然后进入电井桥架。

住户用电干线"WDZ-YJY-4×150+1×70-SC150-FC"表示无卤低烟阻燃铜芯交联聚乙烯绝缘聚乙烯护套电力电缆；4芯截面面积150mm^2（3根相线，1根中性线）、1芯70mm^2（保护线）；穿焊接钢管，标称管径150mm；沿地暗敷。进入电井后，干线标注是"YFD-WDZ-YJY-4×150+1×70-CT"，表示预分支、无卤低烟阻燃铜芯交联聚乙烯绝缘聚乙烯护套电力电缆，线芯截面没有改变，敷设方式为"电缆托盘敷设"。总配电箱设在1楼，编号为1ALZ1，分配电箱分别设在2楼、4楼、7楼，编号分别为2AW1、4AW1、7AW1。2AW1供一层、二层住户用电；4AW1供三～五层住户用电；7AW1供六～八层住户用电。由附图34可知，一层住户配电箱ALa，共设10个回路，编号为N1到N10，其中的N10是引至ALa-1的回路，该回路采用BV-3×10-PC32-WC/CC。二层住户配电箱编号为ALb。三层及以上住户配电箱编号及配电方式与二层相同。ALb 配电箱设 9 个回路，编号为 N1 到 N9。ALa、ALb 配电箱的 N9 回路均是供三相空调的回路。从标准层配电平面图中可以看出，该回路在生活阳台上设一配电箱，供设备平台上的大功率空调使用。其他各回路详细情况见住户照明箱用电系统图，这里不再一一赘述。

由附图 32 可知，公共照明配电箱编号为 1AL1，设在一层电井内，总功率为 10kW，干线采用"WDZ-YJY-5×6-SC32-CT"。由附图 35 可知，该配电箱设 18 个回路，其中两个回路为备用回路。各个回路均采用了 WDZ（无卤低烟阻燃）电缆，保证建筑物的安全。

由附图 32 可知，电梯配电箱编号为 10AP-DT1，设在屋顶电梯机房内，总功率为 10kW，干线采用"WDZ-YJY-5×16-SC50-CT"。由附图 35 可知，该配电箱设 8 个回路，电梯控制箱、电梯轿厢照明、电梯井道照明及插座回路采用无卤低烟阻燃电缆，电梯机房内的照明及插座、电梯空调插座及排气扇回路采用 BV 线。

（2）防雷接地平面图识读

1）防雷工程平面图。

① 本案例建筑防雷按三类防雷建筑物考虑，用 ϕ10 镀锌圆钢在屋顶周边设置避雷网，每隔 1m 设置一处支持卡子，做法见图集 15D501。

② 利用构造柱内主筋作为防雷引下线，共 8 处分别引下，要求作为引下线的构造柱主筋自下而上通长焊接，上面与避雷网连接，下面与基础钢筋网连接，施工中注意与土建密切配合。

③ 在建筑物四角设接地测试点板，接地电阻小于 10Ω，若不满足应另设人工接地体，做法见图集 15D501。

④ 所有凸出屋面的金属管道及构件均应与避雷网可靠连接。

图 2-45 所示为本案例某住宅楼的屋顶防雷平面图。

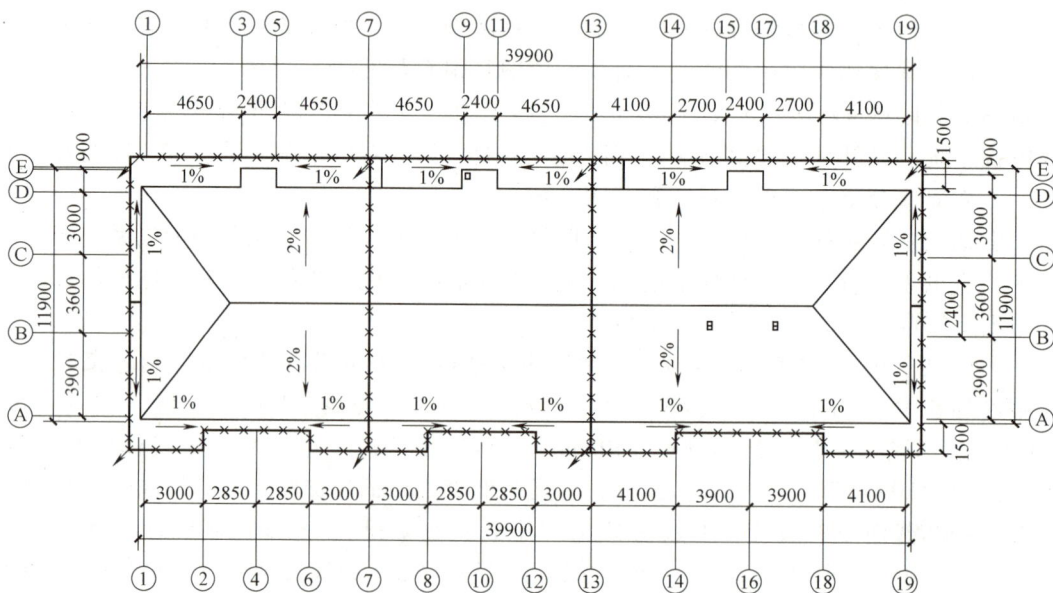

图 2-45 某住宅楼屋顶防雷平面图

2）接地平面图。图 2-46 所示为总等电位接地平面图，由于整个连接体都与作为接地体

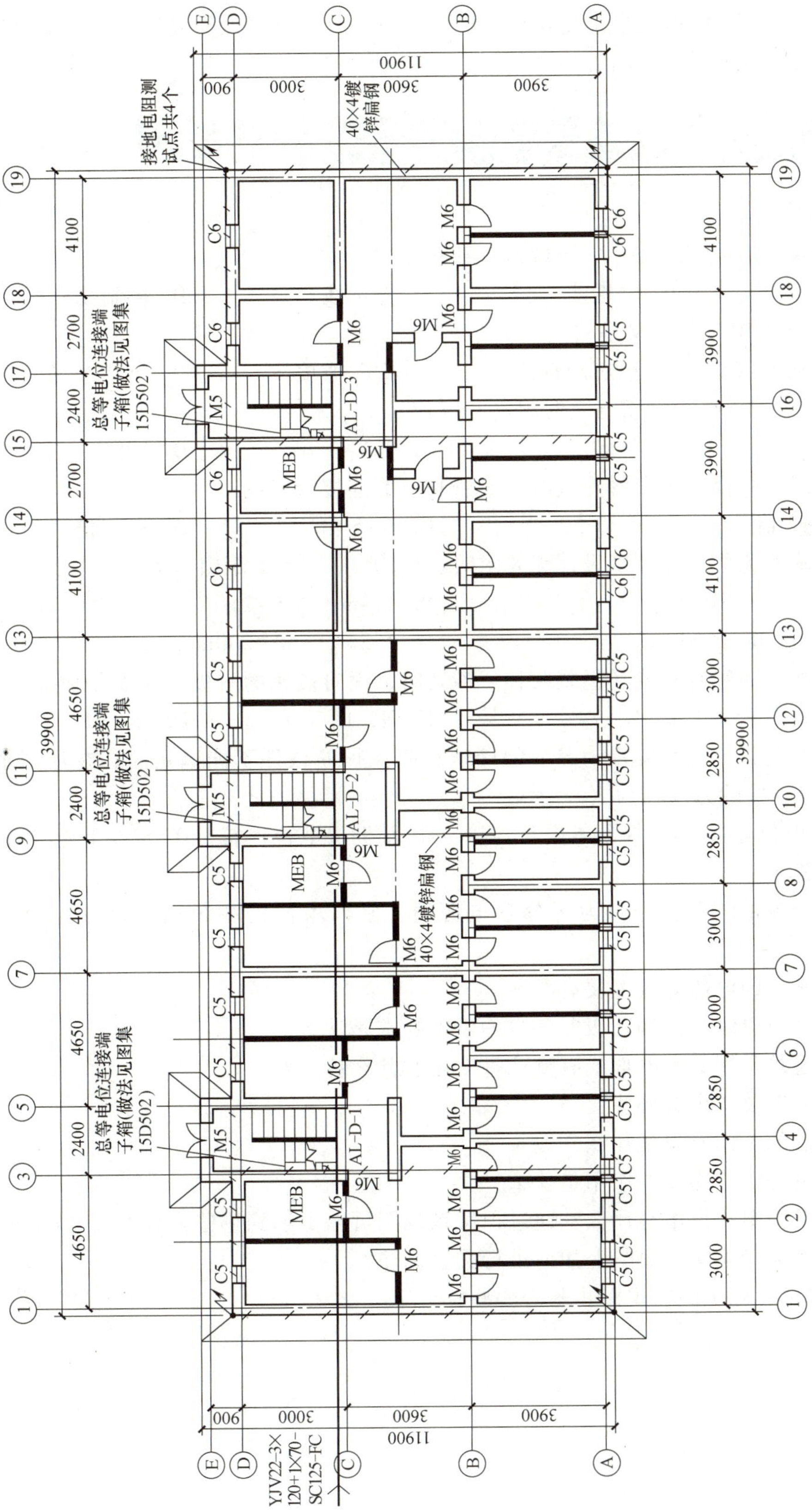

图 2-46 总等电位接地平面图

的基础钢筋网相连，可以满足重复接地的要求，故没有另外再做重复接地。大部分做法采用标准图集，图中给出了标准图集的名称。

复习思考题

一、选择题

1. 在建筑内的电气线路中，黄绿双色线用于（　　　）。

A. 相线　　　　　　B. 中性线　　　　　　C. 保护线　　　　　　D. 控制线

2. 导线型号 BLV 的含义是（　　　）。

A. 铜芯塑料线　　　B. 铝芯塑料线　　　　C. 铜芯橡皮线　　　　D. 铝芯橡皮线

3. VV42-10-3×50 表示该电缆的额定电压是（　　　）。

A. 42kV　　　　　　B. 10kV　　　　　　　C. 3kV　　　　　　　D. 50kV

4. 塑料线管敷设，用套管连接时，套管长度为连接管径的（　　　）。

A. 1.5~3 倍　　　　B. 2~3 倍　　　　　　C. 4~5 倍　　　　　　D. 1~2 倍

5. 翘板式开关距地面高度设计无要求时，应为（　　　），距门口为（　　　）。

A. 1.5m，15~20mm　　　　　　　　　B. 1.4m，1.5~2m

C. 1.3m，200~500mm　　　　　　　　D. 1.3m，150~200mm

6. 单相两孔插座有横装和竖装两种。横装时，面对插座的右极、左极分别接（　　　）。

A. L，N　　　　　　B. L，PE　　　　　　C. N，L　　　　　　D. N，PE

7. 当电气装置或电气装置一部分的接地故障保护的条件不能满足时，在局部范围内将各可导电部分连接的方式称为（　　　）。

A. 总等电位连接　　B. 局部等电位连接　　C. 辅助等电位连接　　D. 混合等电位连接

二、简答题

1. 三相交流供电系统中，为区分各电源线，常以不同的颜色区分，各电源线用什么颜色？

2. 我国常用的电压等级主要有哪些？

3. 用电负荷等级分为哪几级？各自的供电要求是什么？

4. 民用建筑常用的配电形式有哪几种？各有什么特点？

5. 插座的安装要求有哪些？

6. 断路器的工作原理是什么？

7. 什么是等电位连接？作用是什么？

8. 电气系统图的作用是什么？通过识读系统图可以了解到哪些内容？

9. 导线在电气线路平面图上如何进行文字标注？

10. 照明工程施工图的识图步骤有哪些？

建筑智能化

单元目标

知识目标

1. 了解火灾自动报警系统发展的五个阶段，熟悉火灾自动报警系统基本形式。

2. 掌握火灾自动报警系统的组成和常用设备附件。

3. 了解视频监控系统、入侵报警系统、访客对讲系统的功能及应用，了解智能家居控制系统特点。

4. 掌握视频监控系统、入侵报警系统、访客对讲系统的组成，熟悉智能家居控制系统组成。

技能目标

1. 熟悉火灾自动报警系统常用图例。

2. 能够识读简单的火灾自动报警系统图纸。

3. 了解光纤到户通信系统、访客对讲系统、视频安防监控系统施工图。

4. 能做好土建施工与安装工程施工的配合。

素养目标

1. 培养积极向上、乐观的生活态度。

2. 通过火灾自动报警系统、视频监控系统、入侵报警系统、访客对讲系统、智能家居控制系统基本知识的学习，培养科学严谨、细致认真的工作态度。

3. 激发热爱本专业及相关工作的热情。

单元概述

建筑智能化系统包括火灾自动报警系统、视频监控系统、入侵报警系统、访客对讲系统、智能家居控制系统等。本单元主要讲解各系统的功能、系统组成、常用设备等基础知识，介绍火灾自动报警系统施工图及其识读方法，简要介绍火灾报警系统常用设备接线端子代表意义等知识。通过学习，能看懂简单的火灾自动报警系统施工图，了解光纤到户通信系统、访客对讲系统、视频监控系统施工图，做好土建施工与安装工程施工的配合（预留预埋）工作。

课题 1　火灾自动报警系统

3.1.1　火灾自动报警系统概述

1. 火灾自动报警系统发展阶段

火灾自动报警系统是人们为了早期发现和通报火灾，并及时采取有效措施，控制和扑灭火灾而设置在建筑物中或其他场所的一种自动消防设施，是现代消防不可缺少的安全技术设施之一。它经历了五个阶段：

（1）传统多线制开关量式火灾报警系统　其优点：简单、成本低。其缺点：火灾判断依据仅仅是所探测的某个火灾现象参数是否超过其自身设定值（阈值），无法排除环境和其他干扰因素；性能差、功能少，无法满足发展需要；多线制系统费钱费工；不具备现场编程能力；不能识别报警的个别探测器（地址编码）及探测器类型；无法自动探测系统重要组件的真实状态；不能自动补偿探测器灵敏度的漂移；当线路短路或开路时，不能切断故障点，缺乏故障自诊断、自排除能力；电源功耗大等。

（2）总线制可编码火灾报警系统　其中，二总线制系统被广泛使用，其优点：省钱省工；增设了可现场编程的键盘；具有系统自检和复位功能，火灾地址和时钟记忆与显示功能，故障显示功能，探测点开路、短路时隔离功能；能准确地确定火情部位，增强了火灾探测或判断火灾发生的能力等。其缺点：对探测器的工况几乎无大改进，对火灾的判断和发送仍由探测器决定。

（3）模拟量传输式智能火灾报警系统　其特点：在探测处理方法上做了改进，即把探测器的模拟信号不断地送到控制器去评估或判断，控制器用适当的算法辨别虚假或真实火灾及其发展程度，或探测器受污染的状态。对火警的判断和发送由控制器决定。

（4）分布智能火灾报警系统　探测器具有智能，可对火灾信号进行分析和智能处理，做出恰当的判断，然后将这些判断信息传给控制器；控制器对探测器的运行状态进行监视和控制。由于探测部分和控制部分的双重智能处理，系统运行能力大大提高。

（5）无线火灾自动报警系统　无线火灾自动报警系统由传感-发射机、中继器以及控制中心三大部分组成，以无线电波为传播媒体。探测部分与发射机合成一体，由高能电池供电，每个中继器只接收自己组内的传感-发射机信号。当中继器接到组内某传感器的信号时，进行地址对照，一致时判读接收数据并由中继器将信息传给控制中心，中心显示信号。此系统具有节省布线费及工时、安装开通容易的优点，适合不宜布线的楼宇、工厂、仓库等，也适合改造工程。

2. 火灾自动报警系统组成

火灾自动报警系统由触发装置、火灾报警装置、火灾警报装置、控制装置、电源等组成。它能够在火灾初期，将燃烧产生的烟雾、热量和光辐射等物理量，通过感温、感烟和感光等火灾探测器变成电信号，传输到火灾报警控制器，并同时显示出火灾发生的部位，记录火灾发生的时间。火灾自动报警系统的组成如图3-1所示。

（1）触发装置　在火灾自动报警系统中，自动或手动产生火灾报警信号的器件称为触发件，主要包括火灾探测器和手动报警按钮。火灾探测器是能对火灾参数（如烟、温度、

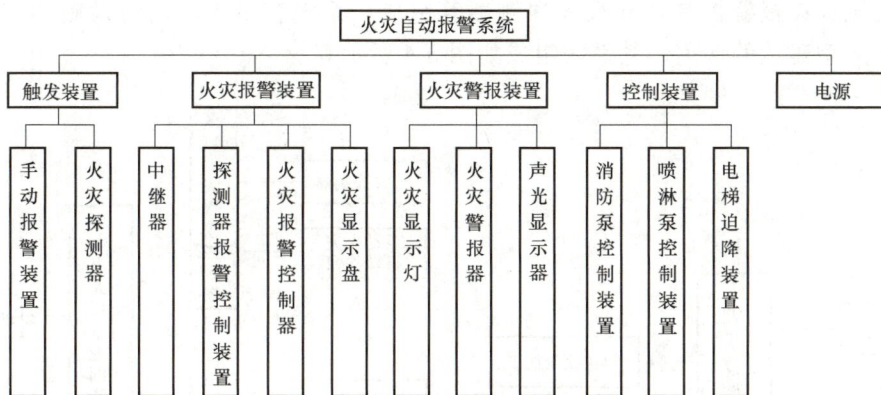

图 3-1   火灾自动报警系统的组成

火焰辐射、气体浓度等）响应，并自动产生火灾报警信号的器件。手动火灾报警按钮是手动方式产生火灾报警信号、启动火灾自动报警系统的器件。

（2）火灾报警装置   在火灾自动报警系统中，用于接收、显示和传递火灾报警信号，并能发出控制信号和具有其他辅助功能的控制指示设备称为火灾报警装置。火灾报警控制器为火灾探测器提供稳定的工作电源，监视探测器及系统自身的工作状态，接收、转换、处理火灾探测器输出的报警信号，进行声光报警，指示报警的具体部位及时间，同时执行相应辅助控制等诸多任务。火灾报警装置是火灾自动报警系统的核心组成部分。

（3）火灾警报装置   在火灾自动报警系统中，用于发出区别于环境声、光的火灾警报信号的装置称为火灾警报装置。它以声、光音响方式向报警区域发出火灾警报信号，以警示人们采取安全疏散、灭火救灾措施。

（4）控制装置   在火灾自动报警系统中，当接收到火灾报警后，能自动或手动启动相关消防设备并显示其状态的设备，称为控制装置，包括自动灭火系统的控制装置、室内消火栓系统的控制装置、防烟排烟系统及空调通风系统的控制装置等。控制装置一般设置在消防控制中心，以便于实行集中统一控制。

（5）电源   火灾自动报警系统属于消防用电设备，其主电源应当采用消防电源，备用电源采用蓄电池。系统电源除为火灾报警控制器供电外，还为与系统相关的控制装置供电。

3. 火灾自动报警系统基本形式

根据《火灾自动报警系统设计规范》（GB 50116—2013）规定，火灾自动报警系统的基本形式有三种，即区域报警系统、集中报警系统和控制中心报警系统。

（1）区域报警系统   区域报警系统由区域火灾报警控制器和火灾探测器等组成，是功能简单的火灾自动报警系统。区域火灾报警控制器常用于规模小、局部保护区域的火灾自动报警系统。区域报警系统组成如图 3-2 所示。

（2）集中报警系统   集中报警系统由集中火灾报警控制器、区域火灾报警控制器和火灾探测器等组成，是功能较复杂的火灾自动报警系统。集中报警系统常用于规模大的建筑或建筑群的火灾自动报警系统，其系统组成如图 3-3 所示。

（3）控制中心报警系统   控制中心报警系统由消防控制室的控制装置、集中火灾报警控制器、区域火灾报警控制器和火灾探测器等组成。系统容量大，消防设施的控制功能较全，适用于大型建筑的保护，其系统组成如图3-4所示。

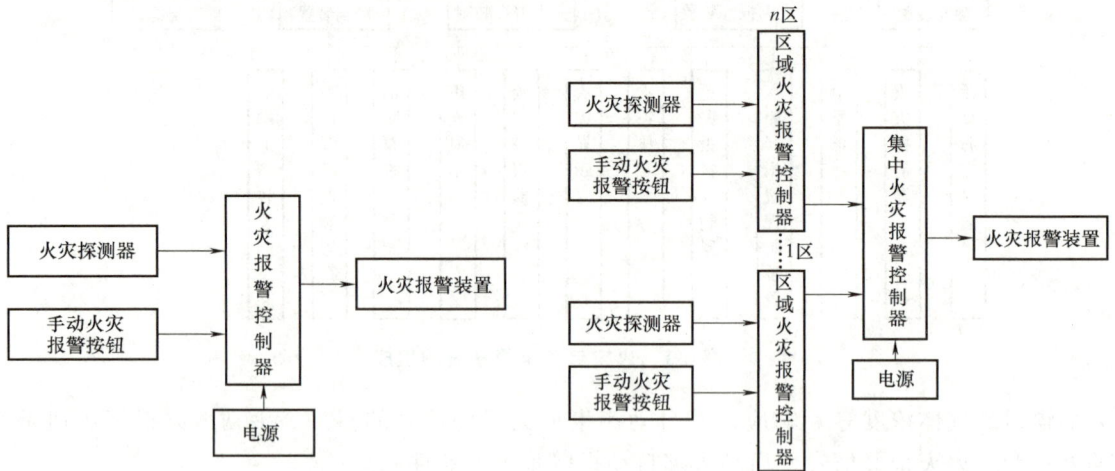

图3-2 区域报警系统

图3-3 集中报警系统

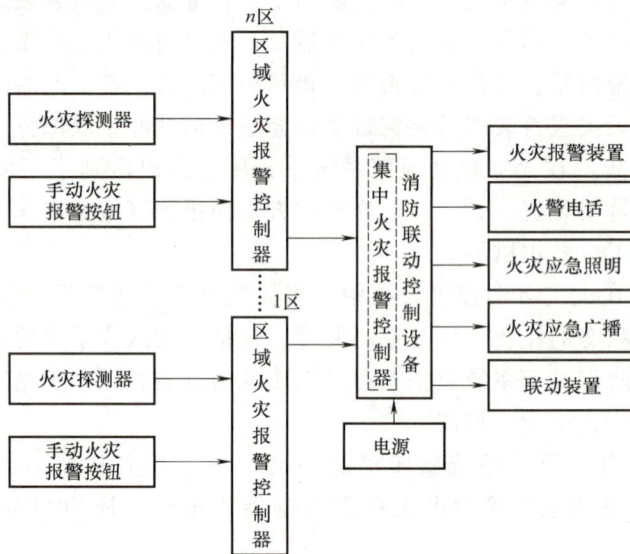

图3-4 控制中心报警系统

3.1.2 火灾自动报警系统的常用设备

1. 触发器件

（1）火灾探测器 火灾探测器是对火灾现场的光、温、烟、焰火辐射等现象产生响应，发出信号的现场设备。根据其感测的参数不同，分为感烟火灾探测器、感温火灾探测器、感光火灾探测器、可燃气体探测器、复合式火灾探测器等。按结构造型不同可分为点型和线型两类。

1）感烟火灾探测器是感测环境烟雾浓度的探测器，主要有离子感烟探测器、光电感烟探测器等，如图3-5和图3-6所示。

图 3-5　离子感烟探测器

图 3-6　光电感烟探测器

2）感温火灾探测器是对环境中的温度进行监测的探测器。根据检测温度参数的特性不同分为定温式、差温式、差定温式探测器三类，如图 3-7 和图 3-8 所示。

图 3-7　热敏电阻定温式感温探测器

图 3-8　差定温式感温探测器

3）感光火灾探测器用来探测火焰辐射的红外光和紫外光。感光火灾探测器特别适用于突然起火而无烟雾、温度变化不大的易燃易爆场所，室内外均可使用。感光探测器如图 3-9 所示。

4）可燃气体探测器主要用来探测可燃气体（如天然气）在某区域内的浓度，在气体达到爆炸危险条件之前发出信号报警。可燃气体探测器如图 3-10 所示。

图 3-9　感光探测器

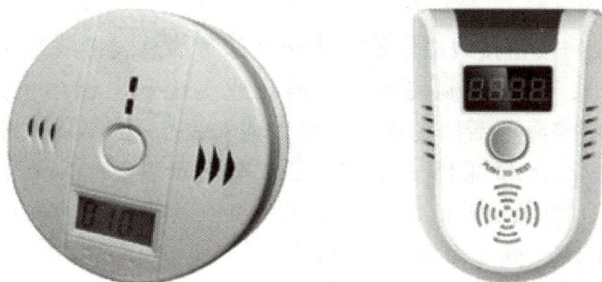

图 3-10　可燃气体探测器

5）复合型火灾探测器的探测参数不止一种，扩大了探测器的应用范围，提高了火灾探测的可靠性。常见的有感烟感温探测器、感光感烟探测器、感光感温探测器等，如图 3-11 和图 3-12 所示。

图 3-11　复合型防爆感烟感温火灾探测器

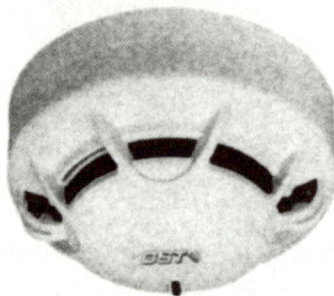

图 3-12　复合型感烟感温火灾探测器

火灾探测器接线端子有：无极性信号二总线接线端子（Z1、Z2）。

布线要求：采用 RVS 双绞线，截面面积 $\geq 1.0\,mm^2$。

（2）手动报警按钮　手动报警按钮分成两种，一种为不带电话插孔，另一种为带电话插孔。手动报警按钮为红色全塑结构，分底盒与上盖两部分。手动报警按钮设置在公共场所（如走廊、楼梯口）及人员密集的场所。当人工确认火灾发生时，按下按钮上的有机玻璃片，可向控制器发出火灾报警信号，控制器收到信号后，显示报警按钮编号或位置，并通过喇叭发出报警声响。手动报警按钮如图 3-13 所示。

手动报警按钮特点如下。

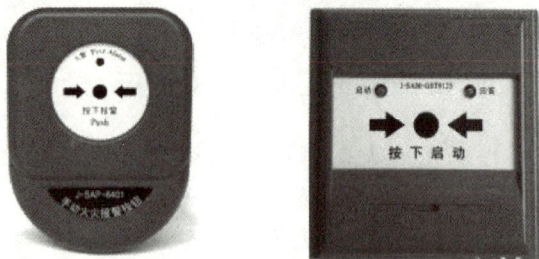

图 3-13　手动报警按钮

1）采用无极性信号二总线连接，其地址编码可由电子编码器设定。

2）采用拔插式结构设计，安装简单方便。按钮上的有机玻璃片在按下后可用专用工具复位。

3）按下手动报警按钮玻璃片，可由按钮提供额定 DC60V/100mA 无源输出触点信号，可直接控制其他外部设备。

不带电话插孔手动报警按钮接线端子有：无极性信号二总线接线端子（Z1、Z2）；无源常开输出端子（K1、K2）。

带电话插孔手动报警按钮接线端子有：无极性信号二总线接线端子（Z1、Z2）；无源常开输出端子（K1、K2）；与总线制编码电话插孔或多线制电话主机连接的音频接线端子（TL1、TL2）；与总线制编码电话插孔连接的报警请求线端子（AL、G）。

布线要求：信号线 Z1、Z2 采用 RVS 双绞线，截面面积 $\geq 1.0\,mm^2$；K1、K2 采用 BV 线，截面面积 $\geq 0.5\,mm^2$；消防电话线 TL1、TL2 采用 RVVP 屏蔽线，截面面积 $\geq 1.0\,mm^2$；报警请求线 AL、G 采用 BV 线，截面面积 $\geq 1.0\,mm^2$。

2. 声光报警器

声光报警器也叫声光讯响器，作用是：当现场发生火灾并被确认后，安装在现场的声光报警器可由消防控制中心的火灾报警控制器启动，发出强烈的声光信号，以达到提醒人员注意的目的。声光报警器如图3-14所示。

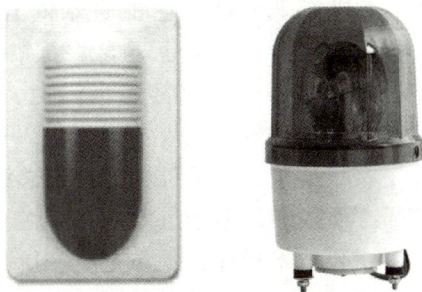

图3-14　声光报警器

安装方式：采用壁挂式安装，底边距地面高度为2.2m。

接线端子有：DC24V电源输入端子（D1、D2）；无极性信号二总线接线端子（Z1、Z2）；外控输入端子（S1、G）。

布线要求：信号线Z1、Z2采用RVS双绞线，截面面积≥1.0mm²；D1、D2采用BV线，截面面积≥1.5mm²；S1、G采用RV线，截面面积≥0.5mm²。

3. 控制模块

（1）LD-8300输入模块　输入模块的作用是接收现场装置的报警信号，实现信号向火灾报警控制器的传输。它适用于水流指示器、压力开关、70℃防火阀等。图3-15所示为GST-LD-8300输入模块。

输入模块的接线端子有：无极性信号二总线接线端子（Z1、Z2）；与设备无源常开触点连接的端子（I1、G）。

布线要求：信号线Z1、Z2采用RVS双绞线，截面面积≥1.0mm²；I1、G采用RV软线，截面面积≥1.0mm²。

（2）LD-8301单输入/输出模块　此模块用于将现场各种一次动作并有动作信号输出的被动型设备（排烟口、送风口、防火阀等）接到控制总线上。图3-16所示为GST-LD-8301单输入/输出模块。

接线端子有：无极性信号二总线接线端子（Z1、Z2）；DC24V接线端子（D1、D2）；DC24V输出端子（V+、G），用于向输出触点提供+24V信号；与被控设备无源常开触点连接端子（I1、G），用于实现设备动作回答确认；模块常开输出端子（NO1、COM1）；模块常闭输出端子（NC1、COM1）。

布线要求：信号线Z1、Z2采用RVS双绞线，截面面积≥1.0mm²；D1、D2采用BV线，截面面积≥1.5mm²。V+、I1、G、NO1、COM1、NC1采用RV线，截面面积≥1.0mm²。

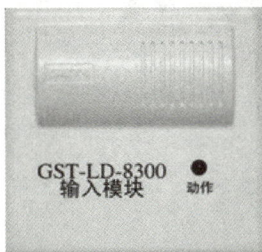

图3-15　GST-LD-8300 输入模块

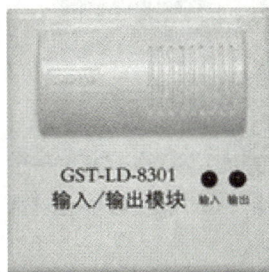

图3-16　GST-LD-8301 单输入/输出模块

4. 总线隔离器

总线隔离器接在从控制器引出的信号二总线上，对各分支线路作短路时的隔离保护作用，是非编码设备。它能自动断开短路部分，使其呈开路状态，不损坏控制器主机，也不影响总线其他分支线路上的部件的正常工作。当这部分短路故障消除时，能自动恢复回路的正常工作。这种装置又称短路隔离器，如图3-17所示。

接线端子有：无极性信号二总线输入端子（Z1、Z2）；无极性信号二总线输出端子（Z01、Z02）。

主要技术指标：工作电压，DC24V；隔离动作确认灯，红色。

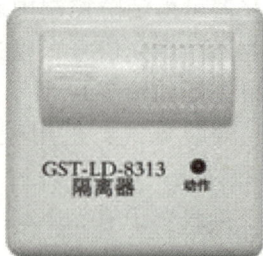

图 3-17 总线隔离器

5. 火灾报警控制器

火灾报警控制器是火灾报警系统的心脏，是消防系统指挥中心。控制器可以为火灾探测器供电，接收、处理和传递探测器故障及火警信号，发出声光报警信号，同时显示及记录火灾发生部位和时间，并能向联动控制器发出联动通知信号报警。火灾报警控制器如图3-18所示。

火灾报警控制器按结构要求不同可分为壁挂式、台式、柜式；按设计使用要求不同可分为区域、集中、通用。

火灾报警控制器接线端子有：交流220V接线端子及交流接地端子（L、G、N）；多线制模块电源输入端子（+24V、GND）；连接彩色CRT系统的接线端子（RXD、TXD、GND）；连接火灾显示盘的通信总线端子（A、B）；火灾报警输出端子（OUT1、OUT2）；无极性信号二总线端子（ZN-1、ZN-2）。

布线要求：DC24V、6A供电电源线在竖井内采用BV线，截面面积$\geq 4.0\text{mm}^2$，在平面采用BV线，截面面积$\geq 2.5\text{mm}^2$。

6. DC24V 电源箱

火灾自动报警系统属于消防用电设备，主电源采用消防电源，备用电源一般采用蓄电池组。DC24V电源箱为火灾自动报警系统提供直流24V电源，主干线路通常采用NH-BV-2×4线，一般线路通常采用NH-BV-2×2.5线。DC24V电源箱如图3-19所示。

图 3-18 火灾报警控制器

图 3-19 DC24V 电源箱

3. 1. 3 火灾自动报警系统施工图识读

如图3-20、图3-21所示为某建筑火灾自动报警系统施工图。

1. 工程概况

该工程为某高层（十二层）建筑地下室的火灾自动报警系统。系统主要包括火灾探测

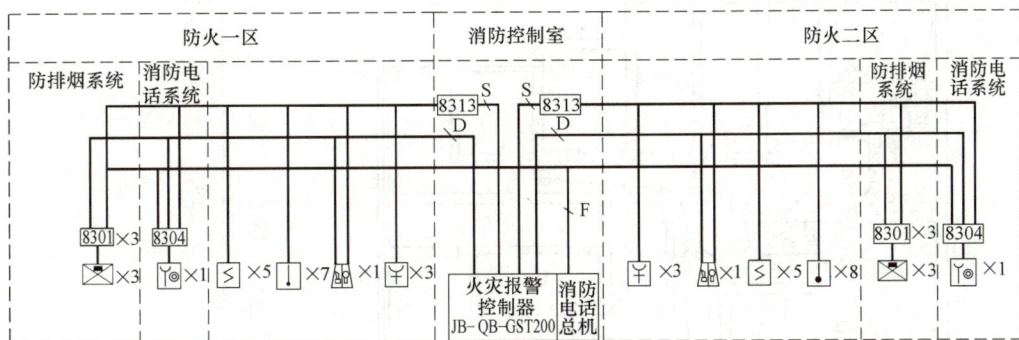

序号	符号	设备名称	型号规格	安装方式
1	Ⓨ	消火栓按钮	J–SAM–GST9123	消防箱内安装
2	⬟	声光报警器	GST–HX–M8051/2	明装距顶0.3m
3	Ⓘ	感温探测器	JTY–ZCD–G3N	吸顶安装
4	Ⓢ	感烟探测器	JTY–GD–G3	吸顶安装
5	⊠	排烟防火阀	FFH–3	
6	Ⓨ	手动火灾报警按钮（带电话插孔）	J–SAM–GST9122	明装距地1.3m
7	8301	输入/输出模块	GST–LD–8301	设备附近距顶0.3m,明装或吸顶安装
8	8304	消防电话接口	GST–LD–8304	设备附近距顶0.3m,明装或吸顶安装
9	8313	隔离器	GST–9LD–8313	设备附近距顶0.3m,明装或吸顶安装
10	S	信号总线	ZR–RVS–2×1.5	CC
11	D	DC 24V电源线	ZR–BV–2×6	CC
12	F	消防电话线	ZR–RVVP–2×1.0	CC

图 3-20　某建筑火灾自动报警系统施工图

报警系统、消防电话系统和防排烟联动控制系统。

2. 系统作用

该高层建筑属于二类建筑，为火灾自动报警二级保护对象。按保护面积、结构等因素，在轴线⑬处，将该地下室分为两个防火区。

火灾自动报警系统采用总线制，火灾报警控制器设置在底层的消防控制室内，信号总线、消防电话线、24V电源线和控制线由电缆竖井引入地下室，连接消防设备。探测设备主要采用感烟探测器和感温探测器，它们设置在主要通道、风机房和电缆竖井内。在消防前室处设置手动报警按钮，作为人工报警的设备，以弥补探测器灵敏度降低等故障不能及时报警的缺陷。声光报警器在发生火灾时，发出声音和闪光提醒人注意。排烟防火阀的作用是在发生火灾时，及时关闭排烟阀，以免扩大火灾范围。消火栓按钮的作用是在发生火灾时，按下按钮可以直接启动消防水泵，同时给火灾报警控制器发出信号，使系统做出报警等反应。带有电话插孔的手动报警按钮，可以将电话插入电话插孔，直接和消防控制室的消防电话主机连通，进行报警。8313隔离器安装在总线上，起到安全保护作用，防止因总线某设备短路而造成的整个系统瘫痪等故障。8304为消防电话专用的接口模块，主要用于连接消防电话分机并将其连入总线制消防电话系统。8301为输入/输出模块，主要将联动设备（如排烟阀、送风阀、防火阀等）接入控制总线上。

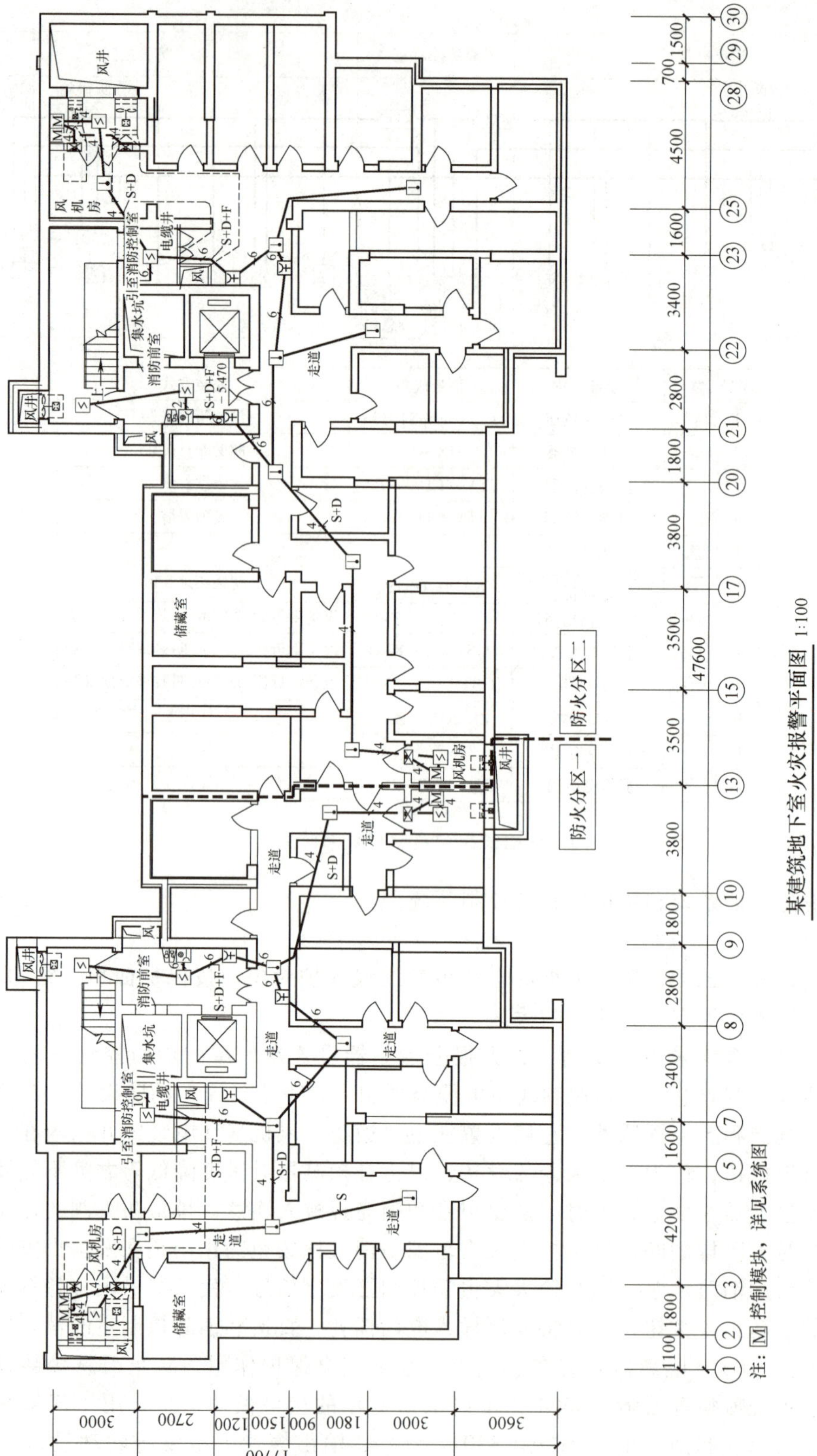

某建筑地下室火灾报警平面图 1:100

注：⊠ 控制模块，详见系统图。

图 3-21　某建筑地下室火灾自动报警平面图

课题 2　安全防范系统

3.2.1　视频监控系统

1. 视频监控系统的功能与应用

（1）视频监控系统的主要功能

1）视频监控系统能对建筑物内的主要公共活动场所、通道、电梯前室、电梯轿厢、楼梯口等重要部位进行探测，并有效记录，再现画面、图像。

2）监视器画面显示有明确的摄像机编号、位置、时间等，能任意编程，手动自动切换。

3）安防控制中心对视频监控系统进行集中管理和监控。

（2）视频监控系统的应用场所

1）大型活动场所、机要单位的安全保卫。

2）自选商场、珠宝店、书店等商业经营单位。

3）银行、金库等金融系统的营业厅、储藏间、办公场所、进出口等。

4）博物馆、文物保护单位的展览厅、进出口等。

5）机场、车站、港口、海关等交通要道。

6）旅馆、宾馆的出入口、大厅、财务室、电梯轿厢及前室、走廊、内部商场等。

7）医院的急救中心、候诊室、手术室等。

8）建筑小区内主要道路、出入口、围墙周边等。

2. 视频监控系统的组成及设备

视频监控系统一般由摄像、传输、控制、图像处理及显示四部分组成，如图 3-22 所示。

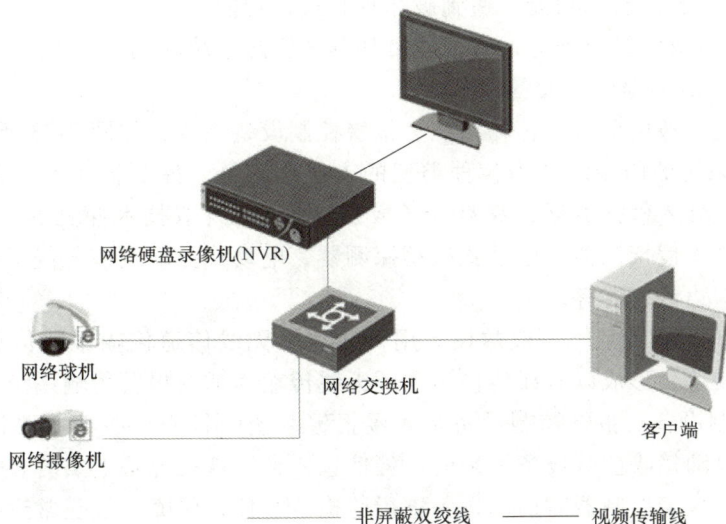

图 3-22　视频监控系统

（1）摄像　摄像为视频监控系统的前端部分，主要用于探测现场视频信息，传递给控制中心计算机。主要设备包括摄像机、镜头、云台、防护罩等。

1）摄像机是采集现场视频信息的主要设备，目前广泛使用的是电荷耦合式摄像机，称为 CCD 摄像机。摄像机主要有黑白摄像机、彩色摄像机、红外摄像机等。

2）镜头分为定焦镜头和变焦镜头，与摄像机配合使用。

3）云台是固定、安装摄像机的设备。电动云台可以在控制信号的作用下进行上下、左右运动，使摄像机的采集范围扩大。

4）防护罩分室内、室外两种，保护摄像机，免受损坏。

（2）传输　传输部分为视频监控系统的缆线系统，主要传输由摄像机到控制中心的视频信号和由控制中心到现场云台等控制设备的控制信号。传输视频信号的缆线主要为视频同轴电缆、射频同轴电缆、平衡对电缆、光缆等。传输控制信号的缆线主要为双绞线、复用视频同轴电缆等。

（3）控制　通过控制中心对云台、镜头、防护罩等动作控制，对视频信号分配控制，对图像的切换、分割控制等。控制部分主要设备有视频切换器、画面分割器、控制台（控制中心计算机）等。

（4）图像处理及显示　图像处理及显示是视频监控系统的终端部分，主要作用为显示现场的视频画面、储存视频信息等。主要设备有监视器、磁带录像机、硬盘录像机等。

3.2.2　入侵报警系统

入侵报警系统是在探测到防范现场入侵者时能发出警报的系统。

1. 入侵报警系统的功能

1）系统对设防区域的非法入侵，能实时、有效探测与报警。

2）系统可以按时间、区域、部位任意编程设防和撤防。

3）对设备工作状态能自检，及时发现故障，报告故障位置，提高系统工作可靠性。

4）系统设备具有防破坏功能，遭到破坏具有报警功能。

5）系统可以自成网络，独立运行，也可和其他安防系统联网。

2. 入侵报警系统的组成及设备

入侵报警系统一般由前端、传输系统、报警控制设备组成，如图 3-23 所示。

（1）前端　系统的前端设备为各种类型的入侵探测器。探测器主要有磁控开关、紧急报警装置、被动红外入侵探测器、双鉴器（微波与被动红外双技术探测器）、玻璃破碎入侵探测器、主动红外入侵探测器、电动式振动探测器、电动式振动电缆入侵探测器、泄露电缆传感器、平行线周边传感器等。

（2）传输系统　传输系统一般敷设专用传输线或无线信道传输报警信息，配以必要的有线、无线接收装置，形成以有线传输为主、无线传输为辅的报警传输系统。

（3）报警控制设备　报警控制设备是入侵报警系统的核心设备，主要设备为报警控制器。报警控制器自动接收前端设备发来的报警信息，在计算机屏幕上实时显示，同时发出声光报警。在平时，报警控制器对前端设备进行巡检、监控，保障系统正常运行。

3.2.3　访客对讲系统

访客对讲系统把住宅入口、住户、保安人员三方面的通信联系在一个网络中，并与监控系统配合为住户提供安全、舒适的生活。

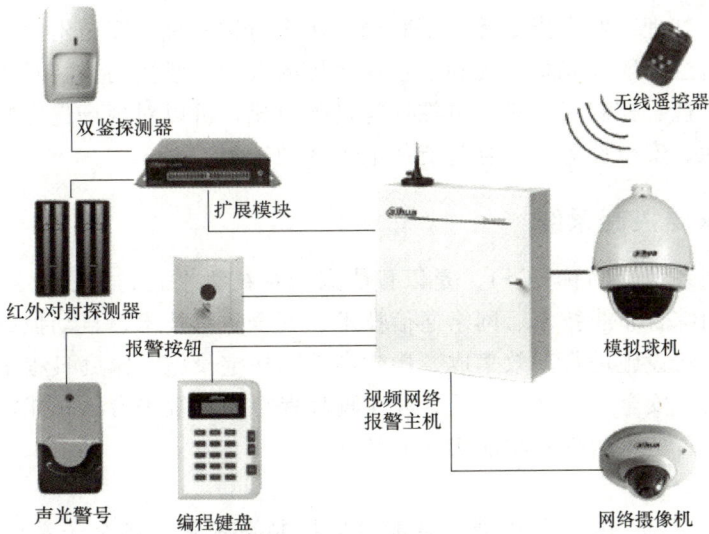

图 3-23　入侵报警系统

1. 访客对讲系统的主要功能

访客对讲系统适用于智能化住宅小区、高层住宅、单元式公寓等。其主要功能如下。

1）访客对讲系统为主人和访客提供双向通话或可视通话，并由主人控制大门电控锁的开启或向安防监控中心报警。

2）管理主机控制门口机和各个副管理机，并具有抢线功能。

2. 访客对讲系统的组成及设备

访客对讲系统由对讲、控制部分组成，如图 3-24 所示。

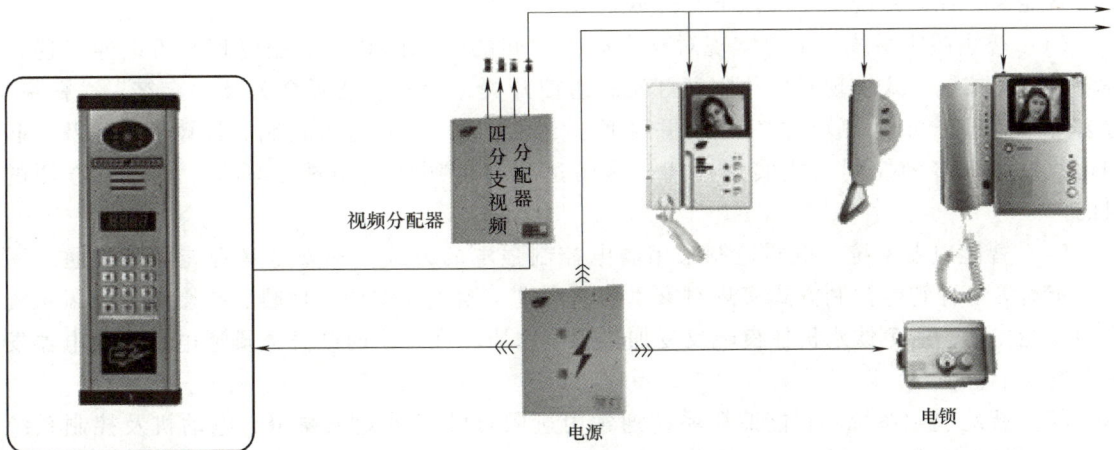

图 3-24　访客对讲系统

（1）对讲　对讲部分分语音对讲、可视对讲两种类型。语音对讲主要由门口机和室内对讲机组成；可视对讲由门口机和室内可视对讲机组成。具有可视对讲的门口机含有摄像头，一般具有夜视功能。

（2）控制 控制部分一般由门口机或控制中心计算机为控制核心部分，对系统中信号进行接收、传递、处理和发出指令等。不联网的访客对讲系统，完全由门口机进行控制和判断，独立运行，适合一般单元式公寓和高层住宅楼的选用。联网的访客对讲系统，由安防控制中心的计算机监视、控制门口机、电控锁等设备组成，可以对现场进行判断、核对，提高系统工作的可靠性、安全性等，适合智能住宅小区的选用。

3.2.4 智能家居控制系统

智能家居控制系统（简称 SCS），是以智能家居系统为平台，家居电器及家电设备为主要控制对象，利用综合布线技术、网络通信技术、安全防范技术、自动控制技术、音视频技术将家居生活有关的设施进行高效集成，构建高效的住宅设施与家庭日程事务的控制管理系统，提升家居智能、安全、便利、舒适，并实现环保控制系统平台。智能家居控制系统是智能家居的核心，是智能家居控制功能实现的基础。

1. 系统特点

（1）系统构成灵活 从总体上看，智能家居控制系统是由各个子系统通过网络通信系统组合而成的。可以根据需要，减少或者增加子系统，以满足需求。

（2）操作管理便捷 智能家居控制的所有设备可以通过手机、平板电脑、触摸屏等人机接口进行操作，非常方便。

（3）场景控制功能丰富 可以设置各种控制模式，如离家模式、回家模式、下雨模式、生日模式、宴会模式、节能模式等，极大满足生活品质需求。

（4）信息资源共享 可以将家里的温度、湿度、干燥度发布到网上，形成整个区域性的环境监测点，为环境的监测提供有效有价值的信息。

（5）安装、调试方便 即插即用，特别是采用无线的方式，可以快速部署系统。

2. 系统组成

智能家居控制系统主要由以下几部分组成。

（1）智能照明系统 主要实现对整个居住空间的灯光的智能控制管理，可以通过遥控等多种智能控制方式实现对居住空间灯光的遥控开关、调光、全开全关及"会客""影院"等多种一键式灯光场景效果的实现；并可通过定时控制、电话远程控制、计算机本地及互联网远程控制等多种控制方式实现功能，从而达到智能照明的节能、环保、舒适、方便的目的。

（2）智能电器系统 电器控制采用弱电控制强电的方式，即安全又智能。可以通过遥控、定时等多种智能控制方式实现对家里的饮水机、插座、空调、地暖、投影机、新风系统等的智能控制，避免饮水机在夜晚反复加热影响水质，在外出时断开插排通电，避免电器发热引发安全隐患。

（3）智能遮阳系统 智能遮阳系统通常由遮阳百叶或者遮阳窗帘、电动机及控制系统组成。控制系统软件是智能遮阳控制系统的一个组成部分，与控制系统硬件配套使用，在智能家居系统中，控制软件通常属于智能家居控制主机软件的一部分。一个完整的智能遮阳系统能根据周围自然条件的变化，通过系统线路，自动调整帘片角度或做整体升降，完成对遮阳百叶的智能控制功能。智能遮阳系统既能阻断辐射热、减少阳光直射，避免产生眩光，又能充分利用自然光，节约能源。

（4）节能控制系统　包括家庭住宅使用的太阳能电池、电器设备；节能、节水及高能效的设备、软件与管理方案；风力发电等。本分类还包括家庭能源管理系统。

（5）远程抄表系统　采用通信、计算机等技术，通过专用设备对各种仪表（如水表、电表、气表等）的数据进行自动采集和处理。远程抄表系统一般是通过数据采集器读取表计的读数，然后通过传输控制器将数据传至管理中心，对数据进行存储、显示、打印。自动抄表主要解决上门入户抄表带来的扰民、数据上报不及时、管理不便等难题。在房地产建设项目中的智能小区中自动抄表与楼宇对讲系统一样，成为一个标准配置。

（6）系统软件　系统软件是指独立于智能家居系统产品厂商的第三方软件。第三方软件企业通过与智能家居系统产品厂商达成底层协议，应用层面的合作，开发可控制主流智能家居系统，实现智能灯光控制、智能电器控制、智能温度控制、智能影音控制、智能窗帘控制、智能安防控制、智能遥控控制、智能定时控制、智能网络控制、智能远程控制、智能场景控制等功能的软件。

（7）系统布线　智能家居布线系统从功能来说是智能家居系统的基础，是其传输的通道。智能家居布线也要参照综合布线标准进行设计，但它的结构相对简单，主要参考标准为家居布线标准（TIA/EIA 570-A）。该标准主要提出有关布线的新等级，并建立一个布线介质的基本规范及标准，主要应用支持话音、数据、影像、视频、多媒体、家居自动系统、环境管理、保安、音频、电视、探头、警报及对讲机等服务。

（8）系统网络　英文为 Home Networking（家庭网络）。智能家居系统的家庭网络是一个狭义的概念，是指是由家庭内部具备高性能处理和通信能力的设备构成的高速数据网络。目前两种比较流行的家庭网络类型是无线和以太网。在这两种类型中，路由器执行大部分工作，负责控制相互连接的设备之间的通信。通过将路由器连接到拨号、DSL 或电缆调制解调器，还可以让多台计算机共享一个互联网连接。许多新型路由器将无线技术和以太网技术结合在一起，并且包含硬件防火墙。家庭网络的常见产品包括：计算机、服务器、路由器、ADSL Modem、存储设备。

家庭里的通信和网络设备，包括智能家居系统，都可通过家庭网络与外界相连。同时，家庭网络中的服务器和计算机具备较强的运算和图形计算能力，可以协助或者协同视频监控系统、家庭能源管理系统完成更强大的视频信息处理和数据运算。

智能家居控制系统如图 3-25 所示。

3. 施工图识读

附图 21～附图 49 为八层住宅楼电气施工图，通过附图 22 的"设计内容及范围"可知：该工程的电气设计除了配电系统、照明系统、防雷及接地系统外，还设有有线电视系统、光纤到户通信系统、访客对讲系统、视频安防监控系统等。

（1）光纤到户通信系统　由附图 26 可知，本楼与小区 1 号楼、2 号楼为一个配线区，用户接入点设于 2 号楼，由小区 2 号楼地下一层 112 地下室车库弱电机房沿弱电干线桥架引出电信运营商单模光缆至本楼配线区电信间光缆交接箱（用户接入点），由光缆交接箱引出 G.652D 型单模光缆至楼层配电箱，由楼层配线箱引出 2 芯 G.657A 型单模光缆穿 PVC25 管配至各住户家居配线箱，经光电转换，引出超六类网线穿 PVC20 管配至户内网络插座，引出 RVS-（2×0.5）型电话线穿 PVC20 管配至户内电话插座。家居配线箱底边距地 0.5m 嵌墙暗装，家居配线箱内引入 AC220V 电源，接入箱体内电源插座，应采取强、弱电安全隔离措

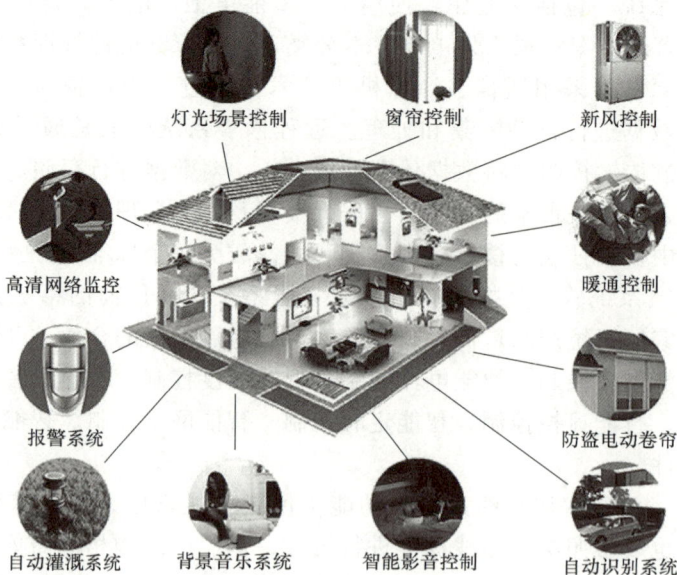

图 3-25　智能家居控制系统

施。系统图见附图 36。

　　（2）访客对讲系统　该工程采用总线制多功能可视对讲系统，采用单模光纤与小区监控中心联网，其工作状态及报警信号送到小区安防监控中心。在单元门上配套安装可视对讲系统门机及电控锁，在电井内设置对讲层间分配器。采用 RVV-2×1.0 和超五类非屏蔽 4 对双绞线沿电井内垂直弱电桥架敷设，穿 PVC25 管配至各住户对讲分机。可视对讲分机应带有紧急求助功能，挂墙安装在户内门口附近，距地 1.3m。每户住宅内均设紧急报警按钮等安全防范设施，住户可根据自家的具体情况，通过户控制器设定各报警器的状态。住户的紧急报警按钮信号均接入对讲分机，再由对讲分机引出，通过总线引至小区管理中心，系统图见附图 36。

　　（3）视频安防监控系统　该工程的监控室设于 2 号楼一层，监控室设监控操作盘与监控电视墙，监控中心具有防止非正常侵入及对外的通信功能。在入户大堂、电梯轿厢、地下单元出入口等处设监控摄像头，监控主机设于监控中心，监控线路采用 SYV-75-5+BV-2×1.5 穿 PVC25 管暗敷到监控摄像头。视频监控系统图见附图 36。

复习思考题

1. 火灾自动报警系统的基本形式有_____、_____、_____三种。
2. 火灾自动报警系统由_____、_____、_____、_____和电源等组成。
3. 火灾探测器根据其感测的参数不同，分为_____、_____、_____、_____等。
4. 视频监控系统一般由_____、_____、_____、_____四部分组成。
5. 入侵报警系统一般由_____、_____、_____组成。
6. 访客对讲系统由_____、_____部分组成。
7. 简述智能家居控制系统。

单元 4

建筑采暖系统

单元目标

知识目标

1. 了解建筑采暖系统的基本组成和工作原理。

2. 熟悉热水采暖系统常用图式，掌握分户计量热水采暖系统图式，掌握低温地板辐射采暖构造做法。

3. 了解蒸汽采暖系统。

4. 熟悉散热器的种类、特点和布置原则。

5. 熟悉建筑采暖系统常用管材及连接方式，熟悉常用设备和附件，熟悉管道布置与敷设要求。

6. 熟悉管道与设备的防腐和绝热做法。

7. 掌握采暖系统施工图的图例、组成，熟悉施工图的绘制方法。

8. 熟悉建筑采暖系统安装、试压、冲洗等要求。

技能目标

1. 能合理地选择建筑采暖系统图式。

2. 能看懂简单工程的建筑采暖系统施工图。

3. 能做好土建施工与安装工程施工的配合。

素养目标

1. 培养积极向上的生活态度。

2. 通过建筑采暖系统基本知识的学习，培养科学严谨、善于观察的工作态度。

3. 通过学习，激发热爱本专业的热情。

单元概述

常用的建筑采暖系统有热水采暖系统、蒸汽采暖系统。本单元重点介绍热水采暖系统的分类、组成、工作原理及采暖管材和附件的基本知识，介绍管道和设备的防腐、绝热，介绍建筑采暖系统施工图的组成和识读方法等知识。通过本单元的学习，应了解采暖系统的基础知识并能看懂简单工程的建筑采暖系统施工图，做好与土建施工的配合。

课题 1 热水采暖系统

冬季，室外温度低于室内温度，因此房间里的热量不断地通过建筑物的围护结构向外散失，同时室外的冷空气通过门缝、窗缝或开门、开窗时侵入房间而耗热。为了维持室内所需要的空气温度，必须向室内供给相应的热量，这种向室内供给热量的工程设施，称为建筑采暖系统。

建筑采暖系统主要由三部分组成：热源、输热管道和散热设备。热源的任务是制备热量，散热设备的任务是向采暖房间释放热量，而输热管道是连接热源与散热设备之间的管路系统，也称为热网。

把热量从热源携带到散热设备的物质称为热媒。根据热媒种类的不同，采暖系统可分为热水采暖系统、蒸汽采暖系统、热风采暖系统、烟气采暖系统等，工程中以热水采暖系统最为常用。根据散热设备的不同，采暖系统可分为散热器采暖系统、地板辐射采暖系统。散热器采暖系统宜按 75℃/50℃ 连续供暖设计；地板辐射采暖系统多采用低温热水地板辐射采暖系统，民用建筑供水温度宜采用 35~45℃。热水采暖系统按循环动力的不同可分为自然循环热水采暖系统、机械循环热水采暖系统。

在热水采暖系统中，热源产生热水，经供水管道流向采暖房间的散热设备，散出热量后经回水管道流回热源，重新被加热。在循环过程中，如果主要是依靠循环水泵产生的动力循环流动的，这种系统就称为机械循环热水采暖系统；如果循环动力是系统供回水温度差产生的自然压力，此系统就称为自然循环热水采暖系统。

知识拓展

供暖方式的选择原则

目前实施供暖的各地区气象条件、能源结构和政策，以及燃料供应等情况存在巨大差异，并且供暖方式还受到节能环保、安全、经济卫生等多方面制约，应均衡考虑选择。西部燃气产量较高，采用燃气锅炉房供暖较为合理；有工业余热废热可用的地区，充分采用工业余热废热较为节能；严寒地区的大城市，热电联产区域规划实施覆盖的面积范围较大，从初投资和运行费用等多方面综合考虑都较为合理。因此，供暖方式的选择应根据建筑物规模、所在地区气象条件、能源状况及政策、节能环保和生活习惯要求等，通过技术经济比较确定。

燃煤锅炉作为采暖系统主导热源的时代已经成为历史，余热废热的应用以及热电联产技术的出现标志着多种热源百花齐放新格局的形成，这是一代代工程技术人员以提高人民生活水平为己任，因地制宜、攻坚克难的结果，作为新时代工程技术人员的一员，需牢记秉承追求突破、追求创新的工匠精神，传承着时代发展的需要。

4.1.1 散热器采暖系统

利用散热器采暖的系统中，散热器与管道的连接方式称为图式。按供、回水管道与散热器连接方式的不同，散热器采暖系统可分为单管系统和双管系统（图 4-1），单管系统还可分为跨越式和顺流式；按供、回水干管敷设的位置不同，分为上供下回式、下供下回式、上供中回式、上供上回式等。下面介绍工程中几种常用图式。

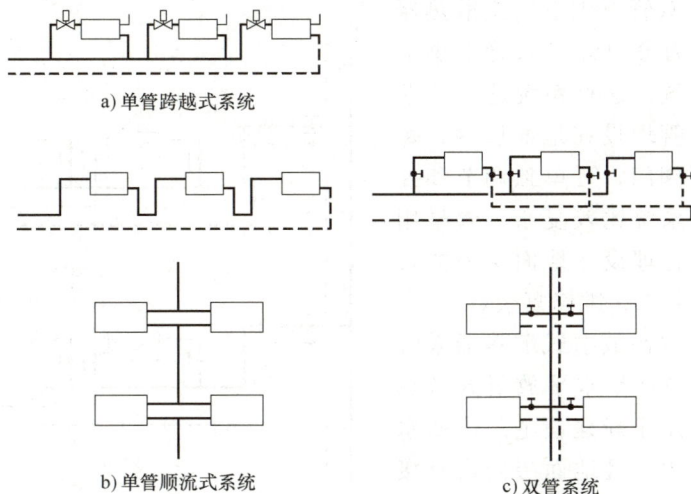

a) 单管跨越式系统

b) 单管顺流式系统　　　　　　c) 双管系统

图 4-1　散热器采暖系统单、双管示意图

（1）分户计量双管上供上回式散热器采暖系统　图 4-2 为分户计量双管上供上回式散热器采暖系统，它适用于旧房改造工程。供回水干管均设于系统上方，管材用量多，供回水管道设在室内，影响美观，但能单独调节和控制散热器，有利于节能，并且维修方便。

分户计量系统多用于住宅建筑，系统中的总供水立管、回水立管及各户的计量控制设备均设在公共楼梯间。分户计量设备包括计量热量的热量表、保证热量表正常工作的过滤器及控制阀门等。

（2）分户计量单管下供下回式散热器采暖系统　图 4-3 为分户计量单管下供下回式散热

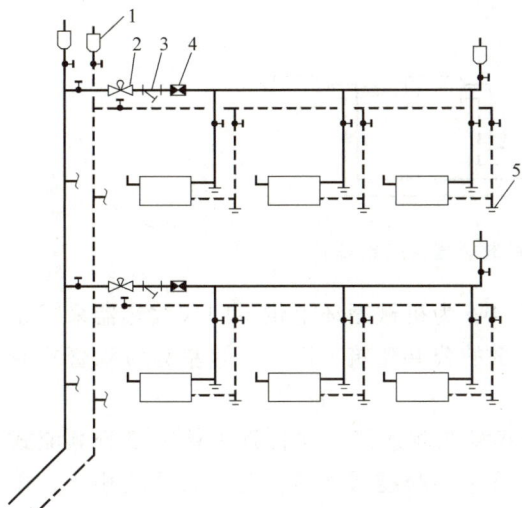

图 4-2　分户计量双管上供上回式散热器采暖系统

1—自动排气阀　2—锁闭阀　3—过滤器

4—热量表　5—丝堵

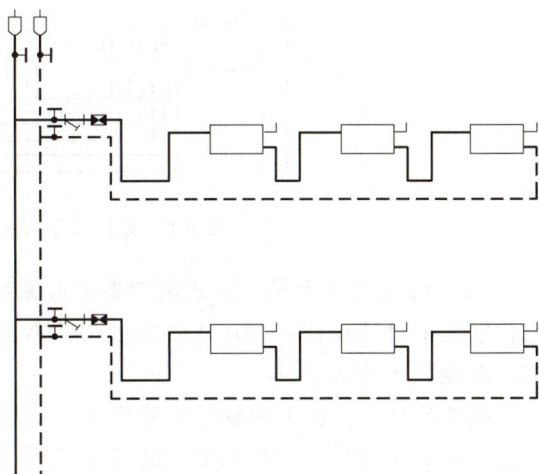

图 4-3　分户计量单管下供下回式散热器采暖系统

器采暖系统。这种系统适用于新建住宅,供回水干管埋设在地面层内,系统简单。也可采用单管跨越式系统,跨越式系统需在散热器供水支管上安装温控阀。

(3)分户计量双管下供下回式散热器采暖系统 图4-4为分户计量双管下供下回式散热器采暖系统。这种系统适用于新建住宅,供回水干管埋设在地面层内,每组散热器设有控制阀门,可单独调节和控制,有利于节能。系统比较复杂,管材用量大于单管系统,且埋设在地面层内的管接头比较多,一旦漏水,维修复杂。

(4)分户计量水平放射式散热器采暖系统 图4-5为分户计量水平放射式散热器采暖系统,它适用于新建住宅。供回水管道埋设于地面层内,且地面层内没有接头,维修量小;但管材用量大,且需设分水器、集水器。

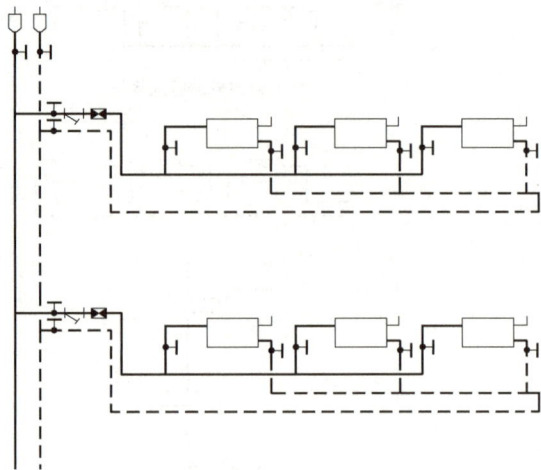

图4-4 分户计量双管下供下回式散热器采暖系统

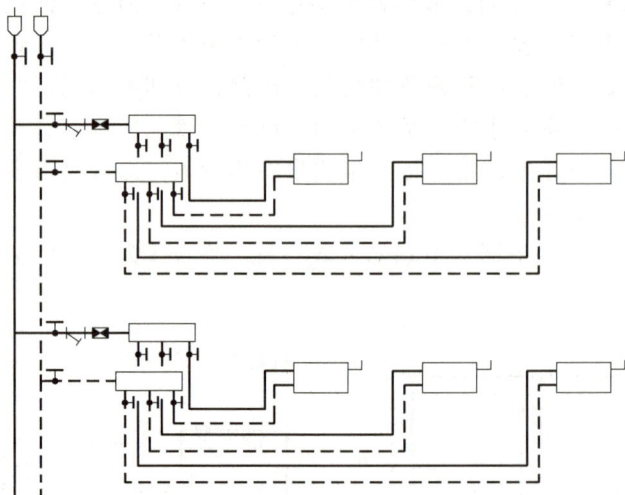

图4-5 分户计量水平放射式散热器采暖系统

(5)机械循环上供下回式散热器采暖系统 图4-6为机械循环上供下回式散热器采暖系统,它是垂直式连接,适用于不需要单户控制和计量的公共建筑。图4-6的左侧为双管式系统,右侧为单管式系统。

图4-6中,立管Ⅰ为双管单侧连接,立管Ⅱ为双管双侧连接,立管Ⅲ为单管单侧顺流式连接,立管Ⅳ为单管双侧跨越式连接,立管Ⅴ为单管单侧跨越式连接。与双管系统相比,单管系统构造简单,施工方便,节约管材,造价低,比较美观,不易产生垂直失调现象,但下部楼层散热器表面温度低,在耗热量相同的情况下,所需散热器片数多,不便安装。顺流式系统不能调节热媒流量,也就无法调节室温。

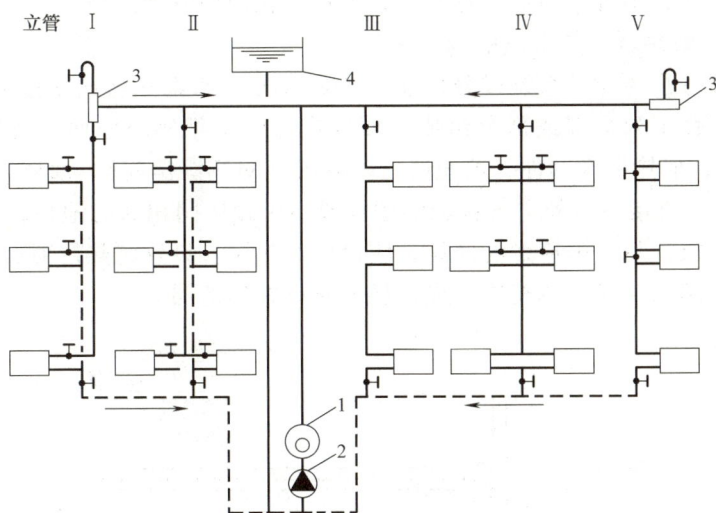

图 4-6　机械循环上供下回式散热器采暖系统
1—锅炉　2—循环水泵　3—集气罐　4—膨胀水箱

知识拓展

供暖系统制式的选择

　　双管制系统可实现变流量调节，有利于节能，因此室内供暖系统推荐采用双管制系统。采用单管制系统时，应在每组散热器的进出水支管之间设置跨越管，实现调节功能。公共建筑选择供暖系统制式的原则是在保持散热器有较高散热效率的前提下，保证系统中除楼梯间以外的各个房间能够独立进行温度调节。

　　因此，居住建筑室内供暖系统的制式宜采用垂直双管系统或共用立管的分户独立循环双管系统，也可采用垂直单管跨越式系统；公共建筑供暖系统宜采用双管系统，也可采用单管跨越式系统。

　　消除采暖系统水力失调，实现分户调节和分户计量，是人民生活水平不断提高向工程技术领域提出的新考验。我国工程技术人员在社会主义核心价值观的引领下，推进采暖制式的发展和改变。从单管顺流到单管跨越和双管制；从垂直式到水平式，简单的一根根采暖管道的调整凝聚着工程技术人员爱岗敬业的精神，是创造精神、奋斗精神、团结精神、梦想精神的体现。

4.1.2　低温地板辐射热水采暖系统

　　辐射采暖系统一般指加热管埋设在建筑构件内的采暖形式，有墙壁式、顶棚式和地板式三种，目前我国主要采用的是地板式，且采用低温热水为热媒，称为低温地板辐射热水采暖系统。热水地面辐射供暖系统的供回水温度应由计算确定，供水温度不应大于60℃，供回水温差不宜大于10℃且不宜小于5℃。民用建筑供水温度宜采用35~45℃。低温地板辐射热水采暖系统具

低温地板辐射
热水采暖系统

有节能、卫生、舒适、不占室内面积等特点，近年来在国内发展迅速。

1. 低温地板辐射热水采暖系统的构造做法

采用集中供暖分户热计量系统或分户独立热源系统（如家庭燃气壁挂炉采暖系统），其辐射地面的构造应由下列全部或部分组成：楼板或与土壤相邻的地面、防潮层（与土壤相邻地面）、绝热层、加热供冷部件、填充层、隔离层（对潮湿房间）、面层。

如图4-7所示，直接与室外空气接触的楼板或不供暖房间相邻的地板作为供暖辐射地面时，必须设置绝热层；与土壤接触的底层，应设置绝热层。设置绝热层时，绝热层与土壤之间应设置防潮层。潮湿房间，填充层上或面层下应设置隔离层。

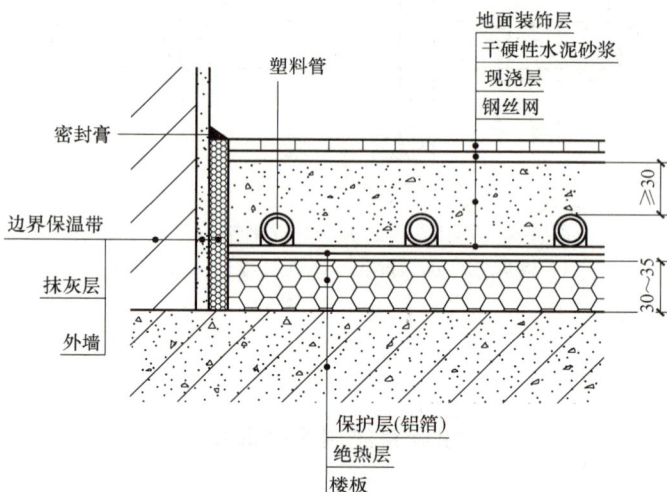

图4-7 低温地板辐射热水采暖系统构造做法

绝热层材料应采用导热系数小、难燃或不燃，具有足够承载能力的材料，且不应含有殖菌源，不得有散发异味及可能危害健康的挥发物。

填充层的材料为豆石混凝土时，其强度等级宜为C15，豆石粒径宜为5～12mm。水泥砂浆填充层材料应选用中粗砂，且含泥量不应大于5%，宜选用硅酸盐水泥或矿渣硅酸盐水泥，水泥砂浆体积比不应小于1：3，强度等级不应低于M10。

低温地板辐射热水采暖系统的加热管，可采用聚丁烯（PB）管、交联聚乙烯（PE-X）管、无规共聚聚丙烯（PP-R）管等。为安全起见，热水地面供暖用塑料管材，管径≥15mm时，壁厚不应小于2.0mm；管径<15mm时，壁厚不应小于1.8mm；需进行热熔焊接的管材，其壁厚不得小于1.9mm。

2. 系统设置

热量计量系统与前面的分户计量系统相同，只是在户内需设置分水器和集水器，另外，当集中采暖热媒的温度超过低温地板辐射热水采暖系统的允许温度时，应设集中的换热站以保证温度在允许的范围内。图4-8为低温地板辐射热水采暖系统回形布置示意图，加热管还可采用平行排管布置、S形盘管布置等。

低温地板辐射热水采暖系统一般通过设置在户内的分水器、集水器与户内埋在地面层内的管路系统连接，每套分集水器分支环路不宜多于8个。分集水器的安装立面图如图4-9所示。分集水器宜布置在厨房、卫生间等地方，注意应留有一定的检修空间，且每层安装位置

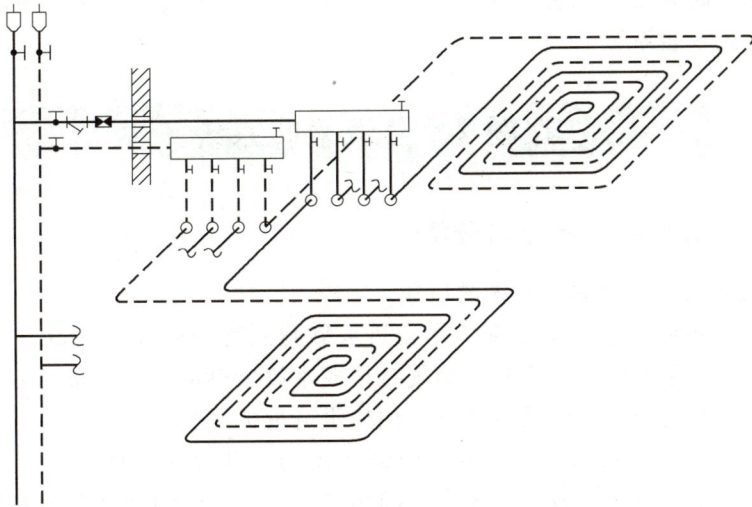

图 4-8　低温地板辐射热水采暖系统回形布置示意图

应相同。

为了减小流动阻力和保证供回水温差不致过大，加热盘管均采用并联布置。原则上一个房间为一个环路，大房间一般以房间面积 $20\sim30m^2$ 为一个环路。每个环路的盘管长度宜尽量接近，一般为 $60\sim80m$，最长不宜超过 $120m$。当各环路长度差距较大时，宜采用不同管径的加热管，或在每个分支环路上设置平衡装置。

埋地盘管的每个分支环路不应设置连接件，防止渗漏。为了使室内温度分布均匀，一般在居住建筑中间距采用 $100\sim200mm$。

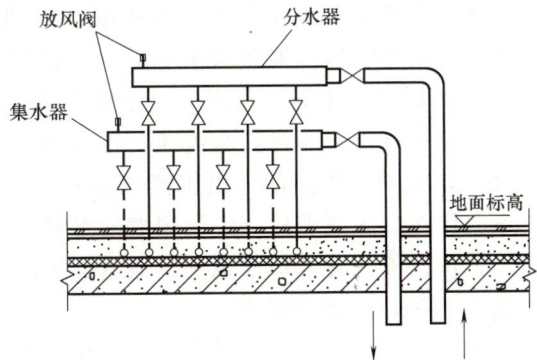

图 4-9　分集水器安装立面图

为了使地面温度分布不会有过大差异，人员长期停留的区域最大间距不宜超过 300mm。应注意的是，最小间距要满足弯管施工条件，防止弯管挤扁。

以上介绍的是工程中比较常用的几种图式，在实际工程中，应根据实际情况、建筑物性质，结合图式本身的特点及适用情况做出较为合理的选择。为保证各系统便于调试，在设计过程中，应尽量选用同程式布置方式，这在热水采暖系统中较为重要。

什么是同程式热水采暖系统？首先我们应该了解一下循环环路的概念。

循环环路是指热水由热源处流出，通过供水管到散热设备，散出热量后经回水管重新流回热源的环路。对于单管散热器系统，循环环路是指连通热源与每串散热器的环路，因此，有多少串散热器就有多少个循环环路；对于双管系统，是连接热源与每组散热器的环路，因此有多少组散热器，就有多少个循环环路。如果一个热水采暖系统各循环环路中热水流程长短基本相等，就称为同程式系统，这个系统各循环环路上的散热器基本上一样热。如果各循环环路长度相差很大，就容易造成近热远不热的水平失调现象，即环路短的阻力小，分配的流量大，散热多，房间温度偏高；环路长的阻力大，分配的流量小，散热少，房间温度偏低。同程式热水采暖系统可以在一定程度上避免冷热不均的现象发生，因此，当系统较大时，宜采用同程式采暖系统。

课题 2 蒸汽采暖系统

4.2.1 蒸汽采暖系统的特点与分类

1. 蒸汽采暖系统与热水采暖系统的比较

（1）流量大小不同 热水采暖系统中，热水靠其温度降低放出热量，且热水的相态不发生变化；蒸汽采暖系统中，蒸汽靠水蒸气凝结成水放出热量，且相态发生变化。对同样的热负荷，蒸汽供暖时所需的蒸汽质量流量要比热水流量少得多。

（2）参数变化不同 热水在封闭系统内循环流动，其参数变化很小。蒸汽在系统管路内流动时，其状态参数变化比较大，还会伴随相态变化。蒸汽的密度会随着温度发生较大的变化，还有可能形成所谓"二次蒸汽"，以两相流的状态在管路内流动。

（3）热媒温度不同 在热水采暖系统中，散热设备内热媒温度为热水和流出散热设备回水的平均温度。蒸汽在散热设备中凝结放热，散热设备的热媒温度为该压力下的饱和温度。蒸汽采暖系统散热器热媒平均温度一般都高于热水采暖系统。

（4）热媒流速不同 蒸汽采暖系统中的蒸汽比容较热水比体积大得多。因此，蒸汽管道中的流速通常可采用比热水流速高得多的速度。

（5）热媒热惰性不同 由于蒸汽具有比体积大、密度小的特点，因而在高层建筑采暖时，不会像热水采暖那样，产生很大的水静压力。此外，蒸汽采暖系统的热惰性小，供汽时热量来得快，停汽时冷却得也快，适宜用于间歇供热的用户。

2. 蒸汽采暖系统的分类

按照供汽压力的大小不同，蒸汽采暖分为三类：供汽的表压力>70kPa 时，称为高压蒸汽采暖；供汽的表压力≤70kPa 时，称为低压蒸汽采暖；当系统中的压力低于大气压力时，称为真空蒸汽采暖。

按照蒸汽干管布置的不同，蒸汽采暖系统可分为上供下回式、中供下回式、下供下回式等。

按照立管的布置特点，蒸汽采暖系统可分为单管式和双管式。目前我国绝大多数采用双管上供下回式蒸汽采暖系统。

4.2.2 低压蒸汽采暖系统

如图 4-10 所示，锅炉产生的蒸汽通过干管、立管及散热设备支管进入散热器，在散热器中放出汽化潜热后变成凝结水，凝结水经疏水器沿凝结水管流回凝结水池，再由凝结水泵将凝结水送回锅炉重新加热。

为了便于凝结水快速地流回凝结水箱，凝结水箱应设在低处，凝结水管应设置相应坡度。同时，凝结水箱的位置应高于水泵，这是为了保证凝结水泵正常工作，避免水泵吸入口处压力过低使凝结水汽化。

为了防止水泵突然停止工作，水从锅炉倒流入凝结水箱，在锅炉和凝结水泵之间应设止回阀。要使蒸汽采暖系统正常工作，必须将系统内的空气及凝结水及时排出，还要阻止蒸汽从凝结水管窜回锅炉。这就需要设置疏水器（作用是阻汽疏水）。蒸汽在输送过程中，也会逐渐冷却而产生部分凝结水，为将这些凝结水顺利排出，蒸汽干管应设置沿流向下降的坡度。凡蒸汽管路抬头处，均应设置相应的疏水装置，及时排除凝结水。

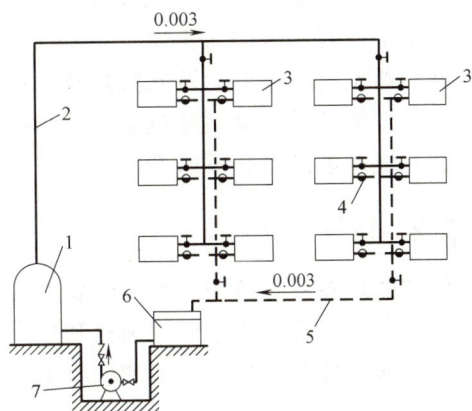

图4-10　低压蒸汽采暖系统
1—蒸汽锅炉　2—蒸汽管道　3—散热器　4—疏水器
5—凝结水管　6—凝结水箱　7—凝水泵

　　根据系统需要，在系统的回水管上均应设置疏水器，但为了减少设备投资，在设计中多是在每根凝结水立管下部装一个疏水器，以代替每个凝结水支管上的疏水器。这样可保证凝结水干管中无蒸汽流入，但凝结水立管中会有蒸汽，效果不是很好。

　　当系统调节不良时，空气会被堵在某些蒸汽压力过低的散热器内，这样蒸汽就不能充满整个散热器而影响散热，所以在实际蒸汽采暖系统中每个散热器上都设有排气阀，随时排净散热器内的空气，保证散热效果。

知识拓展

电加热采暖

　　合理利用能源、提高能源利用率、节约能源是我国的基本国策。用高品位的电能直接用于转换成低品位的热能进行采暖，热效率低，运行费用高，是不合理的。但是，我国幅员辽阔，各地区能源差异巨大，在符合以下情况时，可考虑使用电采暖系统。

　　1. 供电政策支持。

　　2. 无集中供暖和燃气源，且煤或油等燃料的使用受到环保或消防严格限制的建筑。

　　3. 以供冷为主，供暖负荷较小且无法利用热泵提供热源的建筑。

　　4. 采用蓄热式电散热器、发热电缆在夜间低谷电进行蓄热，且不在用电高峰和平段时间启用的建筑。

　　5. 由可再生能源发电设备供电，且其发电量能够满足自身电加热量需求的建筑。

　　在部分地区合理充分利用电采暖符合国家坚定不移推进能源革命的政策，全面构建清洁低碳、安全高效的能源消费体系，全面落实双碳目标任务，组织实施清洁取暖，积极推进能源消费革命，为促进生态文明建设提供更加绿色低碳的能源保障。

课题3　散　热　器

　　散热器是通过热媒把热源的热量传递给室内的一种散热设备，它把热媒的热量以传导、对流、辐射的方式通过器壁传给室内空气，用来补偿建筑物的热量损失，从而使采暖房间的得失热量达到平衡，维持房间需要的空气温度，达到采暖的目的。

对散热器的要求：传热性能好；耗用金属少，成本低；具有一定的机械强度和承压能力；卫生条件好；占用面积少，外形美观。

散热器按材质可分为铸铁散热器、钢制散热器、铝制散热器和铜质散热器等；按结构形式分为柱型散热器、翼型散热器、管型散热器、板式散热器和排管式散热器等；按其传热方式分为对流型散热器和辐射型散热器。

4.3.1　铸铁散热器

铸铁散热器具有结构简单、防腐性好、使用寿命长、适用于各种水质、造价低、热稳定性好等优点，广泛使用于低压蒸汽和热水采暖系统中。

铸铁散热器有柱型、翼型和柱翼型，如图4-11~图4-13所示。

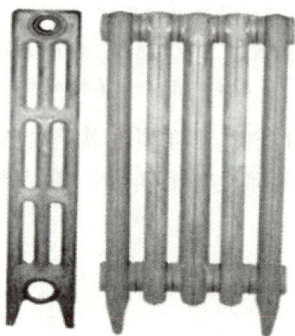

图 4-11　柱型散热器　　图 4-12　翼型散热器　　图 4-13　柱翼型散热器

1. 柱型散热器

柱型散热器是呈柱状的中空立柱单片散热器，主要有二柱、三柱、四柱等类型，如图4-11所示。根据散热面积的需要，柱型铸铁散热器可以进行组装。

2. 翼型散热器

翼型散热器承压能力低，表面易积灰，难清扫，外形不美观，由于每片的散热面积大，在设计时有难度，但加工制作较容易，造价低，多用于工业建筑，如图4-12所示。图4-13为柱翼型散热器，它在美观上有了一定改进。

4.3.2　钢制散热器

与铸铁散热器相比，钢制散热器耐压能力强，外观美观整洁，耗用金属量少，便于布置；但耐腐蚀性差，使用寿命比铸铁散热器短。钢制散热器主要有排管式散热器、钢串片式散热器、扁管式散热器等。

1. 排管式散热器

如图4-14所示，排管式散热器由钢管焊接而成，也叫光面管式散热器。排管式散热器为使热水依次流经每根排管，防止短路，排管之间的相邻两根短管有一根不通，只起支撑作用。排管式散热器传热系数大、表面光滑不易积灰、便于清扫、承压能力高、可现场制作并能随意组成所需的散热面积，可用于粉尘较多的车间。

2. 钢串片式散热器

钢串片式散热器是用联箱连通两根平行管，并在钢管外面串上许多弯边长方形肋片而成的，如图 4-15 所示。钢串片式散热器具有体积小、重量轻、承压能力高等特点；但使用时间较长时会出现串片与钢管的连接不紧或松动、接触不良等问题，从而大大影响散热器的传热效果，因此长期使用时要特别注意检查串片与钢管的接触情况。

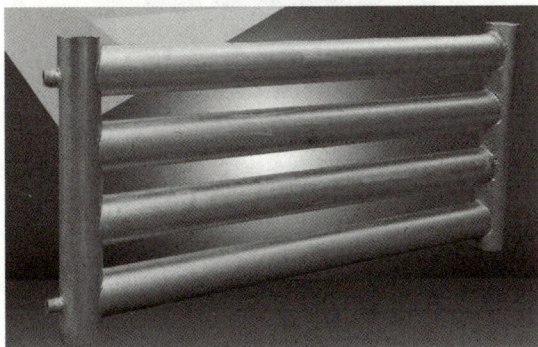

图 4-14 排管式散热器

图 4-15 钢串片式散热器

3. 扁管式散热器

扁管式散热器是由薄钢板制成的长方形钢管叠加在一起焊成的，适用于各种热媒，如图 4-16 所示。

4.3.3 其他散热器

1. 铝合金散热器

如图 4-17 所示，铝合金散热器是一种高效散热器，其造型美观大方，线条流畅，占地面积小，富有装饰性；其质量约为铸铁散热器的 1/10，便于运输安装；其金属热强度高，约为铸铁散热器的 6 倍；节省能源，采用内防腐处理技术。

图 4-16 扁管式散热器

图 4-17 铝合金散热器

2. 全铜散热器

全铜散热器如图 4-18 所示，它是一种新兴散热器，具有以下特点。

1）寿命长，耐腐蚀，适合于任何水质热媒。

2）传热系数大，仅次于金、银，属于高效节能产品。

3）不污染水质，环保，适用于分户计量系统。

3. 不锈钢散热器

不锈钢散热器如图 4-19 所示，它具有以下特点。

图 4-18 全铜散热器

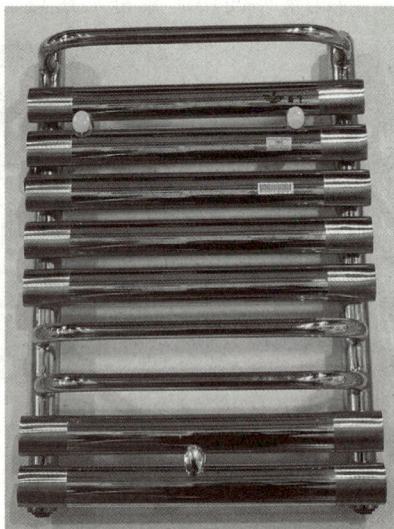

图 4-19 不锈钢散热器

1）导入美学设计理念，结构及外观融入时尚之中。

2）自动化制造设备，高精度，高品质焊接工艺。

3）不锈钢有良好的防腐性和抗氧化特性，且金属密度高，耐冲刷，实现本体防腐。

4）可适用任何水质，且无须满水保养。

5）强度高，承压能力强，可达 1.8~2.0MPa。

6）采用热对流+辐射，及大流量柱管，热工性能好。

4.3.4 散热器的布置

（1）布置原则 力求使室温均匀，室外渗入的冷空气能较迅速地被加热，保证室内温度适宜，尽量少占用室内有效空间和使用面积。

（2）布置位置 散热器一般布置在房间外墙一侧，有外窗时应装在窗台下，这样可直接加热由窗缝渗入的冷空气，还可阻止沿外墙下降的冷气流，避免外墙、外窗形成的冷辐射和冷空气侵袭人体，使室温趋于均匀。

课题 4 采暖管道与附件

4.4.1 采暖管道及连接

建筑采暖工程常用管材有钢管、塑料管、铜管等。根据管材及管道压力不同，其连接方式有螺纹连接、法兰连接、焊接、卡箍连接、热熔连接、沟槽连接等。

1. 钢管

钢管强度高、承压大、抗振性能好、自重比铸铁管轻、接头少、加工安装方便，但成本高、抗腐性能差，易造成水质污染。

钢管按其构造特征分为焊接（有缝）钢管和无缝钢管两类。

钢管连接方式有螺纹连接、焊接、法兰连接、卡箍沟槽式连接。

2. 塑料管

塑料管道常见的管材有 PP-R 管、HDPE 管。通常采用外径与壁厚之比作为一个标准的尺寸比率（SDR）来说明管道壁厚与压力级别的关系，即 SDR 越小，管道强度越大。塑料管热熔连接是塑料管道最常用的连接方式。

3. 铜管

纯铜呈紫红色，故又称紫铜管。应用较多的是纯铜管和黄铜管，连接方式有螺纹连接、焊接连接和法兰连接，以螺纹连接为主。

4.4.2　排气装置

1. 自动排气阀

自动排气阀安装方便，体积小巧，在热水供暖系统中被广泛采用，如图 4-20 所示。自动排气阀常会因水中污物堵塞而失灵，需要拆下清洗或更换，因此，排气阀前装一个截止阀、闸阀或球阀，此阀门常年开启，只在排气阀失灵，需检修时临时关闭。

采暖系统附件

2. 冷风阀

冷风阀也称为手动跑风门，用于散热器或分集水器排除积存空气，适用于工作压力不大于 0.6MPa，温度不超过 130℃ 的热水及蒸汽采暖散热器或管道上。冷风阀多为铜制，用于热水采暖系统时，应装在散热器上部丝堵上；用于低压蒸汽系统时，则应装在散热器下部 1/3 的位置上。冷风阀如图 4-21 所示。

图 4-20　自动排气阀

图 4-21　冷风阀

3. 集气罐

集气罐用直径为 100～200m 的钢管焊制而成，分为立式和卧式两种，如图 4-22 所示。集气罐顶部连接 DN15 的排气管，排气管应引到附近的排水设施处。集气罐一般设于系统供水干管末端的最高点处。

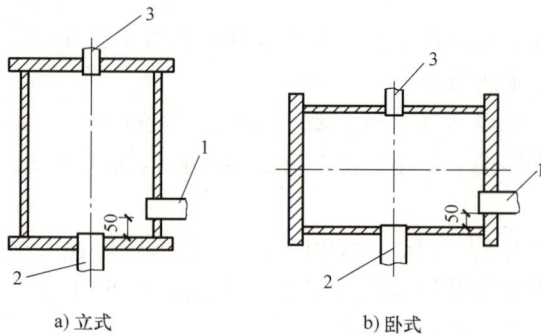

图 4-22 集气罐

1—进水口 2—出水口 3—排气管

4.4.3 过滤装置

图 4-23 所示为 Y 形过滤器，它是除污器的一种。该除污器体积小、阻力小、滤孔细密、清洗方便，一般不需装设旁通管。除污器的作用是阻留管网中的污物。除污器为圆筒形钢制筒体，有卧式和立式两种。一般除污器的工作原理：水由进水管进入除污器内，水流速度突然减小，使水中污物沉降到筒底，较清洁的水由带有大量小孔（起过滤作用）的出水管流出。

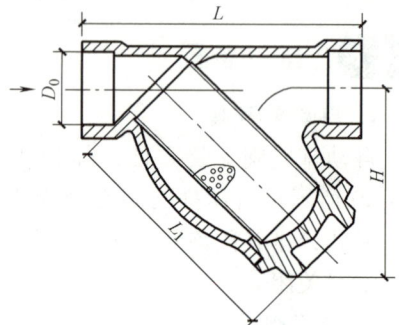

图 4-23 Y 形过滤器

4.4.4 补偿器

在采暖系统中，金属管道会因受热而伸长。每米钢管本身的温度每升高 1℃ 时，便会伸长 0.012mm。当平直管道的两端都被固定不能自由伸长时，管道就会因伸长而弯曲；当伸长量很大时，管道的管件就有可能因弯曲而破裂。因此需要在管道上补偿管道的热伸长，同时还可以补偿因冷却而缩短的长度，使管道不致因热胀冷缩而遭到破坏。常用补偿器有以下几种。

1. L 形和 Z 形补偿器

L 形和 Z 形补偿器又称为自然补偿器，它们是利用管道自然转弯和扭转处的金属弹性，使管道具有伸缩的余地，如图 4-24 和图 4-25 所示。进行管道布置时，应尽量考虑利用管道自然转弯做伸缩器，当自然补偿不能满足要求时可采用其他专用补偿器。

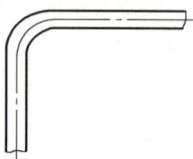

图 4-24 L 形补偿器

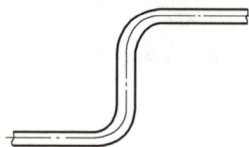

图 4-25 Z 形补偿器

2. 方形补偿器

方形补偿器如图 4-26 所示。它是在直管道上专门增加的弯曲管道，管径小于或等于 40mm 时用焊接钢管，管径大于 40mm 时用无缝钢管弯制。方形补偿器具有构造简单，制作方便，补偿能力大，严密性好，不需要经常维修等特点，但占地面积大，管径大不易弯制。

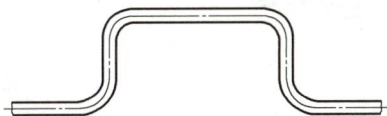

图 4-26 方形补偿器

工程中还有套筒补偿器、波形补偿器、球形补偿器等。

为使管道产生的伸长量能合理地分配给补偿器，使之不偏离允许的位置，在补偿器之间应设固定卡。

4.4.5 热量表

热量表是用于测量及显示热载体（水）流过热交换系统所释放或吸收热量的仪表，如图 4-27 所示，由流量传感器、一对温度传感器和计算仪组成。常用热量表分为楼栋热量表和户用热量表。楼栋热量表的流量传感器宜安装在回水管上。热量表前应设过滤器。

4.4.6 散热器温控阀

散热器温控阀是一种自动控制进入散热器热媒流量的设备，它由阀体部分和温控元件控制部分组成。图 4-28 所示为散热器温控阀的外形图。散热器温控阀具有恒定室温，节约热能等优点，但其阻力较大。

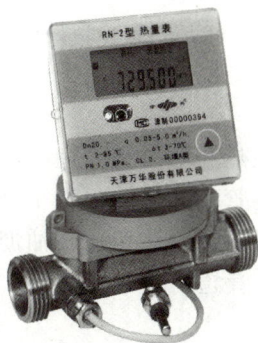

图 4-27 热量表

图 4-28 散热器温控阀

4.4.7 平衡阀

平衡阀是在水力工况下，起到动态、静态平衡调节的阀门。它包括静态平衡阀和动态平衡阀。静态平衡阀是通过改变阀芯与阀座的间隙，来改变流经阀门的流动阻力以达到调节流量的目的；动态平衡阀是根据系统工况变动而自动变化阻力系数，在一定的压差范围内，有效地控制通过的流量保持一个常值。

知识拓展

集中供暖热量计量要求

集中供暖的新建建筑和既有建筑节能改造必须设置热量计量装置，并具备室温调控功能。用于热量结算的热量计量装置必须采用热量表。

随着生活水平不断提高，建筑能耗总量不断增加，其中采暖耗能占比居高不下，分户计量系统既可以满足分户按需调节热量供应的要求，又提供了更为合理的收费方式，具有深远的建筑节能意义。

随着城市化进程的不断加速，建筑采暖已经成为城市建设的重要环节。采暖工程成为涉及千家万户的民生工程。百姓牵挂的采暖收费合理化问题随着分户计量系统的推广得到了普遍解决。

课题 5 管道、设备的防腐与绝热

4.5.1 管道与设备的防腐

1. 腐蚀机理

管道运行过程中通常受到来自内、外两个环境的腐蚀。内腐蚀主要由输送介质、管内积液、污物以及管道内应力等联合作用形成；外腐蚀通常由涂层破坏、失效，使外部腐蚀因素直接作用于管道外表面而形成。

内腐蚀一般采用清管、加缓蚀剂等手段来处理，近年来随着管道业主对管道运行管理的加强以及对输送介质的严格要求，内腐蚀在很大程度上得到了控制。

管道与设备的腐蚀损坏主要由外腐蚀导致。埋地金属管道的腐蚀主要是受到土壤化学、电化学以及微生物等多重作用而发生的。

2. 防腐要求

明装管道和设备必须刷一道防锈漆、两道面漆；如需绝热和防结露处理，应刷两道防锈漆，不刷面漆。暗装的管道和设备应刷两道防锈漆。埋地钢管的防腐应根据土壤的腐蚀性能来定。出厂未涂油的排水铸铁管和管件，埋地安装前应在管道外壁涂两道石油沥青。涂刷油漆应厚度均匀，不得有脱皮、起泡、流淌和漏涂等现象。管道、设备的防腐，严禁在雨、雾、雪和大风等恶劣天气下操作。

3. 防腐施工

防腐施工的工艺流程是：管道除锈→刷防锈漆→刷面漆。

4.5.2 管道与设备的绝热

1. 绝热的一般要求

工程中绝热分保温绝热和保冷绝热两个方面。保温绝热是减少系统内介质的热量在输送过程中向外界环境传递，保冷绝热是减少外界环境中的热量传递给系统介质。

管道的保温

从根本上讲，保温绝热和保冷绝热没有区别，只是热量传递的方向及应用范围不同，从而造成使用性质和结构构造不同，作业人员在施工中应重视。

2. 绝热层的作用

绝热层的作用是减少在输送过程中的能量损失，节约能源，同时提高经济效益，满足用户生产要求。对于保温绝热层，可以降低绝热层表面温度，避免烫伤事故发生。对于保冷绝热层，可以提高绝热层表面温度，防止绝热层表面结露结霜。

3. 绝热材料的种类

对绝热材料的要求：重量轻；来源广泛；热传导率小，隔热性能好；阻燃性能好；绝缘性高；耐腐蚀性高；吸湿率低；施工简单，价格低廉。保温材料的种类繁多，目前常用以下两种保温材料。

（1）橡塑（图4-29）　柔韧性好，施工安装方便，省工省料；外观雅致清洁；耐火性良好，经久耐用；具有优良的防火阻燃效果。

（2）聚氨酯发泡（图4-30）　具有密度小、强度高、绝热、隔声、阻燃、耐寒、防腐、不吸水、施工简便快捷等特点。

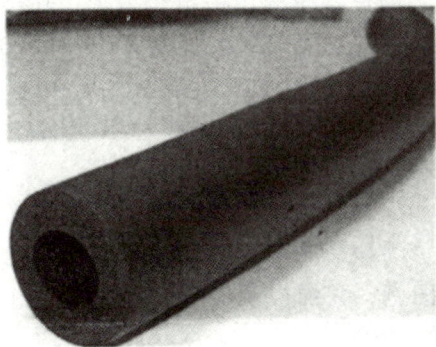

图4-29　橡塑

图4-30　聚氨酯发泡

4. 绝热层的做法

绝热结构一般由绝热层和保护层两部分组成。绝热层主要由保温材料组成，具有绝热保温的作用；保护层主要保护绝热层不受风、雨、雪的侵蚀和破坏，同时可以防潮、防水、防腐，延长管道的使用年限。常用的绝热层做法有：涂抹法、预制法、包扎法、填充法及浇灌法。

（1）涂抹法　涂抹法用于石棉灰、石棉硅藻土。做法是先在管子上缠以草绳，再将石棉灰调和成糊状抹在草绳外面。

（2）预制法　预制法是指在工厂或预制厂将保温材料制成扇形、梯形、半圆形，或制成管壳，然后将这些预制好的保温材料捆扎在管子外面，可以用钢丝扎紧。这种预制法施工简单，保温效果好，是目前使用比较广泛的一种保温做法。

（3）包扎法　包扎法采用矿渣棉毡或玻璃棉毡。先将棉毡按管子的周长、搭接宽度裁好，然后包在管子上，搭接缝在管子上部，外面用镀锌钢丝缠绑。包扎式保温必须采用干燥的保温材料，宜用油毡玻璃丝布做保护层。

（4）填充法　填充法是指将松散粒状或纤维保温材料（如矿渣棉、玻璃棉等）填充于管道周围的特制外套或钢丝网中，或直接充填于地沟内或无沟敷设的槽内。这种保温方法造价低，保温效果好。

（5）浇灌法 浇灌法用于不通行地沟或直埋辐射的热力管道。具体做法是把配好的原料注入钢制的模具内，在管外直接发泡成型。

5. 保护层做法

绝热层干燥后，可以做保护层。常用的做法有沥青油毡保护层、缠裹材料保护层、石棉水泥保护层和铁皮保护层。

课题6 建筑采暖工程施工图

4.6.1 采暖施工图常用图例

施工图常用图例

建筑采暖工程施工图与建筑给水排水施工图一样，要符合投影原理，要符合制图基本画法的规定。采暖施工图中，采暖管道是主要表达的对象，管道应采用粗单线条表示，与本专业有关的设备轮廓用中粗线表示，其余均用细线表示。采暖施工图应遵守《房屋建筑制图统一标准》（GB/T 50001—2017）、《暖通空调制图标准》（GB/T 50114—2010）及国家现行的有关强制性标准的规定。采暖施工图中，管道附件和设备都比较多，因此有它特殊的图示特点，主要有以下几个方面。

1）采暖施工图中的管道及附件、管道连接、阀门、采暖设备及仪表等，采用统一的图例表示。表4-1摘录了《暖通空调制图标准》（GB/T 50114—2010）中的部分图例，凡在标准图例中未列入的可自设，但在图纸上应专门画出图例，并加以说明。在识读采暖施工图时，应先了解图纸中的有关图例及表达内容。

2）采暖施工图中立管众多，为表达清楚，一般对各立管依次进行编号。当一个平面图上的热力入口多于一个时，也应对热力入口进行编号。编号形式如图4-31所示，"R"为采暖入口代号，"n"为入口编号数字。

3）与建筑给水排水施工图一样，需要将管道的空间走向用正面斜等轴测图表示，此轴测图称为系统图。

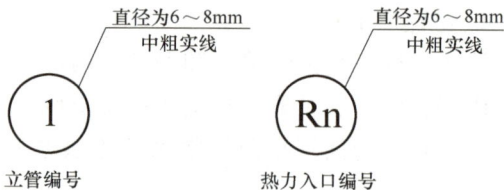

图 4-31 采暖立管和热力入口编号

表 4-1 室内采暖施工图常用图例

符号	名称	说明
————————	供水（汽）管	
– – – – – – – –	回（凝结）水管	
∿∿∿∿∿	绝热管	

（续）

符号	名称	说明
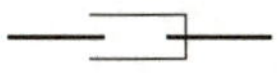	套管补偿器	
	方形补偿器	
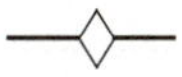	波纹管补偿器	
	弧形补偿器	
	止回阀	左图为通用止回阀 右图为升降式止回阀
	截止阀	
	闸阀	
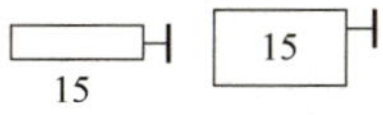 15　15	散热器及手动放气阀	左为平面图画法 右为系统图画法
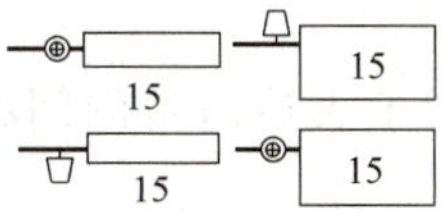 15　15 15　15	散热器及控制阀	左为平面图画法 右为系统图画法
	疏水器	也可用 
	自动排气阀	
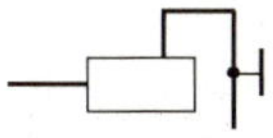	集气罐、排气装置	
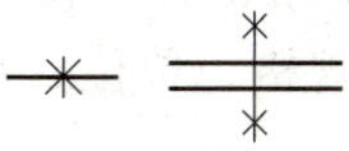	固定支架	右为多管
	丝堵	也可表示为 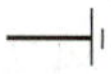
$i=0.003$ 或 $i=0.003$	坡度及坡向	
 T　或	温度计	左为圆盘式温度计 右为管式温度计

（续）

符号	名称	说明
 或 	压力表	
	水泵	流向：自三角形底边至顶点
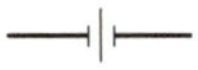 ⊢⊣	活接头	
 ⊢○⊣	可曲挠接头	
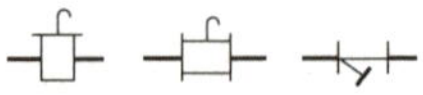	除污器	左为立式除污器 中为卧式除污器 右为 Y 形过滤器

4.6.2　采暖施工图的组成及表示方法

建筑采暖施工图由文字部分和图示部分组成。

1. 文字部分

设计图上用图或符号表达不清楚的问题，或用文字能更简单明了表达清楚的问题，用文字加以说明。

（1）图纸目录　图纸目录包括设计人员绘制部分和所选用的标准图部分。

（2）设计施工说明　设计施工说明的主要内容：建筑物的采暖面积；采暖系统的热源种类、热媒参数、系统总热负荷；系统形式，进出口压力差（即室内采暖所需资用压力）；各房间设计温度；散热器形式及安装方式；管材种类及连接方式；管道防腐、保温的做法；所采用标准图号及名称；施工注意事项，施工验收应达到的质量要求；系统的试压要求；对施工的特殊要求和其他不易用图表达清楚的问题等。

（3）图例　包括制图标准中的图例和自行设计的图例。

（4）主设备材料表　为了使施工准备的材料和设备符合图纸要求，并且便于备料，设计人员应编制一个主要设备材料明细表。它包括序号、名称、型号规格、单位、数量、备注等项目，施工图中涉及的采暖设备、采暖管道及附件等均列入表中。

一般中小型工程的文字部分直接写在图纸上，工程较大、内容较多时另附专页编写，并放在一套图纸的首页。

2. 图示部分

（1）平面图　平面图是施工图的主要部分。平面图采用的比例一般与建筑图相同，常用 1：100、1：200。

平面图所表达的内容主要：与采暖有关的建筑物轮廓，包括建筑物墙体、主要的轴线及轴线编号、尺寸线等；采暖系统主要设备（集气罐、膨胀水箱、补偿器等）的平面位置；干管、立管、支管的位置和立管编号；散热器的位置、片数；采暖地沟的位置；热力入口位置与编号等。

多层建筑的采暖平面图应分层绘制，一般底层和顶层平面图应单独绘制，如各层采暖管道和散热器布置相同，可画在一个平面图上，该平面图称为标准层平面图。各层采暖平面图是在各层管道系统之上水平剖切后，向下水平投影的投影图，这与建筑平面图的剖切位置不同。

平面图中，管道用粗线（粗实线、粗虚线）表示，散热器、排气装置等用中粗线表示，其余均用细线表示。

（2）系统图　在采暖施工图中，不同种类、不同管径的管道很多，当较多的管道重叠、交叉时，在各视图中往往不易清楚辨认。在看图时要把错综复杂的管道系统及时得出一个总的概貌，也较困难，这样仅用平面图表达就显得不够。因此，采暖施工图中还需要增加用轴测投影方法绘制的系统轴测图，该图简称系统图。《暖通空调制图标准》（GB/T 50114—2010）规定，采暖施工图中系统图一般采用45°正面斜轴测投影。系统图不但补充了平面图中表达不足之处，而且可以使读者迅速获得整个工程的总印象。

1）系统图的图示。系统图也称轴测图，一般采用与平面图相同的比例，这样在绘图时按轴向量取长度较为方便，但有时为了避免管道的重叠，可不严格按比例绘制，适当将管道伸长或缩短，以达到可以看清楚的目的。

管道线型与平面图一样，供水（或供汽）管道用粗实线表示，回水（或凝结水）管道用粗虚线表示，当空间交叉的管道在图中相交时，在相交处将被遮挡的管线断开。

系统图中管径、标高、立管的标注方向，与平面图相同；散热器规格、数量的标注，与平面图有所不同。系统图中的设备、管路往往重叠在一起，为表达清楚，在重叠、密集处可断开引出绘制。有管道断开处用相同的小写英文字母或阿拉伯数字注明，以便相互查找，如图4-32所示。

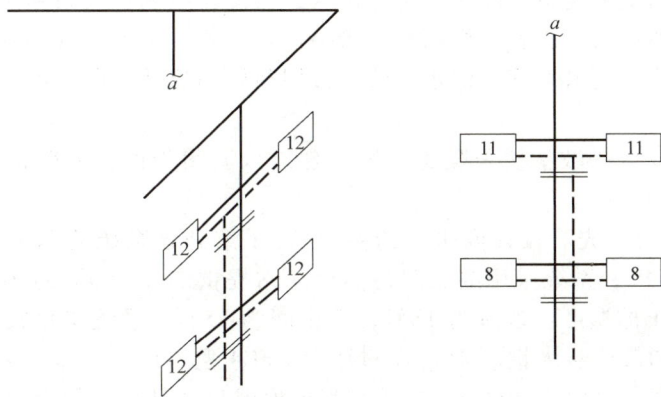

图 4-32　系统图中的引出画法

采暖系统图中，散热器用中实线按其立面图图例绘制，画法如图4-32所示。散热器的数量一般标注在散热器图例内，在图例内注不下时，可注在其上方。

2）系统图表示的主要内容。其主要内容：采暖管道、附件及散热器的空间位置及空间走向；管道与管道之间连接方式，立管编号，各管道的管径和坡度；散热器与管道的连接方式，散热器的片数；供回水干管的标高，膨胀水箱、集气罐（或自动排气阀）、疏水器、减压阀等的位置和标高等。

系统图上还应表示出集气罐、自动排气阀、疏水器等的规格及其与管道的连接情况，管道上的阀门、伸缩器、固定支架的位置。

（3）详图 某些设备的构造或管道间的连接情况在平面图和系统图上表达不清楚，也无法用文字说明时，可以将这些部位局部放大，画出详图。

详图包括节点详图和标准详图。详图一般采用 1：20~1：10 的比例，要求图要画得详细，各部位尺寸要准确。

标准图主要有散热器的安装详图、膨胀水箱制作与安装详图、补偿器和疏水器的安装详图等。图 4-33 为散热器安装详图。

节点详图是设计人员自行绘制的。例如，系统热力入口处管道的连接复杂，设备种类较多，用系统图、平面图表达不清楚，可把这些部位局部比例放大，画成详图，使人看上去清楚明了。

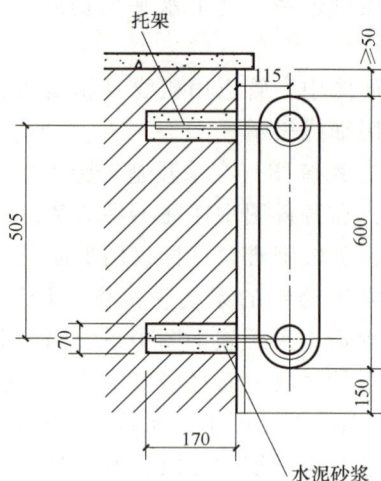

图 4-33　散热器安装详图

4.6.3　采暖施工图的识读

室内采暖系统安装于建筑物内，因此要先了解建筑物的基本情况，然后阅读采暖施工图中的设计施工说明，熟悉有关的设计资料、标准规范、采暖方式、技术要求及引用的标准图等。

平面图和系统图是采暖施工图中的主要图样，看图时应相互联系和对照，一般按照热媒的流动方向阅读，即：供水总管→供水总立管→供水干管→供水立管→供水支管→散热器→回水支管→回水立管→回水干管→回水总管。按照热媒的流动方向，可以较快地熟悉采暖系统的来龙去脉。

图 4-34~图 4-39 为一教学楼采暖施工图，现以该套图为例，说明识读室内采暖施工图的方法和步骤。

1）阅读文字部分。先看设计说明（图 4-34），了解到该系统的总采暖热负荷为 90kW，系统入口压差为 25kPa；系统采用的热源是热交换站提供的 80/60℃ 的热水；室外设计温度为 -5℃；室内计算干球温度：教室为 18℃，卫生间为 15℃。系统采用镀锌钢管，采用螺纹连接。系统所采用的散热器为钢制管复合翅片管 GFC4 型。地下的采暖管道采取保温措施，保温材料为岩棉管壳，厚度为 30mm；在明装管道保温材料外包一层金属铝箔。采暖管道穿楼板、隔墙处应设套管；焊接管道及安装附件均需刷红丹防锈漆、铝粉漆各两道。水压试验要求、施工注意事项及其他施工要求均按《建筑给水排水及采暖工程施工质量验收规范》（GB 50242—2002）执行。

再看图例，弄清各符号代表的含义。

最后看主要设备材料表，熟悉本系统所用的主要设备情况。

2）看各层平面图（图 4-35~图 4-39），了解建筑物的基本情况。

该建筑物总共六层，3 个入口，建筑物内设有展厅、办公室、教室、卫生间等，一层设有展厅和多媒体教室，其他各层布置基本相同。

采暖设计施工说明

1.设计依据
(1)甲方及建筑专业提供的相关条件。
(2)《民用建筑供暖通风与空气调节设计规范》(GB 50736—2012)。

2.设计室外气象资料：

大气压力/Pa	冬季室外计算温度	室季室外相对湿度	冬季室外平均风速	日平均温度<5℃的天数
1.0128×10^{5}	-5℃	60%	4.3(m/s)	102天

3.采暖房间的室内计算干球温度见下表：

序号	房间名称或房间类别	计算干球温度/℃
1	教室	18
2	卫生间	15

4.建筑物采暖设一个系统，系统负荷约90kW，系统入口压差为25kPa。

5.采暖热媒采用由热交换站提供的80/60℃热水，系统定压由小区热交换站完成。在建筑物采暖入口处装温度计、压力表、除污器及水力平衡阀等配件。

6.采暖方式采用单管上供下回式散热器采暖，供水干管敷设在六层顶板下，回水干管敷设在一层顶板下。

7.散热器的外形尺寸及主要热工性能指标见下表：

型号	高度/mm	宽度/mm	散热面积/(m²/片)	散热量/(57=64.5℃)/W
GFC4	650	120	0.2730	107.2000

8.采暖管道全部采用镀锌钢管，管道采用丝扣连接。图中如未注明，均为GFC4型。当散热器超过20片时，均为异侧安装。保温材料为岩棉管壳，$\delta=30mm$，做法见08R418。在回水管道保温措施，保温材料为岩棉管壳，所有室外管道均需干装需取保温措施。

9.供、回水干管转弯处采用煨弯。采暖管穿墙及楼板时，采暖管道穿墙板、隔墙处设置保温套管；管道与采暖管路系统中均匀刷铁锈防污清除干净。

10.在采暖管路系统中的最低点，分别设置自动排气阀和手动泄水装置。

11.焊接钢管及散热器安装附件均需刷防锈漆，铝粉处处环节严格格管理措施。

12.管道安装完后二次装修时，应采取严格格管理措施，以避免将管道破坏各两道。

13.采暖管道及散热器采暖系统安装完毕后，需进行水压检验，试验压力为工作压力的1.5倍。本采暖系统工作压力为0.7MPa。

14.采暖管道中应于全部充水工作压力时进行管道切割会。做好管道留洞及管线排布施。协调施工。

15.管道及散热器施工安装时应做好地留及保温按标准执行。

16.除上述说明外，未尽事宜应按现行国家《建筑给水排水及采暖工程施工质量验收规范》(GB 50242—2002)中的有关规定执行。

17.本施工图按照《暖通空调制图标准》(GB/T 50114—2010)绘制。

18.其他未尽事宜宜参见各图纸详细说明。

图例

编号	图例	说明	编号	图例	说明
1	——	供水管	8		散热器
2	----	回水管	9		自动排气阀
3	—米—	管道固定点	10		丝堵
4		管道坡度	11		温度计
5		截止阀	12		压力表
6		平衡阀	13		手动调节阀
7		过滤器	14		手动放气阀

图纸目录

编号	图纸编号	图纸名称
1	NS07-1	采暖设计施工说明、图例、主要设备材料表
2	NS07-2	一层采暖平面图
3	NS07-3	二层采暖平面图
4	NS07-4	三~五层采暖平面图
5	NS07-5	六层采暖平面图
6	NS07-6	采暖管道原理图

主要设备材料表

序号	名称	型号及规格	单位	数量	备注
1	钢制钢管复合塑片管散热器	GFC4-1.2/6-1.0，每组9片	组	1	
		GFC4-1.2/6-1.0，每组10片	组	4	
		GFC4-1.2/6-1.0，每组12片	组	2	
		GFC4-1.2/6-1.0，每组15片	组	71	
		GFC4-1.2/6-1.0，每组16片	组	12	
		GFC4-1.2/6-1.0，每组17片	组	25	
		GFC4-1.2/6-1.0，每组18片	组	4	
		GFC4-1.2/6-1.0，每组20片	组	9	
		GFC4-1.2/6-1.0，每组23片	组	1	
		GFC4-1.2/6-1.0，每组25片	组	4	
2	无泄漏截止阀	J11W-10型，DN20	个	14	
		J11W-10型，DN25	个	40	
3	手动蝶阀	D71F-16型，DN50	个	4	
		D71F-16型，DN80	个	4	
4	数字锁定平衡阀	SP45F-16型，DN20	个	1	
5	自动排气阀	5020型，DN20	个	4	
6	弹簧管压力表	Y-100，P=0~1.0MPa	个	4	
7	工业内标式玻璃温度计	WNG-12型，0~150℃最小分度值1℃	支	2	
8	Y形过滤器	Y-70型，DN65	个	2	上体长220mm，下体长60mm

图4-34 采暖设计施工说明、图例、主要设备材料表

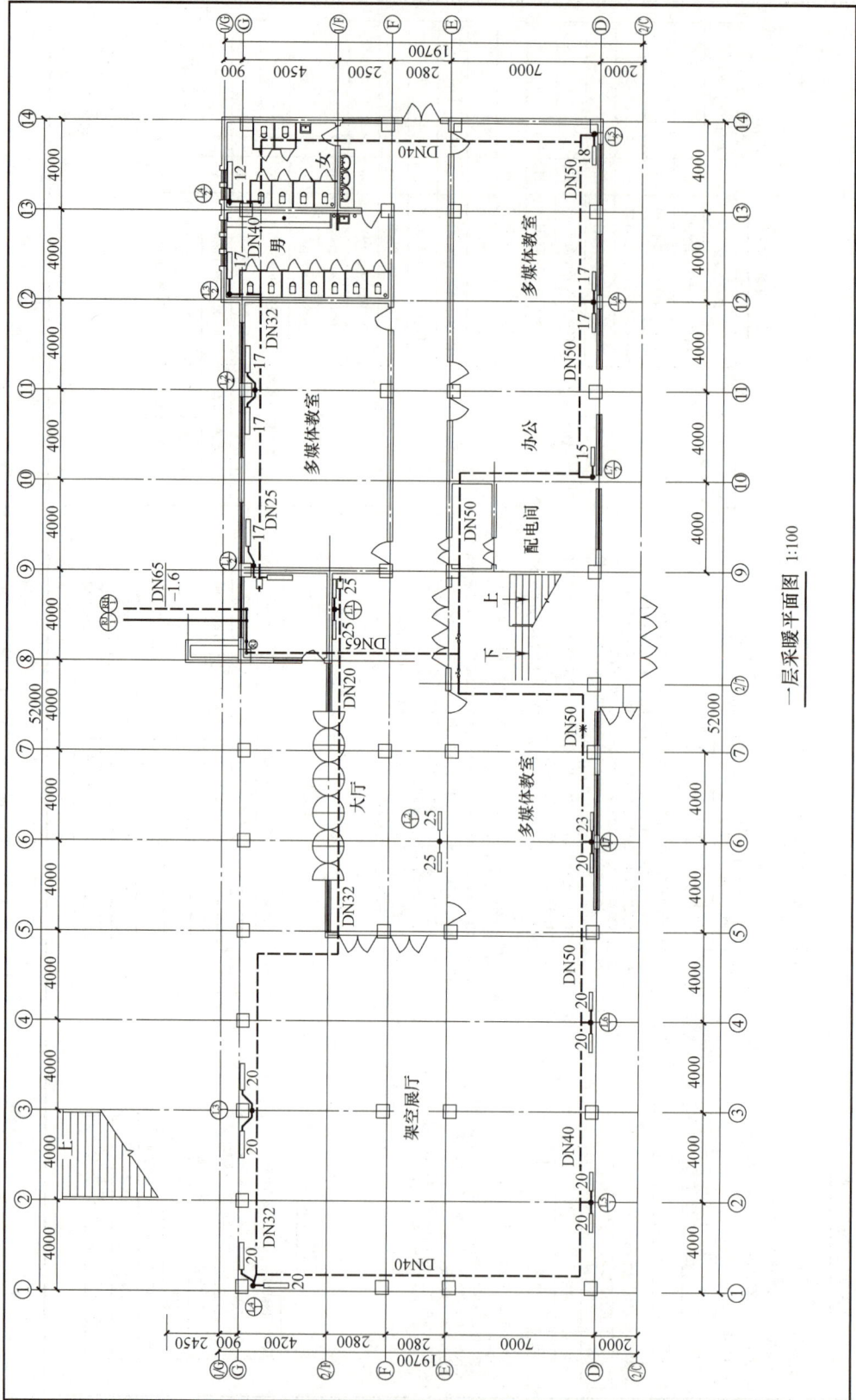

一层采暖平面图 1:100

图 4-35 一层采暖平面图

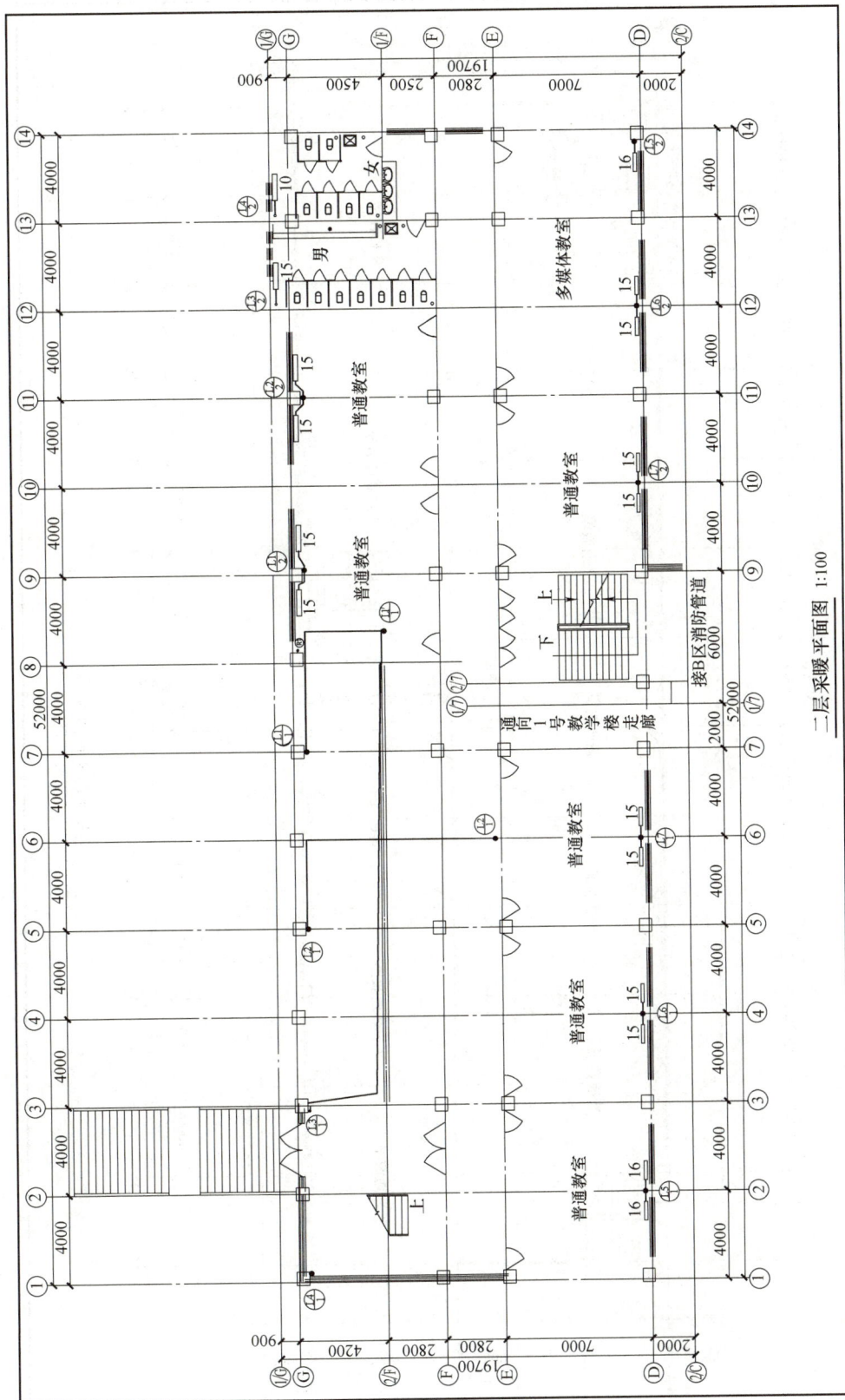

图 4-36　二层采暖平面图

二层采暖平面图 1:100

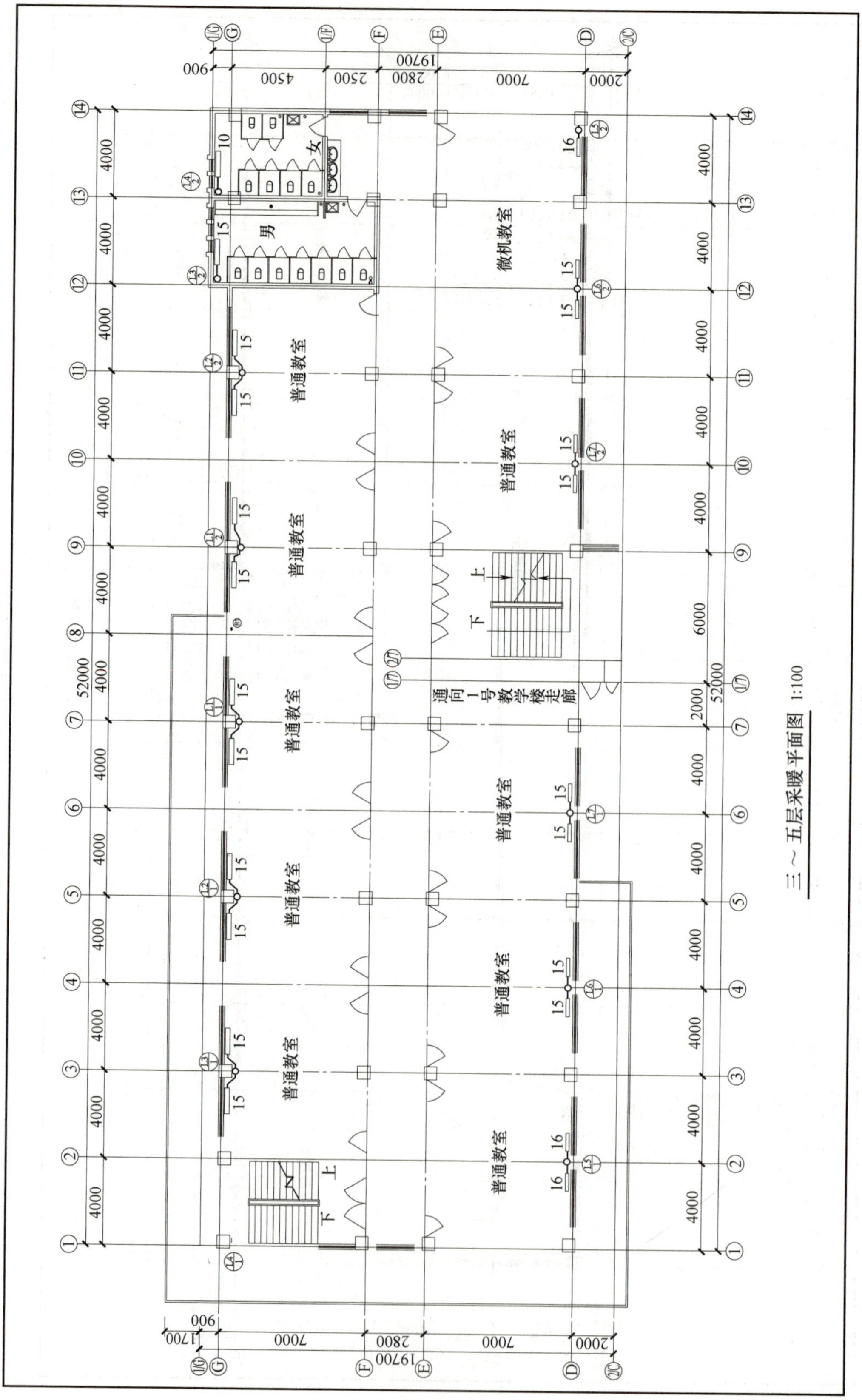

三～五层采暖平面图 1:100

图 4-37　三～五层采暖平面图

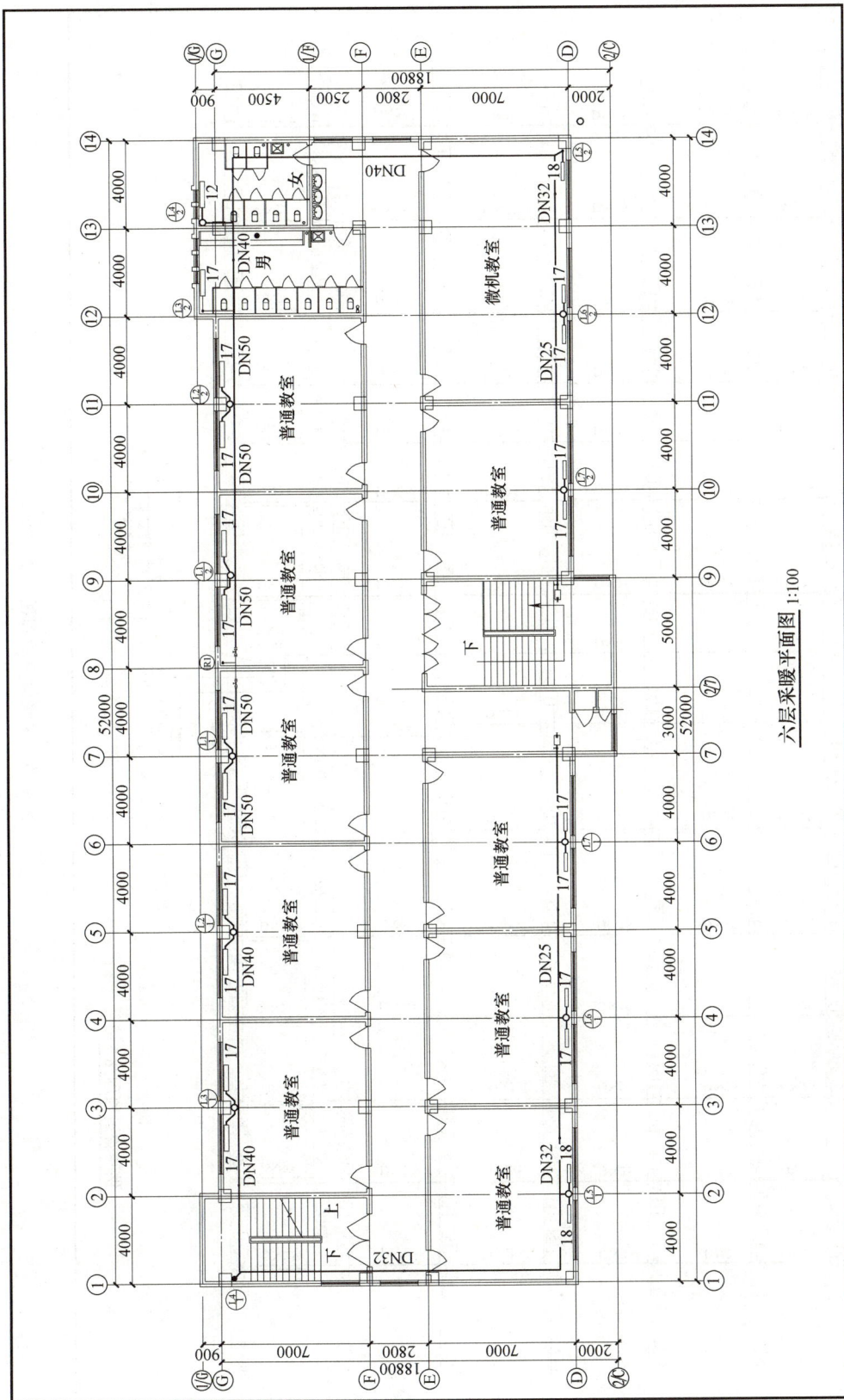

六层采暖平面图 1:100

图 4-38 六层采暖平面图

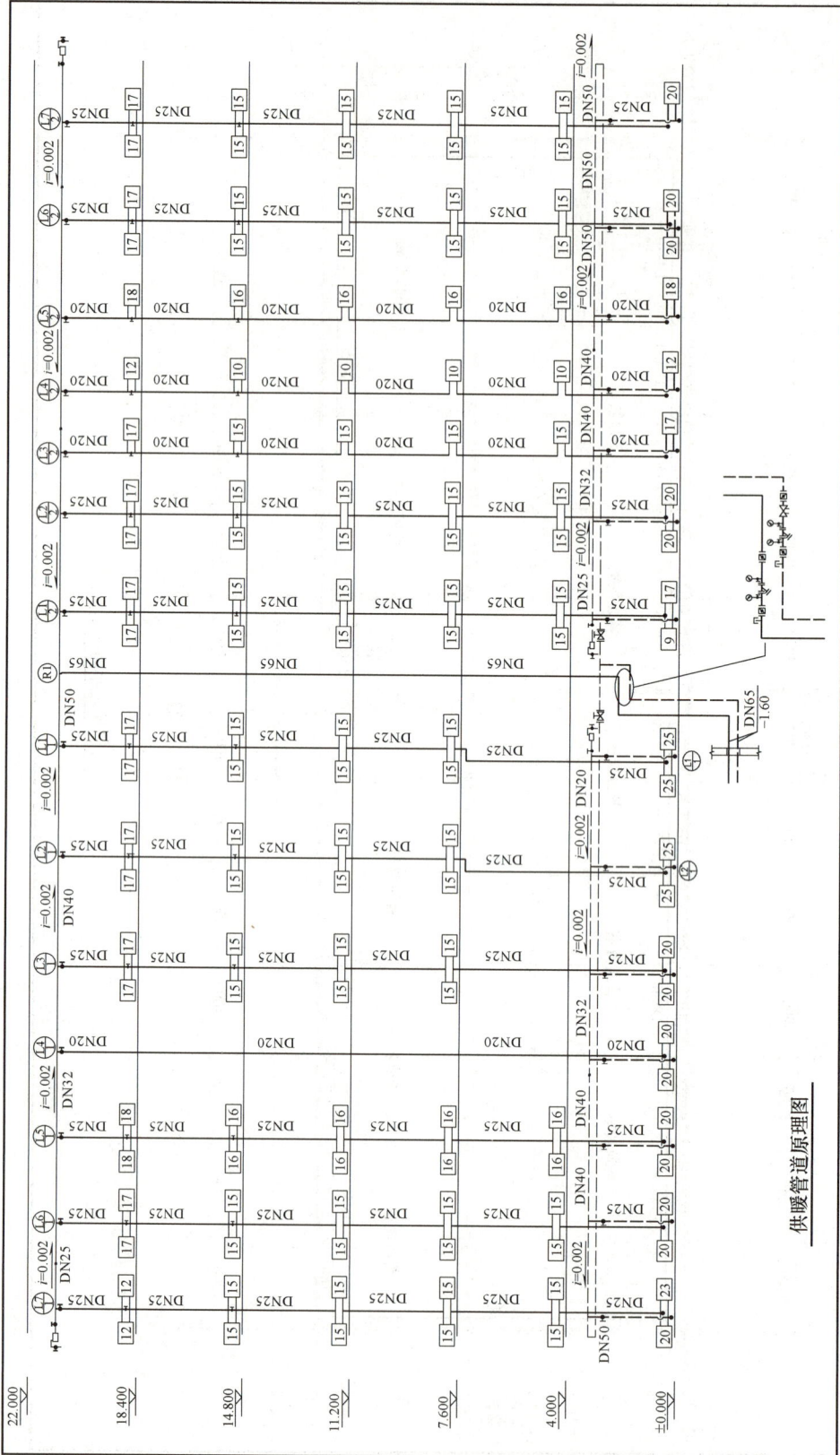

图 4-39　采暖管道原理图

3）看各层平面图，弄清热力入口和各房间散热器的布置位置及片数。

从平面图中可以看出：采暖系统回水干管设置在一层，供水干管设置在六层，系统分为左右环路，左环路有 7 根立管，右环路有 7 根立管，热力入口设置在轴线⑧和轴线⑨之间，回水总管出口与供水总管入口在同一位置。本系统设一个热力入口，入口处设有截止阀、压力表、温度计、循环管、泄水阀等。

该建筑物内各房间布置散热器，所有散热器沿外墙窗台下布置，各层散热器布置位置相同。各个房间散热器的片数已分别标注在各层平面图中。

4）把平面图与系统图结合起来看，弄清系统图式及管道布置情况。

从平面图和系统图可知，系统为单管上供下回式。供水立管沿外墙敷设，供水主管布置在顶层顶棚下面，回水干管在底层地沟内，系统共设 15 组立管，供水总立管 1 根，1 环路立管 7 根和 2 环路立管 7 根，分别表示为 ®、⊕ 和 ⊕。DN65 的供水总管从标高为 -1.6m 处穿外墙进入室内，与供水总立管®连接，上升至顶层与供水干管相接。供水干管沿外墙逆坡敷设，干管坡度为 0.002，坡向与水流方向相反，末端设自动排气阀一个。其他立管有 14 组，管径为 DN25 和 DN20，每根立管上设置截止阀一个。回水管均敷设在地沟内，回水干管起端设在一层顶板下，顺坡敷设，坡度为 0.002，至轴线⑧和⑨之间处下降至 -1.6m，向北穿墙引出建筑物。供回水干管管径、坡度、标高等情况均标注在系统图中。

5）看其他。管道防腐、保温做法按设计说明。施工要求按《建筑给水排水及采暖工程施工质量验收规范》（GB 50242—2002）执行。

通过看平面图和系统图，可以了解建筑物内整个采暖系统的空间布置情况，但有些部位的具体做法还需查看详图，如散热器的安装、管道支架的固定等。

附图 50～附图 67 为住宅楼采暖、通风及防排烟施工图。从采暖工程设计说明可以看出：本栋楼的热源来自小区热交换站，系统的定压与补水均由热交换站解决，升压后送至各建筑。楼单元设热力入口，热力入口处设过滤器、热量表、控制阀门、平衡阀、温度表、压力表等，供水管设两级过滤。

室内采用分户计量地板辐射供暖系统，供回水温度采用 45/35℃。采用共用立管异程式分户独立系统，分户独立温控。共用立管设在水暖井内，管径 DN≤40 时采用热镀锌钢管，螺纹连接；管径 DN>40 时采用无缝钢管，焊接连接。地板辐射加热管采用 S4 系列耐热聚乙烯管。水暖井到户内分配器之间的 S4 系列耐热聚乙烯管采用热熔连接，户内填充层内埋设的耐热聚乙烯管不得有接头。

户内分集水器设在轴线⑧处厨房，分水器在上，集水器在下。每户设 5 个回路，回路长度、布置详情见附图 62～附图 64；地板辐射采暖地面构造做法及管道敷设要求详见附图 52。

设于水暖井内的共用立管与分户管连接情况、立管管径详见附图 66（供暖立管系统图）。立管顶部设自动排气阀保证系统正常运行，供回水立管上部设常闭的旁通管，当冬季室内采暖系统停止运行但室外热网运行时，为防止通向室内的热力管网冻结，可打开旁通管上的阀门。

课题 7　建筑采暖系统的安装

建筑采暖系统安装的依据是：经过会审的设计施工图、已批准的采暖施工方案、《建筑给水排水及采暖工程施工质量验收规范》（GB 50242—2002）等。建筑采暖系统的安装包括两部分：采暖管道及附件的安装，散热器的安装。

4.7.1 管道安装的基本技术要求

1）管道穿墙或穿楼板时，应设置套管。套管应符合下列规定。

① 安装在楼板内的套管，顶部应高出地面 20mm，底部应与楼板底面平齐。卫生间或厨房内的钢套管应高出地面 50mm。

② 安装在墙壁内的套管，其两端与墙饰面平齐。

③ 套管管径可比管道管径大两级，以保证采暖管道的热胀冷缩。

④ 穿越楼板的套管与管道的间隙应用阻燃密实材料和防水油膏填实，端面光滑。

⑤ 管道的接口不得设在套管内。

2）管道应设置管卡以固定管道。管卡安装应符合下列规定：散热器支管长度超过 1.5m 时，应在支管上安装管卡。层高不超过 4m 的立管，每层安装一个管卡，距地面 1.5~1.8m；层高超过 4m 的立管上，每层管卡不少于两个，且均匀安装。

3）管道从门窗、梁、柱、墙垛等处绕过时，在其最高点或最低点应分别安装排气和泄水装置，以排除管道中的空气和最低处的污物。散热器支管与立管交叉时，立管应设抱弯绕过支管安装。

4）明装不保温的采暖双立管，两管中心距应为 80mm，与墙饰面的距离：管径≤DN32 时，为 25~35mm，管径≥DN40 时，为 30~50mm。供水管道或蒸汽管道在右侧，回水管道或凝结水管道在左侧（左右以面向管道而定）。

5）连接散热器的支管应有一定的坡度，支管全长小于或等于 0.5m 时，坡降值为 5mm，大于 0.5m 时，坡降值为 10mm。坡度的方向应有利于排除系统的空气。

4.7.2 采暖管道的安装

为保证采暖系统的安装质量，安装前应先做好准备工作：按施工图要求的管材、散热器、阀门等进行备料，备料时应严把质量关，对于不合格的材料不得使用；打洞并清理现场，保证施工人员的安全，保证施工质量和施工进度。

管道安装程序是：热力入口→干管→立管→支管。

1. 热力入口安装

建筑采暖热力入口由供水总管、回水总管及配件组成。供回水总管一般是并行穿越基础预留洞进入室内。热力入口处的配件较多，如热水采暖系统上有调节阀、温度计、压力表、泄水装置等，安装时应采用预制，必要时经水压试验合格后，整体穿入基础预留洞。

2. 干管安装

干管安装的程序一般是：确定干管位置、画线、裁支架→管道预制加工→管道就位→管道连接→管道找坡。

（1）确定干管位置、画线、裁支架　根据施工图所要求的干管走向、位置、坡度，检查预留洞，然后挂通线弹出管道安装的坡度线。注意：应按管底标高做出管坡基准线，以便于裁支架。在挂通线时，如干管过长，可在中间加铁钎支撑，以保证弹画的坡度线符合要求。

支架的数量与安装位置应符合设计要求；设计未明确要求时，按国家现行施工规程执行。支架在安装前应先做防腐处理。支架的安装要牢固，焊接支架的焊缝应饱满，固定支架的管卡螺母应上紧。支架安装完毕，且栽埋支架的混凝土强度达到75%后，方可安装管道。

（2）管道预制加工　依据施工图纸，根据现场实测绘制管段加工图，分段下料，编好序号，必要时打好坡口，以备组对。对带有弯头的管段，应在地面上将弯头焊好；法兰连接的管段，应在地面上将法兰焊好。

（3）管道就位　把预制好的管道"对号入座"，摆放在支架上，并采取临时固定措施，以免掉下来。

（4）管道连接　在支架上把管段对好口，按要求焊接或丝接，连成系统。

（5）管道找坡　管道连接好后，应校核管道坡度，合格后固定管道。

3. 立管安装

立管的位置由设计确定。施工时，应先检查预留洞的位置和尺寸是否符合要求，然后挂铅垂线确定立管中心线的位置。

总立管与两个分支干管连接时应符合图 4-40 的要求。立管与上端干管连接时应符合图 4-41 的要求。立管与下端干管连接时应符合图 4-42 的要求。

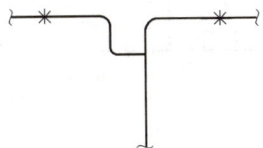

图 4-40　总立管与分支干管的连接

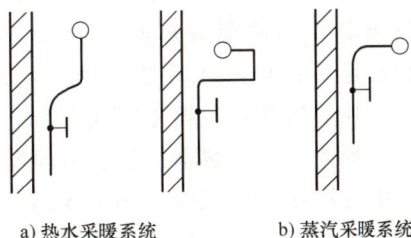

a) 热水采暖系统　　　　b) 蒸汽采暖系统

图 4-41　采暖立管与上端干管的连接

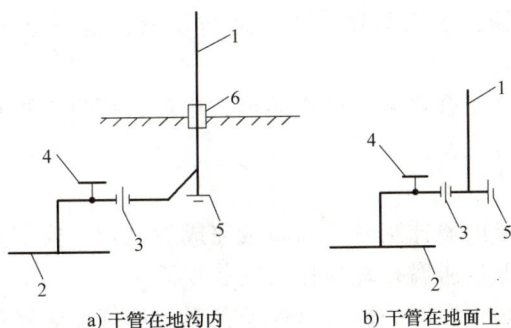

a) 干管在地沟内　　　　b) 干管在地面上

图 4-42　采暖立管与下端干管的连接

1—立管　2—干管　3—活接头或法兰盘　4—截止阀　5—放水丝堵　6—套管

施工时，立管与干管连接时所用的灯叉弯、半圆弯管均应在安装前加工预制。

4. 散热器支管安装

支管应在立管和散热器安装完毕后再进行安装。

所有支管上均应安装可拆卸管件，如活接头、长丝配锁紧螺母等。当支管上设阀门时，阀门应安装在立管与可拆卸管件之间。

支管与散热器连接时，应用乙字管连接，避免立管与墙距离过大，同时可补偿支管的热伸长。

4.7.3　散热器的安装

散热器的安装

散热器的安装，一般应在采暖系统安装一开始就进行，主要包括散热器的组对，在墙上画线、打眼、安设托钩，挂散热器等。

1. 散热器的组对

铸铁散热器在组对前，应先检查外观是否有破损、砂眼，规格型号是否符合施工图要求等。然后把散热片内部清理干净，并用钢刷将对口处螺扣内的铁锈刷净，按正扣向上，依次码放整齐。组对常用的部件（如对丝、丝堵，补心等）放在方便取用的位置。组对所用的石棉垫，厚度为 2mm，使用时须先用机油或热水浸泡，并要求随用随浸。组对的散热器，要求平直严紧，垫片不得外露。

散热器片之间通过工具"钥匙"用对丝组装而成；散热器与管道连接处通过补心连接；散热器不与管道连接的端部，用散热器丝堵堵住。用钥匙上对丝时，应上下口均匀用力，拧紧时夹紧垫片，上下口缝隙均匀。

落地安装的柱型散热器，14 片以下两端装带足片；15～24 片装三个带足片，中间的足片置于散热器正中间。

组对加固好的散热器，轻轻搬至集中地点，准备试压。试压时，用 1.5 倍的工作压力试压。试压不合格的须重新组对或修整，直至合格。散热器水压试验装置如图 4-43 所示。

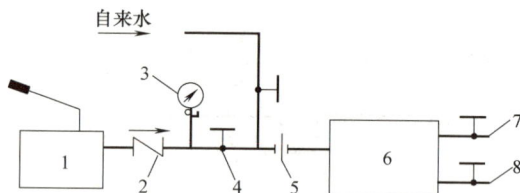

图 4-43　散热器水压试验装置
1—手压泵　2—止回阀　3—压力表　4—截止阀
5—活接头　6—散热器　7—放气管　8—放水管

将试压合格后的散热器，表面除锈，刷一道防锈漆，刷一道银粉漆，然后运至集中地点，码放整齐，准备安装。

钢制散热器，一般经试压合格后，以成品形式出厂，可直接进行安装；安装后若出现渗漏等质量问题，由厂方负责退换。

2. 散热器的安装

散热器的安装应在土建内墙抹灰及地面施工完成后进行。安装前应按施工图提供的位置在墙上画线、打眼，并把做过防腐处理的托钩安装牢固。

同一房间内的散热器必须在同一高度以保证美观。挂好散热器后，再安装与散热器连接的支管。如果需要安装手动跑风门，应在散热器不装支管的丝堵上锥上内丝。

4.7.4　采暖系统的试压、冲洗

1. 试验压力

系统安装完毕，应做水压试验，水压试验的试验压力应符合设计要求；当设计未注明时，应符合下列规定。

1）蒸汽、热水采暖系统，应以顶点工作压力加 0.1MPa 做水压试验，同时在系统顶点

的试验压力不小于 0.3MPa。

2）高温热水采暖系统，试验压力应为系统顶点工作压力加 0.4MPa。

3）使用塑料管及复合管的热水采暖系统，应以系统顶点工作压力加 0.2MPa 做水压试验，同时系统顶点的试验压力不小于 0.4MPa。

2. 试压方法

室内采暖系统的水压试验，可分段进行，也可以整个系统进行。对于分段或分层试压的系统，如果有条件，还应进行一次整个系统的试压。对于系统中需要隐蔽的管段，应做分段试压，试压合格后方可隐蔽，同时填写隐蔽工程验收记录。

（1）试压准备　打开系统最高点的排气阀；打开系统所有阀门；采取临时措施隔断膨胀水箱和热源；在系统下部安装手摇泵或电动泵，接通自来水管道。

（2）系统充水　依靠自来水的压力向管道内充水，系统充满水后不要进行加压，应反复地进行充水、排气，直到将系统中的空气排除干净；关闭排气阀。

（3）系统加压　确定试验压力，用试压泵加压。一般应分 2~3 次升至试验压力。在试压过程中，每升高一次压力，都应停下来对管道进行检查，无问题再继续升压，直至升到试验压力。

（4）系统检验　采用金属及金属复合管的采暖系统，在试验压力下观测 10min，压力降不应大于 0.02MPa，然后降到工作压力进行检查，不渗不漏为合格。采用塑料管的采暖系统，在试验压力下稳压 1h，压力降不得超过 0.05MPa，然后在工作压力的 1.15 倍状态下稳压 2h，压力降不大于 0.03MPa，同时检查各连接处，不渗不漏为合格。

3. 试压注意事项

1）气温低于 4℃时，试压结束后及时将系统内的水放空，并关闭泄水阀。

2）系统试压时，应拆除系统的压力表，打开疏水器旁通阀，避免压力表、疏水器被污物堵塞。

3）试压泵上的压力表应为合格的压力表。

4. 冲洗

系统试压合格，应对系统进行冲洗，冲洗的目的是清除系统的泥砂、铁锈等杂物，保证系统内部清洁，避免运行时发生阻塞。

热水采暖系统可用水冲洗。冲洗的方法是：将系统内充满水，打开系统最低处的泄水阀，让系统中的水连同杂物由此排出，反复多次，直至排出的水清澈透明。

蒸汽采暖系统可供用蒸汽冲洗。冲洗的方法是：打开疏水装置的旁通阀，送汽时，送汽阀门慢慢开启，蒸汽由排汽口排出，直至排出干净的蒸汽。

采暖系统试压、冲洗结束后，方可进行防腐和保温。

复习思考题

一、选择题

1. 采暖系统焊接钢管管径小于或等于 32mm，应采用（　　）连接。

A. 螺纹　　　　B. 焊接　　　　C. 法兰　　　　D. 卡箍

2. 低温热水地板辐射采暖常用管材是（　　　　）。

A. PP-R 管　　　　B. PVC 管　　　　C. 镀锌钢管　　　　D. 铸铁管

3. 蒸汽采暖系统设置疏水器的作用是（　　　　）。

A. 稳压　　　　B. 阻气疏水　　　　C. 阻汽疏水　　　　D. 阻水排汽

4. 供热管道做水压试验时，试验管道上的阀门应（　　　　）。

A. 开启　　　　B. 半开半闭　　　　C. 关闭　　　　D. 用堵头堵上

5. 供热系统的补偿器在安装之前，需要按照设计要求或产品说明进行（　　　　）。

A. 预热　　　　B. 预加工　　　　C. 预拉伸　　　　D. 调试

二、填空题

1. 根据采暖热媒不同，采暖系统可分为_____、_____、_____、_____。

2. 分户计量热水采暖系统常采用_____、_____、_____、_____等采暖形式。

3. 常用散热器按材质可分为_____、_____、_____。

4. 在采暖系统中常用的排气装置有_____、_____、_____。

5. 管道、设备的绝热包括两个结构层，即_____和_____。

6. 热量表由_____、_____和_____组成。

7. 采暖系统的验收包括_____、_____和_____。

三、简答题

1. 热水采暖系统和蒸汽采暖系统各有什么特点？

2. 常用的采暖系统布置方式有哪些？

3. 管道布置应考虑哪些因素？

4. 简述采暖系统的试压过程。

5. 低温热水地板辐射采暖系统常用的结构形式是哪些？

6. 低温热水地板辐射采暖系统的施工工序是什么？

7. 钢质散热器与铸铁散热器相比，有哪些特点？

8. 保温材料的要求有哪些？

建筑通风、防火排烟与空气调节系统

知识目标

1. 熟悉通风系统的分类。
2. 熟悉通风系统的主要设备与构件特点，熟悉风道的布置敷设要求。
3. 掌握建筑防火排烟方式和要求，掌握空气调节系统分类和组成。
4. 熟悉空调系统的冷源分类和热源分类，了解空调水系统的参数及系统形式。
5. 掌握通风空调系统的消声与减振措施。

技能目标

1. 对通风空调系统有感性认识。
2. 认识工程中常见的通风空调系统设备，了解其工作原理。
3. 具备土建施工与安装工程施工配合的基本能力。

素养目标

1. 培养积极向上的生活态度，养成"近零碳"的生活理念。
2. 通过对建筑通风、防火排烟与空气调节系统基本知识的学习，培养科学严谨、细致认真的工作态度。
3. 通过学习，激发热爱本专业的热情。

单元概述

本单元内容包括建筑通风系统、高层建筑的防火与排烟系统、空气调节系统、空调系统的冷热源、空调水系统、通风空调系统的消声和减振，重点介绍各系统的分类、组成、工作原理、常用设备等基本知识，介绍空调系统的冷源和热源，简要介绍通风空调系统的消声和减振等知识。通过学习，具备做好土建施工与安装工程施工配合工作的基本能力。

课题 1 建筑通风

通风是改善室内空气环境的一种重要手段。把室内污浊的空气直接或净化后排至室外，再把新鲜的空气补充进来，从而保持室内的空气环境符合卫生标准，这一过程就叫通风。由此可见，通风包括从室内排除污浊的空气和向室内补充新鲜的空气两个方面。其中，前者称为排风，后者称为送风或进风。为实现排风或送风而采用的一系列设备、装置的总体，称为通风系统。

按照空气流动的动力不同，通风系统可以分为自然通风和机械通风两大类；按照作用范围的不同，通风系统又可以分为全面通风和局部通风两大类。

5.1.1　自然通风

通风系统的分类

结合建筑物的特定结构，依靠室外风力造成的风压和室内外空气温度差所造成的热压，使空气流动的通风系统称为自然通风。自然通风有两种形式：一种是风压作用下的自然通风，另一种是热压作用下的自然通风。

风压作用下的自然通风是指利用室外空气流动（风力）产生的室内外气压差来实现空气交换的通风方式。在风压的作用下，室外具有一定速度的自然风作用于建筑物的迎风面上，迎风面的阻挡使空气流速减小，静压增大，从而使建筑物内外形成一定压差。室外空气通过建筑物背风面上的门、窗、孔口排出，如图5-1所示。

热压作用下的自然通风，是指利用室内外空气温度不同而形成的密度压力差来实现室内外空气交换的通风方式。当室内空气的温度高于室外时，室外空气的密度较大，便从房屋下部的门、窗、孔口进入室内，室内空气则从上部的窗口排出，如图5-2所示。

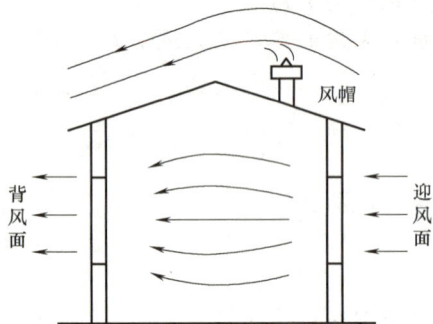

图5-1　风压作用下的自然通风

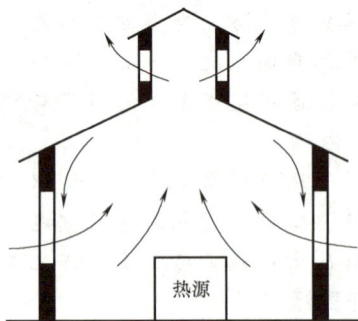

图5-2　热压作用下的自然通风

自然通风是一种经济的通风方式，它不消耗能源就能得到较大的通风量，但通风效果不稳定，通风量随气候而定；通风的效果还取决于建筑物结构形式、总平面布置等。自然通风除了用于工业与民用建筑的全面通风外，也用于某些热设备的局部排风。

知识拓展

世界文化遗产——故宫"向大自然借风"

故宫博物院（以下简称"故宫"）西临前三海（南海、中海、北海）、北倚景山，其内部设有多处花园。在夏天，这些园林景观会形成一个天然的"低温高压区"，把凉爽的空气积聚于此，这就使得故宫里格外凉爽。

故宫古建筑群的屋顶覆盖的面积远远大于建筑面积本身，并且屋顶四角的檐部如飞鸟展翅般向上高高翘起。这种设计不仅是为了美观，同时也有方便古人日常生活的用意——夏天时，正午的太阳会被屋檐挡住，达到遮阳降温的作用；冬天时，倾斜的阳光又能恰好照进宫殿内部，驱走寒意。

建筑的自然通风中，风压作用与热压作用通常是相互补充的。对于建筑进深较小的部位可以通过风压通风；进深较大部位则多利用热压达到通风效果，这就是建筑本身的借风能力。合理利用自然通风既可以在过渡季节满足空气质量及热舒适要求，又可以缩短供热空调运行时间，最大限度满足建筑节能的目标。

我国古建筑营造的历史源远流长，劳动人民的智慧也体现于此。我国古代工匠利用古建砖料巧妙地设计了一种空气循环器——"透风"。透风是在墙上刻有纹饰的镂空砖雕，位于木柱与墙体相交的位置，它依靠墙体外风力造成的风压，墙体内外温差形成的热压，促使空气交换，保证了木柱本身的干燥状态。同时，透风的使用，对古建筑整体而言，起到了艺术装饰的效果，体现了我国古代工匠的匠心独运。

5.1.2 机械通风

机械通风是指借助于通风机产生的抽力或压力，强迫空气沿着通风管道流动来实现室内外空气交换的通风方式。机械通风系统可分为机械送风系统和机械排风系统（图5-3）。机械送风是指向整个房间送风，或向房间的某个区域送风。机械排风是指排除整个房间内污染的空气，或排除房间某个区域的污染空气。

机械通风时，空气的输送或流动由风机提供动力，能有效地控制风量和送风参数，所以可以向室内任何地方供给适当数量且经过处理的空气，也可以从室内任何地方按工艺要求的送风量排出一定数量被污染的空气。机械通风系统占用较大建筑面积或空间，投资大，运行及维护费高，安装和管理复杂。

在实际应用中，自然通风与机械通风可以结合起来使用。如果室

图5-3 机械送风系统和机械排风系统

内有发热设备，为了获得较好的通风换气量，可以在设置机械送风系统的同时设置自然排风系统。

1. 全面通风

全面通风是指在整个房间内，全面地进行通风换气，即用新鲜空气把整个房间的有害物浓度冲淡到最高允许浓度以下，或改变房间内的温度、湿度的通风方式。全面通风一般有全面送风和全面排风两种形式，分别如图5-4和图5-5所示。

图5-4是全面送风系统示意图，即用风机对送入室内的空气进行加压，然后通过送风管道将空气送到车间的工作区，室内污浊空气由外墙上的窗孔流到室外，使整个房间形成全面的机械送风系统。为了使送入室内的空气比较洁净，温度不至于过低，一般将送入室内的空气用空气过滤器和空气加热器进行简单处理。

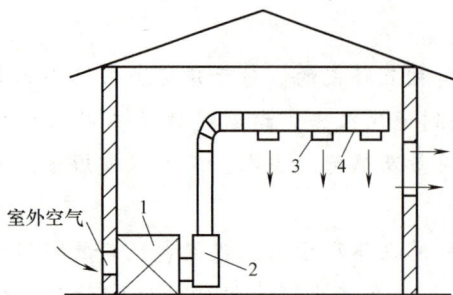

图 5-4 全面送风系统
1—空气处理器 2—风机 3—送风口 4—风管

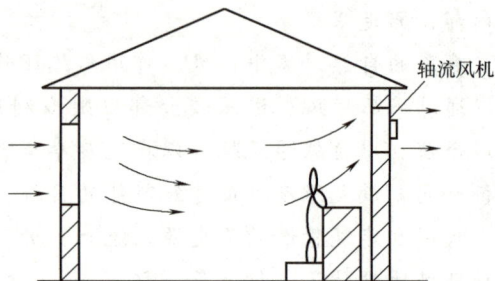

图 5-5 全面排风系统

图 5-5 是全面排风系统示意图，即通过轴流风机向室外机械排风，室外空气由外墙（对面）上的窗孔流进室内形成自然通风，从而使整个系统形成全面排风。全面排风适用于要求室内产生的有害物尽可能不扩散到其他区域或邻室的区域或房间。

知识拓展

明朝科学家宋应星在《天工开物》中对采矿挖煤已有"利用竹管引排煤中瓦斯方法"的记载："初见煤端时，毒气灼人。有将巨竹凿去中，尖锐其末，插入炭中，其毒烟从竹中透上。"这说明我国劳动人民在明朝已经掌握了通风的作用与方法。

2. 局部通风

局部通风是指为了保证局部区域的空气环境，将新鲜空气直接送到该区域，或者将受到污染的空气与有害气体直接从产生地用排风罩排出室外，防止其扩散到整个空间的通风方式。局部通风一般有局部送风和局部排风两种形式，分别如图 5-6 和图 5-7 所示。

图 5-6 是局部送风系统示意图，即将处理后符合标准的空气送到局部工作地点，以保证工作地点的良好环境。直接向人体送风的方法又称为空气淋浴。

图 5-7 是局部排风系统示意图，即将有害物质直接从产生处抽出，并做适当处理后排至室外。

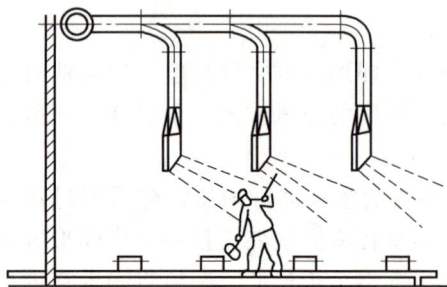

图 5-6 局部送风系统示意图

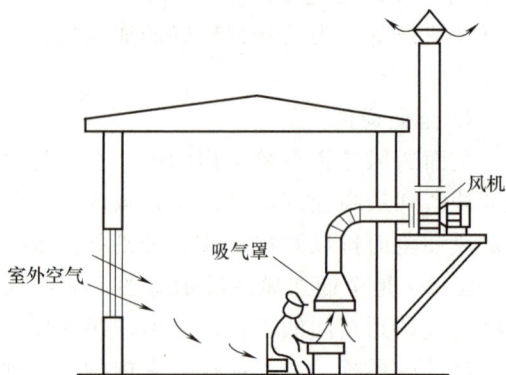

图 5-7 局部排风系统示意图

5.1.3　通风系统的主要设备与构件

1. 风道

通风管道是通风系统的重要组成部分，用于输送气体。

（1）风道材料　制作风道的材料很多，工业通风系统常使用薄钢板制作风道。钢板风道截面呈圆形或矩形，根据其用途（一般通风系统、除尘系统）及截面尺寸的不同，钢板厚度为 0.5～3mm。输送腐蚀性气体的通风系统，如采用涂刷防腐油漆的钢板风道仍不能满足要求，可用硬聚氯乙烯塑料板制作风道，其截面也可做成圆形或矩形，厚度为 2～8mm。埋在地下的风道，通常用混凝土做底，两边砌砖，内表面抹光，上面再用预制的钢筋混凝土板做顶；如地下水位较高，尚需做防水层。

在民用和公共建筑中，为节省钢材和便于装饰，除钢板风道外，也常使用矩形截面的砖砌风道、矿渣石膏板或矿渣混凝土板风道，以及圆形或矩形截面的预制石棉水泥风道等。另外，由于近年来玻璃钢材料的防火阻燃性能得到了改善，因此玻璃钢风管的使用也日趋广泛。

（2）风道的布置与敷设

1）风道的布置。风道的布置应与建筑、生产工艺密切配合，风管应尽量短；风管可以架空、地沟和地下室布置；在风管易积灰尘处应设密闭的清扫孔。在居住和公共建筑中，垂直的砖风道最好砌筑在墙内，但为避免结露和影响自然通风的作用压力，一般不允许设在外墙中。

布置原则：不影响工艺过程和采光，与建筑结构密切结合，尽量缩短风道的长度；应减少局部阻力，避免复杂的局部管件，弯头、三通等管件要安排得当，风管力求顺直；应避免与工艺设备及建筑物的基础相冲突。此外，对于大型风道，还应尽量避免影响采光。

2）风道的敷设。风道的敷设有明敷与暗敷两种形式。通风系统在地面以上的风道，通常采用明装，风道用支架支承，沿墙壁及柱子敷设，或者用吊架吊在楼板或桁架下面（风道距墙较远时）。敷设在地下的风道，应避免与工艺设备及建筑物的基础相冲突，并应与各种其他地下管道和电缆的敷设相配合。此外，尚需设置必要的检查口。

2. 通风机

通风机是通风系统中的重要设备，是输送气体并提高气体能量的一种流体机械。风机为系统中的空气提供动力，从而克服风道和其他部件、设备所产生的阻力。在通风和空调工程中，常用的风机有离心风机和轴流风机两大类。

（1）离心风机　离心风机是借助风机叶轮旋转时所产生的离心力使气体获得压能和动能的，风机的吸气口和出气口方向相互垂直。离心风机的主要部件有叶轮、机壳、吸气口。离心风机结构如图 5-8 所示。

离心风机在启动前，机壳内充满空气，风机的叶轮在电动机的带动下随机轴一起高速旋转，由吸气口吸入空气，在离心力作用下由径向甩出，同时在叶轮的吸气口形成真空，外界气体在大气压力作用下被吸入叶轮内，以补充排出的气体，由叶轮甩出的气体进入机壳后被压向风道，如此源源不断地将气体输送到需要的场所。离心风机产生的全压较大，一般用于阻力较大的系统中。

常用的离心风机实物如图 5-9 所示。

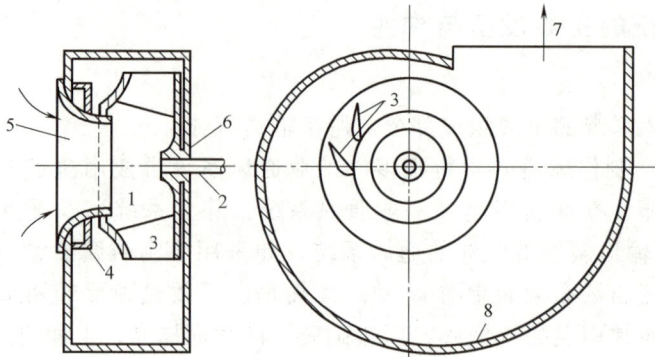

图 5-8 离心风机结构示意图

1—叶轮 2—主轴 3—叶片 4—扩压环 5—吸气口 6—轮毂 7—出口 8—机壳

（2）轴流风机 轴流风机是借助叶轮的推力作用促使气流流动的，因气流的方向与机轴相平行，因此称为轴流风机。轴流风机结构如图 5-10 所示。轴流风机的叶轮与螺旋桨相似，叶轮在电动机的带动下，高速旋转将空气从一侧吸入并从另一侧送出。轴流风机产生的全压较小，用于不设风管或风管阻力较小的系统中。

常用的轴流风机实物如图 5-11 所示。

图 5-9 离心风机

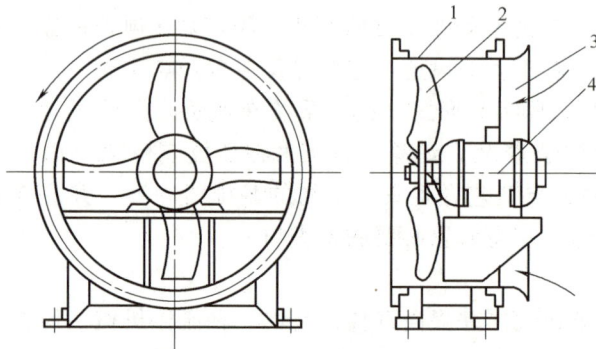

图 5-10 轴流风机结构示意图

1—筒形机壳 2—叶轮 3—进口 4—电动机

图 5-11 轴流风机

3. 阀门

通风系统中阀门的作用是调节风量、平衡系统、防止系统火灾蔓延。

常用的阀门有闸板阀、蝶阀、止回阀和防火阀。闸板阀多用于通风机的出口或主干管上，如图 5-12 所示，其特点是严密性好，体积大。

蝶阀多用于分支管上或空气分布器前，作风量调节用，如图 5-13 所示。这种阀门只要改变阀板的转角就可以调节风量，操作起来很简便，但由于它的严密性较差，故不适合用于关断。

止回阀必须动作灵活、阀板关闭严密，它的作用是在风机停止运转时，阻止气流倒流，主要有垂直式和水平式两种。

图 5-12 闸板阀

防火阀在发生火灾时能自动关闭，从而切断气流，防止火势蔓延，如图5-14所示。

图5-13　蝶阀

图5-14　防火阀

4. 进、排风装置

（1）室外进风装置　室外进风装置应设在空气新鲜、灰尘少、远离室外排气口的地方。它主要用于采集室外新鲜空气供室内送风系统使用，根据设置位置不同，可分为设于外围护结构上的窗口型和独立设置的进气塔型，如图5-15所示。

（2）室外排风装置　室外排风装置主要用于将排风系统收集到的污浊空气排至室外，通常设计成塔式，并安装于屋面，如图5-16所示。

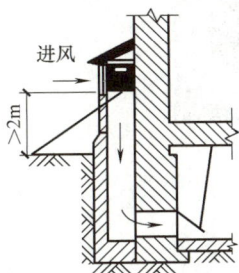

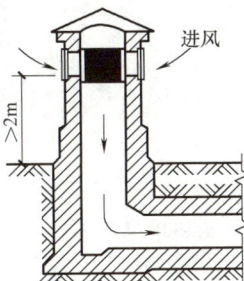

图5-15　室外进风装置

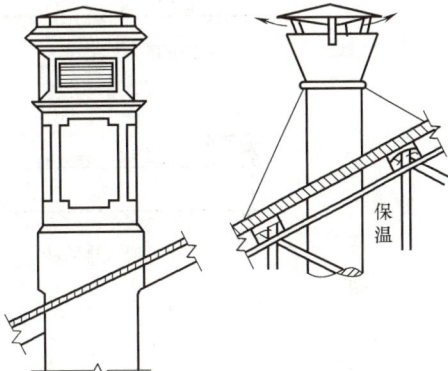

图5-16　设在屋顶上的排风装置

为避免排出的污浊空气污染周围空气环境，排风装置应高出屋面1.0m以上。当进、排风口都设在屋面时，其水平距离应大于10m；当排风污染程度较轻时，则水平距离可以小些，这时排气口应高于进气口2.0m以上。有时排风口也设在外墙上，如图5-17所示。

（3）室内送风口　室内送风口是送风系统中的风道末端装置，由风道输送来的空气，可通过送风口按一定的方向、流速分配到各个指定的送风地点。

民用建筑中常用的送风口为单、双层百叶送风口。双层百叶送风口由外框、两组相互垂直的前叶片和后叶片组成，如图5-18所示。

（4）室内排风口　室内排风口又称为吸风口，在局部排风系统中又称为局部排风罩。其作用：收集一次气流，隔断一、二次气流间的干扰。其目的：控制气流的运动，控制有害物在室内的扩散和传播。

室内排风口的形式主要有密闭罩、柜式排风罩、接受式排气罩、吹吸式排风罩、百叶排风口，如图5-19所示。民用建筑中常用百叶排风口。

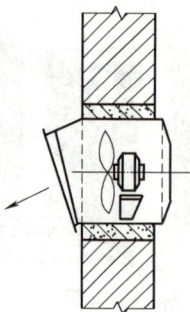

图 5-17　设在外墙上的排风口

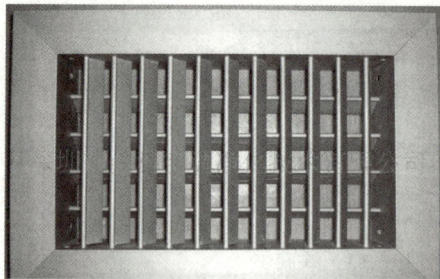

图 5-18　双层百叶送风口

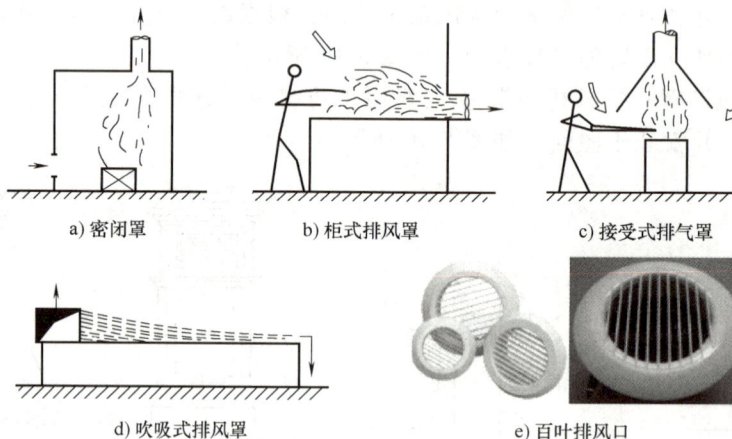

a) 密闭罩　　　　　　b) 柜式排风罩　　　　　　c) 接受式排气罩

d) 吹吸式排风罩　　　　　　e) 百叶排风口

图 5-19　室内排风口

知识拓展

除尘是通风的目的之一，也是预防尘肺病的重要手段。

尘肺病是严重的职业病，病例来源主要集中在建筑、煤矿、铁路、公路等工程建设项目。工业粉尘不仅会造成大气污染，导致作业人员患上尘肺病，还有发生爆炸的风险。1987年3月15日，哈尔滨亚麻厂发生特大亚麻粉尘爆炸事故。2010年2月24日，河北省秦皇岛骊骅淀粉股份有限公司淀粉4号车间发生粉尘爆炸事故。由此可见，粉尘的危害性远超想象。

我国高度重视劳动者的职业健康，特别是针对尘肺病等主要病因，加强源头预防，从根本上预防和减少新发尘肺病病人。2019年，国家卫生健康委、国家发展改革委等部门发布了《关于印发尘肺病防治攻坚行动方案的通知》；国家卫生健康委编制了《健康中国行动（2019—2030年）》。这些做法体现了以人为本、维护人民健康的坚定决心。我们自身也要通过对通风与除尘的学习，牢固树立职业安全健康意识，将安全与环保理念内化于心，外化于行。

课题 2　高层建筑的防火与排烟

5.2.1　防火分区与防烟分区

为了防止火势蔓延和烟气传播，建筑中必须划分防火分区和防烟分区。

1. 防火分区

防火分区是指采用防火分隔措施（防火墙、楼板、防火门或防火卷帘等）划分出的、能在一定时间内防止火灾向同一建筑的其余部分蔓延的局部区域（空间单元）。在建筑物内采用划分防火分区这一措施，可以在建筑物一旦发生火灾时，有效地把火势控制在一定的范围内，减少火灾损失，同时可以为人员安全疏散、消防扑救提供有利条件。

比较可靠的防火分区应包括水平防火分区和垂直防火分区两部分。水平防火分区就是用防火墙或防火门、防火卷帘等将各楼层在水平方向分隔为两个或几个防火分区；垂直防火分区就是用具有 1.5h 或 1.0h 耐火极限的楼板和窗间墙（上下两窗之间的距离不小于 1.2m）将上下层隔开。当上下层设有走廊、自动扶梯、传送带等开口部位时，应将相连通的各层作为一个防火分区考虑。

从防火的角度看，防火分区划分得越小，越有利于保证建筑物的防火安全；如果划分得过小，则势必会影响建筑物的使用功能。防火分区面积大小的确定应考虑建筑物的使用性质、重要性、火灾危险性、建筑物高度、消防扑救能力以及火灾蔓延的速度等因素。《建筑设计防火规范（2018 版）》（GB 50016—2014）、《人民防空工程设计防火规范》（GB 50098—2009）等均对建筑的防火分区面积作了规定。

2. 防烟分区

防烟分区是指用挡烟垂壁、挡烟梁（从顶棚向下凸出不小于 500mm 的梁）、挡烟隔墙等划分的可把烟气限制在一定范围的空间区域（图 5-20）。这是为了有利于建筑物内人员安全疏散与有组织排烟而采取的技术措施。防烟分区的划分，能使烟气集于设定空间，通过排烟设施将烟气排至室外。

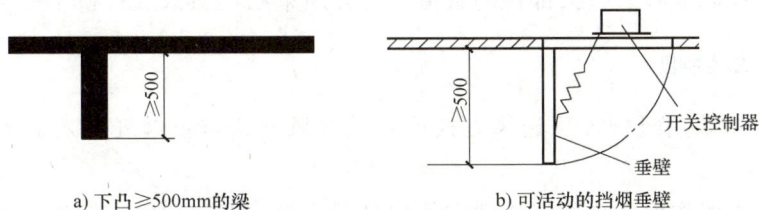

a) 下凸≥500mm的梁　　b) 可活动的挡烟垂壁

图 5-20　用梁和挡烟垂壁阻挡烟气流动

防烟分区不应跨越防火分区。高层建筑多用垂直排烟道（竖井）排烟，一般是在每个防烟分区设一个垂直烟道。如防烟分区面积过小，使垂直排烟道数量增多，会占用较大的有效空间，提高建筑造价。如防烟分区的面积过大，使高温的烟气波及面积加大，会使受灾面积增大，不利于安全疏散和扑救。

5.2.2　通风空调系统的防火

1. 通风空调系统的火灾危险性

1）穿越楼板的竖直风管是火灾向上蔓延的主要途径之一。

2）排出有火灾爆炸危险物质，如没有采取有效措施，容易引起爆炸事故。

3）由于排风机与电动机不配套引起的火灾爆炸事故时有发生。

4）某些建筑使用塑料风管，燃烧蔓延快，产生大量有毒气体，危害大。

5）某些建筑的通风空调系统采用可燃泡沫塑料作为风管保温材料，发生火灾燃烧快，浓烟多且有毒。

6）风管大多隐藏在吊顶和夹层内，起火不易扑救，往往造成大灾。

2. 通风空调系统的防火措施

1）空气中含有易燃、易爆物质的房间，其送排风系统应采用相应的防爆型通风设备。当送风机设在单独隔开的通风机房内且送风干管上设有止回阀时，可采用普通型通风设备，其空气不应循环使用。

2）通风空气调节系统，横向应按每个防火分区设置，竖向不宜超过五层；当管道设有防止回流设施或设防火阀时，管道布置可不受此限。垂直风管应设在管道井内。

3）通风空气调节系统的风管穿越防火分区处、通风空气调节机房及重要的或火灾危险性大的房间隔墙和楼板处、变形缝处的两侧以及垂直风管与每层水平风管交接处的水平管段上，应设公称动作温度为70℃的防火阀。

4）厨房、浴室、厕所等的垂直排风管道，应采取防止回流的措施或在支管上设置公称动作温度为70℃的防火阀。公共建筑内的排油烟管道宜按防火分区设置，且在与竖向排风管连接的支管上设置公称动作温度为150℃的防火阀。

5）通风空气调节系统的管道，应采用不燃烧材料制作，但接触腐蚀性介质的风管和柔性接头，可采用难燃烧材料制作。

6）管道和设备的保温材料、消声材料和黏结剂应采用不燃烧材料或难燃烧材料。

7）风管内设有电加热器时，风机应与电加热器联锁。电加热器前后各80mm范围内的风管和穿过设有火源等容易起火部位的管道，均必须采用不燃保温材料。

5.2.3　防烟与排烟

防烟系统是指采用机械加压送风方式或自然通风方式防止烟气进入疏散通道等区域的系统。

利用自然或机械作用力将烟气排到室外的过程称为排烟。利用自然作用力的排烟称为自然排烟；利用机械（风机）作用力的排烟称为机械排烟。

排烟的部位有两类：着火区和疏散通道。着火区排烟的目的是将火灾发生的烟气（包括空气受热膨胀的体积）排到室外，降低着火区的压力，不使烟气流向非着火区，以利于着火区的人员疏散及救火人员的扑救。对于疏散通道的排烟是为了排除可能侵入的烟气，以保证疏散通道无烟或少烟，以利于人员安全疏散及救火人员通行。

防烟与排烟系统形式：自然排烟、机械排烟、机械加压送风防烟。

1. 自然排烟

自然排烟系统是在自然力作用下，使室内外空气对流并通过可开启的外窗将烟气排至室外。自然排烟系统结构简单、经济，不使用动力及专用设备，但排烟效果受到许多不稳定因素（室外风向、风速和建筑本身的密封性或热压作用）的影响，排烟效果不太稳定，因此它的应用受到一定限制。自然排烟有以下两种方式。

1）利用外窗或专设的排烟口排烟，如图 5-21a、b 所示。

2）利用竖井排烟，如图 5-21c 所示。

a) 利用可开启外窗排烟   b) 利用专设排烟口排烟   c) 利用竖井排烟

图 5-21 自然排烟

1—烟源 2—排烟口 3—排烟竖井

2. 机械排烟

当火灾发生时，利用风机作为动力向室外排烟的方法称为机械排烟。机械排烟系统实质上就是一个排风系统，即设置专用的排烟口、排烟管道及排烟风机把火灾产生的烟气与热量排至室外进行强制排烟。它适用于不具备自然排烟条件或较难进行自然排烟的内走道、房间、中庭及地下室。据有关资料介绍，一个设计优良的机械排烟系统在火灾时能排出 80% 的热量，使火灾温度大大降低，从而对人员安全疏散和扑救起着重要的作用。与自然排烟相比，机械排烟具有以下特点。

1）机械排烟不受外界条件（如内外温差、风力、风向、建筑特点、着火区位置等）的影响，而能保证有稳定的排烟量。

2）机械排烟的风道截面小，可以少占用有效建筑面积。

3）机械排烟的设施费用高，需要经常保养维修，否则有可能在使用时因故障而无法启动。

4）机械排烟需要有备用电源，防止火灾发生时正常供电系统被破坏而导致排烟系统不能运行。

3. 机械加压送风防烟

机械加压送风防烟系统是将室外不含烟气的空气加压送至室内某些特定区域，从而在建筑物发生火灾时提供不受烟气干扰的疏散路线和避难场所。因此，加压部位必须使关闭的门对着火楼层保持一定的压力差，同时应保证在打开加压部位的门时，在门洞断面处有足够大的气流速度，能有效阻止烟气的入侵，保证人员安全疏散与避难。

图 5-22 是加压送风防烟的两种情况。其中图

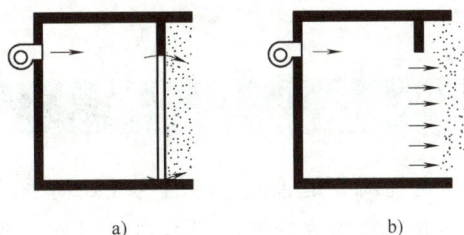

a)   b)

图 5-22 加压送风防烟

5-22a 是当门关闭时房间内保持一定正压值，空气从门缝或其他缝隙处流出，防止烟气侵入；图 5-22b 是当门开启时送入加压区的空气以一定风速从门洞流出，阻止烟气流入。

由上述两种情况分析可以看出，为了阻止烟气流入被加压的房间，必须达到：门开启时，门洞有一定向外的风速；门关闭时，房间内有一定正压值。这也是设计加压送风系统的两条原则。

知识拓展

了解建筑火灾的"烟囱效应"，增强防灾减灾知识。

根据建筑的高度不同，常见的火灾可分成低层建筑火灾和高层建筑火灾。

在低层建筑物的着火区域，烟气在水平方向的扩散速度一般为 0.3~0.8m/s，垂直方向为 1~5m/s。在管道井、楼梯间以及外墙窗户等特殊位置，空气上下流通，更易产生"烟囱效应"，烟气的扩散速度可以达到 6~8m/s。火灾发生时，室内外存在显著的温度差异，内外空气密度不同，会加快烟气流动。在大型商场、超市、企业厂房的内部，单层空间广阔，可燃物体密度大，横向通风条件好，更易发生平面燃烧，不利于楼上被困人员下行逃生。火灾现场产生的烟气是受困者面临的一个重大威胁，2022 年 11 月 21 日河南安阳凯信达商贸有限公司厂房特别重大火灾事故为我们敲响了警钟。

和低层建筑火灾相比，高层建筑火灾更加危险。首先，高层建筑物火灾发展迅速，在烟气流动无阻挡时，只需 1min 左右就可以扩散到几十层高的大楼。逃生通道的能见度下降；"烟囱效应"更加明显，诸多竖井结构无形中为火情的扩散提供了"快速通道"。因此，很多高层建筑的火灾现场会自下而上出现一条明显的火舌，就像着火的烟囱一样，整个建筑物最终变成立体形式的燃烧火场。

面对火灾隐患，最好的避险措施就是防患于未然，并通过完善消防设施，如竖向管井的封堵或分隔、设置完善的防排烟设计，减少人员伤亡和财产损失。

1992 年起，每年的 11 月 9 日定为全国"消防宣传日"。2009 年起，每年的 5 月 12 日为"全国防灾减灾日"。2024 年 5 月 12 日是我国第 16 个防灾减灾日，主题是"人人讲安全、个个会应急——着力提升基层防灾避险能力"，2024 年 5 月 11 日至 17 日为防灾减灾宣传周。

"牢固树立安全发展理念，为推动高质量发展提供安全保障"是习近平总书记和党中央对安全生产工作的批示，彰显了党的领袖坚持人民至上、生命至上的深厚为民情怀。建筑业是火灾等安全工作的重点领域，一旦发生，将导致灾难性的后果，所以我们不仅要学习专业知识，更重要的是要把安全生产理念入脑入心，提升自身对防灾减灾能力的应对，防患于未然。

课题 3　空气调节系统

空气调节是通过一定的空气处理手段和方法，对空气的温度、湿度、压力、气流速度、洁净度和新鲜程度等进行控制和调节，来创造和维护满足生产工艺或人员生活所需要的室内空气环境。

5.3.1　空气调节系统的分类

1. 按空气处理设备的设置不同分类

按照空气处理设备的设置不同，空调系统可以分为集中式空调系统、半集中式空调系统和分散式空调系统。

（1）集中式空调系统　将空气处理设备及其冷热源集中在专用机房内，空气集中在机房内进行处理（冷却、去湿、加热、加湿等），经处理后的空气用风道分别送往各个空调房间，而房间内只有空气分配装置，这样的空调系统称为集中式系统。这是一种出现最早、迄今仍然广泛应用的系统形式。

（2）半集中式空调系统　既有对新风的集中处理与输配，又能借设在空调房间的末端装置（如风机盘管）对室内循环空气做局部处理，同时集中制备冷冻水或热水，这样的系统称为半集中式空调系统。风机盘管加新风空调系统是目前应用最广、最具生命力的半集中式空调系统形式。

（3）分散式空调系统　把冷源、热源、空气处理设备、风机和自动控制等所有的设备装成一体，组成空调机组，这样的系统称为分散式空调系统，又称为局部式空调系统。空调机组一般装在需要空调的房间或相邻的房间就地处理空气，可以不用或只用很短的风道就可以把处理后的空气送入空调房间内。

2. 按处理空调负荷的输送介质不同分类

按照负担室内负荷所用介质种类不同，空调系统可以分为全空气系统、全水系统、空气-水系统和制冷剂系统。

全空气系统是以空气为介质，向室内提供冷量或热量，即由空气来全部承担房间的热负荷或冷负荷。全水系统全部由水负担室内空调负荷，例如单一的风机盘管机组系统。空气-水系统由处理过的空气和水共同负担室内空调负荷，如新风机组与风机盘管机组并用的系统。制冷剂系统是以制冷剂为介质，直接对室内空气进行冷却、去湿或加热的系统。

3. 集中式空调系统按处理的空气来源不同分类

集中式空调系统按处理的空气来源不同，可以分为封闭式空调系统、直流式空调系统和回风式空调系统三类。

封闭式空调系统处理的空气全部取自空调房间，没有室外新鲜空气补充到系统中来，全部是室内的空气在系统中周而复始地循环，因此，空调房间与空气处理设备由风管连成了一个封闭的循环环路。直流式空调系统所处理的空气全部来自室外，即室外的空气经过处理达到送风状态点后送入各空调房间，送入的空气在空调房间内吸热吸湿后全部排出室外。回风式空调系统综合了封闭式系统和直流式系统。

4. 按空调系统用途或服务对象不同分类

按照空调系统用途或服务对象的不同，空调系统可以分为舒适性空调和工艺性空调两大类。

1）舒适性空调指为室内人员创造舒适健康环境的空调系统。舒适健康的环境令人精神愉快，精力充沛，工作、学习效率提高，有益于身心健康。办公楼、旅馆、商店、影剧院、图书馆、餐厅、体育馆、娱乐场所、候机或候车大厅等建筑中所用的空调都属于舒适性空调。

2) 工艺性空调又称工业空调,指为生产工艺过程或设备运行创造必要环境条件的空调系统,工作人员的舒适要求有条件时可兼顾。由于工业生产类型不同,各种高精度设备的运行条件也不同,因此工艺性空调的功能、系统形式等差别很大。

知识拓展

1965年,上海冰箱厂研制成功我国第一台三相电源的窗式空调,仅供特殊部门使用。1974年,春兰研制出供客户使用的窗式空调。1985年,海尔生产出我国第一台分体空调器。1998年,海尔率先推出国内首台直流变频空调。在我国高速发展的几十年里,空调产品也逐步从公共建筑走入普通住宅,从进口到国产品牌,迎来了外观、技术、功能等方面的升级。空调的普及,是我国社会进步、人民生活水平提高、家电行业飞速发展的缩影之一。

我国幅员辽阔,气候差异较大,空调的需求量较高。随着城镇化进程的加速,农村地区空调拥有量也在逐年提升,改善了居住环境,也展现出了我国强大的科技生产力。

作为电力行业的"能耗大户",我国制冷用电量占全社会用电量的15%以上,大中城市空调用电负荷约占夏季高峰负荷的60%。空调在改善用户冷暖生活环境的同时,也关乎着整个地球的冷暖。国家相继出台利好政策,促进行业技术推新,积极发展绿色节能、智能化空调产品。

建筑行业属于高排放行业,在"双碳"目标背景下,面临着巨大的挑战和机遇,低碳绿色建筑已经成为建筑行业转型升级的重要方向。建筑内温湿度的变化与建筑节能紧密相关,根据经验统计资料表明,如果在夏季将设定值温度下调1℃,将增加9%的能耗;如果在冬季将设定值温度上调1℃,将增加12%的能耗,因此为了降低能耗,空调房间室内温湿度基数,在满足生产需要和人体健康的情况下,夏季应尽可能提高,冬季则应尽可能降低。

5.3.2 空气调节系统的组成

在任何自然环境下,将室内空气维持在一定的温度、湿度、气流速度以及清洁度,这是对空调系统的一般要求。为了保持这"四度"就要对空气进行加热、冷却、加湿、干燥、过滤等处理,再将处理过的空气输送到各个房间内。

不同的空调系统对空气参数的要求也不同,例如:纺织工业的某些车间对湿度要求较高,要求相对湿度≥95%;大规模集成电路的生产车间,不仅对空气的温湿度有严格要求,而且对空气中灰尘颗粒的大小和数量均有严格要求,目前国内较高标准为100级,粒径≥0.5μm的尘粒含量≤3.5粒/升。

一个完整的集中式空调系统一般由以下几部分组成。

1) 空气处理部分:包括空气过滤器、喷水室、空气加热器等各种空气热湿处理设备。

2) 空气输送部分:包括送、回风机,送、回风道,风量调节阀以及消声、防火设备。

3) 空气分配部分:主要包括设置在不同位置的送风口和回风口。

4) 冷、热源部分:指为空气处理设备提供冷量和热量的设备。

5) 电气控制装置:由温度、湿度等空气参数的控制设备及元器件等组成。

5.3.3 常用的送风口、回风口

送风口和回风口的作用是合理地组织室内气流,使室内空气分布均匀。送风口有侧送风

口、条缝形送风口、散流器、孔板送风口、喷射式送风口、旋流送风口、空调座椅送风口等形式。回风口有设于侧壁的金属网格回风口和设在地板上的散点式和格栅式回风口等形式。

1. 侧送风口

侧送风口向房间横向送出气流,最常见的是百叶送风口。百叶送风口有单层百叶、双层百叶(图 5-23)以及三层百叶等形式。

| a) 单层百叶送风口 | b) 双层百叶送风口 |

图 5-23 百叶送风口

2. 条缝形送风口

当矩形送风口的宽长比大于 1:20 时,可由单条缝、双条缝或多条缝组成,如图 5-24 所示,且风口与采光带相互配合布置,使室内更显整洁美观。条缝形送风口在民用建筑舒适性空调系统中应用广泛。

图 5-24 条缝形送风口

3. 散流器

散流器是装在顶棚上的一种送风口,它具有诱导室内空气使之与送风射流迅速混合的特性。散流器送风气流有两种方式。一种称为散流器平送,这种送风方式使气流沿顶棚横向流动,形成贴附射流,射流扩散好,工作区总是处于回流区;另一种送风气流方式称为散流器下送风。散流器送风口的实物如图 5-25 所示。

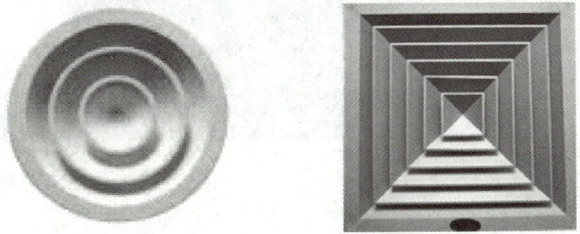

图 5-25 圆形与方形散流器送风口

4. 孔板送风口

孔板送风是将空气送入顶棚上面的稳压层中,在稳压层静压力的作用下,通过顶棚上的大量圆形或条缝形小孔均匀地进入房间。可以利用顶棚上面的整个空间作为稳压层,也可以另外设置静压箱。孔板送风口如图 5-26 所示。

5. 喷射式送风口

喷口送风又称集中送风,出风速度一般为 4~10m/s,送风量大且射程远,常用于建筑高度在 6m 以上的公共建筑中。喷口如图 5-27 所示。

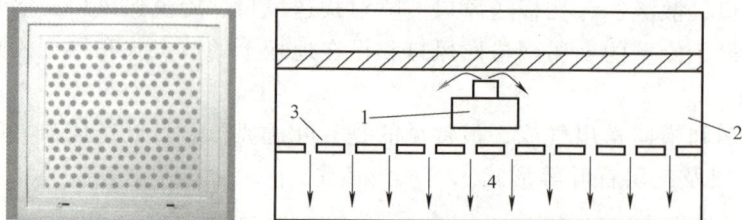

图 5-26　孔板送风口
1—送风管道　2—静压箱　3—孔板　4—气流

6. 旋流式送风口

旋流式送风口能送出旋转射流，可用于大风量、大温差送风以减少风口数量。旋流式送风口如图 5-28 所示。

图 5-27　喷口

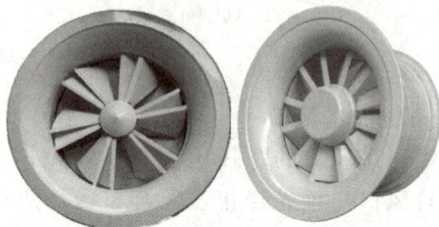

图 5-28　旋流式送风口

7. 回风口

回风口的气流速度衰减很快，对室内气流的影响比较小。回风口通常设置在房间的下部，离地面 0.15m 以上。常用的回风口为百叶式和网格式，如图 5-29 所示。

图 5-29　百叶式与网格式回风口

5.3.4　空调房间的气流组织

在空调房间内，经处理的空气由送风口进入房间，与室内空气进行热湿交换后，由回风口排出。空气的进入和排出必然会引起室内空气的流动。而不同的空气流动状况会产生不同的空调效果。合理地组织室内空气的流动，使室内空气的温度、湿度、流速等能更好地满足工艺要求和符合人们舒适的感觉，这就是气流组织的任务。

下面介绍几种常见的气流组织形式。

1. 侧向送风

侧向送风的气流组织有上送下回和上送上回两种，如图 5-30 所示。侧向送风适用于跨度有限、高度不太低的空间，如客房、办公室、小跨度中庭等的一般空调系统。

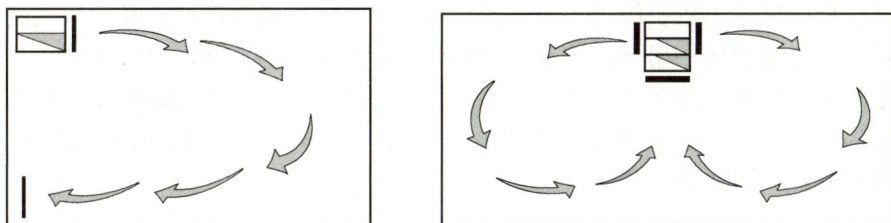

图 5-30　侧向送风

2. 散流器送风

散流器送风的气流组织形式一般有上送下回和上送上回两种，如图 5-31 所示。散流器送风适用于大跨度、高空间，如购物中心、大型办公室、展馆等的一般空调系统。

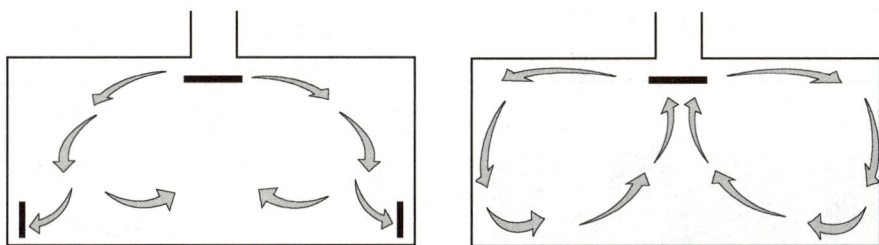

图 5-31　散流器送风

3. 孔板送风

孔板送风是利用吊顶上面的空间为稳压层，空气由送风管进入稳压层后，在静压箱作用下，通过在吊顶上装设的具有大量小孔的多孔板，均匀地进入空调区域的送风方式，而回风则均匀地布置在房间的下部，如图 5-32 所示。孔板送风适用于单位面积送风量大、工作区要求风速小的空调环境。

4. 喷口送风

喷口送风一般采用上送下回或者中送风的气流组织形式，如图 5-33 所示。喷口送风适用于高大的厂房或层高很高的公共建筑物，如影剧院、体育场馆等。

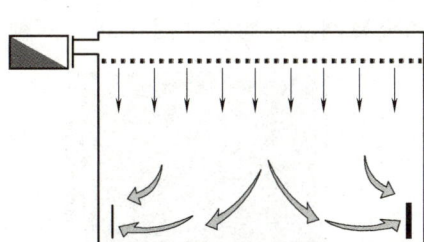

图 5-32　孔板送风

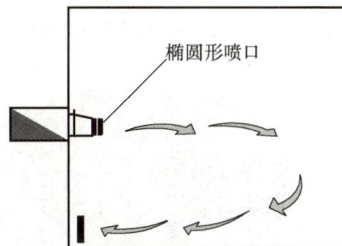

图 5-33　喷口送风

5. 条缝送风

条缝送风是通过设置在吊顶（或侧墙上部）上的条缝形送风口将空气送入空调区域的送风方式，如图 5-34 所示。条缝送风适用于空调区允许风速为 $0.25 \sim 0.5 \mathrm{m/s}$ 的舒适性空调系统。

6. 下部送风

送风以较低的风速和较小的温差经由置换通风器送入人员活动区，在送风气流和室内热源形成的对流气流的共同作用下，携带污染物和热量从房间的顶部回风口排出，形成自地板至吊顶的全面空气流动，因此又称为置换通风，如图5-35所示。下部送风适用于有夹层地板可供利用的空调空间、以节能为目的的高大空间。此外下部送风还有地板送风（地板散流器）和岗位送风（图5-36）等形式。

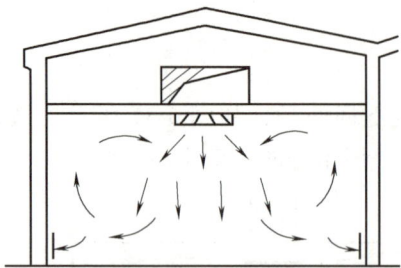

图 5-34 条缝（吊顶）送风

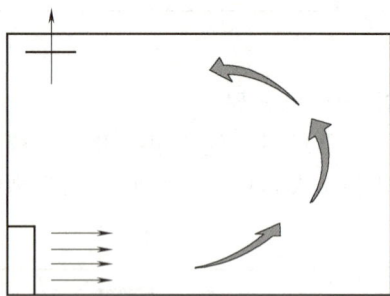

图 5-35 下部送风

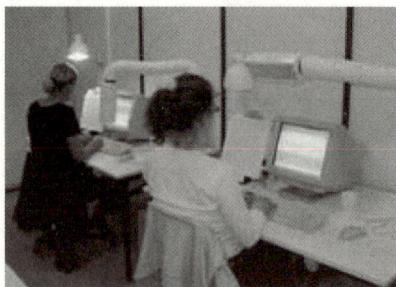

图 5-36 办公室岗位送风

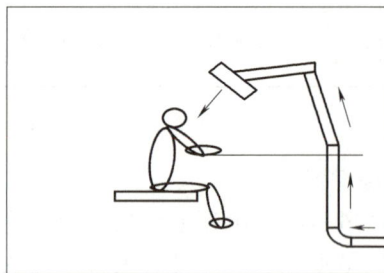

常用的空气
处理设备

5.3.5 常用的空气处理设备

1. 空气过滤器

对空气进行净化处理的设备，称为空气过滤器。空气过滤器按照形状不同，分为布袋式过滤器（图5-37）和金属网格过滤器（图5-38）两种。

图 5-37 布袋式过滤器

图 5-38 金属网格过滤器

2. 空气加热器

对空气进行加热处理的设备，称为空气加热器。目前广泛使用的加热设备有表面式空气加热器和电加热器两种类型。

（1）表面式空气加热器　又称为表面式换热器，是以热水或蒸汽作为热媒通过金属表面传热的一种换热设备，如图 5-39 所示。

（2）电加热器　电加热器是让电流通过电阻丝发热来加热空气的设备，有裸线式和管式两种。在定型产品中，常把这种电加热器做成抽屉式，如图 5-40 所示。

图 5-39　表面式空气加热器

图 5-40　抽屉式电加热器

3. 空气冷却器

将被处理的空气冷却到所需要温度的设备，称为空气冷却器。空调工程中常用的空气冷却器有表面式空气冷却器、喷水室和制冷剂直接蒸发式空气冷却器。

（1）表面式空气冷却器　表面式空气冷却器简称表冷器，其结构与表面式空气加热器一样，也由肋管组成，只是在管中流通的不是热水或蒸汽，而是由制冷设备提供的冷媒水。其中，以制冷剂为冷媒的表面式空气冷却器，称为直接蒸发式空气冷却器。

（2）喷水室　喷水室是一种多功能的空气调节设备，可对空气进行加热、冷却、加湿及减湿等多种处理。其原理是通过喷嘴把不同温度的水喷成雾状小水滴，与空气进行热湿交换，达到加热、冷却、加湿、减湿等目的。

4. 空气的加湿、除湿设备

常用来对空气加湿的设备很多，除喷水室外，还有蒸汽喷管加湿器及电加湿器。

（1）蒸汽喷管加湿器　蒸汽喷管加湿器是最简单的蒸汽加湿装置。在长度不超过1m 的管道上，按照需要开出一定数目孔径为 2~3mm 的小孔，使自锅炉房引来的蒸汽从小孔中喷出，与流过喷管外面的空气相混合，从而达到加湿空气的目的。蒸汽喷管加湿器如图 5-41 所示。

（2）电加湿器　电加湿器是直接用电能加热水产生蒸汽，就地混入空气中去的加湿设备。

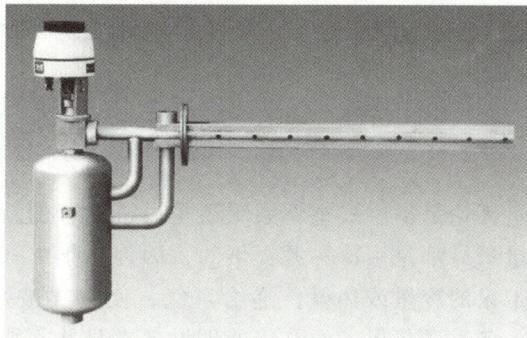

图 5-41　蒸汽喷管加湿器

（3）加热通风法减湿 如果室外空气含湿量低于室内空气的含湿量，则可以将经过加热、使相对含湿量降低了的空气进入室内，同时从室内排出同样数量的潮湿空气，从而达到减湿的目的。

（4）冷却减湿 冷却减湿设备即冷冻除湿机，实质上是一个小型的制冷系统。

（5）液体吸湿剂吸收减湿 液体吸湿是将氯化钙（$CaCl_2$）、氯化锂（LiCl）和三甘醇（$C_6H_{14}O_4$）等溶液喷淋到空气中，使空气中的水分凝结出来而达到去湿的目的。

（6）固体吸湿剂吸附减湿 常用的固体吸湿剂有硅胶（SiO_2）、铝胶（Al_2O_3）、氯化钙（$CaCl_2$）等。

5. 组合式空调机组

前面分别介绍了处理空气的各种设备，设计人员可根据工程需要选择合适的处理设备，组成空气处理室，也称组合式空调机组，如图5-42所示。

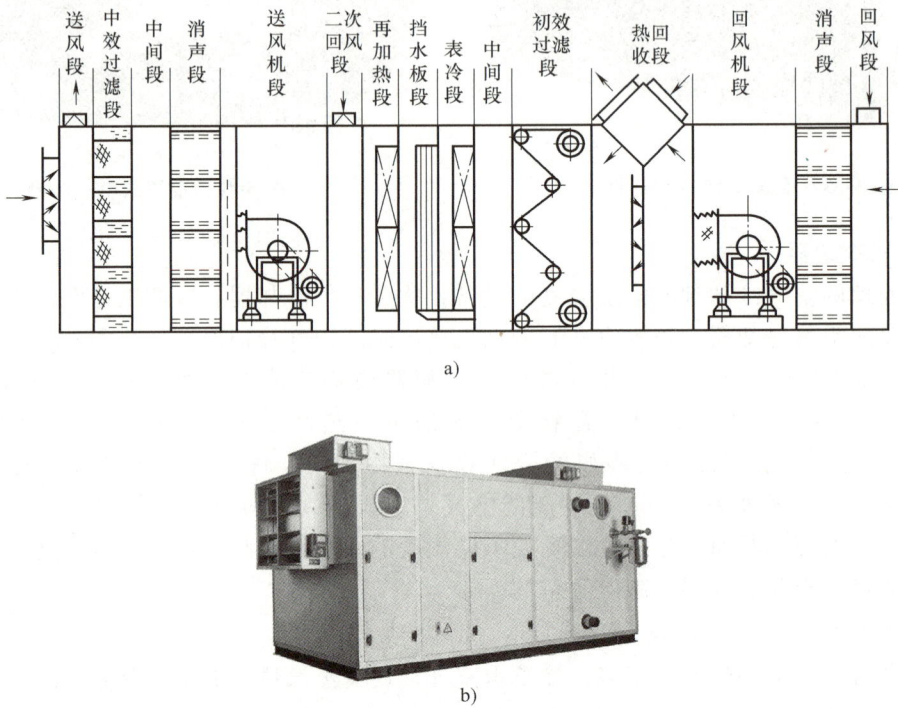

a)

b)

图 5-42 组合式空调机组

课题 4 空调系统的冷热源

无论是集中式空调系统还是风机盘管加新风系统，空调房间或空调区域所需要的冷量和热量最终都是由冷热源提供的，因为在集中式空调系统中，空气处理设备只负责把冷水或热水带来的冷量或热量传递给空气，使空气被冷却或被加热，从而实现夏季向空调房间送冷风，冬季送热风，而空气处理设备本身并不能制造和产生冷量或热量。同样，在风机盘管加新风系统中，风机盘管只负责把冷水或热水带来的冷量或热量通过风机和盘管自身的工作传递给室内空气，从而实现送冷风或热风的目的，当然新风机组也一样，而风机盘管和新风机组本身并没有制造冷热量的能力。因此，中央空调的正常运行，是要靠冷热源的正常工作来保障的。冷热源把冷热量制造出来，然后依靠空调系统将冷热量输送至空调房间或空调区域。

5.4.1　空调系统的冷源

能够为空调系统提供冷量的统称为冷源。冷源一般分为两类：天然冷源和人工冷源。

1. 天然冷源

（1）地下深井水、山涧水　地下水冬暖夏凉，山涧水在炎热的夏季也是冰凉的，因此地下深井水和山涧水是良好的天然冷源。使用深井水和山涧水的空调系统，习惯上称为水空调。

（2）天然的冰、雪　在人工制冷开始发展以前，人类已经知道利用天然冰雪在简易的设备中保持低温条件。

（3）地道风　地道风也是一种天然冷源。由于夏季地道壁面的温度比外界空气的温度低很多，所以在有条件利用的地方，使空气穿过一定长度的地道，也能实现对空气冷却或减湿冷却的处理过程，但应用不多。

知识拓展

早在周朝，中国古人就开始用冰窖存冰降温。唐宋年间，皇宫采用冷水循环，用扇轮转摇，产生风力将冷气送入殿中。利用机械将冷水送向屋顶，任其沿檐直下，形成人造水帘，激起凉气消暑。我国古代人民运用简单的物理知识，以及对建筑结构、水文地理等自然环境的深刻理解，就达到了想要的制冷效果。这些技术手段，也为如今的制冷技术奠定了基础，让我们受益至今。

2. 人工冷源

天然冷源节能，对环境影响小，但受到自然条件和地理条件的限制。因此，更多时候还是要依靠人工冷源，即制冷机来制造冷量。制冷的理论方法有很多，目前应用在空调工程中的制冷机有两种：蒸气压缩式制冷机和吸收式制冷机。

蒸汽压缩式制冷机和吸收式制冷机虽然在设备上相差很大，但实质是相同的，即都是相变制冷。相变制冷是利用液体在低温下的蒸发过程或固体在低温下的熔化或升华过程向被冷却物体吸取热量。

蒸汽压缩式制冷机是电制冷机，即通过消耗电能而获得冷量，如图5-43所示。

蒸汽压缩式制冷机的四大基本部件为：压缩机、冷凝器、节流装置和蒸发器。它利用制冷剂在低温下气化吸热达到制冷的目的。

吸收式制冷机是热驱制冷，即通过消耗热能而获得冷量。

热量可以来自热水、蒸汽、燃料的燃烧以及太阳能。吸收式制冷机工作原理如图5-44所示。吸收式制冷机用吸收器和发生器的组合代替了蒸汽压缩式制冷机的压缩机（图中点画线框内）。

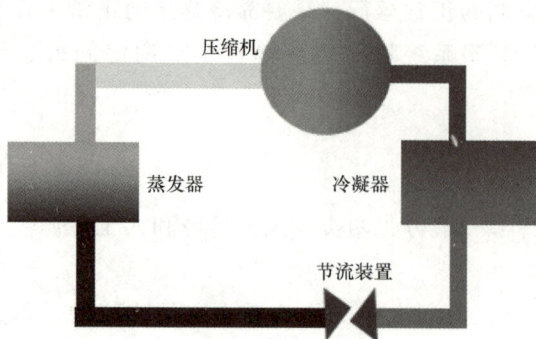

图 5-43 压缩式制冷原理

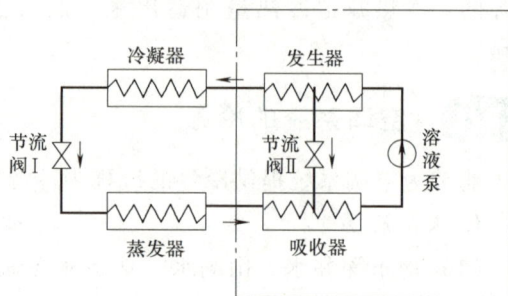

图 5-44 吸收式制冷机工作原理示意图

5.4.2 空调系统的热源

能够为空调系统提供热量的统称为热源。空调系统的热源包括城市集中供热、锅炉、热泵机组。

1. 城市集中供热

和采暖系统一样，空调系统选取城市集中供热作为热源，必须有热力入口等环节，在此不再赘述。

2. 锅炉

和采暖系统一样，空调系统采用锅炉作为热源，在此不再赘述。

3. 热泵机组

热泵机组的冬季制热原理和家用空调相同，蒸汽压缩式制冷机上增加四通换向阀，就可以使蒸发器转换成冷凝器，冷凝器转换成蒸发器，并供应热量。

图 5-45 和图 5-46 分别为冷热风（水）机组在四通换向阀的作用下的制冷循环与制热循环。

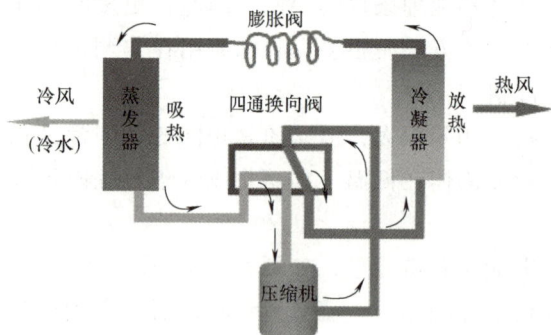

图 5-45 制冷循环

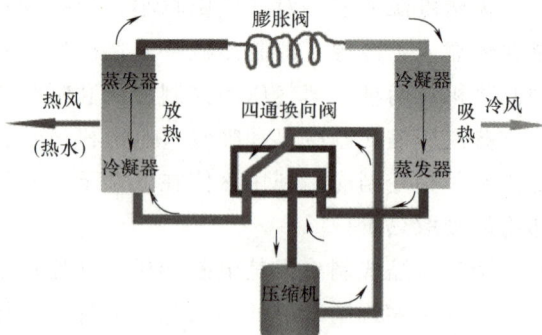

图 5-46 制热循环

知识拓展

1. 空调制冷剂

制冷剂的发展大致分为四个阶段。目前，第一代制冷剂氯氟烃类因对臭氧层的危害较大，故在全球范围内已被淘汰；第二代制冷剂氢氯氟烃也因同样的原因被逐渐淘汰；第三代制冷剂是氢氟烃（HFC），对臭氧层无危害，目前广泛使用，但对全球变暖有一定影响，所以目前有些国家开始削减用量；第四代制冷剂氢氟烯烃（HFO）对环境影响小，但专利壁垒高。

2. 地源热泵空调

地源热泵空调利用了地下水约 $18 \sim 20 \text{℃}$ 恒温的特点，取其作为冷却或蒸发热源，因为地下水温比冷却塔回水温度低 $10 \sim 12 \text{℃}$，所以空调主机可节能 $30\% \sim 36\%$。

我国的地热资源总量约占全球地热资源的 1/6，全国沉积盆地地热资源储量折合标准煤 8530 亿吨，尚有很大利用空间。

3. 蓄冷（冰）空调

蓄冷（冰）空调的原理是利用夜晚低价谷电制冷制冰，白天高价峰电时融冰供冷，综合节约电费约 30%，对电网移峰填谷、缓解峰谷供求不平衡有利，但机房一次性投资增加约 30%，蓄冰槽、罐需较大的安放空间，制冷、释冷、换热加压泵的流量、扬程等均需计算准确，才能获得最佳节能效果。

只有对冷热源以及新技术进行合理利用，才能以高品质生态环境支撑高质量发展建设，推动城乡人居环境的改善，践行"绿水青山就是金山银山"的发展理念。

课题5　空调水系统

空调水系统一般包含冷水（或称为冷冻水）或热水、冷却水以及冷凝水。

5.5.1　冷、热水和冷却水参数

1. 冷、热水

携带冷量的水称为冷水，携带热量的水称为热水。冷、热水在水泵作用下，经管道送至各空调机组、风机盘管、喷水室等空气处理设备处实现对空气的冷却和加热处理。因此冷、热水又称为冷、热媒，在系统中的作用是把冷、热量携带并运送至各空气处理设备处。

应当指出：空调系统设计的冷、热水均循环使用，个别利用天然冷源的空调系统会采用直流式系统。

受冷水机组蒸发温度的限制，冷水水温不得低于 5℃。一般情况下，空调系统设计的冷水供水温度为 $5 \sim 9 \text{℃}$，供回水温差 $\Delta t = 5 \sim 10 \text{℃}$。多数情况下，空调系统的供回水温度分别为 7℃ 和 12℃，即冷水机组的额定工况是制备 7℃ 的冷水，回收 12℃ 的冷水。

热水一般采用的供水温度为 $40 \sim 65 \text{℃}$，供回水温差为 $\Delta t = 4.2 \sim 15 \text{℃}$。多数情况下系统空调系统的供回水温度分别为 60℃ 和 50℃。

2. 冷却水

制冷机组正常运行时冷凝器不断产生热量，必须有介质将这些热量带走才能保证制冷的连续进行，带走这些热量的水称为冷却水。

应当指出：空调系统的冷却水系统经常设计成循环系统，少数采用深井水的直流式供水系统除外。因此，冷却水必须由冷却塔将其携带的热量释放掉，才能连续具备带走冷凝器产生的热量的能力。也就是说，冷却水在此依然充当携带热量的媒介物质，并最终将冷凝器产

生的热量经由冷却塔释放给周围大气。

冷却水的温度随室外工况、制冷机运行工况以及冷却塔运行工况的影响而有所不同，经常设计的供回水温度为32℃和37℃。

5.5.2 冷冻水系统形式

空调冷热水系统是指由冷水机组的蒸发器、表面式换热器（包括空调机组和风机盘管）、分水器、集水器、冷热水箱、冷热水循环泵等组成的循环系统。空调冷热水循环系统有开式循环系统与闭式循环系统、同程式系统与异程式系统、一次泵水系统与二次泵水系统、定流量水系统与变流量水系统之分。

下面以风机盘管空调系统的冷冻水为例，分别叙述。

1. 开式循环系统与闭式循环系统

（1）开式循环系统　如图5-47所示，在循环系统管路中设有贮水箱或水池，水箱或水池是连通大气的，回水靠重力自流回到水箱或水池，然后再由水泵送出。

（2）闭式循环系统　如图5-48所示，其管路系统不与大气相接触，仅在系统最高点设置膨胀水箱，整个系统形成一个封闭的回路。

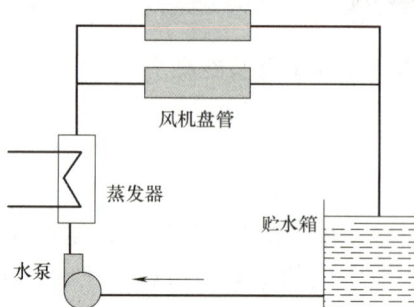

图5-47　开式循环系统

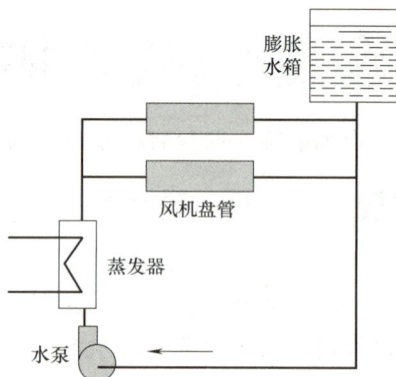

图5-48　闭式循环系统

2. 同程式系统与异程式系统

（1）同程式系统　如图5-49所示，系统中各循环环路长度相等，可避免或减轻水平失调。

（2）异程式系统　如图5-50所示，系统中各循环环路长度不相等。其环路阻力不易平衡，阻力小的近端环路，流量会加大，远端环路的阻力大，其流量相应会减小，从而造成在供冷、热时近端用户比远端用户得到的冷、热量多，形成水平失调。

3. 一次泵水系统与二次泵水系统

（1）一次泵水系统　只用一组循环水泵，如图5-51所示，其系统简单、初投资省。

（2）二次泵水系统　其冷冻水系统分成冷冻水制备和冷冻水输送两部分。如图5-52所示，与冷水机组对应的泵称为初级泵（一次泵），它与供回水干管的旁通管组成冷冻水制备系统。连接所有负荷点供回水干管的泵称为次级泵（也称二次泵）。

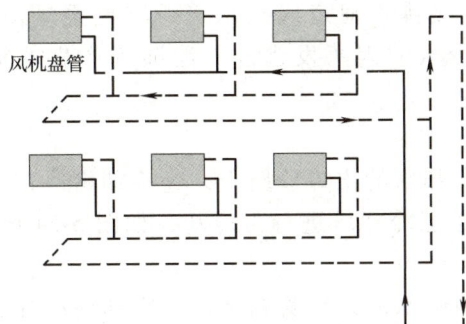

图 5-49　同程式系统

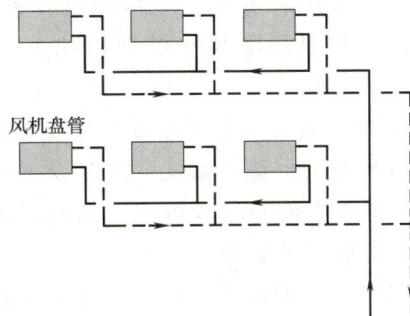

图 5-50　异程式系统

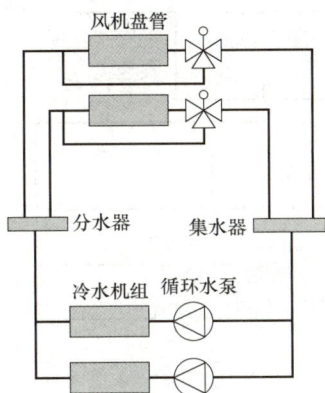

图 5-51　一次泵定流量水系统

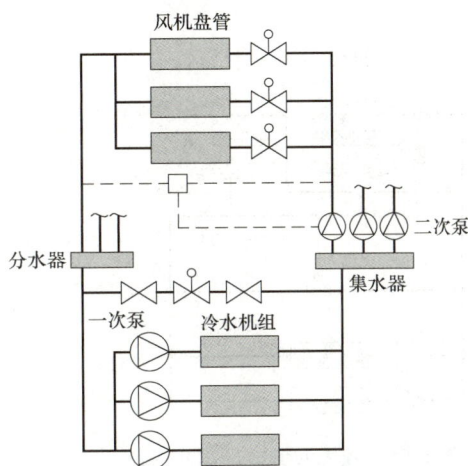

图 5-52　二次泵变流量水系统

4. 定流量水系统与变流量水系统

（1）定流量水系统　系统中的循环水流量保持定值，当负荷变化时，可通过改变风量或者调节表冷器、风机盘管的旁通管进行水量的调节，如图 5-51 所示。

（2）变流量水系统　系统中供回水的温度保持不变，负荷变化时，可通过分集水器之间的旁通管改变供水量，如图 5-52 所示。应当指出，变流量系统只是指冷源供给用户的水流量随负荷的变化而变化，通过冷水机组的流量是恒定的。

5.5.3　冷却水系统形式

空调冷却水系统是指由冷水机组的冷凝器、冷却塔、冷却水箱和冷却水循环泵等组成的循环系统。冷冻水与冷却水系统之间的关系如图 5-53 所示。

空调冷却水循环系统有直流式系统与循环式系统两种形式，而循环式系统又分为重力回流式系统与压力回流式系统。

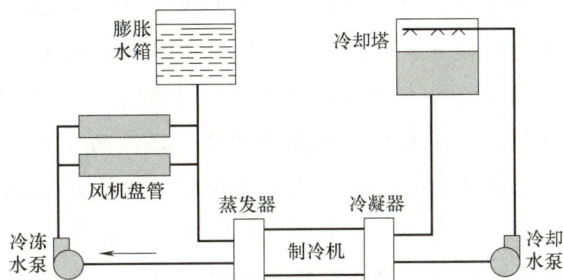

图 5-53　冷冻水与冷却水系统的关系示意图

1. 直流式系统与循环式系统

直流式系统是指冷却水经过冷凝器之后，直接排入河道或下水道，不再重复使用。循环式系统是指冷却水循环使用，只需要补充少量的因蒸发逃逸、泄漏等产生的损失水量。

2. 重力回流式系统与压力回流式系统

（1）重力回流式系统　水泵设置在冷水机组冷却水的出口管路上，经冷却塔冷却后的冷却水借重力流经冷水机组，然后经水泵加压后送至冷却塔进行再冷却，如图5-54所示，此时冷凝器只承受静水压力。

（2）压力回流式系统　水泵设置在冷水机组冷却水的入口管路上，经冷却塔冷却后的冷却水借水泵压力流经冷水机组，然后再进入冷却塔进行再冷却，如图5-55所示，此时冷凝器的承压为系统静水压力和水泵全压之和。

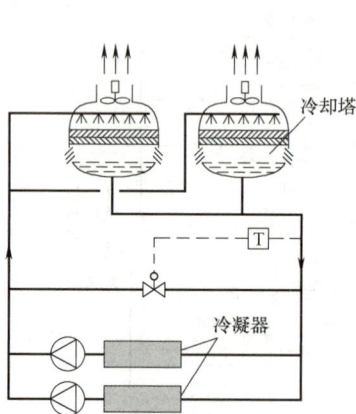

图5-54　重力回流式冷却水系统

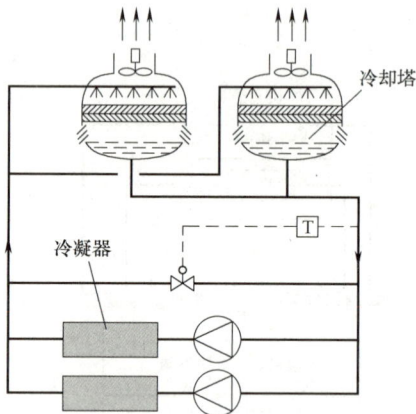

图5-55　压力回流式冷却水系统

此外，在空气冷却处理过程中，当空气冷却器的表面温度等于或低于处理空气的露点温度时，空气中的水汽将在冷凝器表面冷凝，形成冷凝水。因此，诸如单元式空调机、风机盘管机组、组合式空气处理机组、新风机组等设备，都设有冷凝水收集装置和排水口。为了能及时、顺利地将设备内的冷凝水排走，必须配置相应的冷凝水排水系统。冷凝水排水系统属于重力自流排水，可参阅前述建筑室内排水系统。

知识拓展

冷冻水温提升2~3℃，主机节能6%~10%。有经验的师傅会把冷冻水温设在9~14℃，主机可节能6%，同样能满足舒适性中央空调对冷冻水温的需要。有人认为末端空调不够冷，就把冷冻水温降到4~9℃，这样主机就会多耗能10%。实际上个别末端空调不够冷的真正原因，是水侧、风侧有污堵，换热面积或效率下降，定期清洗水侧污垢、风侧翅片污垢就可以解决上述问题。这也是空调运行管理节能的常用方法和有效措施。

习近平总书记提出了"要加快推动发展方式绿色低碳转型，坚持把绿色低碳发展作为解决生态环境问题的治本之策，加快形成绿色生产方式和生活方式，厚植高质量发展的绿色底色"的重要论述，我们在日常学习生活中，要尽量做到节能减排，养成节约能源的良好习惯。

课题6 通风空调系统的消声和减振

5.6.1 通风空调系统的噪声来源与控制

1. 通风空调系统的噪声来源

通风空调系统中的主要噪声源是通风机、制冷机、机械通风冷却塔等，还有由于风管内气流压力变化引起的振动，尤其当气流遇到障碍物（如阀门）时，产生的噪声较大。这些噪声源产生的噪声会沿风管系统传入室内。此外，由于出风口风速过高也会产生噪声，所以在气流组织中要适当限制出风口的风速。

2. 通风空调系统的噪声控制

当噪声源产生的噪声经过各种自然衰减后仍然不能满足室内噪声标准时，就必须在管路上设置专门的消声装置——消声器。

消声器是一种安装在风管上防止噪声通过风管传播的设备。它由吸声材料和按不同消声原理设计的外壳所构成，如图5-56所示。消声器根据不同的消声原理可分为阻性型消声器、共振型消声器、抗性型消声器和复合型消声器。

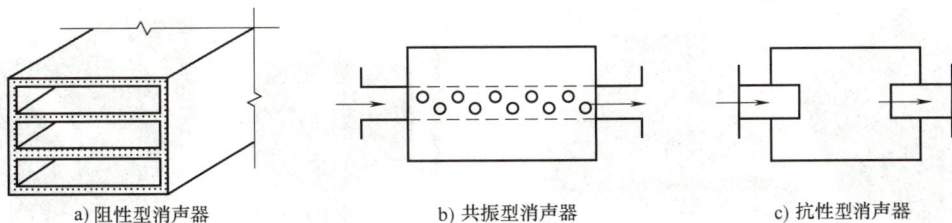

| a) 阻性型消声器 | b) 共振型消声器 | c) 抗性型消声器 |

图5-56 消声器构造示意图

（1）阻性型消声器 阻性型消声器的消声原理主要是吸声材料的吸声作用，常用的吸声材料为玻璃棉。把吸声材料固定在风管内壁，或按照一定方式排列在管道和壳体内，就构成了阻性型消声器，如图5-56a所示。

（2）共振型消声器 共振型消声器是利用穿孔板共振吸声的原理制成的消声器。在消声器气流通道的内侧壁上开有小孔，与消声器外壳组成一个密闭的空间，通过适当的开孔率及孔径，使噪声源的频率与消声器的固有频率相等或接近，从而产生共振，消耗声能，起到消声的作用，如图5-56b所示。

（3）抗性型消声器 抗性型消声器是由管道和小室相连而成，如图5-56c所示。通道截面的突变，使沿通道传播的声波反射回声源位置，从而起到消声的作用。

（4）复合型消声器 将阻性型、共振型、抗性型消声器按照各自的特点进行组合，形成的消声器称为复合型消声器。

此外，还可以采用消声弯头和消声静压箱。

5.6.2 通风空调系统的减振

空调系统的噪声除了通过空气传播到室内外，还能通过建筑物的结构和基础进行传播。

同时，空调系统中的风机、水泵、制冷机等设备运转时，会产生振动，该振动传给支撑结构（基础或楼板），并以弹性波的形式沿房屋结构传到其他房间产生噪声。削弱由设备传给基础的振动，是用消除它们之间的刚性连接来实现的，即在振源和它的基础之间安设避振构件（如弹簧减振器或橡皮、软木等），使从振源传到基础的振动得到一定程度的减弱。

在设备和基础之间采用减振器，设备与管道之间采用帆布短管或橡胶软接头，是通风空调系统中经常采取的减振措施。

弹簧减振器如图5-57所示，橡胶减振器如图5-58所示，帆布短管如图5-59所示，橡胶软接头如图5-60所示。

图 5-57 弹簧减振器

图 5-58 橡胶减振器

图 5-59 帆布短管

图 5-60 橡胶软接头

知识拓展

噪声对通风空调房间的影响不容忽视，同样这个问题在生活中其他方面也有所体现，这就涉及空气动力学相关知识。

中国高速动车组在提速过程中发现，需要重点解决空气阻力的问题。设计师们采用了"子弹头"式的设计，同时还将车身侧墙上下向车体内倾，与车顶和车底部的连接采用大圆弧过渡，使用导流板等大量空气动力学的设计，很好地解决了明线（非隧道）上列车运行时的表面压力波、会车时列车表面压力波、通过隧道时列车表面压缩波和微气压波、列车气动阻力等问题，提高了列车运行的稳定性和车厢内人员舒适性。

此外，为减少振动、噪声对人们的影响，高速铁路在相应区段外侧设置"一堵墙"，声音在遇到这堵"墙"时，声波会有较明显的衰减，这样就减轻了受铁路噪声影响的人群和建筑物处的噪声，这堵"墙"就是声屏障。高速铁路声屏障采用内含吸声材料的复合吸声板，具有很好的吸隔声性能。

科技创新促进国家经济发展，提高国家竞争力，我们要贯彻"科技是国家强盛之基，创新是民族进步之魂"的理念，弘扬工匠精神，敢于创新，勇于实践，为实现科技兴国添砖加瓦。

复习思考题

1. 什么是风压作用下的自然通风？什么是热压作用下的自然通风？
2. 风道的布置应遵循哪些原则？
3. 什么是离心式风机？什么是轴流式风机？
4. 如何定义防火分区与防烟分区？
5. 通风空调系统的防火措施有哪些？
6. 常用的防排烟形式有哪些？
7. 空调系统由哪些部分组成？如何分类？
8. 空调系统常用的送回风口有哪些？常见的气流组织形式有哪些？
9. 空调系统常用的冷源有哪些形式？常用的热源有哪些形式？
10. 空调系统的水系统有哪几种？使用中有哪些具体形式？
11. 通风空调系统常采用哪些消声与减振措施？

建筑燃气供应系统

单元目标

知识目标

1. 了解燃气的种类，熟悉燃气的供应方式。
2. 掌握燃气管道的布置敷设要求，了解燃气管道的安装要求。
3. 熟悉常用燃气用具，掌握燃气使用的安全常识。
4. 了解燃气系统施工图。

技能目标

1. 能安全使用燃气。
2. 能进行简单工程燃气施工图的识读。
3. 能做好土建施工与室内燃气管道施工的配合。

素养目标

1. 培养积极向上的生活态度。
2. 通过建筑燃气供应系统基本知识的学习，培养科学严谨、细致认真的工作态度，养成安全使用燃气的习惯。
3. 通过学习，激发热爱本专业的热情。

单元概述

本单元主要介绍燃气的种类及供应方式；室内燃气管道的布置敷设与安装要求；燃气表、燃气用具的安装要求及安全使用常识；燃气施工图及识读方法等知识。通过学习，应熟悉基本知识，熟知燃气使用的安全常识，能读懂简单的工程燃气系统施工图，做好土建施工与燃气施工的配合。

课题 1　建筑燃气供应系统概述

燃气是各种气体燃料的总称。气体燃料比液体燃料和固体燃料具有更高的热能利用率，它燃烧温度高，火力调节自如，使用方便，易于实现燃烧过程自动化，燃烧时没有灰渣，清洁卫生，而且可以利用管道和瓶装供应。在工业生产上，燃气供应可以满足多种生产工艺（如玻璃工业、冶金工业、机械工业等）的特殊要求，可达到提高产量、保证产品质量以及改善劳动条件的目的。在日常生活中应用燃气为燃料，对改善生活条件，减少空气污染和保护环境，都具有重大的意义。

6.1.1 燃气的种类

燃气按照其来源及生产方式分为四大类：天然气、人工煤气、液化石油气和沼气。

1. 天然气

天然气一般可分四种：从气井开采出来的纯天然气（或称气田气）；溶解于石油中，随石油一起开采出来后从石油中分离出来的石油伴生气；含石油轻质馏分的凝析气田气；从井下煤层抽出的矿井气（又称矿井瓦斯）。

天然气具有热值高、容易燃烧且燃烧效率高的特点，是优质、清洁的气体燃料，是理想的城市燃气气源。

天然气从地下开采出来时压力很高，有利于远距离输送，但需经降压、分离、净化（脱硫、脱水），才能作为城市燃气的气源。天然气可作为民用燃料或作为汽车清洁燃料使用。天然气经过深度制冷，在−160℃的情况下就变成液体成为液化天然气，液态天然气的体积为气态时的1/600，有利于储存和运输，特别是远距离越洋输送。

天然气主要成分是甲烷，它比空气轻，无毒无味，但是极易与空气混合形成爆炸混合物。空气含有5%~15%的天然气泄漏量时，遇明火就会发生爆炸，供气部门在天然气中加入少量加臭剂（如四氢噻吩、乙硫醇等），泄漏量只要达到1%，用户就会闻到臭味，避免发生中毒或爆炸等事故。

> **知识拓展**

改革开放以来，中国能源工业发展迅速，但结构很不合理，煤炭在一次能源生产和消费中的比重均高达72%。大量燃煤使大气环境不断恶化，发展清洁能源、调整能源结构已迫在眉睫。根据天然气的资源状况和勘探形势，我国决定启动西气东输工程，加快建设天然气管道。

天然气进入千家万户不仅让老百姓免去了烧煤、烧柴和换煤气罐的麻烦，而且对改善环境质量意义重大。截至2022年底，由西气东输一线、二线、三线（西段、东段）组成的西气东输管道系统累计输气量超过8000亿立方米，替代标煤10.7亿吨，减少二氧化碳排放11.7亿吨、粉尘5.8亿吨。

目前，西气东输管道系统总里程超过2万公里，相当于绕地球赤道约半圈。管道5次穿（跨）越黄河，3次穿越长江，是我国覆盖范围最广的天然气管道，惠及我国西部、长三角、珠三角、华中及中原地区的400多个城市、3000余家大中型企业和近5亿人口。

西气东输对推动我国能源结构调整起到了积极作用，促进天然气在我国一次能源消费结构中的比例由2003年的2.4%提高至2021年的8.9%。目前，国家管网集团正加紧建设西气东输三线中段（中卫——吉安）和四线天然气管道工程。工程投产后，将进一步提升西气东输管道系统的天然气供应能力，更好保障国家能源安全和经济安全，为实现"双碳"目标、建设美丽中国注入更加强劲的清洁动能。

伟大的时代创造伟大的工程，伟大的工程折射伟大的精神。一个个超级工程、一项项世界之最，是中国人民在中国共产党的领导下创造出的一个个奇迹，是中国综合国力强起来所带来的经济实力和技术力量，是代代相传的工匠精神托举起的不朽伟业。当我们为西气东输这项超级工程感到自豪时，更为其中的工匠精神而感动。

2. 人工煤气

人工煤气是指以固体或液体可燃物为原料加工制取的可燃气体。我国常用人工煤气有干馏煤气、气化煤气、油制气。

干馏煤气是将煤隔绝空气加热到一定温度，所获得的煤气。干馏煤气的主要成分为氢、甲烷、一氧化碳等。将煤或焦炭在高温下与氧化剂（如空气、氧、水蒸气等）相互作用，通过化学反应使其转变为可燃气体，此过程称为固体燃料的气化，由此得到的燃气称为气化煤气。气化煤气的主要成分为氢、甲烷。油制气是利用重油（炼油厂提取汽油、煤油和柴油之后所剩的油品）制取的城市煤气。油制气含有氢、甲烷和一氧化碳。

人工煤气有强烈的气味及毒性，含有硫化氢、苯、氨、焦油等杂质，容易腐蚀及堵塞管道，因此出厂前需经过净化。

3. 液化石油气

液化石油气是石油开采和炼制过程中，作为副产品而获得的碳氢化合物。

液化石油气的主要成分是丙烷、丁烷、丙烯、丁烯等，常温常压下呈气态，常温加压或常压降温时，很容易转变为液态，利于储存和运输，升温或减压即可气化使用。从液态转变为气态其体积扩大 250~300 倍。液化石油气可采用瓶装供应，也可进行小区域的管道输送。

4. 沼气

沼气的主要组分为甲烷（约占60%）、二氧化碳（约占35%），此外还有少量的氢、氧、一氧化碳等。在农村，可利用沼气池将薪柴、秸秆及人畜粪便等原料在隔绝空气的条件下厌氧发酵，产生沼气，以作为农户炊事所需燃料，偏远地区还可使用沼气灯照明。

6.1.2 燃气的供应方式

城市燃气供应可分为管道输送和瓶装供应两种。

1. 管道输送

天然气或人工煤气经过净化后即可输入城镇燃气管网。城镇燃气管网包括市政燃气管网和小区燃气管网两部分。

根据《燃气工程项目规范》（GB 55009—2021），燃气输配管道应根据最高工作压力进行分级，并应符合表6-1的规定。

表 6-1　燃气输配管道压力分级

名称		最高工作压力/MPa
超高压		$P > 4.0$
高压	A	$2.5 < P \leqslant 4.0$
	B	$1.6 < P \leqslant 2.5$
次高压	A	$0.8 < P \leqslant 1.6$
	B	$0.4 < P \leqslant 0.8$
中压	A	$0.2 < P \leqslant 0.4$
	B	$0.01 < P \leqslant 0.2$
低压		$P \leqslant 0.01$

燃气管道的布置与敷设应符合下列要求。

液态燃气输配管道、高压A及高压A以上的气态燃气输配管道不应敷设在居住区、商业区和其他人员密集区域、机场车站与港口及其他危化品生产和储存区域内。输配管道的设计工作年限不应小于30年。

输配管道及附属设施的保护范围应根据输配系统的压力分级和周边环境条件确定。最小保护范围应符合下列规定：低压和中压输配管道及附属设施，应为外缘周边0.5m范围内的区域；次高压输配管道及附属设施，应为外缘周边1.5m范围内的区域；高压及高压以上输配管道及附属设施，应为外缘周边5.0m范围内的区域。

中压以上压力较高的管道，应连成环状管网，中低压管道一般连成枝状管网。

在特大城市，燃气管网应由低压、中压、次高压、高压、超高压管网连成四、五级管网；在一般的大城市，燃气管网由低压、中压（或次高压）、高压管网连成三级管网；在中小城市，燃气管网由低压、中压（或次高压）管网连成两级管网。

超高压、高压、次高压管网等中的燃气依次经过各级调压站最终降压至低压管网送到用户。

调压站是城市燃气输配系统中自动调节并稳定管网中压力的设施。燃气调压站按进出口管道压力可分为高中压调压站、高低压调压站、中低压调压站等；按服务对象分为供应一定范围的区域调压站和为单独建筑物或工业服务的用户调压站。燃气调压站通常由调压器、阀门、过滤器、安全装置、旁通管以及测量仪表等组成。

小区燃气管网是指从小区燃气总阀门井后至各建筑物的室外管网，一般为低压或中压管网。小区燃气管道敷设在土壤冰冻线以下0.1~0.2m的土层内，根据建筑群的总体布置，小区燃气管道宜与建筑物轴线平行，并埋于人行道或草地下；管道距建筑物基础应不小于2m；与其他地下管道的水平净距为1.0m；与树木应保持1.2m的水平距离。小区燃气管道不能与其他管道同沟敷设，以免管道发生漏气时经地沟渗入建筑物内。根据燃气的性质及含湿状况，当有必要排除管道中的冷凝水时，管道应具有不小于0.3%的坡度坡向凝水器。

用户燃气管道最高工作压力应符合下列规定：住宅内，明设时不应大于0.2MPa；暗埋、暗封时不应大于0.01MPa。商业建筑、办公建筑内，不应大于0.4MPa。农村家庭用户内，不应大于0.01MPa。

用户燃气管道设计工作年限不应小于30年。预埋的用户燃气管道设计工作年限应与该建筑设计工作年限一致。

2. 瓶装供应

目前液化石油气多用瓶装供应。液化石油气在石油厂产生后，可用管道、火车槽车、槽船运输到储配站或灌瓶站再用管道或钢瓶灌装，经供应站供应给用户。

供应站到用户根据供应范围、户数、燃烧设备的需用量大小等因素可采用单瓶供应、瓶组供应和管道系统供应等。其中单瓶供应常用15kg规格的钢瓶供应居民，瓶组供应采用钢瓶并联供应公共建筑或小型工业建筑的用户，管道系统供应适用于居民小区或锅炉房。

钢瓶内液态液化石油气的饱和蒸汽压按绝对压力计一般为70~800kPa，靠室内温度可自然气化。供燃气用具及燃烧设备使用时，还需经过钢瓶上调压器减压到（2.8±0.5）kPa。单瓶系统的钢瓶一般置于厨房，瓶组系统的并联钢瓶、集气管及调压阀等应设置在单独房间。

课题 2　室内燃气供应系统

6.2.1　室内燃气管道的布置与敷设

室内燃气管道系统由用户引入管、水平干管、立管、用户支管、燃气计量表、用具连接管和燃气用具组成，如图 6-1 所示。

室内燃气管道可采用热镀锌钢管、无缝钢管、薄壁不锈钢管或铜管，铜管宜采用牌号为 TP2 的管材，户内计量装置后可使用燃气专用铝塑复合管。

室内燃气管道的布置和敷设要求如下。

1. 用户引入管

用户引入管与城市或小区低压分配管道连接，在分支管处设阀门。输送湿燃气的引入管一般由地下引入室内，当采取防冻措施时也可由地上引入。在非采暖地区输送干燃气且管径不大于 75mm 时，则可由地上引入室内。输送湿燃气的引入管应有不小于 0.005 的坡度，坡向城市或小区分配管道。

引入管最好直接引入用气房间（如厨房）内，不得敷设在卧室、浴室、厕所、易燃与易爆物仓库、有腐蚀性介质的房间、变配电间、电缆沟及烟、风道内。

当引入管穿越房屋基础或管沟时，应预埋套管。燃气套管的尺寸不宜小于表 6-2 的规定。燃气管道与套管的间隙用油麻、沥青或环氧树脂填塞。管顶间隙应不小于建筑物最大沉降量，具体做法如图 6-2 所示。当引入管沿外墙翻身引入时，其室外部分应采取适当的防腐、保温和保护措施。

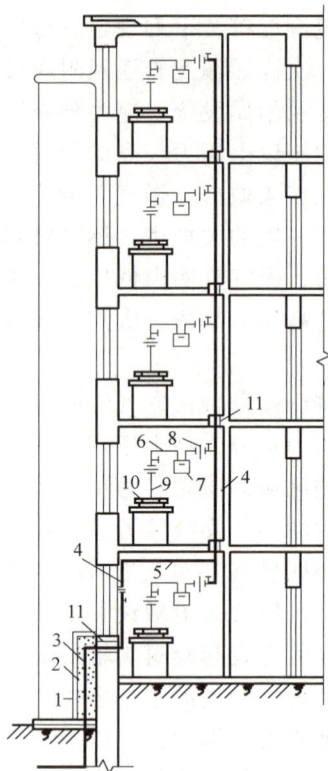

图 6-1　室内燃气管道系统

1—砖台　2—保温层　3—用户引入管
4—立管　5—水平干管　6—用户支管
7—燃气表　8—旋塞阀及活接头
9—用具连接管　10—燃气用具　11—套管

表 6-2　燃气管道的套管公称尺寸

燃气管公称直径	DN10	DN15	DN20	DN25	DN32	DN40	DN50	DN65	DN80
套管公称直径	DN25	DN32	DN40	DN50	DN65	DN65	DN80	DN100	DN125

引入管进入室内后第一层处，应该安装严密性较好、不带手柄的旋塞，可以避免随意开关。

对于建筑高度 20m 以上建筑物的引入管，在进入基础之前的管道上应设软性接头，以防地基下沉对管道的破坏。

2. 水平干管

引入管连接多根立管时，应设水平干管。水平干管可沿楼梯间或辅助间的墙壁敷设，坡向引入管，坡度不小于 0.002。管道经过的楼梯间和房间应有良好的通风。

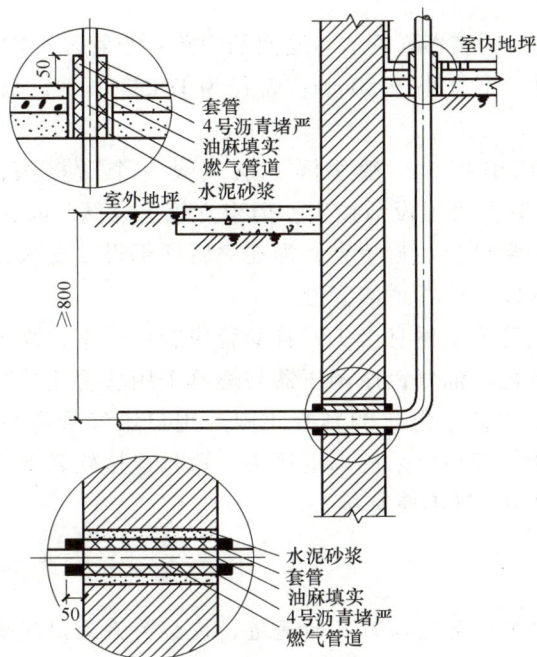

图 6-2　引入管穿越基础或外墙做法

3. 立管

立管是将燃气由水平干管（或引入管）分送到各层的管道。立管一般敷设在厨房、走廊或楼梯间内。每一立管的顶端和底端设丝堵三通，作清洗用，其直径不小于 25mm。当由地下室引入时，立管在第一层应设阀门。阀门应设于室内，对重要用户应在室外另设阀门。

立管通过各层楼板处应设套管。套管高出地面至少 50mm，底部与顶面平齐。套管与立管之间的间隙用油麻填堵，沥青封口。

立管在多层建筑中可以不改变管径，直通上面各层。

4. 用户支管

由立管引向各单独用户计量表及燃气用具的管道为用户支管。用户支管在厨房内的高度不低于 1.7m，敷设坡度应不小于 0.002，并由燃气计量表分别坡向立管和燃气用具。支管穿墙时也应有套管保护。

室内燃气管道应明装敷设。当建筑物或工艺有特殊要求时，也可以采用暗装，但必须敷设在有人孔的闷顶或有活盖的墙槽内，以便安装和检修。

6.2.2　室内燃气管道的安装

室内燃气系统安装的工艺流程为：安装准备→预制加工→支架安装→管道安装→燃气计量表安装→管道吹扫→管道试压（强度试验、严密性试验）→管道防腐、涂装→燃气用具安装。

安装准备阶段，应熟悉燃气施工图，核对管道的位置是否正确，核对管道交叉、排列是否合理，核对配合土建施工预留洞或预埋套管尺寸和位置是否准确，核对预埋件的位置等。根据施工图结合现场具体情况绘制施工草图，并按草图进行管道的预制加工。

室内燃气管道的安装顺序是：用户引入管→水平干管→立管→用户支管→下垂管→用具

连接管。

室内燃气管道应明装，明装燃气管道与墙面的净距：当管径≤DN25时，不宜小于30mm；当管径为DN25~DN40时，不宜小于50mm；管径为DN50时，不宜小于60mm；管径>DN50时，不宜小于90mm。

当燃气立管管径<DN50时，一般每隔一层装设一个活接头，其位置距地面不小于1.2m；管径≥DN50的立管上可不设活接头，但当立管上设阀门时，必须设活接头。

高层建筑燃气立管的管道长、自重大，需在立管底部设置支墩，立管中间应安装方形补偿器或波纹管等补偿装置以吸收管道的变形。

敷设在套管内的燃气管道不得有接头，且套管应管口平整，固定牢固。

当家庭用户管道或液化石油气钢瓶调压器与燃具采用软管连接时，应采用专用燃具连接软管。软管的使用年限不应低于燃具的判废年限。用户燃气管道与燃具的连接应牢固、严密。暗埋和预埋的用户燃气管道应采用焊接接头。燃具连接软管不应穿越墙体、门窗、顶棚和地面，长度不应大于2.0m且不应有接头。

知识拓展

燃具软管是连接户内燃气管道与灶具的通道，直接关系到用气安全，因此在选择和使用上切不可大意。《燃气工程项目规范》（GB 55009—2021）要求，家庭用户管道或液化石油气钢瓶调压器与燃具之间应采用专用燃具连接软管，非专用燃具连接软管极易引发安全事故。

与燃具连接的软管通常是胶管和定尺不锈钢软管。软管在厨房里的安装环境多种多样，有的在操作台下的橱柜里，有的在橱柜拉篮后面，有的和台式灶连接部分裸露在外，面临鼠咬、撞击、调料侵蚀、厨房清洁等情况，户内燃气泄漏事故中，胶管漏气是各类事故中占比最高的。燃气胶管因其材质不耐高温、不耐鼠咬、易被腐蚀、长期遇高温使用易造成老化、龟裂等原因，故使用年限仅为18个月，需要定期检查更换，防止泄漏。2023年，住房和城乡建设部办公厅印发了《关于加快排查整改燃气橡胶软管安全隐患的通知》。通知要求，坚持人民至上、预防为先，深刻吸取事故教训，加快排查整改燃气橡胶软管安全隐患，切实维护人民群众生命财产安全。使用金属波纹管是减少户内燃气安全事故发生的有效方式。金属波纹管采用不锈钢材质，外表包覆PVC防护层，可有效耐高温、抗腐蚀，不会轻易被鼠咬破或被腐蚀性液体侵蚀；燃气金属波纹管两端连接使用螺纹丝扣连接，能防止管体意外脱落造成的燃气泄漏。

正确选择燃气软管，有效杜绝燃气事故发生。规定必须采用专用燃具连接软管，也是从规范上强调使用合格产品，摒弃使用不合格产品，保障家庭用户燃气安全。软管更新容易被用户忽视，规定软管使用年限要求不低于燃具判废年限，在燃具更新时，软管可同时更新，提倡整体更新。

6.2.3 燃气用具

1. 燃气表

燃气表是计量燃气用量的仪表，家庭常用的有膜式燃气表、IC卡燃气表、远传信号膜式燃气表三种。

　　家用膜式燃气表是皮膜装配式气体流量计，由滑阀、皮袋盒、计数机等部件组成。常用的家用燃气计量表规格为 $1.6 \sim 6.0 \text{m}^3/\text{h}$。通常是一户一表，使用量最多。

　　IC卡燃气表是一种具有预付费及控制功能的新型膜式燃气表，它是在原来的燃气计量表上加一个电子部件、一个阀门，以及在机械计数器的某一位字轮处加一个脉冲发生器，计数器字轮每转一周发出一个脉冲信号送入CPU，CPU根据编制的程序进行计数和运算后发出报警、显示及开闭进气阀等指令。

　　IC卡是有价卡，IC卡插入卡口，燃气表内的阀门即会开启，燃气即可使用，并在燃气表上、下两个窗口显示燃气使用量和卡内货币的使用数，抽出IC卡，燃气表内阀门即行关闭。当卡内货币即将用完前，会以光和声进行提示。当提示后卡内货币用完仍不换卡，燃气计量表将自动切断气源。IC卡燃气计量表的特点是计量精确，安装方便，付费用气，避免入户抄表。

　　为能够不入户即能抄到居民使用燃气的消费量，可在有条件的居民小区设置一个计算机终端（如设置在物业管理办公室内），用电子信号将每一燃气用户的燃气消费量远传至计算机终端。这不仅可解决入户抄表的难题，而且能准确、及时地抄到所有燃气用户的燃气消费量。

　　以上三种燃气表适用于人工煤气、液化石油气、天然气、沼气等无腐蚀性气体的计量。

　　燃气表宜安装在通风良好的非燃结构的房间内，严禁安装在卧室、浴室、危险物品和易燃物品存放及类似地方。当燃气表安装在灶具上方时，燃气表与炉灶之间的水平距离应大于30cm。

2. 燃气灶

　　家用燃气灶常用的有单眼灶、双眼灶，一般家庭住宅配置双眼燃气灶。公共建筑可采用三眼灶、四眼灶、六眼灶等。

　　不同种类燃气的发热值和燃烧特性各不相同，所以燃气灶喷嘴和燃烧器头部的结构尺寸也不同，燃气灶与燃气要匹配才能使用。人工煤气灶具、天然气灶具或液化石油气灶具不能互相代替使用，否则，轻则燃烧情况恶劣，满足不了使用要求；重则出现危险、事故，甚至根本无法使用。

3. 燃气热水器

　　燃气热水器是一种局部热水供应的加热设备，按其构造和使用原理可分为直流式和容积式两种。

　　直流式快速燃气热水器目前应用最多，其工作原理为冷水流经带有翼片的蛇形管时，被流过蛇形管外部的高温烟气加热，得到所需温度的热水。

　　容积式燃气热水器是一种能够贮存一定容积热水的自动加热器，其工作原理是调温器、电磁阀及热电耦联合工作，使燃气点燃和熄火。

　　燃气热水器不宜直接设在浴室内，可装在厨房或通风良好的过道内，但不宜安装在室外。热水器应安装在不燃的墙壁上，安装在难燃的墙壁上时，应垫以隔热板。热水器的安装高度以热水器的观火孔与人眼高度平齐为宜，一般距地面1.5m。

4. 自闭阀

　　管道燃气自闭阀，简称自闭阀，主要用于燃气管道上，特点是不用电。当管道供气燃气压力出现欠压、超压，流量异常时可以自动关阀。

　　自闭阀安装于室内低压燃气管道上，一般在燃气表后、燃气器具前，如图6-3所示。当管道内燃气压力出现异常时，能及时自动关阀，切断气源，作为一种安全装置能够有效防止燃气泄漏引发事故。自闭阀的三种状态如图6-4所示。

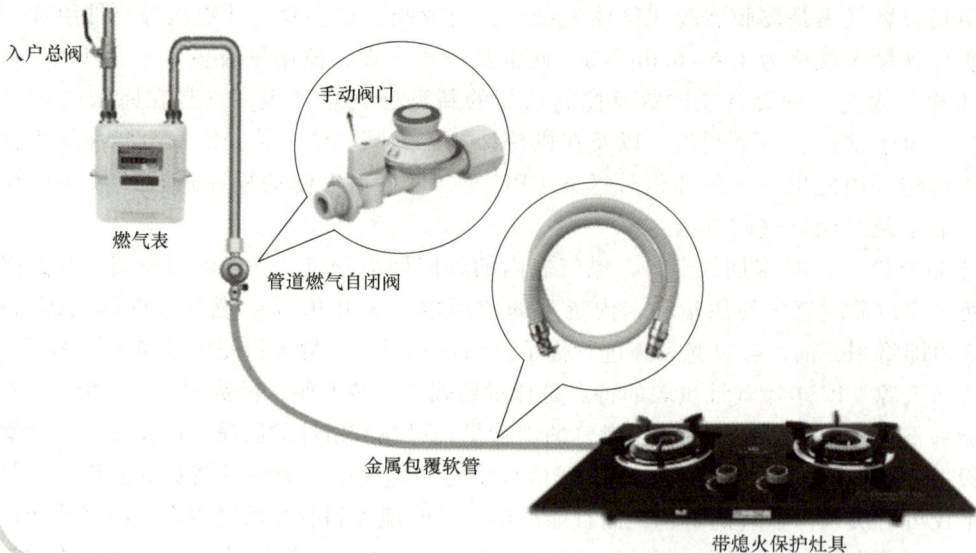

图 6-3　室内燃气管道上自闭阀的安装

图 6-4　自闭阀的三种状态

1）正常情况下，拉起黄色提钮，可正常用气。

2）红色中心钮吸回，可能停气、漏气或压力过低，应注意检查。

3）红色中心钮自动顶出，说明压力过高，应立即拨打本地燃气服务电话。

图 6-4a 为欠压无压切断状态，图 6-4c 为超压切断状态。由于是一种自动保护装置，因此使用完毕后无须手动关闭，但在确认无问题后需手动复位恢复用气。

知识拓展

《燃气工程项目规范》（GB 55009—2021）规定：家庭用户管道应设置当管道压力低于限定值或连接灶具管道的流量高于限定值时能够切断向灶具供气的安全装置；设置位置应根据安全装置的性能要求确定。

该规范是强制执行规范，所以按照规范要求，家庭用户都必须安装自闭阀。

自闭阀相当于为燃气安装上了"保护器"，当燃气管道出现漏气、压力过低或过高、流量异常时，燃气自闭阀不用电或任何外部动力，可以自动关闭，从而更好地保护人身财产安全。

6.2.4　燃气使用的安全常识

燃气燃烧后所排出的废气成分中含有浓度不同的一氧化碳，空气中的一氧化碳容积浓度超过 0.16% 时，人若在其中呼吸 20min，就会在 2h 内死亡，因此设有燃气用具的房间都应有良好的通风设施。

为保证人身和财产安全，使用燃气时应注意以下几点。

1）管道燃气用户应在室内安装燃气泄漏报警切断装置。

2）使用燃气时应有人看管。

3）如果发现燃气泄漏，应进行如下处理。

① 切断气源。

② 杜绝火种。严禁在室内开启各种电器设备，如开灯、打电话等。

③ 通风换气。应该及时打开门窗，切忌开启排气扇，以免引燃室内混合气体，造成爆炸。

④ 不能迅速脱下化纤服装，以免由于静电产生火花引起爆炸。

⑤ 如果发现邻居家有燃气泄漏，不允许按门铃，应敲门告知。

⑥ 到室外拨打当地燃气抢修报警电话或 119。

4）用户在临睡、外出前和使用后，一定要认真检查，保证灶前阀和炉具开关关闭完好，以防燃气泄漏，造成伤亡事故。

5）不准在燃气灶附近堆放易燃易爆物品。

6）户内燃气管不能作为接地线使用，这是因为燃气具有易燃、易爆的特性。凡是存在有一定浓度燃气的场所，遇到由静电产生的火花，都能使燃气点燃，引起火灾或爆炸的可能。由于户内燃气管对地电阻较大，若把户内燃气管作为家用电器的接地线使用，一旦家电漏电或感应电传到燃气管上，使户内的燃气管对地产生一定的电位差，可能引起对临近金属放电，产生火花，点燃或引爆燃气，造成安全事故。

7）使用瓶装液化石油气时还应注意以下几点。

① 不得采用明火试漏。

② 不得拆开修理角阀和调压阀。

③ 不得倒出处理瓶内液化石油气残液。

④ 不得用火、蒸汽、热水和其他热源对钢瓶加热。

⑤ 不得将钢瓶倒置使用。

⑥ 不得使用钢瓶互相倒气。

液化石油气钢瓶的设计使用年限为 8 年；液化石油气钢瓶每 4 年检验 1 次。超过设计使用年限的液化石油气钢瓶，经气瓶检验机构安全评估检验合格的，可延长一个检验周期（最多不超过 4 年）；当钢瓶受到严重腐蚀、损失或者其他可能影响安全使用的缺陷时，应提前进行定期检验；库存或使用时间超过一个检验周期的钢瓶，均应经定期检验合格后，方可再使用。

课题 3　建筑燃气工程施工图

6.3.1　燃气工程施工图的组成

与前面的建筑给水排水工程、建筑采暖工程施工图一样，建筑燃气工程施工图也是由文字部分和图示部分组成。文字部分包括图纸目录、设计施工说明、图例和主要设备材料表。图示部分包括平面图、系统图、详图。

6.3.2 燃气工程施工图的识读

1. 室内燃气工程施工图的识读方法

识读燃气工程施工图，首先应熟悉施工图纸，对照图纸目录，核对整套图纸是否完整，确认无误后再正式识读。识读的方法没有统一的规定，也没有规定的必要，识读时应注意以下几点。

（1）认真阅读施工图的设计施工说明 识图之前应先仔细阅读设计施工说明，通过文字说明了解燃气工程的总体概况，了解图纸中用图形无法表达的设计意图和施工要求，如管材及连接方式、管道防腐保温做法、管道附件及附属设备类型、施工注意事项、系统吹扫和试压要求、施工应执行的规范规程、标准图集号等。

（2）以系统为单位进行识读 识读时以系统为单位，可按燃气的输送流向识读，按用户引入管、水平干管、立管、用户支管、下垂管、燃气用具等顺序识读。

（3）平面图与系统图对照识读 识读时应将平面图与系统图对照起来看，以便于相互补充和说明，全面、完整地理解设计意图。平面图和系统图中进行编号的设备、材料等应对照查看，正确理解设计意图。

（4）仔细阅读安装详图 安装详图多选用全国通用的燃气安装标准图集，也有单独绘制用来详细表示工程中某一关健部位，或平面图及系统图无法表达清楚的部位，以便正确指导施工。

2. 建筑燃气工程施工图识读举例

图6-5～图6-10为某十一层住宅楼燃气施工图，现以这套图为例介绍燃气工程施工图的识读方法。

（1）施工图图纸简介 本套图纸包括设计施工说明、图例及主要设备材料表一张（图6-5）、平面图三张（图6-6～图6-8）、系统图一张（图6-9）、详图一张（图6-10）。所示图样为本工程截取的部分图样。

（2）工程概况 本工程为十一层的住宅楼，层高3m，室内外高差为0.45m，室外地面标高为-0.45m。本工程采用天然气，小区中压燃气管道经室外燃气调压柜调至低压后，由室外燃气干管接入单元用户引入管，穿外墙引至室内，通过立管供应给各燃气用户。每户按一台双眼燃气灶和一台燃气热水器设计。

（3）施工图识读 识读时先看设计施工说明，了解工程概况；然后粗看系统图，了解管道的走向和大致的空间位置；将平面图与系统图对照起来看，按燃气的流向识读，即室外燃气干管→各单元用户引入管→燃气立管→用户支管→燃气表→燃气下垂管，查阅各管段的管径、标高、位置等。

1）室外燃气干管。从一层燃气平面图和燃气管道系统图中可以看出，本住宅楼燃气接自小区燃气管道，接管在轴线㉕与轴线Ⓚ交叉处，管径为DN50，标高为-1.200，从东向西引至外墙外侧的中低压悬挂式调压柜。从主要设备材料表中可以看出，该调压柜箱底安装高度为1.2m。经调压后，低压燃气管道由调压柜下部接出，向下至标高-0.800m处后，由南向北，至轴线Ⓝ处折向西，到轴线㉒处向上穿出地面。从二层燃气平面图和燃气管道系统图

图例及主要设备材料表

序号	图例	名称	型号及规格	单位	数量	备注
1	——	燃气管道				
2	⋈	旋塞阀				
3	⋈	球阀				
4	▼	变径管				
5	⊓	补偿器				
6	⊠	IC卡燃气表	膜式：Q=2.5m³/h 表底安装高度：1.2m	个	22	适用天然气
7	▦	燃气灶	双眼灶	台	22	适用天然气
8	ℝ	热水器	强排式或强制平衡式	台	22	适用天然气
9	□	中低压悬挂式调压柜	额定流量：50m³/h 入口压力：中压B级 出口压力：2~3kPa 可调箱底安装高度:1.2m	台	1	适用天然气

XXXXX设计院	专业	负责人		项目	3号住宅楼、	图别	DS6-01
		校对			图例及主要设备材料表	图号	
		设计			设计施工说明、	日期	2010-10
		制图					

审定		建筑等级	乙级	证书等级		证书编号		合同编号		动能
审核		工程名称		XXX小区				设计编号		
项目										
负责人										

设计施工说明

一、总则

1.本设计说明系依据《城镇燃气设计规范(2020版)》(GB 50028—2006)编制。

2.图中所注标高单位：标高以米计，其他以毫米计。

3.图中尺寸标注单位：室内首层地面标高为±0.00，燃气管道标高以管中心计。

4.管道界限：以建筑物外墙为界，外墙皮以内为室内管道，外墙皮以外为室外管道。

二、阀门、管材及连接方式

1.阀门：应符合现行国家及行业有关标准及规范的规定。

2.管材：室内管道采用镀锌钢管、螺纹连接；室外管道采用无缝钢管、焊接。

3.灶具与管道间用专用耐油橡胶软管连接。

三、套管安装

燃气管道穿过楼板、墙壁时，必须加设套管，套管应符合下列要求：

1.穿墙套管两端端与墙面齐平；穿楼板时套管应高出地面50mm，下端与楼板底面齐平，抹平，上端用热水泥棚齐平。

2.套管与管道之间的空隙用油麻填塞。穿墙时两端用石膏封堵，抹平。穿楼板时，下端用石膏封堵，抹平，上端及楼板的间隙用水泥砂浆填塞，抹平。

3.套管中的燃气管道不得有接口。

4.套管规格比相应管道规格大两级。

四、图纸说明

1.本设计中燃气热水器、燃气灶为示意，所购买的成品应符合图纸要求。

2.设在室外的球阀为快速切断阀，应设置保护箱。

五、试压规定

1.室内燃气管道自引入管总阀门至表前阀门之间管段，应进行强度试验和严密性试验，燃气表及表后管段只进行严密性试验。

2.强度试验压力为0.05MPa，在稳压过程中，以无泄漏即压力下降无异常现象为合格。

3.强度试验合格后，进行严密性试验。自引入管总阀门至燃气表前阀门之间的管段，试验压力为700mmH₂O，测10min，无压降为合格。

图 6-5 设计施工说明、图例及主要设备材料表

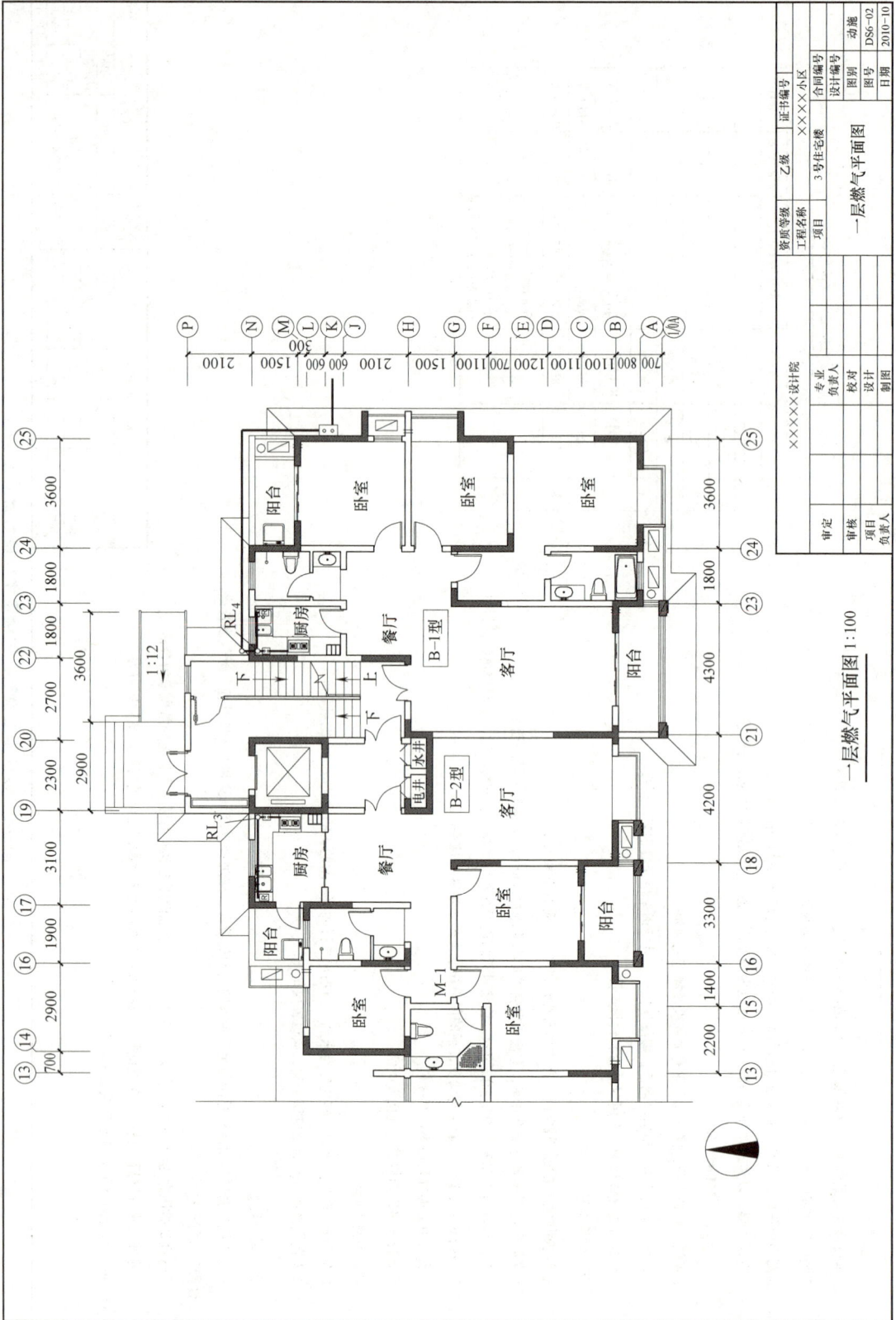

一层燃气平面图1:100

图6-6 一层燃气平面图

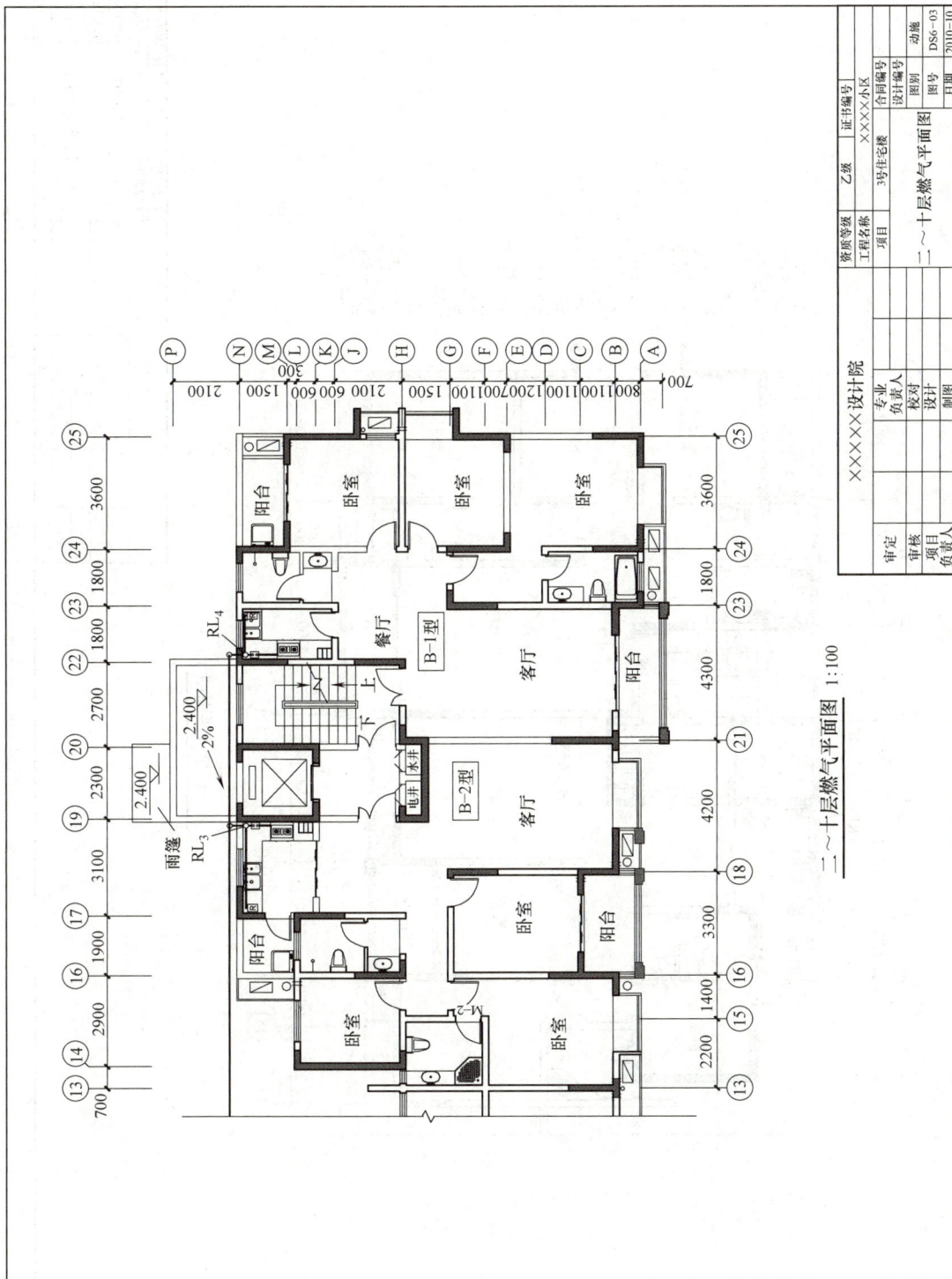

图 6-7 二~十层燃气平面图

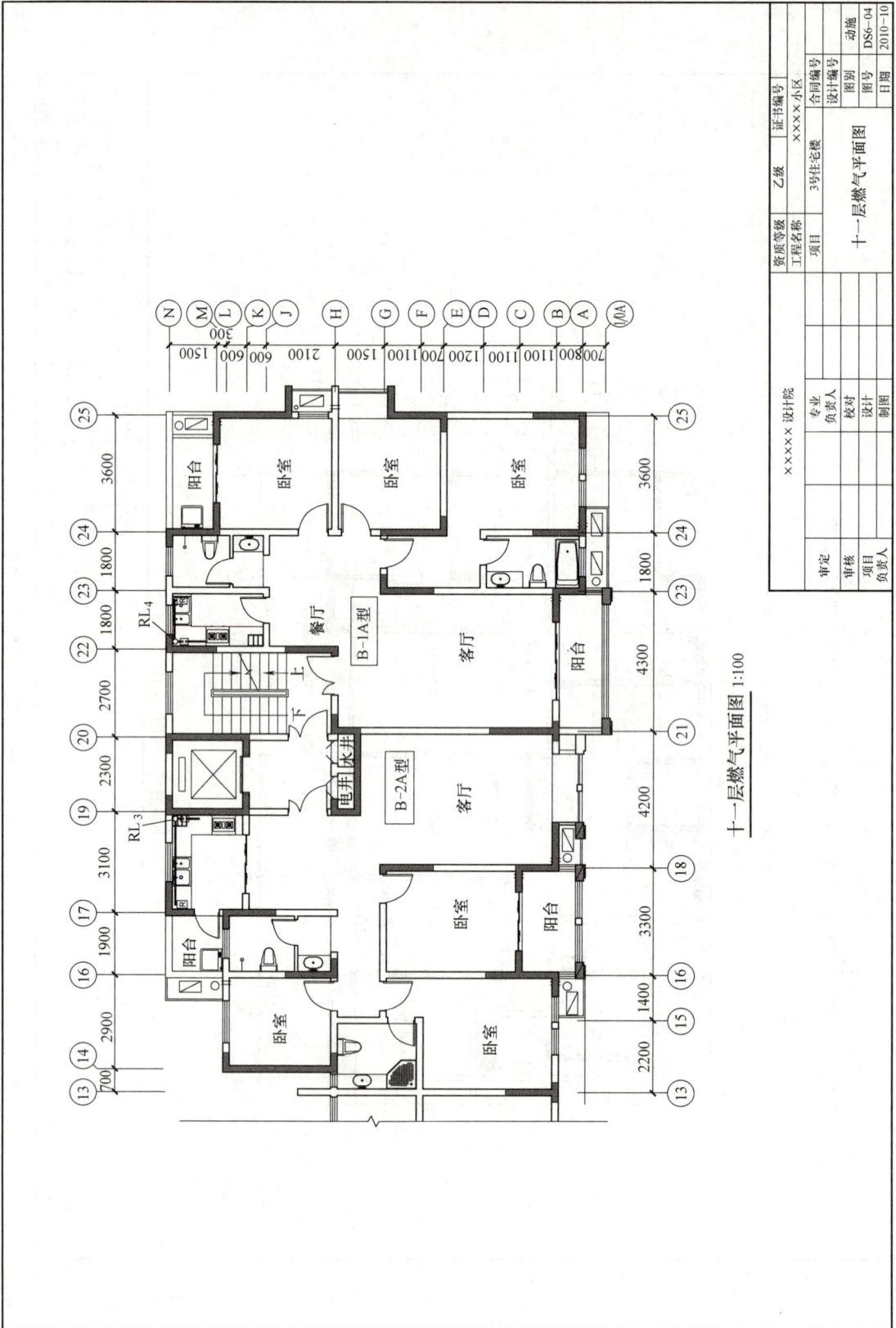

十一层燃气平面图 1:100

图 6-8 十一层燃气平面图

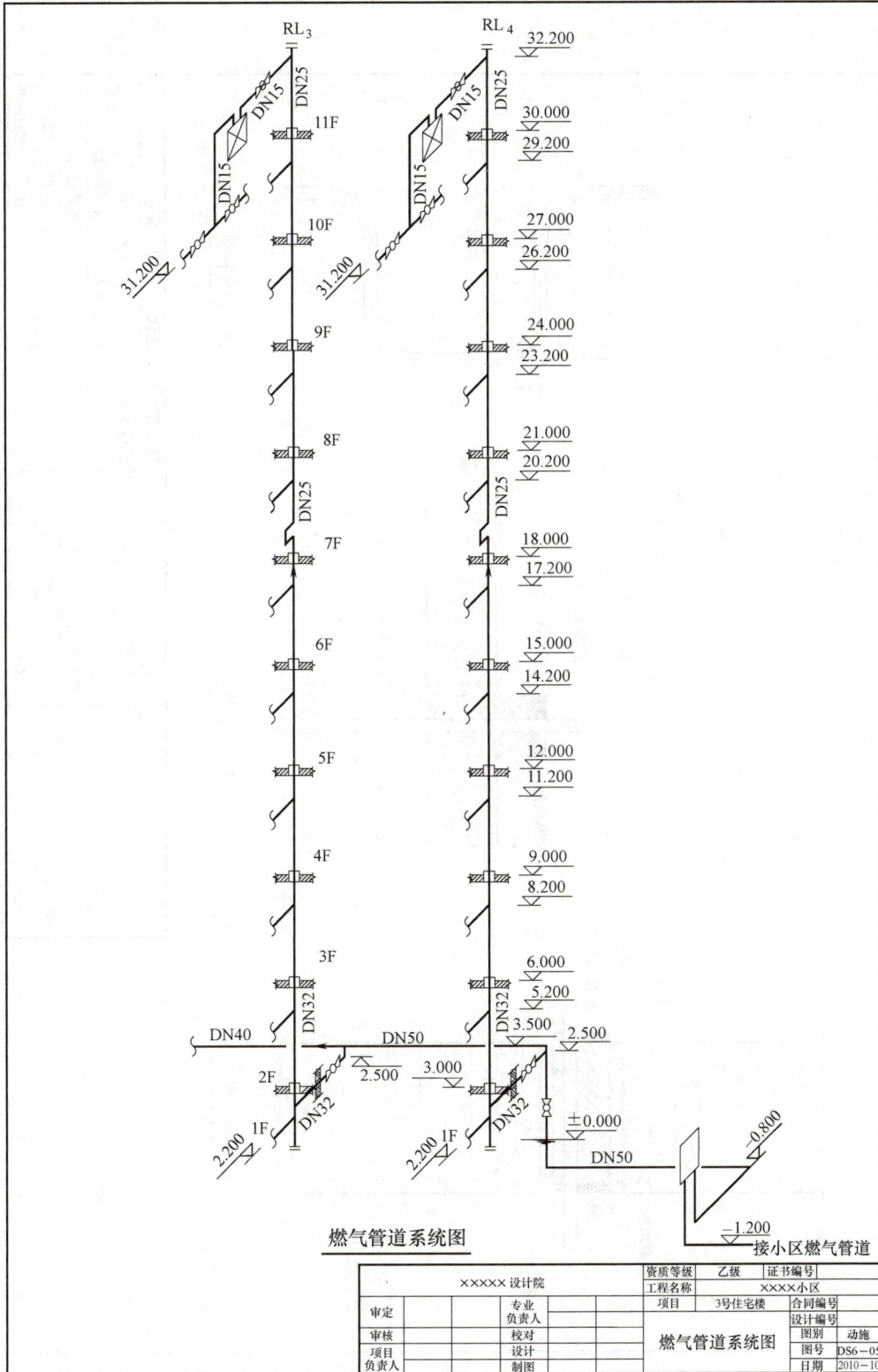

燃气管道系统图

×××××设计院				资质等级	乙级	证书编号	
				工程名称	××××小区		
审定		专业负责人		项目	3号住宅楼	合同编号	
审核		校对				设计编号	
项目负责人		设计		燃气管道系统图		图别	动施
		制图				图号	DS6—05
						日期	2010—10

图 6-9　燃气管道系统图

补偿管大样图

250

250

穿楼板大样图

燃气管道
热沥青封堵
水泥砂浆
石膏封堵
油麻填封
套管

穿墙大样图

水泥砂浆
石膏封堵
燃气管道DN40
100
油麻填封
钢套管DN100
50

××××××设计院		资质等级	乙级	证书编号	××××小区
		工程名称			
专业负责人		项目	3号住宅楼	合同编号	
校对				设计编号	
设计			节点大样图	图别	动施
制图				图号	DS6-06
审定				日期	2010-10
审核					
项目负责人					

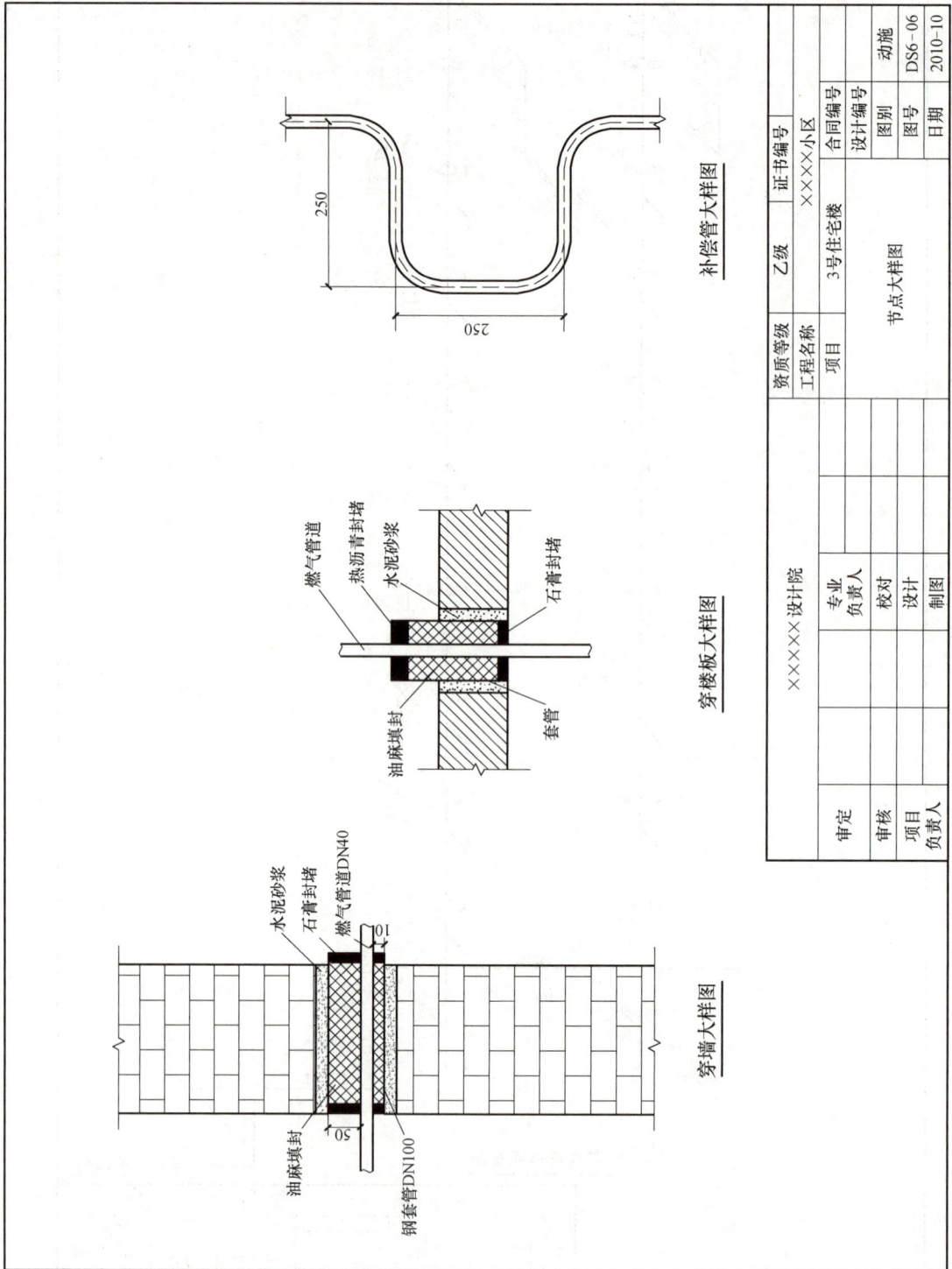

图 6-10　节点大样图

可以看出，管道升高至标高为3.5m处沿外墙向西敷设。从设计施工说明中可以看出，室外燃气干管采用无缝钢管，焊接连接。

2）各单元用户引入管。从一层燃气平面图和燃气管道系统图可以看出，各用户引入管从室外燃气干管接入，引入管的标高为2.5m，管径均为DN32，穿外墙处设套管，并且用户引入管在室外水平管段处设快速切断球阀。从设计施工说明中可以看到，快速切断阀需设置保护箱。引入管穿墙做法在图6-10中有明确表示。从图6-5中得知，引入管在室外部分采用无缝钢管，焊接连接；过外墙皮后采用镀锌钢管，螺纹连接。

3）燃气立管。从三个平面图和系统图中可以看出，本套施工图中有两根立管，编号分别为RL₃和RL₄。立管沿各户厨房外墙角设置，立管上下均设丝堵，供气由下向上。六层及六层以下部分管径为DN32，七层及七层以上部分管径为DN25，变径管设在六楼三通之上。穿越楼板处均设套管，套管的节点做法在图6-10中有详细表示。每根燃气立管在七层设补偿器一个，补偿器的做法如图6-10所示。从设计施工说明中可以看出，立管及室内的其他燃气管道均采用镀锌钢管，螺纹连接。

4）用户支管。根据平面图和系统图，每层的用户支管在每层地面以上2.2m立管处接出，各楼层用户支管管径均为DN15，用户支管上设一密封性能好的旋塞阀。

5）燃气表。每户设IC卡燃气表，从图6-5中可以看出，燃气表的流量为2.5m³/h，采用右进左出的膜式燃气表，挂墙安装。

6）燃气下垂管。根据系统图，由燃气表左边接出，管径均为DN15，下降至地面1.2m处设一三通，三通的水平段各设一球阀，分别接用户的燃气灶和燃气热水器。

7）其他。住宅楼每户厨房内安装燃气泄漏报警器，燃气热水器必须选用强排式或强制平衡式，排气管接至室外。

复习思考题

1. 燃气按来源不同可分为哪几类？
2. 燃气管道按压力大小如何分类？
3. 燃气供应方式有哪几种？
4. 室内燃气系统由哪几部分组成？
5. 燃气管道穿基础、穿墙、穿楼板为什么要设套管？如何处理？
6. 室内燃气系统安装的工艺流程是什么？
7. 室内燃气管道安装的顺序是什么？
8. 简述燃气使用的安全常识。
9. 燃气施工图由哪些部分组成？
10. 燃气施工图常用图例有哪些？

参 考 文 献

［1］ 王东萍. 建筑设备安装［M］. 北京：机械工业出版社，2012.

［2］ 李炎峰，胡世阳. 建筑设备［M］. 武汉：武汉大学出版社，2015.

［3］ 吴小虎，闫增峰，李祥平. 建筑设备［M］. 3 版. 北京：中国建筑工业出版社，2018.

［4］ 蒋英. 建筑设备［M］. 北京：北京理工大学出版社，2011.

［5］ 孙景芝. 电气消防技术［M］. 3 版. 北京：中国建筑工业出版社，2015.

［6］ 白莉. 建筑给水排水工程［M］. 北京：化学工业出版社，2010.

［7］ 靳慧征，李斌. 建筑设备基础知识与识图［M］. 北京：北京大学出版社，2024.

［8］ 谢社初，周友初. 建筑电气施工技术［M］. 2 版. 武汉：武汉理工大学出版社，2015.

［9］ 陈松柏，褚晓锐. 建筑电气［M］. 北京：中国水利水电出版社，2012.

［10］ 王志. 工业通风与除尘［M］. 北京：中国质检出版社，2015.

［11］ 徐志胜，姜学鹏. 防排烟工程［M］. 北京：机械工业出版社，2011.

［12］ 殷浩. 空气调节技术［M］. 北京：机械工业出版社，2016.

［13］ 陈思荣. 建筑设备安装工艺与识图［M］. 2 版. 北京：机械工业出版社，2015.

图纸目录

序号	编号	图纸目录	图纸规格	备注
1	水施-01	图纸目录、设计施工说明(一)	A3	
2	水施-02	设计施工说明(二)	A3	
3	水施-03	设计施工说明(三)	A3	
4	水施-04	设计施工说明(四)	A3	
5	水施-05	设计施工说明(五)	A3	
6	水施-06	标准图集目录、图例	A3	
7	水施-07	主要设备材料表、给排水抗震设计安装示意图	A3	
8	水施-08	地下一层给排水平面图	A3	
9	水施-09	一层给排水平面图	A3	
10	水施-10	二层给排水平面图	A3	
11	水施-11	三层给排水平面图	A3	
12	水施-12	四层、六层给排水平面图	A3	
13	水施-13	五层、七层给排水平面图	A3	
14	水施-14	八层给排水平面图	A3	
15	水施-15	屋面层给排水平面图	A3	
16	水施-16	屋顶层给排水平面图	A3	
17	水施-17	给排水系统大样图	A2	
18	水施-18	给排水系统图	A3	
19	水施-19	给水系统展开图	A3	
20	水施-20	排水系统展开图	A3	

设计施工说明

一、设计说明

（一）设计依据

1. 建设部《建筑工程设计文件编制深度规定（2016 年版）》。

《生活饮用水卫生标准》GB 5749—2022　《建筑防火通用规范》GB 55037—2022

《河南省居住建筑节能设计标准（寒冷地区 65%+）》DBJ 41/062—2017

《河南省绿色建筑评价标准》DBJ 41/T 109—2020

《绿色建筑评价标准》GB/T 50378—2019

《住宅建筑规范》GB 50368—2005　《住宅设计规范》GB 50096—2011

《民用建筑设计统一标准》GB 50352—2019

《建筑防火封堵应用技术标准》GB/T 51410—2020

《室外给水设计标准》GB 50013—2018　《室外排水设计标准》GB 50014—2021

《建筑给水排水设计标准》GB 50015—2019　《消防设施通用规范》GB 55036—2022

《民用建筑节水设计标准》GB 50555—2010　《箱式无负压供水设备》CJ/T 302—2008

《城镇给排水紫外线消毒设备》GB/T 19837—2019

《建筑屋面雨水排水系统技术规程》CJJ 142—2014

《建筑屋面排水用雨水斗通用技术条件》CJ/T 245—2021

《埋地塑料排水管道工程技术规程》CJJ 143—2010

《建筑给水金属管道工程技术标准》CJJ/T 154—2020

《建筑给水复合管道工程技术规程》CJJ/T 155—2011

《建筑排水用硬聚氯乙烯（PVC-U）管材》GB/T 5836.1—2018

《建筑排水塑料管道工程技术规程》CJJ/T 29—2010

《建筑设计防火规范（2018 年版）》GB 50016—2014

《消防给水及消火栓系统技术规范》GB 50974—2014

《自动喷水灭火系统设计规范》GB 50084—2017

《建筑灭火器配置设计规范》GB 50140—2005

《建筑机电工程抗震设计规范》GB 50981—2014

《建筑给水排水与节水通用规范》GB 55020—2021

《建筑与市政工程抗震通用规范》GB 55002—2021

《建筑节能与可再生能源利用通用规范》GB 55015—2021

2. 建设单位提供的委托设计任务书及各项批文。

×××设计研究院有限公司						资质等级		证书编号	
						工程名称	××小区 1 期工程		
审　定			专　业 负责人			子项名称	3 号住宅楼	合同编号	
						图纸目录、 设计施工说明（一）		设计编号	
审　核			校　对					图　别	给排水
项　目 负责人			设　计					图　号	水施-01
			制　图					日　期	2023.07

附图 1　图纸目录、设计施工说明（一）

3. 建设单位提供的有关资料和相关专业提供的资料和作业图。

（二）工程概况

1. 工程名称：××小区 1 期工程 3 号楼。

2. 建设地址：××新区东侧、北侧。

3. 建设单位：××置业有限公司。

4. 建筑层数及高度：本工程地上八层，地下一层，建筑高度 25.50m，一层住宅入口处室内外高差为 0.30m。

5. 建筑功能：地上一～八层为住宅；地下一层为工具间。

6. 建筑分类：本工程为多层住宅楼。

7. 总建筑面积：1829.84m²。

8. 本工程结构类型为剪力墙结构，抗震设防烈度为 6 度。建筑物设计使用年限为 50 年。

（三）设计范围

设计内容包括：本单体内的生活给水系统、消防给水系统、生活污废水系统、雨水及建筑灭火器配置。

（四）给水（热水）系统

1. 本小区市政供水压力为 0.30MPa，从环城路、黄河北路市政给水管网各引一路 DN200 的给水管道，在小区内形成生活-消防合用给水环网，引入管总水表后设阻力小于 0.03MPa 的低阻型倒流防止器。

2. 本工程生活给水采用分区供水，其中：一～三层为低区，由市政给水管网直接供水；四～八层为加压区，由箱式无负压供水设备二次加压供水，加压供水设备位于 25 号楼地下车库生活水泵房内。

3. 本工程给水计量采用一户一表制，水表设在每层水暖井内。

4. 本工程住宅内厨房和卫生间的生活热水由家用热水器供应，厨房预留接口（家用热水器由用户自行购买）。

5. 热水器连接的进出水管应有不小于 0.4m 的金属管道。

6. 燃气热水器、电热水器必须带有保证使用安全的装置。严禁在浴室内安装燃气热水器。燃气热水器热效率值≥85%；电热水器 24h 固有能耗系数≤0.7，热水输出率≥60%。

7. 生活给水的水质，应符合《生活饮用水卫生标准》GB 5749—2022 的要求。

分类	最高日用水定额	最高日用水量	最大时用水量	最高日排水量
住宅用水	150L/（人·天）	3.84m³/d	0.4m³/h	3.456m³/d

（五）排水系统

1. 采用雨污分流、污废合流的排水体制。室内生活污水、厨房废水合流至室外污水管道，经化粪池处理后排入市政污水管道。

2. 最高日排水量按最高日生活用水的 90% 计算，为 3.456m³/d。

3. 卫生间、厨房、阳台及管井排水采用普通伸顶通气管排水系统；底层污废水单独排放。

4. 排水形式：地上采用重力流，地下（如有）采用压力流方式，各层卫生间采用下层排水方式。

5. 消防排水系统：试验消火栓的排水通过屋面雨水系统排除。

消防给水系统试验装置处应设置专用排水设施，排水管径应符合下列规定：

减压阀处的压力试验排水管道直径应根据减压阀流量确定，但不应小于 DN100。

（六）消防给水系统

1. 消防水泵房：本项目消防水泵房设于 25 号楼地下车库内，消防水泵房室内地面与室外出入口地坪高差不大于 10m。

室内消火栓泵设备参数：$Q = 10\text{L/s}$，$H = 1.00\text{MPa}$，$N = 30\text{kW}$，一用一备。

自动喷水泵设备参数：$Q = 30\text{L/s}$，$H = 0.60\text{MPa}$，$N = 30\text{kW}$，一用一备。

2. 消防水箱：在 25 号楼屋顶消防水箱间内设高位消防水箱（有效贮水容积不小于 18m³），保证最不利消火栓静水压大于 7m，消防水箱用于提供火灾初期系统所需的水压和水量。

3. 消防用水量：本工程室外消防用水为 25L/s，室内消火栓用水量为 10L/s，火灾延续时间 2h，自动喷水灭火系统用水量 30L/s，火灾延续时间 1h。

4. 消防贮水池：消防水池有效容积 180m³。消防水池的出水管保证消防水池的有效容积被全部利用，消防水池设置就地水位显示装置，并在消防控制中心显示消防水池水位，同时具有最高和最低报警水位，消防水池设置溢流水管和排水设施，并采用间接排水。

5. 室外消火栓系统

室外消火栓系统采用与室外生活管网合用的低压消防给水系统。室外消火栓采用 SS100/65-1.0 型（地上式），室外消火栓沿建筑周围均匀布置，建筑消防扑救面一侧的室外消火栓数量不少于 2 个。地下工程等建筑的出入口附近设置室外消火栓，且距出入口的距离不宜小于 5m，并不宜大于 40m。室外消火栓距路边不宜小于 0.5m，并不应大于 2.0m；距建筑外墙不宜小于 5.0m。室外消火栓的保护半径为 150m，间距不大于 120m。距消防水泵接合器 15～40m。具体布置详见外网设计图。

6. 室内消火栓系统

（1）采用临时高压消防给水系统。

室内设专用消火栓给水管网，竖向不分区。立管直接与消火栓加压环网相连（其中入口压力 1.00MPa），由室内消火栓泵直接供水。室内消火栓布置确保任何部位都有一支水枪的充实水柱到达，消火栓栓口动压力不应超过 0.5MPa。当栓口压力为 0.5～0.7MPa 时采用减压孔板减压（减压孔板设置见消火栓系统图），栓口压力为 0.7～1.6MPa 时采用减压稳压消火栓减压（采用减压稳压消火栓楼层见消火栓系统图，栓口出水压力不小于 0.35MPa），其他均选用普通型消火栓。

混凝土墙上明装，其他墙上可嵌墙暗装，暗装墙体保留厚度不小于 100mm，若墙体厚度小于 100mm 时采用钢板刷防火漆防火封堵，防火封堵耐火极限符合该墙体防火技术要求。消火栓口距地 1.10m。设计栓口压力不小于 0.35MPa（充实水柱按 13m 计算）。消火箱内均设报警按钮。消防管道的阀门通常情况下均为开启状态，并悬挂启闭标志牌。

（2）消火栓泵设于地下消防泵房内，一用一备，可自动轮换启动和定期巡检。消防泵应满足如下要求：

×××设计研究院有限公司			资质等级		证书编号	
			工程名称	××小区 1 期工程		
审　定		专　业 负责人	子项名称	3 号住宅楼	合同编号	
					设计编号	
审　核		校　对			图　别	给排水
项　目 负责人		设　计	设计施工说明（二）		图　号	水施-02
		制　图			日　期	2023.07

1）消防水泵的性能应满足消防给水系统所需流量和压力的要求。

2）消防水泵所配驱动器的功率应满足所选水泵流量扬程性能曲线上任何一点运行所需功率的要求。

3）当采用电动机驱动消防水泵时，应选择电动机干式安装的消防水泵。

4）消防水泵应保证在火警后30s内启动。消防水泵与动力机械应直接连接。

5）消防水泵零流量时的压力不应大于设计工作压力的140%，且宜大于设计工作压力的120%。

7. 消防水泵接合器

消火栓系统采用地上式SQS-100C水泵接合器。本单体系统设置1套水泵接合器，具体位置根据地库统一考虑，周围15~40m内应设有室外消火栓。

8. 室内消火栓系统安装完成后应取顶层试验消火栓和首层消火栓做试射试验，达到设计要求为合格。

9. 消防系统主要控制项目和要求：

消防水泵控制柜在平时应使消防水泵处于自动启泵状态；火灾发生时消火栓主泵通过高位水箱出水管上的流量开关或水泵出水总管上的低压压力开关动作直接启动，消防主泵也可以通过手动控制启动和停止，消防泵不得设置自动停泵的控制功能，停泵应由具有管理权限的人员根据火灾扑救情况确定。消防控制柜应有显示消防水泵工作状态和故障状态的输出端子及远程工作控制消防水泵直接启动的输入端子，应具备自动巡检可调、显示巡检状态和信号功能等。消防控制柜的防护等级不应低于IP55。

（七）自动喷水灭火系统（本单体无此系统）

（八）灭火器配置

1. 本工程住宅按照轻危险等级A类火灾加带电火灾设计，MF/ABC3手提式干粉1组2个。电梯机房及电气用房按中危险级E类火灾，设MF/ABC4干粉灭火器1组2个，灭火器布置详见平面图。

2. 灭火器的摆放应稳固，其铭牌应朝外。手提式灭火器宜设置在灭火器箱内或挂钩、托架上，其顶部离地面高度不应大于1.50m；底部离地面不宜小于0.08m。灭火器箱不得上锁。

（九）雨水系统

1. 本工程雨水系统采用重力流排水系统，收集后排至市政雨水管网。

2. 采用××市暴雨强度公式，设计重现期为5年，降雨历时为5min，设计暴雨强度为4.04 $L/(s \cdot 100m^2)$。屋面雨水采用外排水系统，管道及溢流口排水流量大于50年重现期降雨量。

3. 屋面采用87式雨水斗（钢制），雨水立管、雨水斗的位置与建筑专业核对无误后施工。雨水斗与天沟、檐沟连接处采取防水措施。

4. 屋面雨水排水立管禁止与冷凝水、阳台雨水立管连接。屋面外排雨水管道（除特殊交代外）接入雨水井后收集排放。阳台无污水管道的，其雨水采用间接排水排至室外雨水井收集排放。

（十）冷凝水系统

1. 空调冷凝水立管采用间接排水排至室外雨水井后收集排放。

2. 空调冷凝水立管、地漏、空调洞位置及标高与建筑核对后施工。

二、施工说明

（一）管材与连接

1. 生活给水管

1）生活给水干管、引入管和管井内立管采用衬塑复合管，DN50及以下丝接，DN50以上沟槽连接，给水入户（水表后）支管采用PP-R管，热熔连接，狭窄处可采用电熔连接。冷水支管采用S4系列PP-R管，热水支管采用S3.2系列PP-R管。

2）PP-R管不得与燃气、电热水器直接连接，应有不小于0.4m的金属管段过渡。

3）衬塑复合管与金属管、塑料管、阀门连接时应采用专用过渡接头。

4）PP-R直埋管不得采用螺纹或法兰连接；PP-R管与钢塑管、金属管及金属配件采用螺纹连接，可使用内衬带铜、不锈钢内丝或外丝嵌件的过渡接头。

2. 生活排水管、通气管

1）排水立管和支管采用硬聚氯乙烯（PVC-U）建筑排水塑料管，承插粘接。一层检查口以下污水立管、底层排水横管及底层单排管均采用柔性接口铸铁管，不锈钢卡箍连接。埋地管道采用法兰承插式柔性连接，接口紧固件应为不锈钢材质。

屋面雨水系统的管道、附配件以及连接接口应能耐受系统在运行期间产生的负压。

卫生器具排水管与排水横支管连接采用90°斜三通；排水横管与立管连接采用45°斜三（四）通；立管偏置时采用乙字弯或2个45°弯头；排水立管底部采用2个45°弯头。

2）层高小于4m时，排水立管和通气管每层设一个伸缩节；层高大于4m时，每层设两个伸缩节。排水横管无汇合管件的直线管段大于2m时设伸缩节，伸缩节间距不得大于4m。直埋管道不设伸缩节。

3. 消火栓给水管

消火栓给水系统管道采用内外壁热浸镀锌钢管。管道公称压力1.20MPa。采用沟槽连接件连接、法兰连接，当安装空间较小时采用沟槽连接件连接。

4. 雨水管、空调冷凝水管均采用抗紫外线PVC-U管，承插粘接，且与住宅外立面颜色一致。压力废水管均采用镀锌钢管。

（二）阀门及附件

1. 生活给水立管和干管，≤DN50时采用铜质截止阀，>DN50时采用不锈钢杆软密封法兰闸阀，加压给水阀门额定工作压力1.0MPa，生活给水支管采用全铜质截止阀，额定工作压力0.60MPa。水表采用全铜旋翼式水表。

2. 消火栓系统、喷淋系统阀门采用球墨铸铁阀门，额定工作压力1.6MPa；所有阀门均有启闭标志并设置锁定阀位的锁具，手柄留在易于操作处。

3. 地漏应安装在地面的最低处，其箅子顶面应低于完成地面10mm。卫生间内采用直通地漏，下设存水弯，水封深度不小于50mm；洗衣机处采用带插孔专用地漏，图中浴盆和淋浴间位置预留地漏；水暖井、水表间内地漏采用密闭型防臭不锈钢地漏。严禁采用活动机械密封替代水封，严禁采用钟式结构地漏。

×××设计研究院有限公司		资质等级		证书编号	
		工程名称	××小区1期工程		
审 定		专 业 负责人		子项名称	3号住宅楼	合同编号	
						设计编号	
审 核		校 对				图 别	给排水
项 目 负责人		设 计		设计施工说明（三）		图 号	水施-03
		制 图				日 期	2023.07

4. 排水栓及卫生器具内置存水弯的水封深度均不小于 50mm。

5. 室内排水立管上的检查口，应高出安装处地面 1m，且应高出该层卫生器具上边缘 150mm，检查口的朝向应便于检修。

（三）卫生洁具

1. 本工程所选卫生洁具均采用成品陶瓷制品，颜色由业主和装修设计确定。

2. 住宅内卫生洁具采用下排水低水箱坐式大便器（大小便分档，水箱容积为 5L）、台（立）式洗脸盆、无裙边搪瓷浴盆。

（四）管道敷设

1. 采用 C15 细石混凝土高出管面 15mm 做防护，敷设后在完成地面标识管道位置及走向。厨卫内冷水管沿墙明装，水表间至户内厨卫连通管在垫层内暗敷。

2. 燃气的冷热水预留接口用丝堵封口。

3. 埋地给水管在下方与排水管交叉时采用金属套管保护或采用其他防污措施。

4. 为便于管道维修，在阀门、水表处均安装活接头一个，水表前设不锈钢补偿器。

5. 给水管道穿越楼板及墙体时，应设刚性防水套管。安装在楼板内的套管，其顶部应高出装饰地面 20mm；安装在卫生间及厨房内的套管，其顶部高出装饰地面 50mm，底部应与楼板底面相平；套管与管道之间缝隙应用阻燃密实材料和防水油膏填实，端面光滑。

6. 排水管及通气管立管穿楼板、屋面及墙体时，应设刚性防水套管，排水支管穿楼板处加装止水翼环；管道安装结束应配合土建进行支模，并应用 C20 细石混凝土分两次浇捣密实。浇筑结束后，结合找平层或面层施工，在管道周围应筑成厚度不小于 20mm，宽度不小于 30mm 的阻水圈。

7. 给排水管道穿越有防水要求的地下室外墙、屋面时预埋刚性防水套管，给排水管道穿梁、穿剪力墙时预埋刚性套管，穿越砖墙在管道施工时设刚性套管；卫生器具排水管留洞参照卫生间大样图，也可根据卫生器具实际尺寸施工，卫生间排水管道安装完后将孔洞严密捣实。

8. 埋地给水管道底部做砂垫层，管道施工后采用粗砂回填至管面以上 300mm，上部回填土并夯实。

9. 给排水管道穿钢筋混凝土墙和楼板、梁时，应根据图中所注管道标高、位置配合土建工种预留孔洞或预埋套管。

10. 塑料排水立管管径大于等于 DN100 时在楼板处下方设置热膨胀型阻火圈。排水塑料管横管穿防火墙或管道井处防护墙时，在防火墙两侧均设置阻火圈。管道穿越防火（隔）墙、楼板处孔隙设柔性防火封堵。

11. 排水塑料管伸缩节、阻火圈安装及穿楼面、屋面、墙做法详见 19S406/P29～40。

12. 管道坡度

（1）生活、消防给水管安装时应有 0.002～0.005 的坡度坡向立管或泄水装置。

（2）建筑排水管坡度无具体注明者，一律按以下标准坡度施工：建筑排水塑料管横支管：$i = 0.026$；

建筑排水塑料管横干管：DN75，$i = 0.015$；DN110，$i = 0.012$；DN160，$i = 0.007$。

建筑排水铸铁管：DN75，$i = 0.015$；DN100，$i = 0.012$；DN150，$i = 0.007$。

（3）排水立管伸顶通气管段如有水平转向时以 0.01 的上升坡度坡向通气立管。竖向安装的金属管道支架在墙体预埋 200×200×δ10mm 钢板预埋件，支架采用 10 号槽钢与预埋钢板焊接牢固，每层设两副支架支撑管道。各种给排水管道支吊架及吊钩、管卡等应按《建筑给水排水及采暖工程施工质量验收规范》GB 50242—2002 的规定设置。

13. 根据《建筑抗震设计标准（2024 年版）》（GB 50011—2010）及《建筑机电工程抗震设计规范》（GB 50981—2014），应对机电管线系统进行抗震加固，本项目抗震设防烈度 6 度。本项目对管径≥DN65 的管道设置抗震支吊架，与结构构件等须采取可靠的锚固形式，具体深化设计由专业公司完成。

14. 抗震支吊架的设置原则为：刚性管道侧向抗震支吊架最大设计间距 12m，纵向抗震支吊架最大设计间距 24m，柔性管道上述参数减半（对长度低于 300mm 的吊杆，宜进行适当的补强）；最终间距根据现场实际情况在深化设计阶段确定。

所有产品需满足《建筑机电设备抗震支吊架通用技术条件》CJ/T 476—2015。

15. 建筑附属机电设备不应设置在可能致使其功能障碍等二次灾害的部位；地震下需要连续工作的附属设备，应设置在建筑结构地震反应较小的部位。

16. 管道、电缆、通风管和设备的洞口设置，应减少对主要承重结构构件的削弱；洞口边缘应有补强措施。管道和设备与建筑结构的连接，应具有足够的变形能力，以满足相对位移的需要。

17. 建筑附属机电设备的基座或支架，以及相关连接件和锚固件应具有足够的刚度和强度，应能将设备承受地震作用全部传递到建筑结构上。建筑结构中，用以固定建筑附属机电设备预埋件、锚固件的部位，应采取加强措施，以承受附属机电设备传给主体结构的地震作用。

18. 给排水管道穿过建（构）筑物的墙体或基础时，应符合下列规定：

（1）在穿管的墙体或基础上应设置套管，穿管与套管之间的间隙应用柔性防腐、防水材料密封。

（2）当穿越的管道与墙体或基础嵌固时，应在穿越的管道上就近设置柔性连接装置。

（五）保温、防腐及油漆

1. 除屋面通气管、雨水管、冷凝水管道外，所有室外暴露管道均做保温，保温材料采用 50mm 厚难燃 B1 级橡塑保温板材管壳，外加 0.5mm 厚彩钢板保护壳。明装给水管道均应做防结露保温处理：防结露给水管采用 10mm 厚难燃 B1 级橡塑保温板材管壳；保温应在完成试压合格及除锈防腐处理后进行。

2. 在涂刷底漆前，应清除管道及附件表面的灰尘、污垢、锈斑、焊渣等杂物。涂刷油漆厚度应均匀，不得有脱皮、起泡、流淌和漏涂现象。

3. 明装及暗装镀锌钢管刷银粉漆两道，埋地镀锌钢管采用三油两布防腐措施。土壤或地下水腐蚀性较强时采用加强防腐层。明装排水铸铁管刷红丹漆、面漆各两道，钢塑复合管刷面漆一道（镀锌层损坏部分，刷防锈漆一道，面漆二道）。埋地铸铁管及钢塑复合管防腐做法：冷底子油一道，石油沥青涂层一道，玻璃丝布一道，石油沥青涂层一道。

4. 管道支架除锈后刷樟丹二道，灰色调和漆二道。

×××设计研究院有限公司		资质等级		证书编号	
		工程名称	××小区 1 期工程		
审定		专业负责人		子项名称	3 号住宅楼	合同编号	
						设计编号	
审核		校对		设计施工说明（四）		图别	给排水
项目负责人		设计				图号	水施-04
		制图				日期	2023.07

5. 保温管道保温后，外壳再刷防火涂料二道。

6. 户内给水管道敷设采用预留槽敷设，后期采用保温砂浆恢复。

7. 给排水管道标识：给水管道为蓝色环，消防管道为红色环，排水管道为黄棕色环。

（六）管道试压、冲洗及消毒

1. 生活给水系统管道低区、加压区试验压力分别为 0.6MPa、1.14MPa，10 分钟压降不大于 0.02MPa，保持 2 小时无渗漏为合格。水压强度测试点设在系统最低处。

2. 消防加压给水系统管道强度试验压力为 1.60MPa；对管网注水时，应将管网内的空气排净，并应缓慢升压，达到试验压力后，稳压 30min 后，管网应无泄漏、无变形，且压力降不应大于 0.05MPa。水压严密性试验在水压强度试验和管网冲洗合格后进行。消防加压给水系统严密性试验压力为 1.2MPa，稳压 24h，应无泄漏。

3. 生活给水管道在系统运行前须用水冲洗和消毒，冲洗速度不宜小于 2m/s。生活给水系统管道在交付使用前必须冲洗和消毒并经有关部门取样检验，符合《生活饮用水卫生标准》GB 5749—2022 方可使用。

4. 室内消火栓给水系统在与室外消火栓管网连接前和交付使用前，必须将室内外管网冲洗干净，冲洗强度应达到消防时最大设计流量。

5. 暗装或埋地的排水管道在隐蔽前必须做灌水试验，其灌水高度应不低于底层地面高度。排水主立管及水平干管管道均应做通球试验。

6. 压力排水管道按排水泵扬程的 2 倍进行水压试验，保持 30min，无渗漏为合格。

（七）其他

1. 图中所注尺寸标高以 m 计，其余均以 mm 计。

2. 本图所注管道标高：给水、消防、压力排水等压力管指管中心；污水、废水等重力流管道和无水流的通气管指管内底。

3. 本图所注管材管径：衬塑复合管、内外壁热浸镀锌钢管、PP-R 给水管、硬聚氯乙烯排水管均为公称直径，订货时应注意相应管材所用的管径标法。管径对照表如下：

排水	公称直径	DN50	DN75	DN100	DN150
	塑料管外径	DN50	DN75	DN110	DN160

给水	公称直径	DN15	DN20	DN25	DN32	DN40	DN50	DN65	DN80	DN100
	塑料管外径	DN20	DN25	DN32	DN40	DN50	DN63	DN75	DN90	DN110

4. 施工中应与土建公司和其他专业公司密切合作，合理安排施工进度，及时预留孔洞及预埋套管，以防碰撞和返工；安装专业穿梁、穿板、穿剪力墙的套管及孔洞应按结构设计规范要求对结构采取钢筋补强措施。

5. 消防给水及消火栓系统的施工必须由具有相应等级资质的施工队伍承担。

6. 系统竣工后，必须进行工程验收，验收应由建设单位组织质检、设计、施工、监理参加，验收不合格不应投入使用。

7. 本设计说明与图纸具有同等效力，二者有矛盾时，建设单位及施工单位应及时提出，并以设计单位解释为准。

8. 除本设计总说明外，施工、验收、维护、管理中还应遵守以下国家规范和规程：

《建筑给水排水及采暖工程施工质量验收规范》GB 50242—2002

《建筑给水复合管道工程技术规程》CJJ/T 155—2011

《建筑排水柔性接口铸铁管管道工程技术规程》T/CECS 168—2021

《建筑排水塑料管道工程技术规程》CJJ/T 29—2010

《消防给水及消火栓系统技术规范》GB 50974—2014

《建筑机电工程抗震设计规范》GB 50981—2014

（八）给排水专业节能、节水设计专篇

1. 设计依据

《消防给水及消火栓系统技术规范》GB 50974—2014

《建筑给水排水设计标准》GB 50015—2019

《城市给水工程项目规范》GB 55026—2022

《建筑设计防火规范（2018 年版）》GB 50016—2014

《民用建筑节水设计标准》GB 50555—2010

《河南省居住建筑节能设计标准（寒冷地区 65%+）》DBJ 41/062—2017

《汽车库、修车库、停车场设计防火规范》GB 50067—2014

2. 节能设计

（1）根据建筑物高度，给水系统竖向划分为 2 个区，一～三层采用市政供水，四～八层为加压低区，由低区无负压供水设备供水。加压区对超压部分采用减压阀减压供水，保证各用水点压力不大于 0.20MPa。

（2）给水充分利用市政水压，系统合理分区及采用变频调速供水设备，以节省运行费用。

（3）在地下车库设生活水泵房 1 个。加压供水设备靠近负荷中心位置。水箱内设置溢流报警装置和溢流管道。

（4）选用低阻力供水管材和阀门等管材、附件。

（5）生活用水定额：最高日为 150L/（人·天），平均日为 100L/（人·天）。

（6）生活热水系统分散设置。

（7）用水计量的设置：小区给水总引入管上设置倒流防止器及总水表，每户分别设置水表，小区内其他用水部位应根据不同使用性质及计费标准分类分别设置水表，水表均选用 1 级电磁远传水表。

（8）使用节水型卫生器具

选用节水型卫生洁具及配件。大便器冲洗阀（$q \leq 5$L/次），水嘴（$q \leq 0.125$L/s），双档节水型坐便器（大档：$q \leq 5$L/次，小档：$q \leq 3.5$L/次），小便器（$q \leq 3$L/次），公共场所的卫生间洗手盆采用感应式或延时自闭式水嘴。洗脸盆等卫生器具应采用陶瓷片等密封性能良好耐用的水嘴，水嘴内部宜设置限流配件。卫生洁具和配件采用符合《节水型生活用水器具》CJ/T 164—2014 的有关要求。

×××设计研究院有限公司		资质等级		证书编号	
		工程名称	××小区 1 期工程		
		子项名称	3 号住宅楼	合同编号	
审 定	专 业 负责人			设计编号	
宇 核	校 对		设计施工说明（五）	图 别	给排水
项 目 负责人				图 号	水施-05
				日 期	2023.07

标准图集目录

序号	标准图集号	标准图集名称	页次
1	16S401	管道和设备保温、防结露及电伴热	全册
2	03S402	室内管道支架及吊架	全册
3	02S403	钢制管件	全册
4	02S404	防水套管	全册
5	11S405-2	建筑给水聚烯烃类塑料管道安装	全册
6	11S405-4	建筑给水塑料管道安装通用详图	全册
7	19S406	建筑排水管道安装——塑料管道	全册
8	14S307	住宅厨、卫给水排水管道安装	参考
9	13S409	建筑生活排水柔性接口铸铁管道与钢塑复合管道安装	参考
10	04S301	建筑排水设备附件选用安装	
		直通式地漏(甲Ⅱ型)	23、35
		塑料伸顶式通气帽(倒杯型)构造图 DN50~DN150	72
11	09S304	卫生设备安装	全册
12	15S202	室内消火栓安装	
		薄型单栓室内消火栓箱	12
		薄型单栓带消防软管卷盘组合式消防柜	21
		屋顶试验用消火栓箱	54
		室内消火栓箱安装固定图	55~57
13	01SS105	常用小型仪表及特种阀门选用安装	
		水表选用安装	3~8
		微量排气阀	33、34
		减压阀组安装	78、79
14	08S126	热水器选用及安装	参考
15	12YS2	给水工程	1~6

图 例

图例	名称	图例	名称
—— ZJ ——	加压高区生活给水管道		洗脸盆(台式)
—— J ——	市政直供生活给水管道		坐箱式坐便器
—— X ——	消火栓给水管道		淋浴器
—— W ——	生活污水管道		洗衣机
—— F ——	废水管道		厨房洗涤池
—— Y ——	雨水管道		截止阀
—— N ——	冷凝水管道		闸阀
ZJL- 平面　ZJL- 系统	加压高区生活给水立管		减压阀
JL- 平面　JL- 系统	市政直供生活给水立管		蝶阀
XL- 平面　XL- 系统	消火栓给水立管		止回阀
WL- 平面　WL- 系统	生活污水立管		自动排气阀
FL- 平面　FL- 系统	废水立管		角阀
YL- 平面　YL- 系统	雨水立管		可曲挠橡胶接头
NL- 平面　NL- 系统	冷凝水立管		立管检查口
J1/1　2.3...	生活给水引入管	平面　系统	清扫口
X1/1　2.3...	消火栓引入管		通气帽/镀锌钢丝球
F/1　2.3...	废水出户管	平面　系统	地漏
W/1　2.3...	排水出户管	平面　系统	洗衣机地漏
Y/1　2.3...	雨水出户管	平面　系统	室内单栓消火栓
N/1　2.3...	冷凝水出户管		2具手提式灭火器
	S形存水弯(板下)		户内水表
	洗衣机龙头		压力表
	刚性防水套管		

×××设计研究院有限公司		
专业负责人		标准图集目录、图例
校对		
设计		
制图		

主要设备材料表

序号	设备器材名称	规格型号	单位	数量	备注
一	给水系统				
1	双槽厨房洗涤盆	成品,用户自理	套	若干	
2	台下式洗脸盆	成品,用户自理	套	若干	
3	连体式下排水坐便器	成品,用户自理	套	若干	
4	淋浴器/淋浴房/浴盆	成品,用户自理	套	若干	
5	洗衣机专用龙头	DN15	个	若干	
6	水表 LXS-20	DN20,PN10	个	若干	
二	排水系统				
1	地漏、带洗衣机插口地漏	DN50	个	若干	
2	排水立管检查口		个	若干	
3	伞状通气帽	DN100	个	若干	
4	雨水斗	87型重力雨水斗	个	若干	
三	消防系统				
1	手提式磷酸氨盐干粉灭火器	MF/ABC3 MF/ABC4	具	64	
2	薄型单栓室内消火栓箱	15S202/P12	套	30	SNZ65
	试验用消火栓箱	15S202/P54	套	1	
3	蝶阀、闸阀	DN65～DN150	个	若干	
4	自动排气阀	ZSFP 15	个	若干	
5	普通压力表	0～1.6MPa	个	若干	

注:以上统计数据仅供参考。

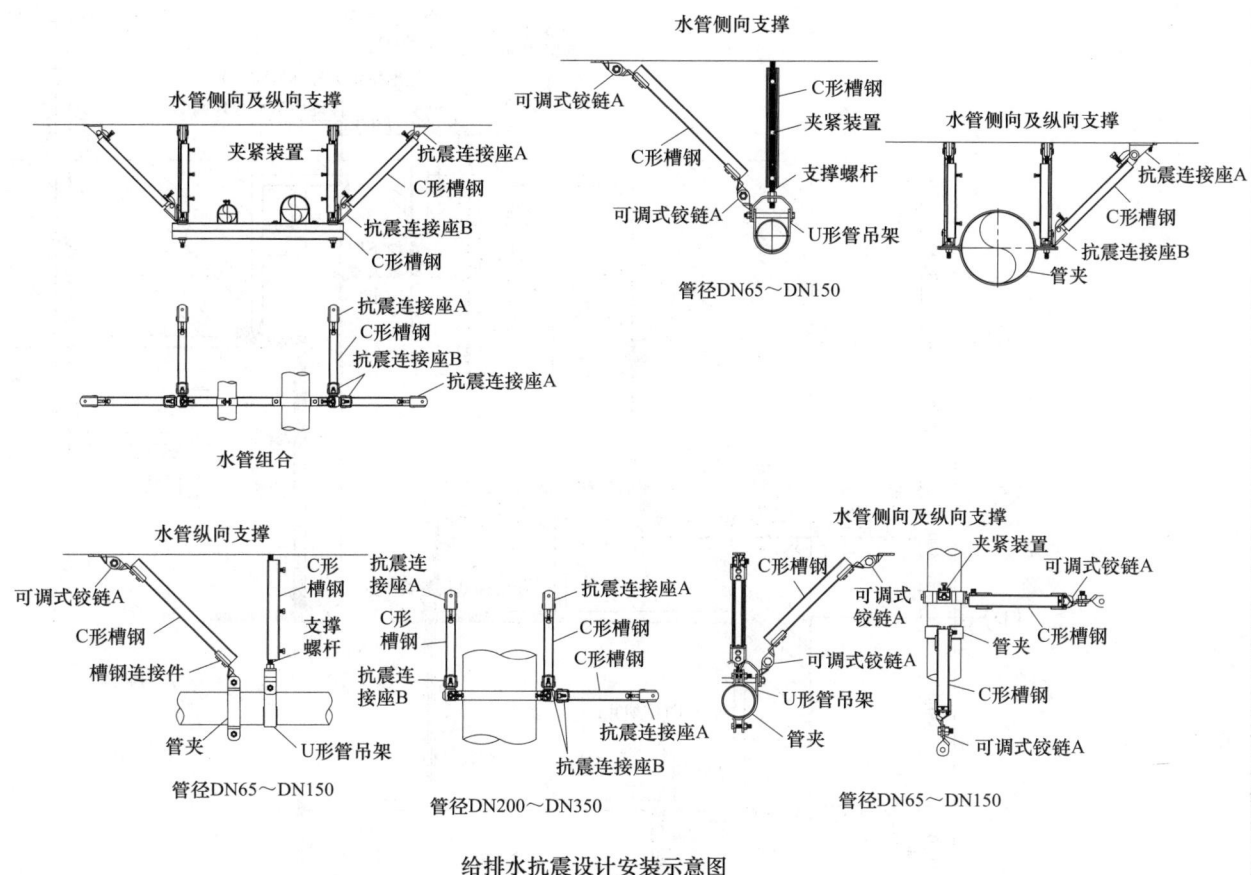

给排水抗震设计安装示意图

刚性防水套管尺寸

公称直径/mm	DN50	DN65	DN80	DN100	DN125	DN150
套管尺寸 D_3/mm	114	121	140	159	180	219

×××设计研究院有限公司			资质等级		证书编号	
			工程名称	××小区1期工程		
审 定		专 业 负责人	子项名称	3号住宅楼	合同编号	
					设计编号	
审 核		校 对		主要设备材料表、给排水抗震设计安装示意图	图 别	给排水
项 目 负责人		设 计			图 号	水施-07
		制 图			日 期	2023.07

附图7 主要设备材料表、给排水抗震设计安装示意图

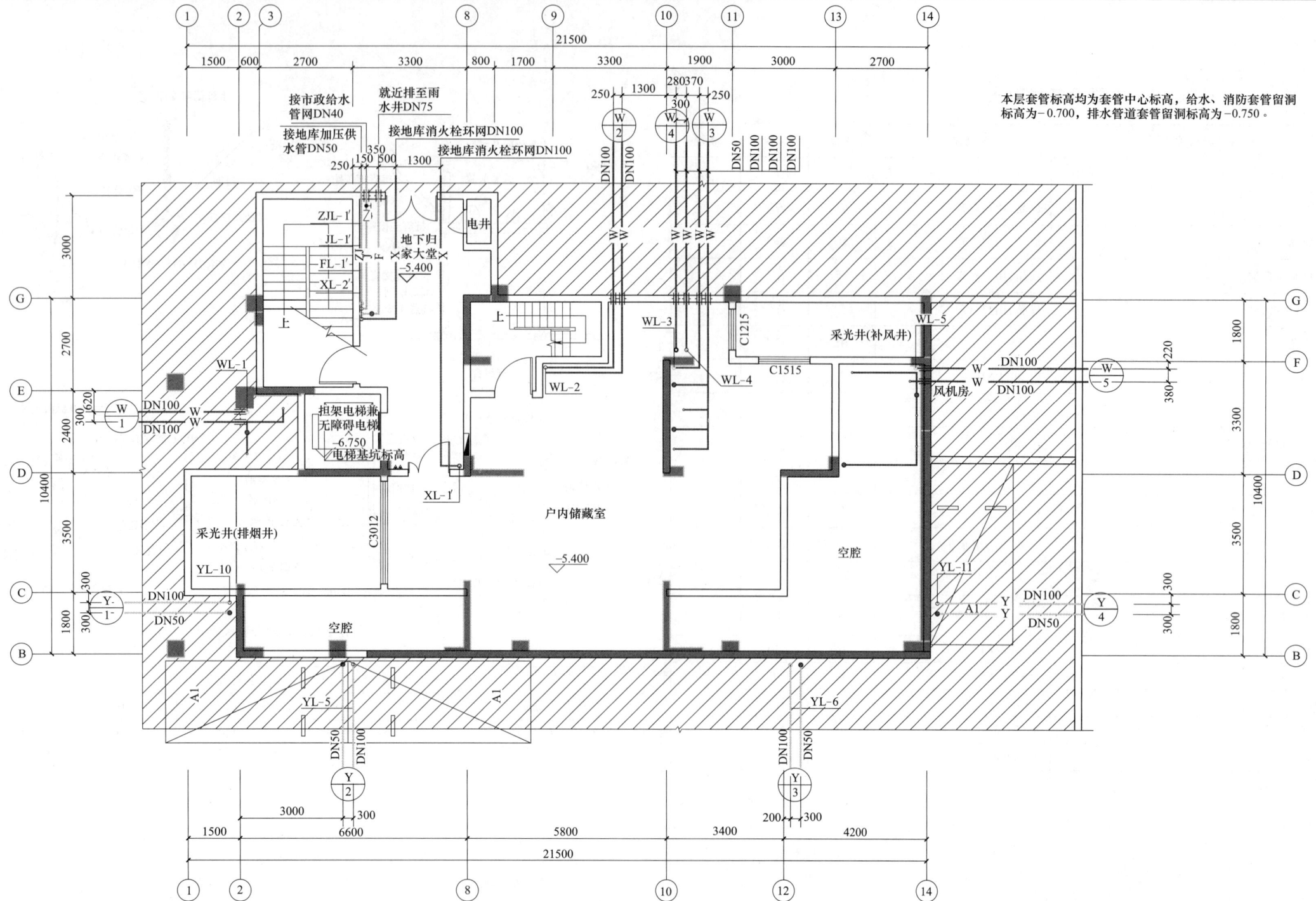

地下一层给排水平面图 1:100

本层套管标高均为套管中心标高，给水、消防套管留洞标高为-0.700，排水管道套管留洞标高为-0.750。

接市政给水管网DN40
就近排至雨水井DN75
接地库加压供水管DN50
接地库消火栓环网DN100
接地库消火栓环网DN100

×××设计研究院有限公司		资质等级		证书编号	
审 定		专 业 负责人		工程名称	××小区1期工程
审 核		校 对		子项名称	3号住宅楼
项 目 负责人		设 计		地下一层给排水平面图	
		制 图			

合同编号	
设计编号	
图 别	给排水
图 号	水施-08
日 期	2023.07

附图8 地下一层给排水平面图

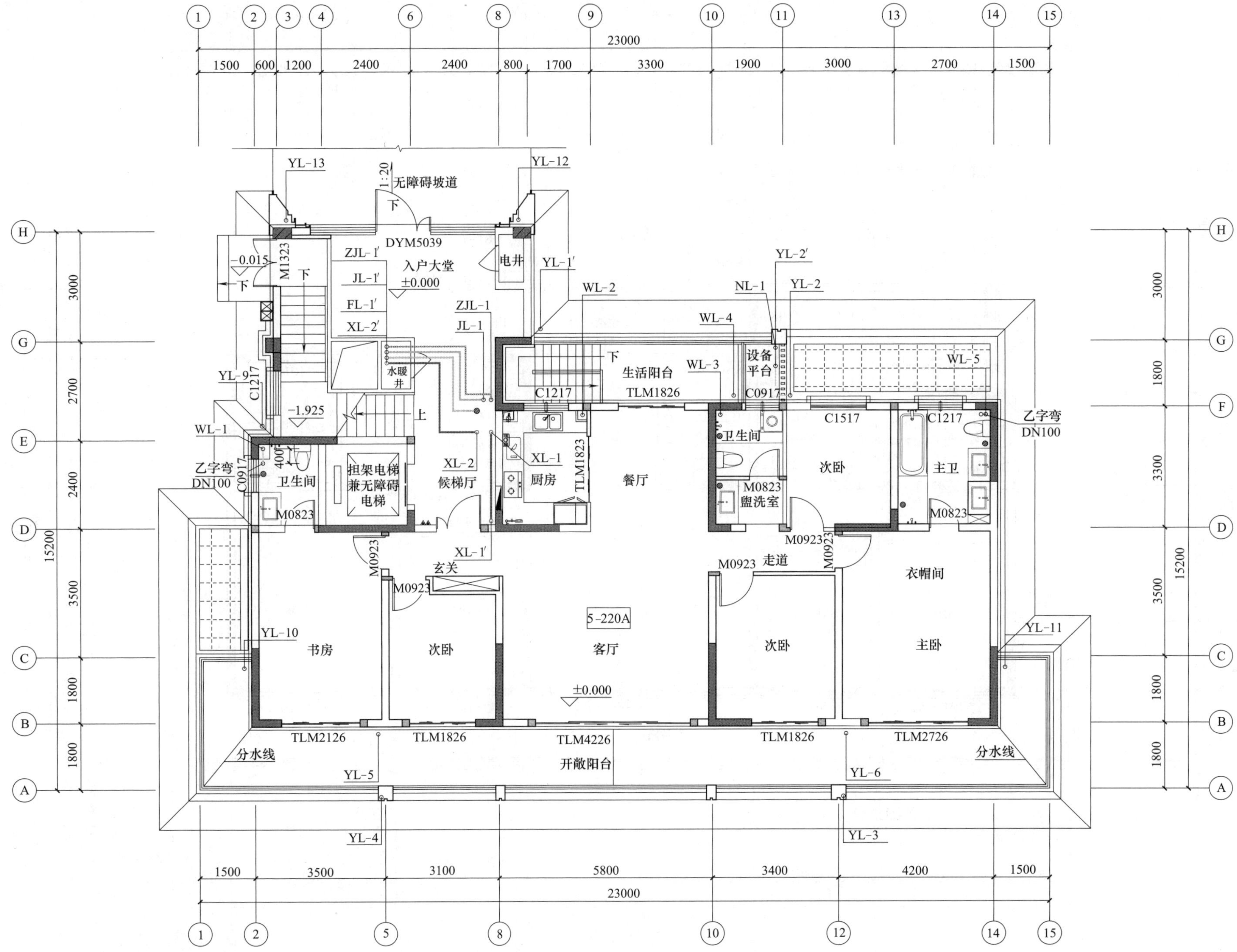

一层给排水平面图 1:100

×××设计研究院有限公司		资质等级		证书编号	
		工程名称	××小区1期工程		
		子项名称	3号住宅楼	合同编号	
审　定	专　业 负责人			设计编号	
审　核	校　对	一层给排水平面图		图　别	给排水
项　目	设　计			图　号	水施-09
负责人	制　图			日　期	2023.07

附图 9　一层给排水平面图

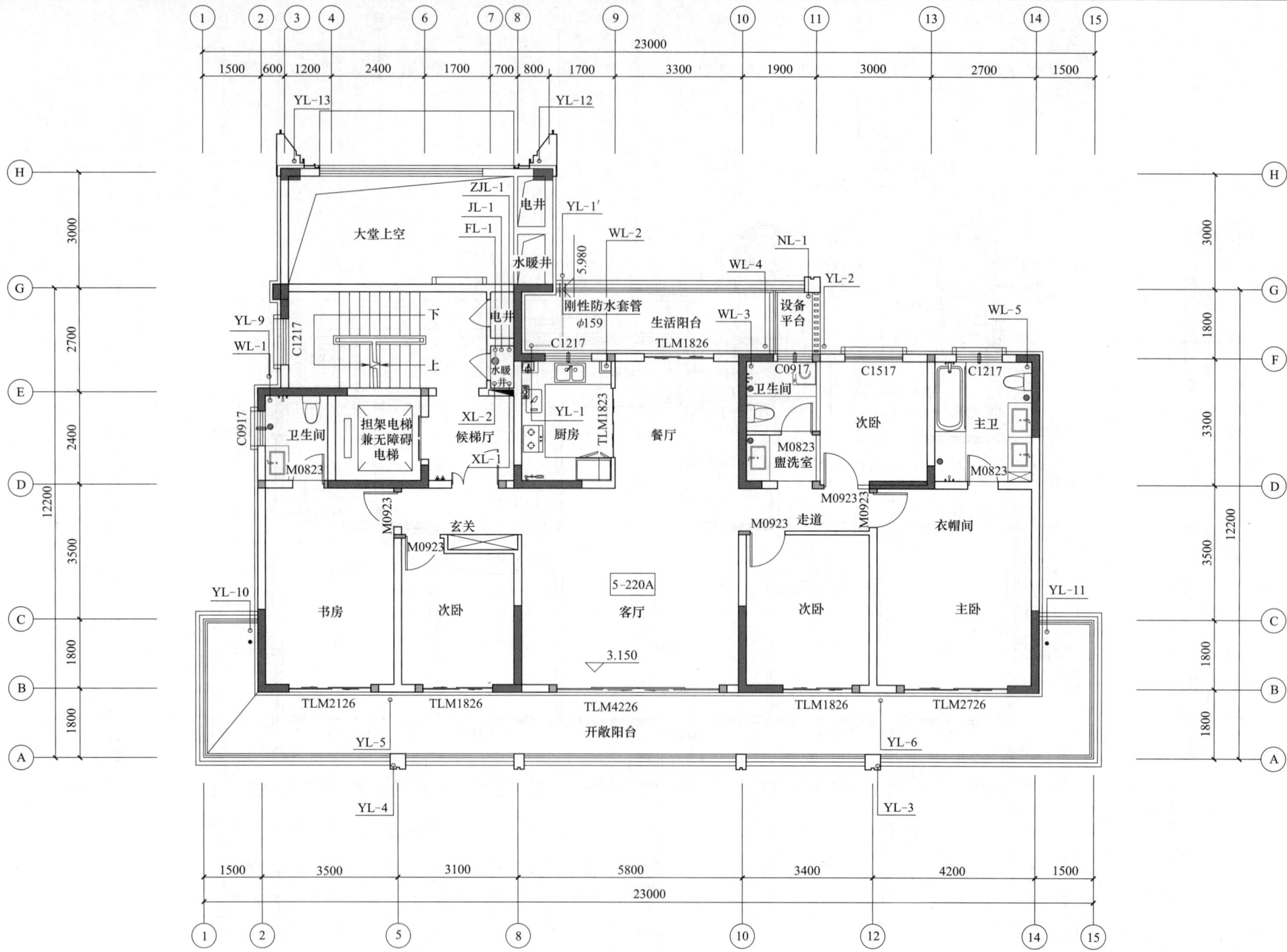

二层给排水平面图 1:100

YL-13 YL-12
ZJL-1
JL-1 电井
FL-1 YL-1′
水暖井 5.980 WL-2 NL-1
大堂上空 WL-4 YL-2
刚性防水套管 生活阳台 WL-3 设备平台
φ159
YL-9 电井 C1217 TLM1826 C1517
C1217 WL-5
WL-1 水暖井 C0917 卫生间 C1217
C0917 XL-2 YL-1 次卧 主卫
卫生间 担架电梯 候梯厅 厨房 TLM1823 M0823 盥洗室
兼无障碍 餐厅
M0823 电梯 XL-1 M0923 M0823
下 上 M0923
M0923 走道 衣帽间
玄关 M0923
YL-10 书房 次卧 客厅 次卧 主卧 YL-11
5-220A
3.150
TLM2126 TLM1826 TLM4226 TLM1826 TLM2726
开敞阳台
YL-5 YL-6
YL-4 YL-3

1500 600 1200 2400 1700 700 800 1700 3300 1900 3000 2700 1500
23000

1500 3500 3100 5800 3400 4200 1500
23000

3000 2700 2400 3500 1800 1800
12200

3000 1800 3300 3500 1800 1800
12200

二层给排水平面图 1:100

×××设计研究院有限公司
资质等级　证书编号
工程名称 ××小区1期工程
子项名称 3号住宅楼 合同编号
设计编号
审定 专业负责人
审核 校对 图别 给排水
项目负责人 设计 二层给排水平面图 图号 水施-10
制图 日期 2023.07

附图10 二层给排水平面图

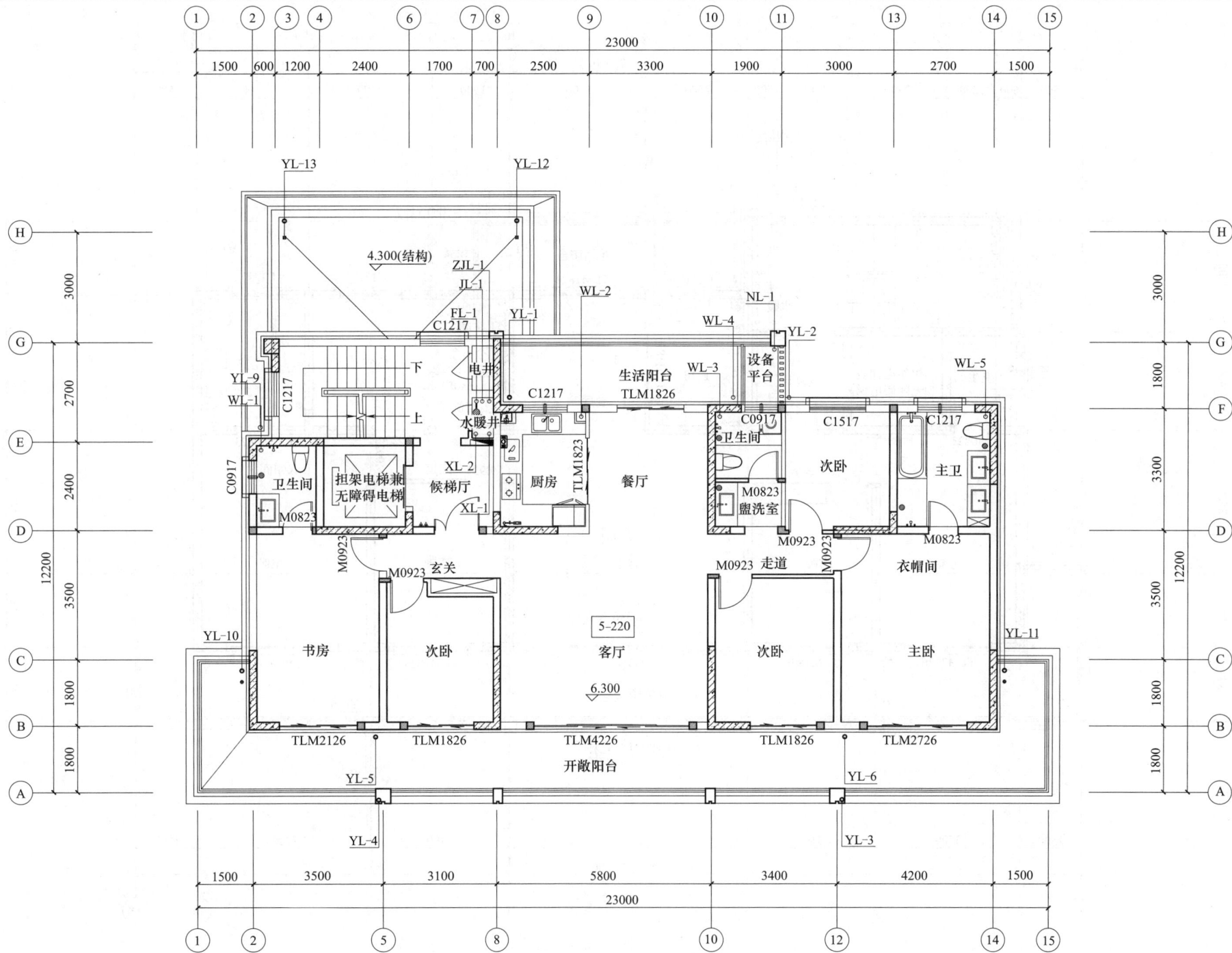

三层给排水平面图 1:100

×××设计研究院有限公司			资质等级		证书编号	
			工程名称	××小区1期工程		
审 定		专 业负责人	子项名称	3号住宅楼	合同编号	
					设计编号	
审 核		校 对	三层给排水平面图		图 别	给排水
项 目		设 计			图 号	水施-11
负责人		制 图			日 期	2023.07

附图 11 三层给排水平面图

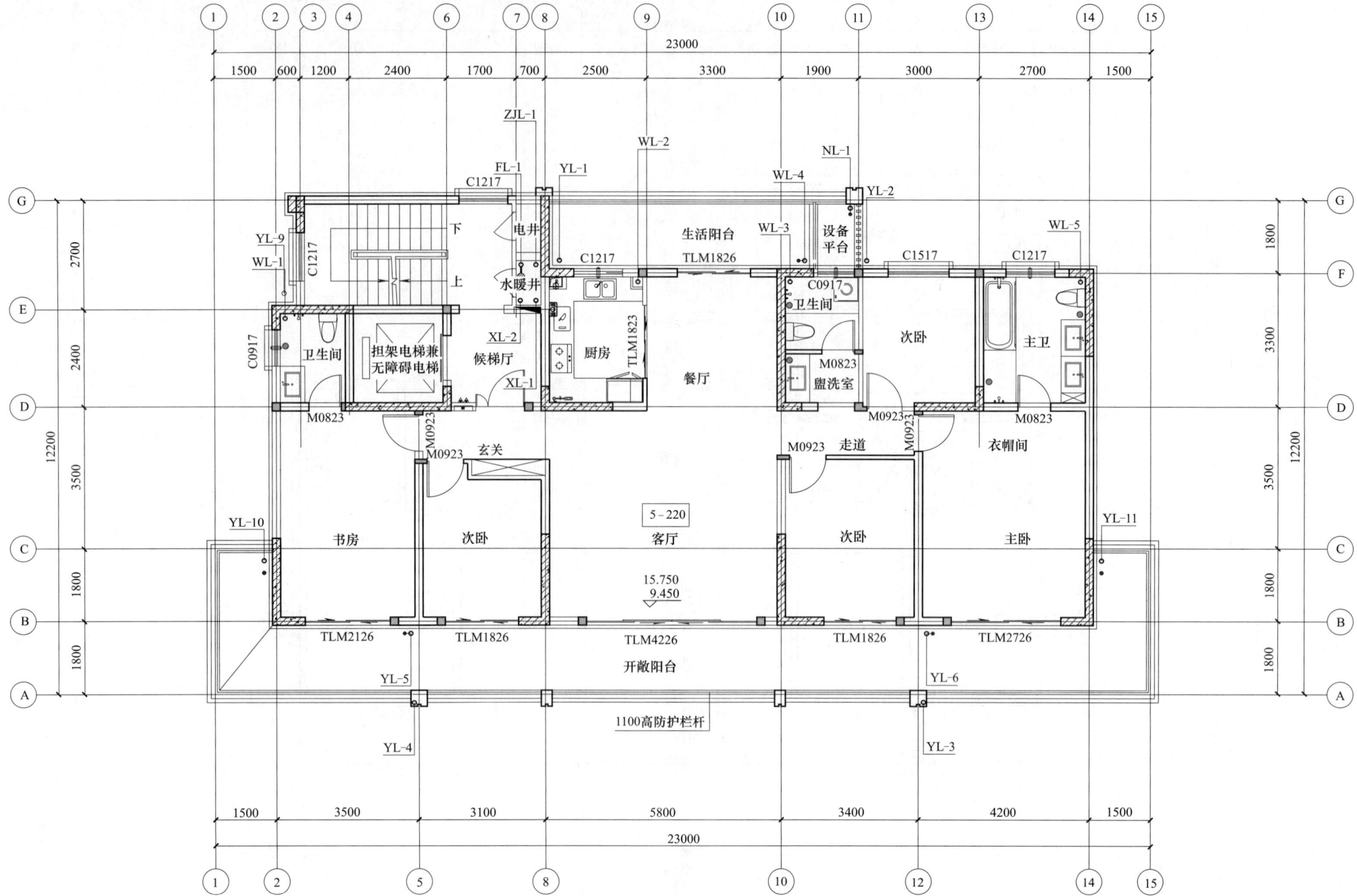

四层、六层给排水平面图 1:100

轴号		
1	1500	
2	600	
3	1200	
4	2400	
6	1700	
7	700	
8	2500	
9	3300	
10	1900	
11	3000	
13	2700	
14	1500	
15		

主要标注:23000

	×××设计研究院有限公司	资质等级		证书编号	
		工程名称	××小区1期工程		
审 定		子项名称	3号住宅楼	合同编号	
	专业负责人			设计编号	
审 核	校 对	四层、六层给排水平面图		图 别	给排水
项 目负责人	设 计			图 号	水施-12
	制 图			日 期	2023.07

附图 12　四层、六层给排水平面图

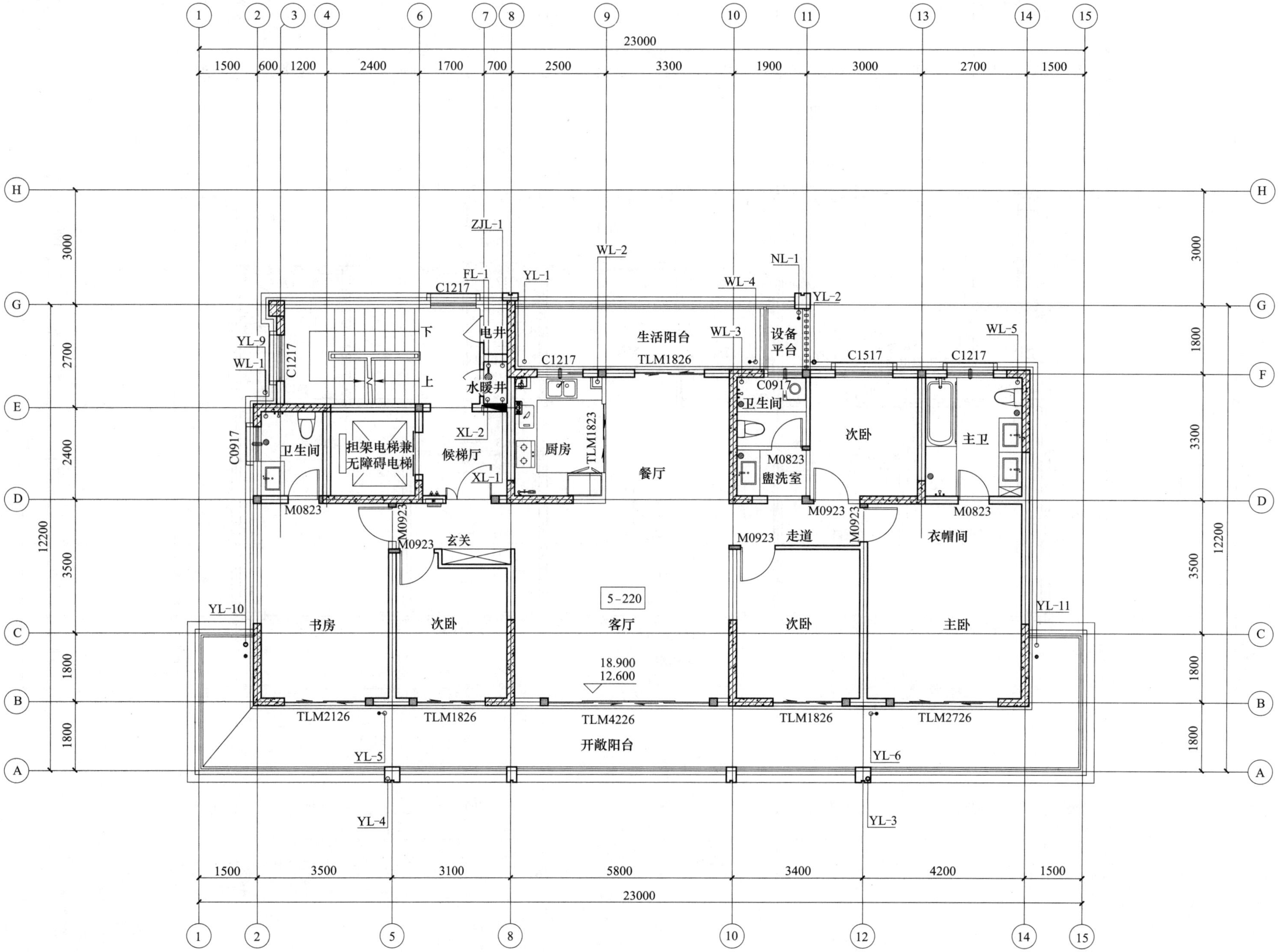

五层、七层给排水平面图 1:100

		资质等级		证书编号	
×××设计研究院有限公司		工程名称	×× 小区 1 期工程		
		子项名称	3 号住宅楼	合同编号	
审 定		专 业 负责人		设计编号	
审 核		校 对		图 别	给排水
项 目 负责人		设 计		图 号	水施-13
		制 图		日 期	2023.07

五层、七层给排水平面图

附图 13　五层、七层给排水平面图

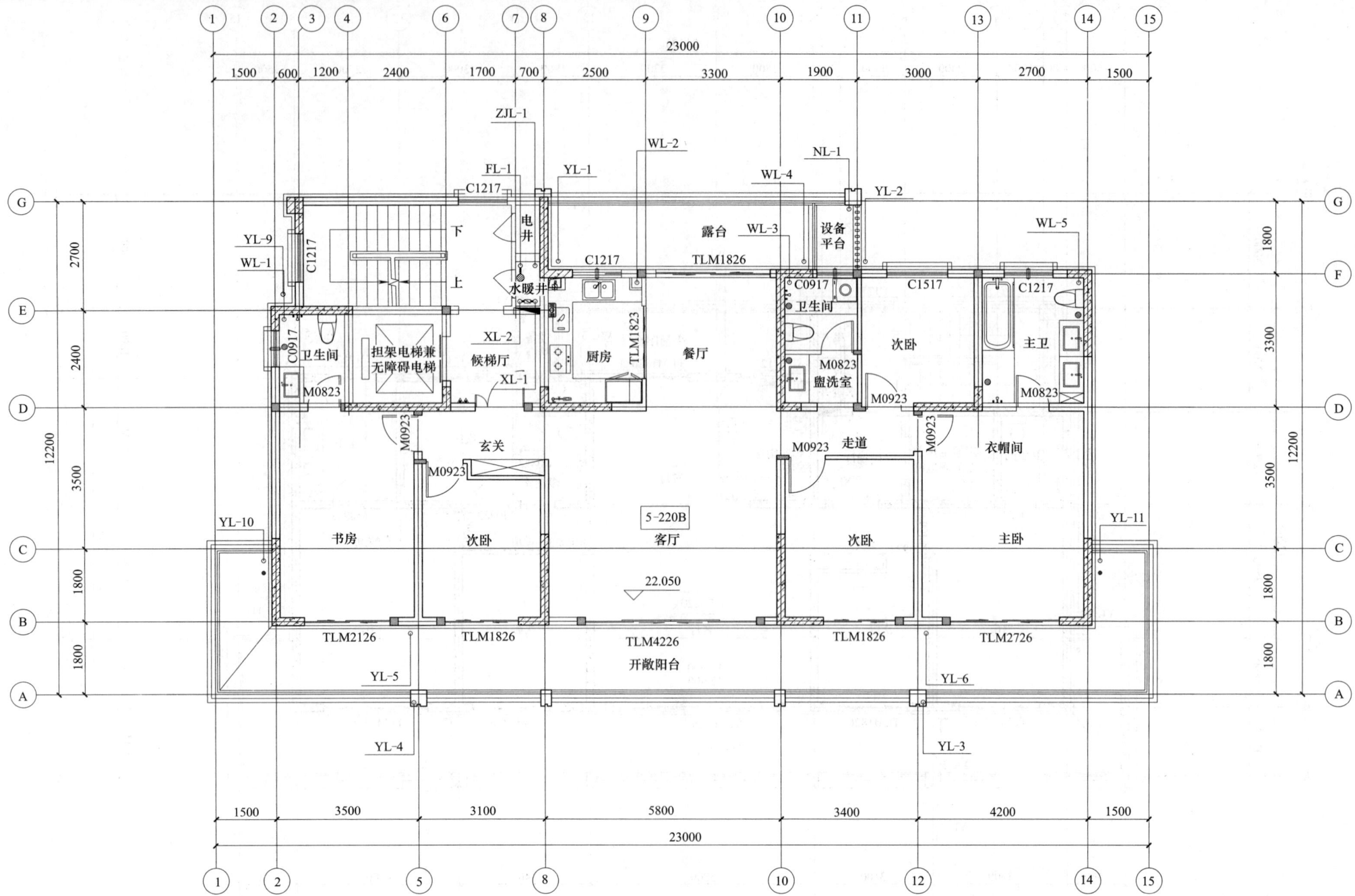

八层给排水平面图 1:100

				×××设计研究院有限公司		资质等级		证书编号	
						工程名称	××小区1期工程		
审 定		专 业 负责人				子项名称	3号住宅楼	合同编号	
								设计编号	
审 核		校 对					八层给排水平面图	图 别	给排水
项 目		设 计						图 号	水施-14
负责人		制 图						日 期	2023.07

附图 14 八层给排水平面图

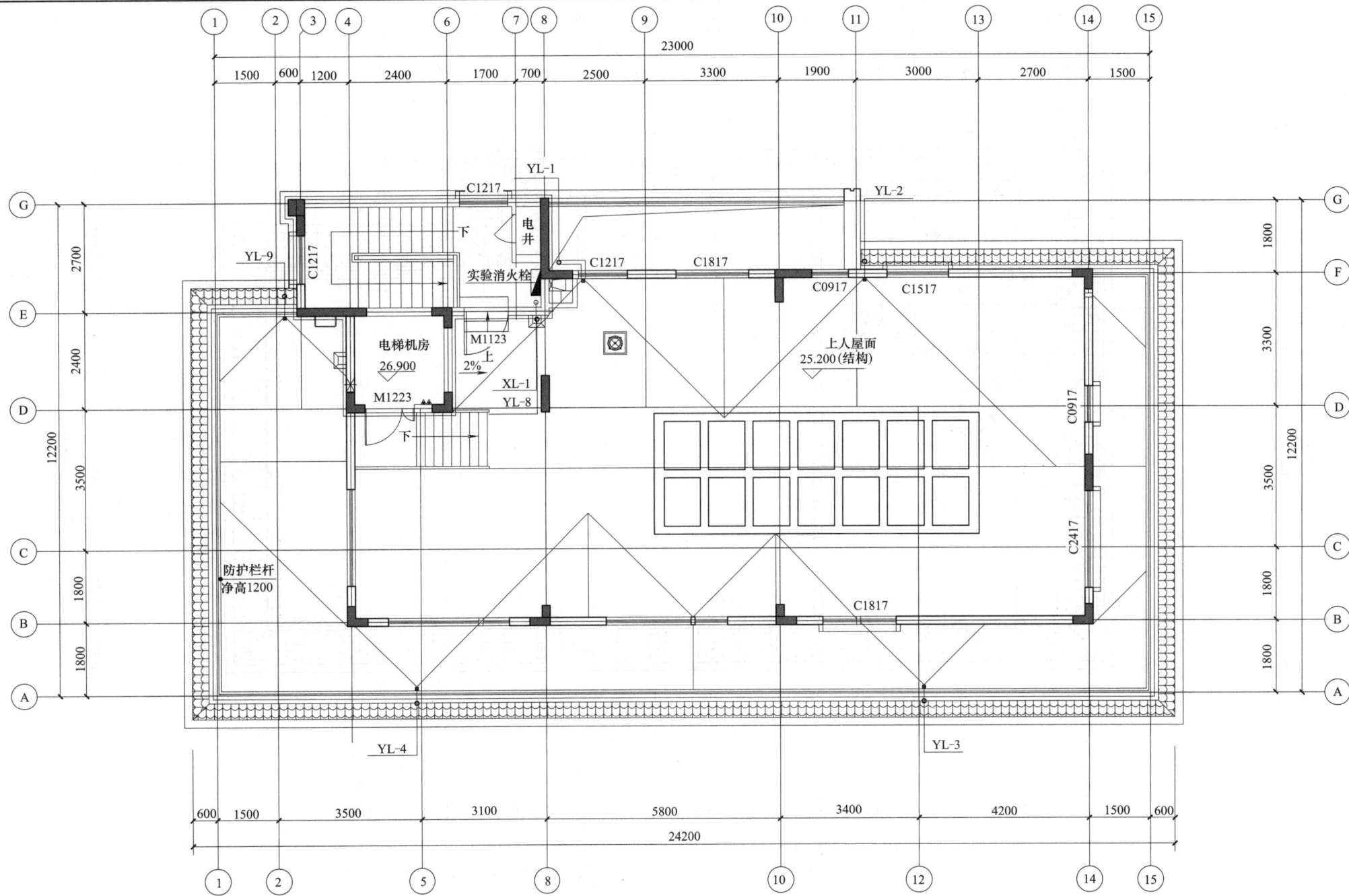

屋面层给排水平面图 1:100

×××设计研究院有限公司		资质等级		证书编号		
		工程名称	××小区1期工程			
审　定		专　业负责人	子项名称	3号住宅楼	合同编号	
					设计编号	
审　核		校　对			图　别	给排水
项　目负责人		设　计	屋面层给排水平面图		图　号	水施-15
		制　图			日　期	2023.07

附图15　屋面层给排水平面图

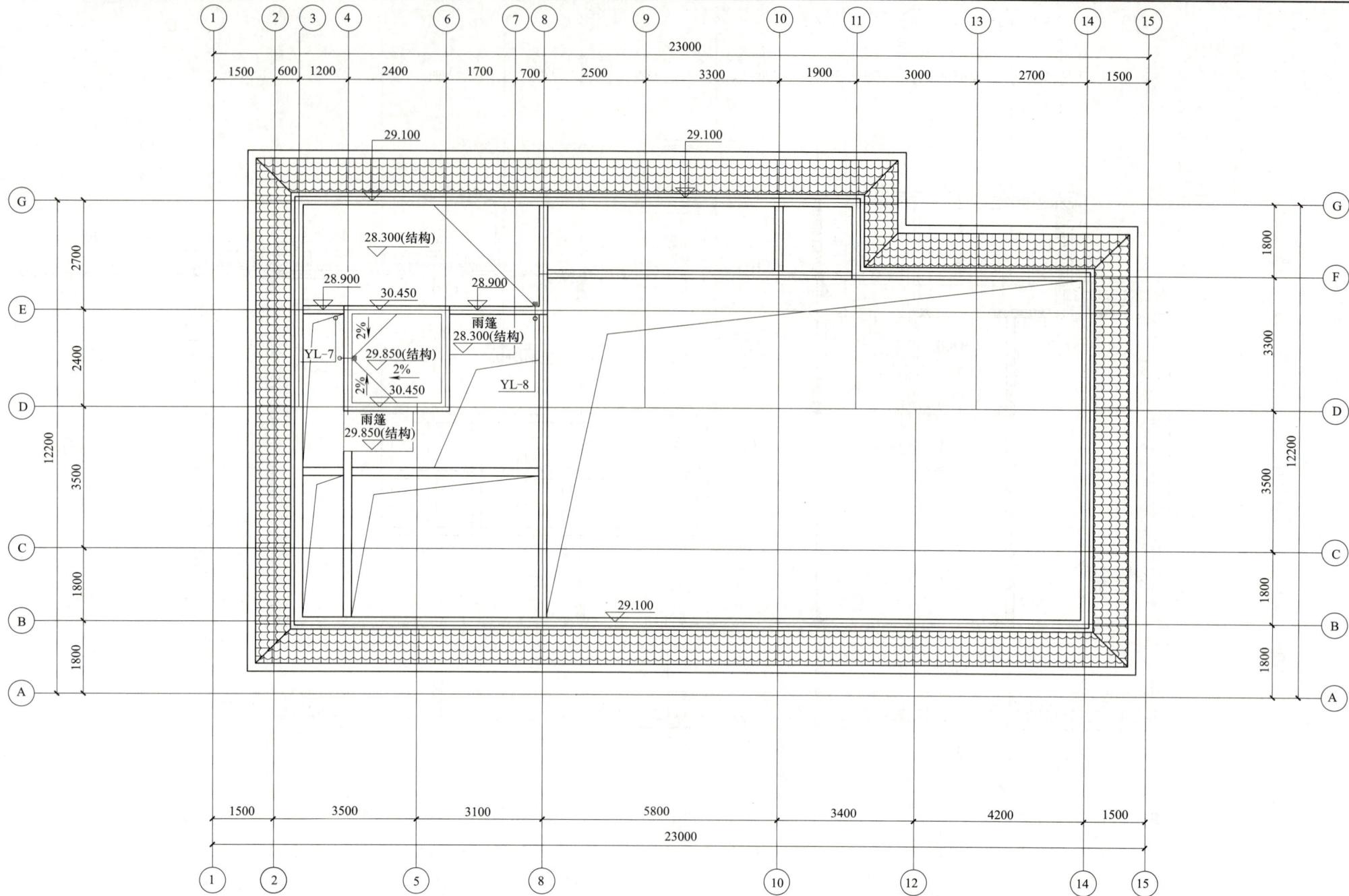

屋顶层给排水平面图 1:100

×××设计研究院有限公司			资质等级		证书编号	
			工程名称	××小区1期工程		
审　定		专　业负责人	子项名称	3号住宅楼	合同编号	
					设计编号	
审　核		校　对	屋顶层给排水平面图		图　别	给排水
项　目负责人		设　计			图　号	水施-16
		制　图			日　期	2023.07

附图16　屋顶层给排水平面图

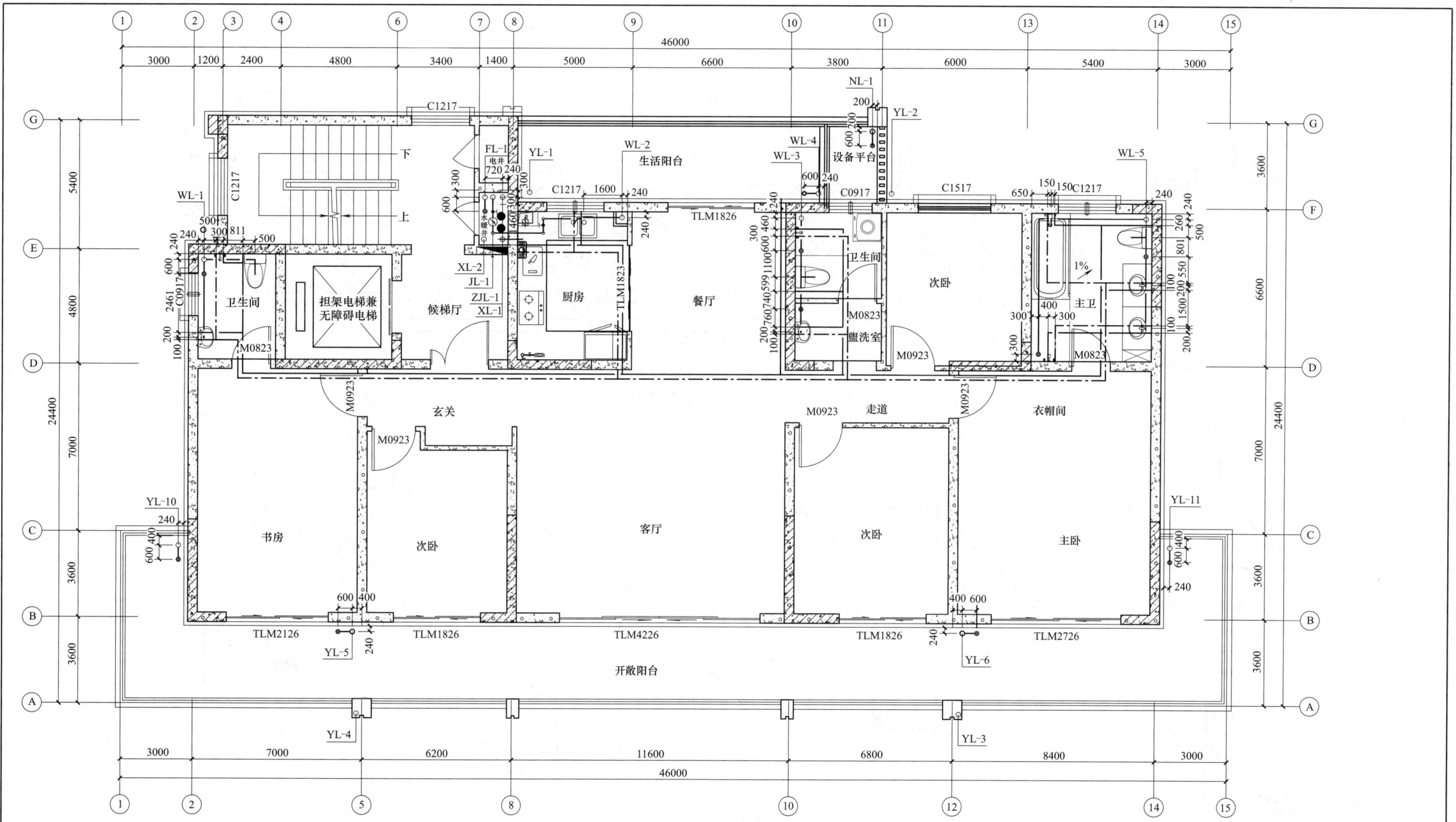

给排水系统大样图 1:50

×××设计研究院有限公司		资质等级		证书编号	
		工程名称	××小区1期工程		
审 定		子项名称	3号住宅楼	合同编号	
	专 业 负责人			设计编号	
审 核	校 对		给排水系统大样图	图 别	给排水
项 目 负责人	设 计			图 号	水施-17
	制 图			日 期	2023.07

附图 17　给排水系统大样图

给水系统图

JL-1

接燃气热水器
DN20

预留燃气热水器接口
DN20

接水暖井
DN20

洗衣机龙头
h+1.200

h+0.500 垫层内敷设
DN20

DN15 DN15 DN20 DN15

DN15 DN20 DN20 DN15 DN20 DN15 DN20 DN15

DN15 DN20 垫层内敷设 DN20 DN20 垫层内敷设 DN20 DN15 DN15 DN20 DN20 DN15 DN15

DN15 垫层内敷设 DN20 DN20 垫层内敷设 垫层内敷设 DN20 DN15 DN20 DN15 DN15

垫层内敷设 DN20 垫层内敷设 垫层内敷设 DN20 DN20

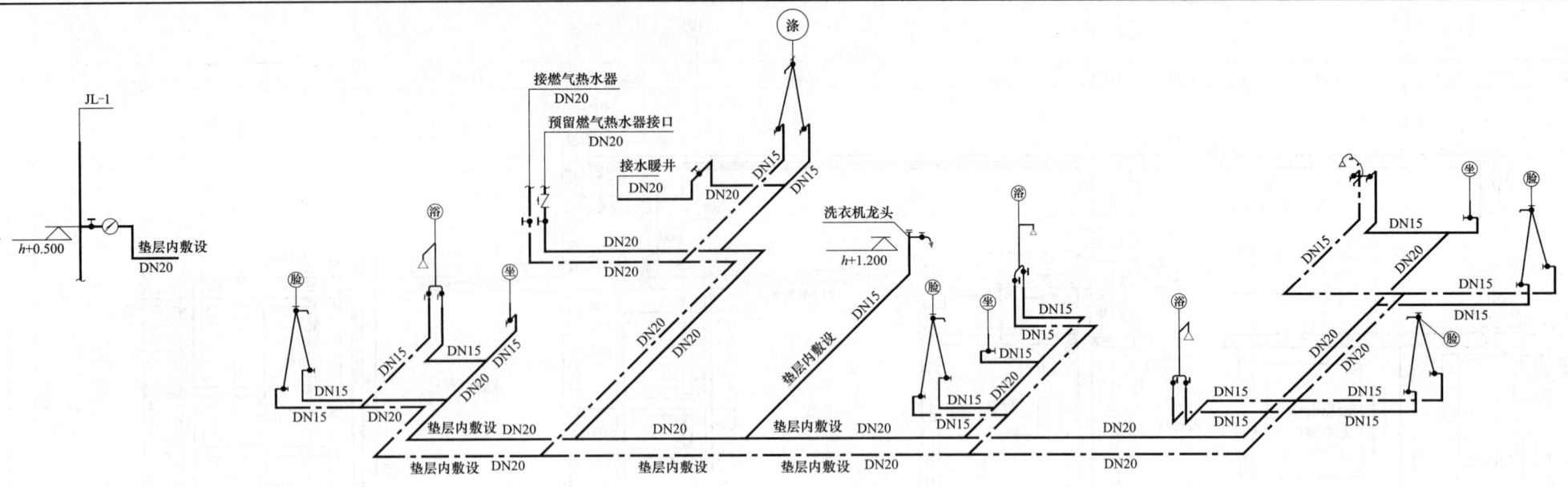

h:本层结构顶板板顶标高。

给水系统图

FL-1

h
h−0.400

直通地漏
DN50

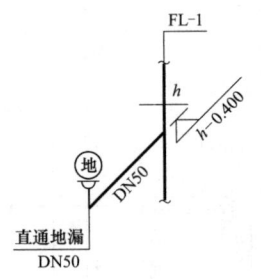

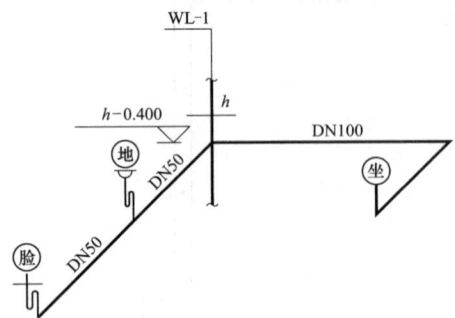

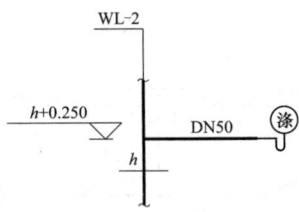

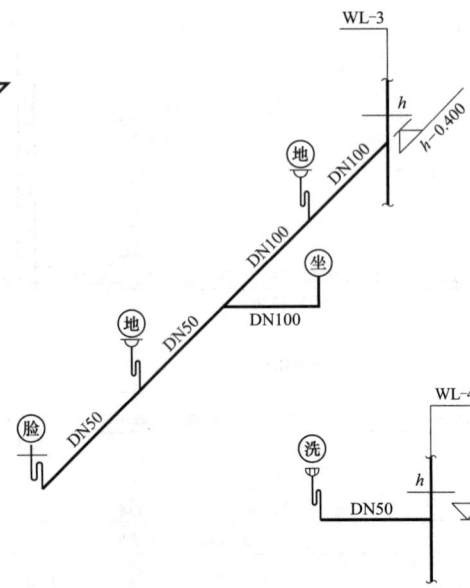

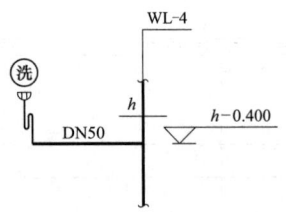

水暖井系统图

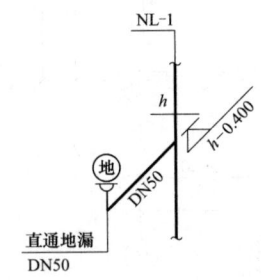

NL-1

h
h−0.400

直通地漏
DN50

WL-1

h−0.400 *h*

DN100

地
DN50
DN50

坐

WL-2

h+0.250
DN50
涤

h

WL-3

h
h−0.400

DN100

地 DN50 DN100 坐

地 DN50 DN100

脸 DN50

WL-4

洗
h
DN50 *h*−0.400

WL-5

h
h−0.400

地 DN50 浴 DN50

坐 DN100 DN100

脸 DN50 DN50

脸 DN50

直通地漏
DN50
DN50 *h*
h−0.400

YL-5

排水系统图

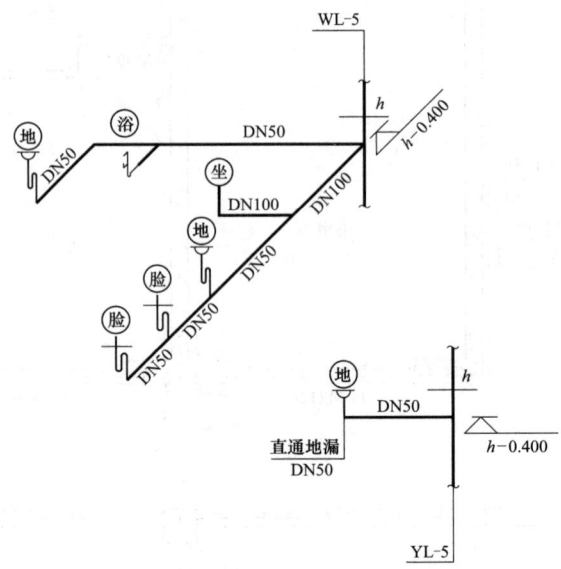

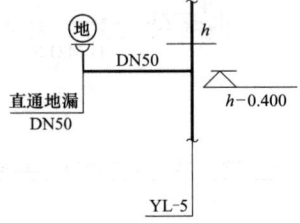

×××设计研究院有限公司		资质等级		证书编号	
		工程名称	×× 小区 1 期工程		
审 定	专 业负责人	子项名称	3 号住宅楼	合同编号	
				设计编号	
审 核	校 对	给排水系统图		图 别	给排水
项 目负责人	设 计			图 号	水施-18
	制 图			日 期	2023.07

附图 18　给排水系统图

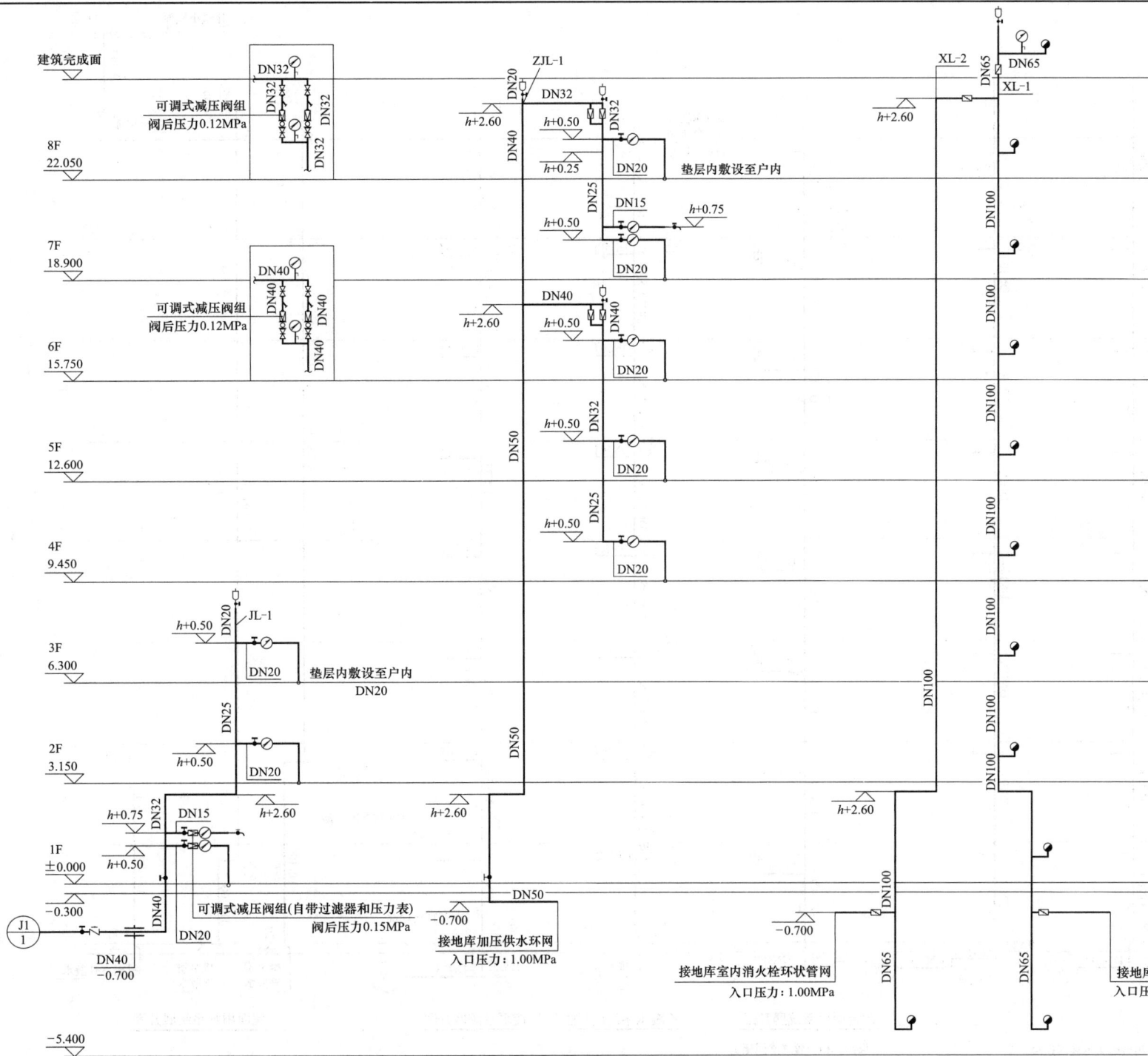

给水系统展开图　　　　消火栓系统展开图

h：本层结构顶板板顶标高。

楼层	型号	是否减压	减压孔板孔径
地下一层	SNZW65-Ⅲ	是	无
一层	SNZ65	是	26mm
二层	SNZ65	是	26mm
三层	SNZ65	是	28mm
四层	SNZ65	是	28mm
五层	SNZ65	是	30mm
六层	SNZ65	是	32mm
七层	SNZ65	否	无
八层	SNZ65	否	无

1. 消火栓采用标准图集 15S202。

2. 消火栓栓口距地面高度为 1.10m。

3. 暗装消火栓箱土建预留尺寸：1050×680，洞底部距地 725mm。

4. 消火栓栓口及消火栓前弯头处采用丝扣连接。

5. 本单体地下一层采用减压稳压消火栓，一～六层采用减压孔板减压。

6. 减压孔板采用栓后固定接口内安装。

×××设计研究院有限公司		资质等级		证书编号	
		工程名称	××小区 1 期工程		
审　定		子项名称	3 号住宅楼	合同编号	
	专　业负责人			设计编号	
审　核	校　对		给水系统展开图	图　别	给排水
项　目负责人	设　计			图　号	水施-19
	制　图			日　期	2023.07

附图 19　给水系统展开图

建筑小屋面　　YL-7

DN100

建筑完成面

1600　　1600　　1600　　1600

接空调软管
低于空调洞
DN32余同

YL-5　　　　NL-1　　　FL-1　　　YL-1　　YL-2

排至屋面

DN100　DN100　DN100　DN100　DN100　DN100　DN75

8F 22.050
320 800　200 600　320 800　320 800　400 800　　　400 800

WL-1　WL-2　WL-5　WL-4

DN100　DN100　DN100　DN100　DN100　DN50　DN50 DN50　DN50　DN50
h-0.40

7F 18.900

DN100　DN100　DN100　DN100　DN100　DN50　DN50　DN50
h-0.40

6F 15.750

DN100　DN100　DN100　DN100　DN100　DN50　DN50　DN75
h-0.40

DN100

5F 12.600

DN100　DN100　DN100　DN100　DN100　DN50　DN50　DN75
h-0.40

DN100

4F 9.450

DN100　DN100　DN100　DN100　DN100　DN50　DN50　DN75
h-0.40

3F 6.300

DN100　DN100　DN100　DN100　DN100　DN50　DN50　DN75
h-0.40

YL-6

2F 3.150

DN100　DN100　DN100　DN100　DN100　DN50　DN50　DN75
h-0.40　　　　　　　DN75直通地漏　　h+2.60
DN100　h+2.60　DN100

1F ±0.000

DN100　DN100　DN100　DN100　DN100　DN50　DN50　DN75
120　160　DN75直通地漏　20　20　20

-0.300
DN100 (W)　-0.520 DN100　DN100 (W)　DN100 (W)　-0.520 DN100　-0.800 DN100 (Y1)　排至室外散水　-0.800 DN75 (Y)　排至室外散水　排至室外散水　排至室外散水
-0.800　-0.800　-0.800

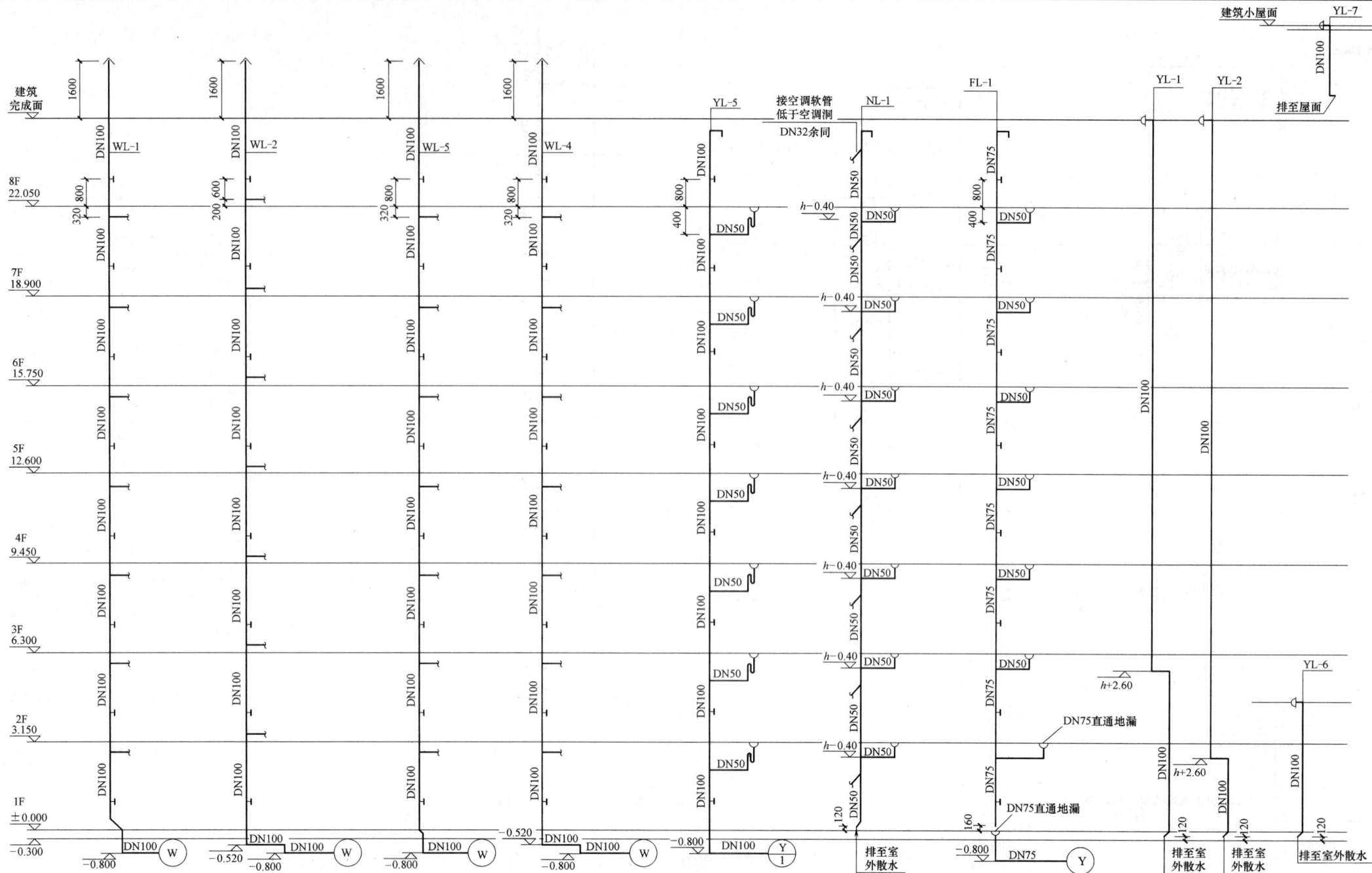

污水系统展开图　　　　　　阳台雨水系统展开图　冷凝水系统展开图　废水系统展开图　　屋面雨水系统展开图

h: 本层结构顶板板顶标高。　　说明：水暖井、水表间内地漏采用密闭型防臭不锈钢地漏。　　说明：相似管道参照施工。

×××设计研究院有限公司	资质等级		证书编号	
	工程名称	××小区1期工程		
审 定	专业负责人	子项名称	3号住宅楼	合同编号
				设计编号
审 核	校 对			图 别　给排水
项 目	设 计	排水系统展开图		图 号　水施-20
负责人	制 图			日 期　2023.07

附图20　排水系统展开图

图纸目录

设计总说明

1. 工程概述

1.1　本工程是河南省××市××小区 3 号楼。本工程地下一层为设备用房、工具间、车库等，地上为八层住宅，总建筑面积为 1829.84m²，建筑高度为 26.10m；建筑分类为多层住宅建筑。

2. 设计依据

2.1　国家所颁布的现行有关规范、标准及省市有关规定、规程。

1)《工程建设标准强制性条文——房屋建筑部分（2013 年版）》
2)《民用建筑电气设计标准（共二册）》GB 51348—2019
3)《建筑设计防火规范（2018 年版）》GB 50016—2014
4)《建筑照明设计标准》GB 50034—2013
5)《供配电系统设计规范》GB 50052—2009
6)《低压配电设计规范》GB 50054—2011
7)《20kV 及以下变电所设计规范》GB 50053—2013
8)《通用用电设备配电设计规范》GB 50055—2011
9)《建筑物电子信息系统防雷技术规范》GB 50343—2012
10)《建筑物防雷设计规范》GB 50057—2010
11)《住宅建筑规范》GB 50368—2005
12)《住宅设计规范》GB 50096—2011
13)《住宅建筑电气设计规范》JGJ 242—2011
14)《民用建筑设计统一标准》GB 50352—2019
15)《商店建筑设计规范》JGJ 48—2014
16)《商店建筑电气设计规范》JGJ 392—2016
17)《消防应急照明和疏散指示系统技术标准》GB 51309—2018
18)《消防应急照明和疏散指示系统》GB 17945—2010
19)《建筑与市政工程抗震通用规范》GB 55002—2021
20)《电力工程电缆设计标准》GB 50217—2018
21)《矿物绝缘电缆敷设技术规程》JGJ 232—2011
22)《交流电气装置的接地设计规范》GB/T 50065—2011
23)《火灾自动报警系统设计规范》GB 50116—2013
24)《综合布线系统工程设计规范》GB 50311—2016
25)《有线电视网络工程设计标准》CB/T 50200—2018
26)《安全防范工程通用规范》GB 55029—2022
27)《民用闭路监视电视系统工程技术规范》GB 50198—2011
28)《无障碍设计规范》GB 50763—2012
29)（参考）《全国民用建筑工程设计技术措施——电气（2009 年版）》
30)《防火门监控器》GB 29364—2012
31)《托儿所、幼儿园建筑设计规范（2019 年版）》JGJ 39—2016

×××设计研究院有限公司		资质等级		证书编号	
		工程名称	××小区 1 期工程		
		子项名称	3 号住宅楼	合同编号	
审　定		专业负责人		设计编号	
审　核		校　对		图纸目录、设计总说明（一）	图　别	电气
项目负责人		设　计			图　号	电施-01
		制　图			日　期	2023.07

32)《建筑工程设计文件编制深度规定（2016年版）》

33)《河南省住宅可容纳担架电梯设计标准》DBJ 41/T 195—2018

34)《智能建筑设计标准》GB 50314—2015

35)《视频安防监控系统工程设计规范》GB 50395—2007

36)《建筑与市政工程无障碍通用规范》GB 55019—2021

37)《建筑抗震设计标准》GB/T 50011—2010

38)《建筑电气与智能化通用规范》GB 55024—2022

39)《出入口控制系统工程设计规范》GB 50396—2007

40)《建筑节能与可再生能源利用通用规范》GB 55015—2021

41)《住宅区和住宅建筑内光纤到户通信设施工程设计规范》GB 50846—2012

42)《建筑环境通用规范》GB 55016—2021

43)《河南省建设工程消防设计审查验收疑难问题技术指南（第一册）》

45)《消防设施通用规范》GB 55036—2022

2.2 甲方提供的设计任务书；建筑专业提供的平、立、剖面及相关专业提供的用电要求及控制条件。

3. 设计内容及范围

本电气设计包括380/220V配电系统、照明系统、防雷及接地系统、有线电视系统、光纤到户通信系统、视频安防监控系统、多功能访客对讲系统、火灾自动报警及消防联动控制系统、消防应急照明和疏散指示系统。变配所部分不在本次设计范围内，设计图纸由专业院提供。景观照明仅预留电源，屋顶光伏发电系统由建设方委托具备新能源设计资质单位设计。

4. 供配电系统

4.1 用电指标

户建筑面积 $S \leq 90m^2$ 时按：6kW/户；$90m^2 < S \leq 120m^2$ 时按：8kW/户；$120m^2 < S \leq 160m^2$ 时按：10kW/户；$160m^2 < S \leq 200m^2$ 时按：12kW/户。物业办公：75W/m^2，商业用房：150W/m^2。

4.2 负荷分类及供电级别

一级负荷：地下室楼梯间消防应急照明，电源由车库引来。三级负荷：普通电梯、公共照明、住户等其他电力负荷及一般照明等。

注：客梯及客货兼用的电梯均应具有断电就近自动平层开门的功能。

4.3 供电电源及分类供电容量

本楼公共电源、消防电源干线由变配所分别沿相应的金属桥架进入本楼地下室配电间，而后进入电井；电源干线通过桥架进入电井。住宅用电安装负荷：一单元180kW，另一单元0kW；公共用电安装负荷回路：20kW；消防用电安装负荷：见车库。

4.4 供电方式

4.4.1 一级负荷应由两个电源供电，当一个电源发生故障时，另一个电源不应同时受到损坏。每个电源的容量应满足全部一级用电负荷的供电要求。三级负荷可采用单电源单回路供电。

4.4.2 消防用电设备应采用专用的供电回路，当建筑内的生产、生活用电被切断时，应仍能保证消防设备用电。消防动力负荷采用放射式供电方式。

4.4.3 各类消防用电设备及供电线缆在火灾发生期间，最少持续供电时间应符合下表规定：

消防用电设备名称	持续供电时间/min	消防用电设备名称	持续供电时间/min
火灾自动报警系统装置	≥180	火灾应急广播	≥30
消火栓泵、喷淋泵、水幕泵	≥120	火灾疏散标志照明	≥30
自动喷水系统	≥60	火灾时继续工作的备用照明	≥120

注：1. 火灾应急广播及防、排烟设备应大于等于疏散照明时间，不同场所的疏散照明时间见应急照明说明。

2. 不同场所的火灾延续时间见《消防给水及消火栓系统技术规范》GB 50974—2014 的 3.6.2 条。

4.4.4 本工程用电负荷采用树干式与放射式相结合的供电方式；公共照明负荷采用树干式与放射式相结合的供电方式；一般动力负荷采用放射式供电方式；用于非消防设备的双切开关采用CB级，具有检修隔离功能。

4.4.5 配电线路设短路和过负荷保护，对于因过负荷引起断电而造成更大损失的供电回路，过负荷保护应作用于信号报警，不应切断电源。用于消防风机、水泵、电梯的配电线路，过负荷报警应采用电动机控制回路的热继电器的报警信号。

4.4.6 照明回路开关采用微型断路器，具有短路保护、过负荷保护和接地故障保护功能。室内照明灯具安装高度在2.5m及以下、室外照明的末端回路增设剩余电流动作保护器作为附加防护（动作电流值为30mA）。

4.5 住户内配电

4.5.1 住户配电箱设置电源总开关及自恢复式过欠压保护电器，综合具有短路保护、过载保护、自恢复过欠压保护功能，动作时应能同时断开相线和中性线。

4.5.2 插座回路、柜式空调回路开关采用漏电断路器，应具有短路保护、过载保护和漏电保护功能（漏电动作电流值为30mA）。

除用于电子信息设备的剩余电流保护器采用电磁式外，其余剩余电流保护器均采用电子式。住宅户内剩余电流保护器采用A型。

5. 设备安装、导线选择及敷设

5.1 配电设备安装

5.1.1 集中表箱挂墙明装（电井内）；配电箱单排时底边距地1.8m嵌墙暗装，双排时底边距地1.6m嵌墙暗装；配电箱及控制箱在电井、设备间、车库区域挂墙明装，箱体高度 $H<600mm$ 时底边距地1.5m安装；$600mm \leq H \leq 800mm$ 时，底边距地1.2m安装；$800mm<H \leq 1000mm$ 时，底边距地1.0m安装；$1000mm<H \leq 1200mm$ 时，底边距地0.8m安装；$H>1200mm$ 时落地安装。电气设备安装应牢固可靠，且紧锁零件齐全。配电箱（柜）落地安装时，采用10号槽钢抬高100mm，在水泵房等潮湿场所或室外落地安装时，配电箱（柜）下方基座垫高300mm。图中各箱体尺寸仅供参考，以厂家实际尺寸为准。室内电箱防护等级不低于IP30；当电箱设于室外时，箱体防护等级不低于IP54，箱内电器应适应室外环境的要求。

5.1.2 套内安装的插座，均采用带防护门的安全型插座。未封闭阳台、厨房、卫生间及电梯底坑插座的防护等级均为IP54；卫生间插座宜设在3区。

5.1.3 套内卫生间照明二次装修时须选用防潮易清洁灯具，且不应安装在0、1区内及上方，本图仅预留灯位。

5.1.4 开关、插座和照明灯具靠近可燃物时，应采取隔热、散热等防火措施。额定功率不小于60W的卤钨灯、高压钠灯、金属卤化物灯等，不应直接安装在可燃物体上或采取其他防火措施。

5.1.5 灯具吸吊顶安装时，从接线盒至灯具的导线应穿金属软管保护，金属软管长度不宜大于1.2m。应急照明金属软管须刷防火涂料。

5.1.6 I类灯具的外露可导电部分以及采用金属接线盒、金属导管或金属灯具时，交流220V照明配电装置的线路，需加穿1根PE保护接地绝缘导线（图中不再标注）。

5.1.7 照明数量和质量应符合《建筑照明设计标准》GB 50034—2013 的规定。

5.1.8 长时间工作或停留的房间或场所，照明光源的颜色特性应符合下列规定：同类产品的色容差不应大于5SDCM；一般显色指数（R_a）不应低于80；特殊显色指数（R_9）不应小于0。

×××设计研究院有限公司		资质等级		证书编号	
		工程名称	××小区1期工程		
		子项名称	3号住宅楼	合同编号	
审 定		专 业 负责人		设计编号	
审 核		校 对		设计总说明（二）	图 别	电气
项 目 负责人		设 计			图 号	电施-02
		制 图			日 期	2023.07

5.1.9 儿童及青少年长时间学习或活动的场所应选用无危险类（RG0）灯具；其他人员长时间工作或停留的场所应选用无危险类（RG0）或1类危险（RG1）灯具或满足灯具标记的视看距离要求的2类危险（RG2）灯具。

5.1.10 各场所选用光源和灯具的闪变指数（Pst）不应大于1；儿童及青少年长时间学习或活动的场所选用光源和灯具的频闪效应可视度（SVM）不应大于1.0。

5.1.11 选用LED照明产品的光输出波形深度应满足《LED室内照明应用技术要求》GB/T 31831—2015的规定。

5.1.12 当设置室外夜景照明时，对居室的影响应符合下列规定：
居住空间窗户外表面上产生的垂直面照度不应大于下表的规定值：

照明技术参数	应用条件	环境区域			
		E0区、E1区	E2区	E3区	E4区
垂直面照度 E_v（lx）	非熄灯时段	2	5	10	25
	熄灯时段	0⊖	1	2	5

注：⊖ 当有公共（道路）照明时，此值提高到1lx。

夜景照明灯具朝居室方向的发光强度不应大于下表的规定值：

照明技术参数	应用条件	环境区域			
		E0区、E1区	E2区	E3区	E4区
灯具发光强度 l（cd）	非熄灯时段	2500	7500	10000	25000
	熄灯时段	0⊖	500	1000	2500

注：⊖ 当有公共（道路）照明时，此值提高到500cd；本表不适用于瞬时或短时间看到的灯具。

5.1.13 城市道路的非道路照明应避免干扰光对机动车驾驶员形成失能眩光或不舒适眩光，对机动车驾驶员产生的眩光的阈值增量不应大于15%。

5.1.14 景观照明应合理选择照明光源、灯具、照明方式和照明时间，合理确定灯具安装位置、照射角度和遮光措施，以避免或减少产生光污染，减少能源消耗。

5.1.15 安装于建筑物顶端或高空外墙上，以及空旷的广场等有可能遭受雷击的景观照明设施，应与避雷装置可靠连接，当不在邻近的防雷装置的有效保护范围内时，应采取相应的防直击雷措施并采取相应的防闪电电涌侵入措施，支撑景观照明设施的金属构件应接地。

5.1.16 景观照明设施的电气设备应采用防尘、防水、节能型，室外安装的照明配电箱与控制箱等的防护等级不应低于IP54。

5.1.17 消防配电箱、控制箱应采用防火隔离和保护措施，应安装在符合防火要求的配电间或控制间内；未安装在以上场所的配电箱或控制箱采用内衬岩棉对箱体进行防火保护。消防配电设备应设置明显标志。

5.1.18 用电设备安装在室外或潮湿场所时，其接线口或接线盒应采取防水防潮措施。

5.1.19 电气设备安装方式及高度详见材料表。

5.2 线缆选择

5.2.1 消防电源干线及分支线，应采用阻燃耐火线缆；消防配电线路与其他配电线路敷设在同一电缆井时，应分别布置在电缆井两侧，且消防配电线路应采用矿物绝缘类不燃性电缆；公共通道的应急照明线路应采用阻燃耐火铜芯绝缘导线或电缆。所有消防用耐火电缆和矿物绝缘电缆应具有不低于B1级的难燃性能，产烟毒性为t0级，燃烧滴落物/微粒等级d0级。

5.2.2 非消防电缆电线应符合以下要求及GB 31247—2014相关要求：

（1）建筑高度超过100m的公共建筑，避难层（间）明敷的电线、电缆及长期有人滞留的地下建筑，应选择燃烧性能B1级及以上、产烟毒性为t0级、燃烧滴落物/微粒等级d0级的电线和电缆。

（2）人员密集的公共场所，一类高层建筑中的金融建筑、省级电力调度建筑、省（市）级广播电视、电信建筑等，应选择燃烧性能B1级及以上，产烟毒性为t1级，燃烧滴落物/微粒等级d1级的电线和电缆。

（3）其他一类公共建筑应选择燃烧性能不低于B2级、产烟毒性为t2级、燃烧滴落物/微粒等级为d2级的电线和电缆。

5.2.3 通信电缆和光缆：应根据建筑物的重要性选择相应燃烧性能等级线缆，见GB 51348—2019表13.9.3及GB 31247—2014规定。

5.3 配电线路的敷设

5.3.1 敷设在现浇楼板内的线缆保护管最大外径不应大于楼板厚度的1/3；敷设在垫层的线缆保护管最大外径不应大于垫层厚度的1/2；线缆保护管暗敷时，外保护层厚度不应小于15mm。

5.3.2 消防配电线路明敷时（包括敷设在吊顶内），应穿金属导管或采用封闭式金属槽盒保护，金属导管或封闭式金属槽盒应采取防火保护措施；明敷于潮湿场所的消防电力线路应穿SC钢管保护。暗敷时，应穿金属导管或难燃型刚性塑料导管敷设在不燃性结构内，且保护层厚度不应小于30mm。在有可燃物的闷顶和封闭吊顶内明敷的配电线路，应采用热镀锌钢导管或密闭式金属槽盒布线。

5.3.3 室内干燥场所的线缆采用金属导管布线时，其壁厚不应小于1.5mm；采用塑料导管暗敷布线时，应选用中型或重型导管。

5.3.4 室内潮湿场所的线缆明敷时，应采用防潮防腐材料制造的导管或电缆桥架；当采取金属导管或电缆桥架时，应采取防潮防腐措施，且金属导管壁厚不应小于2.0mm；当采用可弯曲金属导管时，应选用防水重型导管。

5.3.5 建筑物底层及楼板层以下外墙内的线缆采用金属导管布线时，其壁厚不应小于2.0mm；采用可弯曲金属导管时，应选用防水重型导管；当采用塑料导管布线时，应选用重型导管。

5.3.6 线缆采用导管暗敷布线时，不应穿过设备基础；当穿过建筑物外墙时，应采取止水措施。

5.3.7 穿过人防外墙、临空墙、防护密闭隔墙和密闭隔墙的各种电缆（包括动力、照明、通信、网络等）管线和预留备用管，应进行防护密闭处理，应选用管壁厚度不小于2.5mm的热镀锌焊接钢管。人防区域内其他管路为焊接钢管，SC32及以下管路暗敷，SC40及以上管路明敷。

5.3.8 干线电缆、公共强弱电线缆及消防强弱电线缆应分别敷设在相应的桥架内。水平敷设时桥架上部空间不宜小于150，桥架底部距地不宜低于2.2m。敷设在同一桥架内向同一负荷供电的双回路电源电缆应由设在桥架内1/2处的隔板隔开。不同电压等级的电力电缆和智能化线缆不应敷设在同一导管或电缆桥架内。消防强弱电桥架均采用防火型电缆桥架。

×××设计研究院有限公司			资质等级		证书编号	
			工程名称	××小区1期工程		
审 定		专 业 负责人	子项名称	3号住宅楼	合同编号	
审 核		校 对			设计编号	
项 目 负责人		设 计	设计总说明（三）		图 别	电气
		制 图			图 号	电施-03
					日 期	2023.07

5.3.9 电缆桥架、线槽水平支架安装间距宜为 1.5~3m，可按桥架荷载曲线选取；垂直安装时，支架间距不宜大于 2m。电缆桥架转弯处的弯曲半径不应小于桥架内电缆最小允许弯曲半径的最大值。

梯架、托盘、槽盒允许的最小板材厚度

宽度 *W*/mm	最小板材厚度/mm	宽度 *W*/mm	最小板材厚度/mm	宽度 *W*/mm	最小板材厚度/mm
$W \leq 150$	1.0	$300 < W \leq 500$	1.5	$W > 800$	2.2
$150 < W \leq 300$	1.2	$500 < W \leq 800$	2.0		

5.3.10 消防配电线路电压等级超过交流 50V 以上在室内接驳时应采用防火防水接线盒。

5.4 建筑内的电缆井、管道井应在每层楼板处采用不低于楼板耐火极限的不燃材料或防火封堵材料封堵。建筑内的电缆井、管道井与房间、走道等相连通的孔隙应采用防火封堵材料封堵。布线用各种电缆、导管、电缆桥架及母线槽在穿越防火分区楼板、隔墙及防火卷帘上方的防火隔板时，其空隙应采用相当于建筑构件耐火极限的不燃烧材料填塞密实。

5.5 凡管线经过伸缩沉降缝时应做好伸缩补偿装置，应按照《室内管线安装（2004 年合订本）》D301-1~3 中对应做法进行施工。

5.6 所有水暖管不得从配电柜、配电间、电信间上方穿过。

6. 消防应急照明和疏散指示系统设计说明

本建筑为不超 27m 的住宅，地下室楼梯间与车库共用。仅在地下室楼梯间、一层出入口设置疏散指示及疏散照明，地上楼梯间仅设置疏散照明，电源由地下室应急照明箱引来。

6.1 本项目消防应急照明和疏散指示系统选用集中电源集中控制型系统。灯具的主电源和蓄电池电源均由集中电源提供，灯具主电源和蓄电池电源在集中电源内部实现输出转换后应由同一配电回路为灯具供电。

6.2 系统由应急照明控制器、应急照明集中电源配电箱、消防应急照明灯具、消防应急标志灯具等组成，应急照明控制器设置在消防控制室内。系统内设备及灯具均为同一厂家生产制造，系统符合 GB 17945—2010 和 GB 51309—2018，并具备公安部消防产品合格评定中心出具的 3C 强制性认证证书及检验报告。

6.3 每台设备及灯具均具有独立地址码及控制芯片，可与控制器通过总线进行通信，实现"点式"控制。

6.4 应急照明控制器应能与火灾自动报警系统通信，自动获取火灾报警点信息或消防联动信号，疏散照明应在消防控制室集中手动、自动控制。不得利用切断消防电源的方式直接强启疏散照明灯。

6.5 应急照明控制器技术要求

6.5.1 应急照明控制器采用具有能接收火灾报警控制器或消防联动控制器干接点信号或 DC24V 信号接口的产品。

6.5.2 应急照明控制器采用通信协议与消防联动控制器通信时，选择与消防联动控制器的通信接口和通信协议的兼容性满足《火灾自动报警系统组件兼容性要求》GB 22134—2008 有关规定的产品。

6.5.3 应急照明控制器的控制、显示功能应满足 GB 51309—2018 第 3.4.3~3.4.5 条有关要求。

6.5.4 需要借用相邻防火分区疏散的防火分区，改变相应标志灯具指示状态的控制设计应符合：

1）由消防联动控制器发送的被借用防火分区的火灾报警区域信号作为控制改变该区域相应标志灯具指示状态的触发信号。

2）应急照明控制器接收到被借用防火分区的火灾报警区域信号后，自动执行以下控制操作：

① 按对应的疏散指示方案，控制该区域内需要变换指示方向的标志灯改变箭头指示方向。

② 控制被借用防火分区入口处设置的出口标志灯由"疏散出口"亮变为"禁止入内"应急点亮。

6.5.5 应急照明控制器主电源由消防电源 AC220V 供给，控制器备用应急时间不小于 180min。

6.5.6 应急照明控制器与 A 型应急照明集中电源的通信回路采用 NH-RVSP-（2×1.5）JDG20/CT（消防桥架）。

6.5.7 任一台应急照明控制器控制的灯具的总数量不大于 3200 个灯具；每一应急照明分支回路配接的灯具数量不大于 60 个灯具。

灯具在墙壁或顶棚设置时，每个回路不宜超过 25 盏灯。

6.6 A 型应急照明集中电源技术要求

6.6.1 电源取自 AC220V/50Hz 消防电源专用应急回路，输出回路不超过 8 路，每个输出回路为 DC36V（24V）安全电压，额定电流不大于 6A，额定输出功率不大于 1kW。

6.6.2 具有可靠的输出过载保护、电池过充电保护、电池过放电保护等保护功能。

6.6.3 每台集中电源均具有独立的通信地址和通信接口，可与控制器主机和所控灯具进行通信并对所控灯具进行控制。

6.6.4 火灾模式：火灾确认后，系统可实现非持续型灯具应急点亮，持续型灯具由节电点亮模式转入应急点亮模式。

6.6.5 非火灾模式：系统主电源断电后，非持续型灯具应急点亮，持续型灯具由节电点亮模式转入应急点亮模式，但持续点亮时间不超过 0.5h。

6.6.6 在电气竖井内安装时，防护等级不低于 IP33；在潮湿场所安装时，防护等级不低于 IP65。

6.6.7 应急照明集中电源的输入及输出回路中不应装设剩余电流动作保护器，输出回路严禁接入系统以外的开关装置、插座及其他负载。

6.7 集中电源蓄电池组的持续工作时间及达到使用寿命周期后标称的剩余容量保证放电时间应满足：30min+a；60min+a（大于 2 万 m² 车库，车库借用主楼楼梯间时按高者选值）。其中：a 为非火灾模式主电源断电后应急灯的应急点亮时间，a=15min。故本工程集中电源蓄电池组的持续工作时间及达到使用寿命周期后标称的剩余容量保证放电时间：主楼大于等于 45min，车库及其借用楼梯间 75min。

6.8 A 型消防应急照明灯、应急标志灯

6.8.1 A 型消防应急照明灯、应急标志灯均含通信接口和独立地址，采用节能光源，光源色温范围为 2700~8000K；采用高亮度 LED 光源，其表面亮度应大于 50cd 小于 300cd。

6.8.2 工作电压为安全电压，采用宽电压范围设计，能实现巡检、常亮、频闪、灭灯等功能。

6.8.3 应急灯、标志灯面板均采用高质量阻燃透光不易碎材质。

6.8.4 住宅建筑设置的内置蓄电池应急照明灯具可兼做正常照明，平时灯具可受红外感应、声光控或节能自熄开关控制；消防时，灯具不受红外感应、声光控或节能自熄开关控制，接受应急照明控制器的控制应急点亮。

6.8.5 疏散照明的地面最低水平照度应符合 GB 51309—2018 第 3.2.5 条的规定：

×××设计研究院有限公司				资质等级		证书编号	
				工程名称	×× 小区 1 期工程		
		专 业 负责人		子项名称	3 号住宅楼	合同编号	
审 定						设计编号	
审 核		校 对				图 别	电气
项 目 负责人		设 计		设计总说明（四）		图 号	电施-04
		制 图				日 期	2023.07

1）疏散楼梯间、疏散楼梯间前室或合用前室、避难走道及其前室、避难层、避难间，消防专用通道；逃生辅助装置存放处等特殊区域；屋顶直升机停机坪；老年人照料设施等场所不应低于 10.0lx。

2）中小学和幼儿园疏散场所地面、寄宿制幼儿园和小学的寝室、医院手术室及重症监护室等病人行动不便的病房等需要救援人员协助疏散的区域；医疗建筑；地下疏散区域等场所等不应低于 5.0lx。

3）疏散走道、人员密集的场所；建筑面积大于 100m² 的地下或半地下公共活动场所等不应低于 3.0lx。

4）宾馆、酒店的客房；安全出口外面及附近区域、连廊的连接处两端；进入屋顶直升机停机坪的途径；配电室、消防控制室、消防泵房、发电机房等场所不应低于 1.0lx。

5）本条上述规定的其他场所，不应低于 1.0lx。

6.8.6 消防时需要坚持工作的房间和场所应设置备用照明，其作业面的最低照度不应低于正常照明的照度。

6.8.7 火灾时应急照明点亮、熄灭的响应时间：一般场所应不大于 5s；高危险场所应不大于 0.25s。

6.8.8 除地面标志灯面板采用厚度不小于 4mm 的钢化玻璃外，其余应急灯、标志灯面板均采用高质量阻燃透光不易碎材质。

6.9 室内高度大于 4.5m 的场所，选用大型标志灯；室内高度为 3.5~4.5m 的场所，选用中型标志灯；室内高度小于 3.5m 的场所，选用小型标志灯。故本工程采用小型标志灯。

6.10 灯具及连接附件在室外或地面上设置时，防护等级不应低于 IP67；在潮湿场所设置时，防护等级不应低于 IP65；在一般场所设置时，防护等级不应低于 IP30；B 型灯具防护等级不应低于 IP34。

6.11 A 型消防应急灯具通过供电（兼通信）二总线接入本区域集中电源配电箱，穿热镀锌金属管敷设保护敷设在不燃烧体内。

6.12 消防联动需火灾报警系统提供标准接口及通信协议。

7. 电气专业节能设计专篇

7.1 节能设计依据

《建筑照明设计标准》GB 50034—2013
《供配电系统设计规范》GB 50052—2009
《城市夜景照明设计规范》JGJ/T 163—2008
《电力变压器能效限定值及能效等级》GB 20052—2020
《电动机能效限定值及能效等级》GB 18613—2020
《电能质量 公用电网谐波》GB/T 14549—1993
《河南省居住建筑节能设计标准》（寒冷地区 65%+）DBJ41/062—2017
《绿色建筑评价标准》GB/T 50378—2019
《电测量设备（交流）特殊要求 第 21 部分：静止式有功电能表（A 级、B 级、C 级、D 级和 E 级）》GB/T 17215.321—2021
《清水离心泵能效限定值及节能评价值》GB 19762—2007
《通风机能效限定值及能效等级》GB 19761—2020
《室内照明用 LED 产品能效限定值及能效等级》GB 30255—2019
《交流接触器能效限定值及能效等级》GB 21518—2022
《建筑节能与可再生能源利用通用规范》GB 55015—2021

7.2 供配电系统

7.2.1 二路 10kV 市政高压电源引入小区开闭所，由开闭所引出 10kV 高压电源至小区各变配电所，由变配电所引出 0.4kV 低压干线至各建筑单体。变配电所设置尽量接近负荷中心（低压配电半径不大于 200m，公共低压配电半径不大于 250m），以减小低压线路长度，降低线路损耗。

7.2.2 变配电系统由专业公司二次深化设计，选用 SCB-NX2 系列低损耗电工钢带节能型变压器。小区各级干式变压器能效水平应高于能效限定值或能效等级高于 3 级的要求。

7.2.3 变压器采用 D，yn11 接线，并在低压侧设置集中无功补偿及谐波治理，功率因数补偿至 cosφ≥0.95。高压侧功率因数指标符合当地供电部门的规定。

7.2.4 配电所内设置电能质量检测装置（供电局设备），谐波电压限值和谐波电流允许值应满足《电能质量 公用电网谐波》GB/T 14549—1993 的相关要求。大容量谐波源设备（200kV·A 及以上）要求产品自带滤波设备，并采用专回路供电；照明设备和家用电器的谐波含量，应符合《电磁兼容 限值 第 1 部分：谐波电流发射限值（设备每相输入电流≤16A）》GB 17625.1—2022 规定的 C 类、A 类和 D 类设备的谐波电流限值要求。

7.2.5 电力变压器、电动机、交流接触器和照明产品的能效水平应高于能效限定值或能效等级 3 级的要求。

7.3 照明系统

7.3.1 照度值及功率密度值应满足《建筑照明设计标准》GB 50034—2013、《城市夜景照明设计规范》JGJ/T 163—2008 及《建筑节能与可再生能源利用通用规范》GB 55015—2021 的相关规定。

7.3.2 楼梯间、走道、门厅、电梯厅等公共场所选用 LED 光源；其他部分，如机房照明、物业管理照明、道路照明、景观照明及夜景照明等采用 LED 灯或 T5、T8 日光灯管等高效节能的光源；采用低损耗的电子镇流器，功率因数≥0.9；选用的灯具效率不低于 70%。室内照明用 LED 产品的能效水平应高于 GB 30255—2019 第 4.1 条能效等级 3 级的要求。

7.3.3 楼梯间、走道、电梯厅及门厅等公共场所的照明采用人体接近及光控点亮的节能控制装置，人来灯亮，人走灯灭。

7.3.4 道路照明、景观照明、夜景照明及航空障碍灯照明设置自动定时照明控制装置。

7.4 电气监测和计量

7.4.1 住宅用电负荷计量采用楼内设置一户一表住户计量系统。

7.4.2 公共干线在公共变电所出线开关处设置公共干线总计量电度表，楼内设置通道照明、夜景照明、航空障碍灯照明、储藏间照明及电梯动力、非机动车库充电动力等分项分类计量电度表。

7.4.3 主要次级用能单位用电量≥10kW 或单台容量≥100kW 的用电设备设置专用计量电度表。

7.4.4 电度表的性能应符合《电测量设备（交流）特殊要求 第 21 部分：静止式有功电能表（A 级、B 级、C 级、D 级和 E 级）》GB/T 17215.321—2021 的规定；选用的电度表均带通信接口，具有远传功能。

7.4.5 小区的物业部门设置公共区域的能耗监测与计量管理系统，进行能效的分析和管理，实现能耗数据在线、实时监测和动态分析。

7.5 电机设备节能措施

7.5.1 选用高效节能型电动机，电动机在额定输出功率下的实测效率均不低于 GB 18613—2020 表 1 中 3 级的规定。其功率的选择应根据负载特性和运行要求，使之工作在经济运行范围内。交流接触器产品的能效水平应高于 GB 21518—2022 第 4.2 条表 1 中能效等级 3 级的要求。

7.5.2 送排风机控制装置联动一氧化碳浓度监测装置，自动控制风机的启停。

×××设计研究院有限公司		资质等级		证书编号	
		工程名称	××小区 1 期工程		
		子项名称	3 号住宅楼	合同编号	
审 定		专 业 负 责 人		设计编号	
审 核		校 对		图 别	电气
项 目 负 责 人		设 计	设计总说明（五）	图 号	电施-05
		制 图		日 期	2023.07

7.5.3　生活泵采用变频控制装置，按用水量大小自动调整电机转速。

7.5.4　电梯为智能型节能电梯，采用变频调速，高效永磁同步驱动电机，能量回馈及存储技术；电梯无人时自动关灯控制、驱动或控制系统休眠；二层及以上多台电梯集中排列，共用厅外召唤按钮，按规定程序集中调度和控制。

7.6　其他

附：居住建筑电气专业节能设计表。

8.　光纤到户通信系统

8.1　住宅区和住宅建筑内光纤到户通信设施工程的设计，必须满足多家电信业务经营者平等接入、用户可自由选择电信业务经营者的要求。

8.2　在公用电信网络已实现光纤传输的县级及以上城区，新建住宅区和住宅建筑的通信设施应采用光纤到户方式建设。

8.3　新建住宅区和住宅建筑内的地下通信管道、配线管网、电信间、设备间等通信设施，必须与住宅区及住宅建筑同步建设。

8.4　用户光缆敷设应符合下列规定：

8.4.1　宜采用穿导管暗敷设方式；穿越墙体时应套保护管；在成端处纤芯应作标识。

8.4.2　穿放4芯以上光缆时，直线管的管径利用率应为50%~60%，弯曲管的管径利用率应为40%~50%。

8.4.3　穿放4芯及4芯以下光缆或户内4对对绞电缆的导管截面利用率应为25%~30%，槽盒内的截面利用率应为30%~50%。

8.5　住宅建筑通信设施工程建设分工应符合下列规定

8.5.1　用户接入点处电信业务经营者和住宅建设方共用配线箱或光缆交接箱时，由住宅建设方负责箱体的建设。

8.5.2　用户接入点处电信业务经营者和住宅建设方分别设置配线箱或配线柜时，各自负责箱体或机柜的建设。

8.5.3　用户接入点处交换局侧的配线模块由电信业务经营者负责建设，用户侧的配线模块由住宅建设方负责建设。

8.5.4　用户接入点处交换局侧以外的配线设备及配线光缆，应由电信业务经营者负责建设；用户接入点用户侧以内配线设备、用户光缆及户内家居配线箱终端盒、信息插座、用户线缆，应由住宅建设方负责建设。

8.5.5　住宅区内通信管道及住宅建筑内配线管网，应由住宅建设方负责建设。

8.5.6　住宅区及住宅建筑内通信设施的安装空间，应由住宅建设方负责提供。

8.6　本楼与1号楼、2号楼为一个配线区，用户接入点设于2号楼，配线区所辖住户数量为40户，由小区2号楼地下一层112地下车库弱电机房沿弱电干线桥架引出电信运营商单模光缆至本楼配线区电信间光缆交接箱（用户接入点），由光缆交接箱引出G.652D型单模光缆至楼层配线箱，由楼层配线箱引出2芯G.657A型单模光缆穿PVC25管至各住户家居配线箱，经光电转换，引出超六类网线穿PVC20配至户内网络插座，引出RVS-(2×0.5)型电话线穿PVC20管配至户内电话插座。

8.7　家居配线箱底边距地0.5m嵌墙暗装，家居配线箱内引入AC220V电源，接入箱体内电源插座，应采取强弱电安全隔离措施。

8.8　公共移动通信信号应覆盖至建筑物的地下公共空间、客梯轿厢内。

9.　有线电视系统

9.1　按照双向数字化HFC有线电视系统的要求，采用GEPON（FTTB）+EOC的组网方式，分配网络采用全分配方式。由小区有线电视机房沿弱电桥架引来3根4芯单模光纤至本楼光接收机（与ONU、EOC局端三合一设备），然后配出干线同轴电缆沿电井内垂直弱电桥至分支分配器箱，由分支分配器箱采用SYWV-75-5型有线电视分支电缆穿JDG25管配至各住户家居配线箱，最终穿PVC20管配至各终端电视插座，终端电平（73±5）dBμV。

9.2　有线电视系统设计应符合下列规定：

（1）自设前端的用户应设置节目源监控设施。

（2）有线电视系统终端输出电平应满足用户接收设备对输入电平的要求。

10.　多功能访客对讲系统

10.1　本工程采用总线制多功能可视对讲系统，采用单模光纤与小区监控中心联网，其工作状态及报警信号送到小区安防监控中心。

10.2　在可进入本楼的各单元门上配套安装可视对讲系统门机及电控锁。

10.3　在电井内设置对讲层间分配器，采用RVV-2×1.0和超五类非屏蔽4对双绞线沿电井内垂直弱电桥架敷设，穿PVC25管配至各住户可视对讲住户分机。可视对讲分机应带有紧急求助功能，挂墙安装在户内门口附近，距地1.3m。

10.4　每户住宅内均设紧急报警按钮等安全防范设施。住户可根据自家的具体情况，通过户控制器设定各报警器的状态。

10.5　每户住宅内的紧急报警按钮信号均引入对讲分机，再由对讲分机引出，通过总线引至小区管理中心。

10.6　出入口控制系统软件及信息保存应满足当供电不正常、断电时，系统的密钥（钥匙）信息及各记录信息不得丢失。设备的设置应符合采用非编码信号控制和/或驱动执行部分的管理与控制设备，必须设置于该出入口的对应受控区、同级别受控区或高级别受控区内。

10.7　执行部分的输入电缆在该出入口的对应受控区、同级别受控区或高级别受控区外的部分，应封闭保护，其保护结构的抗拉伸、抗弯折强度应不低于镀锌钢管。

10.8　系统必须满足紧急逃生时人员疏散的相关要求。当通向疏散通道方向为防护面时，系统必须与火灾报警系统及其他紧急疏散系统联动，当发生火警或需紧急疏散时，人员不使用钥匙应能迅速安全通过。

10.9　出入口控制系统中使用的设备必须符合国家法律法规和现行强制性标准的要求，并经法定机构检验或认证合格。

11.　监控及电梯五方对讲系统

11.1　本工程监控室与消防控制室合用设于2号楼一层。内设监控操作盘与监控电视墙；安防监控中心应具有防止非正常进入的安全防护措施及对外的通信功能，且应预留向上级接处警中心报警的通信接口。机房的防静电设计应满足《民用建筑电气设计标准（共二册）》GB 51348—2019第23.5.3条之规定。

11.2　视频监控摄像机的探测器灵敏度应与监控区域的环境最低照度相适宜。

11.3　出入口、走道通道和公共活动场所及保护目标的视频监控装置采集的图像应能清晰地显示监控区域内人员、物品、车辆通行、活动情况。

11.4　在入户大堂、电梯轿厢、地下单元出入口等处设监控摄像头，监控主机设于小区安防监控中心。监控线路穿PVC25管暗敷至监控摄像头。

11.5　在电梯轿厢内、电梯基坑及电梯井道顶端设置可直接与电梯机房及消防监控室通话的专用电话，本次设计在电梯机房内预留接线盒。

系统由专业公司深化设计。五方对讲系统线路均应穿管保护或沿弱电桥架敷设。

11.6　矩阵切换和数字视频网络虚拟交换/切换模式的系统应具有系统信息存储功能，在供电中断或关机后，对所有编程信息和时间信息均应保持。

×××设计研究院有限公司			资质等级		证书编号	
			工程名称	××小区1期工程		
	专业负责人		子项名称	3号住宅楼	合同编号	
审定					设计编号	
审核	校对				图别	电气
项目	设计		设计总说明（六）		图号	电施-06
负责人	制图				日期	2023.07

11.7 系统记录的图像信息应包含图像编号/地址、记录时的时间和日期。

11.8 每路存储的图像分辨率不宜低于 4CIF（704×576），每路存储时间不应少于 30d。

11.9 监控（分）中心的显示设备的分辨率必须不低于系统对采集规定的分辨率。

11.10 视频安防监控系统中使用的设备必须符合国家法律法规和现行强制性标准的要求，并经法定机构检验或认证合格。

11.11 安全防范系统应具有防破坏的报警功能；安全防范系统的线缆应敷设在导管或电缆槽盒内。

11.12 出入口控制系统、停车库（场）管理系统应能接收消防联动控制信号，并应具有解除门禁控制的功能。

12. 火灾自动报警系统（本建筑不设计）

13. 建筑物防雷、接地系统及安全措施

13.1 建筑物防雷

13.1.1 防雷保护：经计算，本楼预计年雷击次数为 0.0634 次/a，故按三类防雷建筑设防。本建筑物的防雷装置应满足防直击雷和侧击雷的外部防雷要求，还应满足防雷电波侵入及防雷击电磁脉冲的内部防雷要求。本工程防雷装置拦截效率 E 为 0.76，为一般建筑物，故电子信息系统雷电防护等级为 D 级。

13.1.2 防直击雷：在屋面沿女儿墙、屋角、屋脊、屋檐和檐角等易受雷击的部位设明敷接闪带，并在整个屋面设置不大于 20m×20m 或 24m×16m 的接闪网格；明敷接闪带导体采用不小于 φ10 的热镀锌圆钢，接闪带的固定支架间距不宜大于 1000mm，支架高度不宜小于 150mm；当建筑物高度超过 60m 时，沿屋顶周边敷设的明敷接闪带支架宜适当加长并向外斜弯，使明敷接闪带敷设在外墙的外表面或屋檐边垂直面上；不上人屋面的接闪网格可明敷，上人屋面的接闪网格宜暗敷，可利用结构板内 2×φ8 钢筋或单根不小于 φ10 的钢筋作为接闪带。高出屋面 0.5m 以上的非金属物体应装接闪器，并应与屋面接闪带相连接。凸出屋面的金属物体、金属管道等应与接闪带相连接。屋面接闪带跨越伸缩缝的做法详见防雷图集《建筑物防雷设施安装》15D501 第 36 页。屋面接闪带在指定位置与屋顶建筑钢筋网可靠焊接，焊接点间距不宜大于 10m。

13.1.3 引下线：当建筑物为钢筋混凝土结构，建筑物的柱子、圈梁等构件内有箍筋连接的钢筋和成网状的钢筋，其箍筋与钢筋、钢筋与钢筋采用焊接或螺栓连接，且构件内钢筋的截面总和≥φ10 钢筋的截面时，可利用上下贯通的混凝土柱内钢筋或钢构柱作为自然引下线。作为引下线的柱子不少于 10 根（包括建筑物四周和建筑物内的），满足引下线防接触电压和跨步电压的要求。其中专用引下线的平均间距不应大于 25m，建筑外轮廓易受雷击的各个角上的柱子的钢筋应被利用做专用引下线。作为专用防雷引下线的钢筋应上端与接闪器、下端与防雷接地装置采用焊接或螺栓连接，结构施工时做明显标记。

13.1.4 均压环：建筑物地下一层或地面层、顶层的结构圈梁钢筋应连成闭合环路，中间层应在每间隔不超过 20m 的楼层连成闭合环路。闭合环路应与本楼层结构钢筋和所有专用引下线连接。

13.1.5 应将高度 60m（二类防雷为 45m）及以上外墙上的栏杆、门窗等较大金属物直接或通过预埋件与防雷装置相连，高度 60m（二类防雷为 45m）及以上水平凸出的墙体应设置接闪器并与防雷装置相连。

13.2 接地及安全措施

13.2.1 本建筑物采用 TN-S 接地系统。

13.2.2 本工程防雷接地、安全保护接地及各弱电系统接地共用接地极，要求接地电阻值不大于 1Ω。如达不到时，须另加人工接地极。

13.2.3 人工接地极：本工程基础形式为筏板基础，基础的外表面有非沥青质的防腐层，应在基础防腐层下面的混凝土垫层内敷设人工环形基础接地体，并连成接地网；人工环形接地体采用 40×4 镀锌扁钢。人工环形接地网应与钢筋混凝土外墙及柱子内钢筋焊接，具体做法见 15D503 第 40~42 页。

13.2.4 地下室基础筏板内钢筋、一层及顶层外围结构梁钢筋应连成闭合环路，中间层应在每间隔不超过 20m 的楼层连成闭合环路，闭合环路钢筋应与本楼层结构钢筋和所有专用引下线连接。利用基础、结构梁、柱子内 4 根 φ10 以上钢筋或 2 根 φ16 以上钢筋可靠连接，将整个建筑连接成为一个电气通路。

13.2.5 自然接地极：桩基础或独立基础的，且基础应在周围地面以下距地面不小于 0.5m，利用基础、地梁、柱子内钢筋可靠连接，将整个基础连接成为一个电气通路，没有钢筋部位应采用 -40×4 扁钢（或 φ16 的圆钢）作为接地连接线与接地网相连通（焊接）。

13.2.6 防接触电压、跨步电压措施：利用建筑物金属构架和建筑物不少于 10 根柱子组成的自然引下线。如果少于 10 根，则在引下线 3m 范围内地表层敷设 5cm 厚沥青层或 15cm 厚砾石层。

13.2.7 保护 PE 线最小截面 S_{pe} 应符合下表：

相线截面积 S/mm^2	PE 线截面积 S_{pe}/mm^2	相线截面积 S/mm^2	PE 线截面积 S_{pe}/mm^2
$S \leqslant 16$	S	$S > 35$	$S/2$
$16 < S \leqslant 35$	16		

13.2.8 对于线对地电压为交流 220V 的 TN 系统，额定电流不超过 63A 的电源插座回路及额定电流不超过 32A 固定连接的电气设备的终端回路，切断电源的最长时间应为 0.4s。交流配电系统中超过 63A 的配电回路，TN 系统保护电源的时间不应超过 5s。

13.2.9 在防雷装置与其他设施和建筑物内人员无法隔离的情况下，装有防雷装置的建筑物，应采取等电位联结。

13.2.10 本工程在建筑物地下一层或地面层处，建筑物的结构钢筋及金属构件、进出建筑物处的金属管线和线路应与防雷装置做等电位连接，总等电位联结导线规格为不小于 BV-6mm² 的铜导线。施工详见 15D502。

13.2.11 电气竖井等电位联结：在电气竖井内沿井道敷设接地干线（PE），其截面应满足电井内最大相线对 PE 线的要求（见上表）。接地干线应与基础钢筋网及楼层钢筋网（每三层）相连接，并与电井内的等电位端子箱相连接，构成总等电位联结系统。总等电位连线规格为不小于 40×4 热镀锌扁钢。电井等电位端子箱，挂墙明装，下口距地 0.3m。由等电位端子箱引出等电位连线至电井内配电设备金属外壳、电缆桥架及正常情况下不带电的金属构件，等电位连线规格为不小于 BV-6mm² 的铜导线。

13.2.12 电梯井道等电位联结：在电梯井道顶部距井道顶 0.5m、底部距井道底 1.5m 设 100×100×5 的等电位接地端子板，由等电位端子板引出等电位联结线，将电梯轨道与基础钢筋网及楼层钢筋网相连接，并与电梯机房内的等电位端子箱相连接，构成总等电位联结。总等电位连线规格为不小于 40×4 热镀锌扁钢或 25mm² 铜导线。电梯轨道接头处须设跨接线，电梯机房等电位端子箱，挂墙明装，下口距地 0.3m；由等电位端子箱引出等电位连线至机房内配电设备金属外壳、电缆桥架及正常情况下不带电的金属构件，等电位连线规格为不小于 BV-6mm² 的铜导线。

13.2.13 水暖井等电位联结：在水暖井道顶部、底部设 100×100×5 的等电位接地端子板，距地 0.3m。由等电位端子板引出等电位连接与水暖干管相连，构成总等电位联结。总等电位连线规格

×××设计研究院有限公司		资质等级		证书编号	
		工程名称	××小区 1 期工程		
		子项名称	3 号住宅楼	合同编号	
审 定		专业负责人		设计编号	
审 核		校 对		图 别	电气
项 目负责人		设 计	设计总说明（七）	图 号	电施-07
		制 图		日 期	2023.07

附图 27　设计总说明（七）

为不小于 -40×4 热镀锌扁钢或 25mm² 铜导线。

13.2.14 建筑物外墙内侧和外侧垂直敷设的金属管道（燃气管、排水管等）及类似的金属物应在顶端和底端与防雷装置连接。

13.2.15 金属电缆桥架及其支架和引入或引出的金属电缆导管必须可靠接地（PE）且必须符合下列规定：

1）金属梯架、托盘或槽盒及全长不大于 30m 时，不应少于 2 处与保护导体可靠连接，全长大于 30m 时，每隔 20~30m 应增加一个连接点。起始端和终点端均应可靠接地。

2）非镀锌梯架、托盘或槽盒间本体之间连接板的两端应跨接保护联结导体，保护联结导体的截面不小于 4mm²。

3）镀锌梯架、托盘或槽盒间本体之间连接板两端不跨接保护联结导体时，连接板每端不应少于 2 个有防松螺帽或防松垫圈的连接固定螺栓。

13.2.16 母线槽的金属外壳等外露可导电部分应与保护导体可靠连接，并应符合下列规定：

1）每段母线槽的金属外壳间应连接可靠，且母线槽全长与保护导体可靠连接不应少于 2 处；水平为 30m 连接一次，垂直每三层楼连接一次。

2）母线槽的金属外壳末端应与保护导体可靠连接。

3）连接导体的材质、截面面积应符合设计要求。

13.2.17 卫生间局部等电位联结：设有淋浴设备的卫生间，应设局部等电位联结（LEB），局部等电位箱宜设置在门后或面盆下不易被溅水的部位，嵌墙暗装，下口距地 0.3m。等电位箱端子板应与卫生间地面钢筋网采用 -25×4 热镀锌扁钢焊接，并与就近的插座的 PE 线相连接。由等电位端子板引出等电位连线与金属给排水管、金属采暖管及其他金属器件相连接，具体做法参见《等电位联结安装》15D502 第 18、19 页。插座 PE 线及等电位连线采用 BV-1×4mm² 导线穿 PVC16 管沿墙、板暗敷。

13.2.18 接地电阻检测连接板：建筑物四角的外墙适当位置，距室外地坪不低于 0.5m 处设接地电阻检测连接板 2~4 处，以便测量接地电阻或增补接地装置用。接地电阻检测连接板应与引下线钢筋相连并设于 P86 型保护盒内，保护盒盖应有明显接地标志。

13.2.19 各种输送可燃气体、易燃液体的金属工艺设备、容器和管道，以及安装在易燃、易爆环境的风管必须设置静电防护措施。

13.2.20 不得利用输送可燃液体、可燃气体或爆炸性气体的金属管道作为电气设备的保护接地导体（PE）和接地极。

13.2.21 智能化系统的接地应符合下列规定：

（1）智能化系统单独设置的接地线应采用截面面积不小于 25mm² 的铜材。

（2）智能化系统及机房内电气设备和智能化设备的外露可导电部分、外界可导电部分、建筑物金属结构应等电位联结并接地。

13.3 防闪电电涌侵入及防反击措施

13.3.1 将建筑物的金属支撑物、金属框架或结构钢筋等自然构件、金属管道、配电的保护接地系统等与防雷装置组成一个接地系统。

13.3.2 电涌保护器的设置

（1）除高压装置设避雷器外，在变电所低压受电屏上装设 I 级试验电涌保护器。

（2）低压电源线路经室外引入的总配电箱、总配电柜处装设 I 级试验电涌保护器。

（3）低压电源线路经车库引入的总配电箱、总配电柜处装设 II 级试验电涌保护器。

（4）在消防控制室、弱电机房、电脑房和向电脑供电的配电箱内装设 II 级试验电涌保护器。

（5）建筑物顶上的电梯机房配电箱及广告照明和彩灯配电箱及其他用电配电箱内装设 II 级试验电涌保护器。

（6）图中 I 级试验用 T1 表示，其冲击电流 I_{imp} 大于或等于 12.5kA，电压保护水平 U_p 小于或等于 2.5kV。

（7）图中 II 级试验用 T2 表示，其电压保护水平 U_p 小于或等于 2.5kV（弱电机房、电梯机房为 1.5kV），标称放电电流 I_n 大于或等于 5kA 或根据具体情况确定，在系统图中表达。

（8）电子系统的室外线路采用金属线时，在引入终端箱处安装 D1 类高能试验型的电涌保护器，开路电压 $U_{oc} \geq 1kV$，短路电流 $I_{sc} = 1kA$（10/350μs）。电子系统的室外线路采用光缆时，其引入的终端箱处的电气线路侧，当无金属线路引出本建筑物至其他有自己接地装置的设备时，可安装 B2 类慢上升试验类型的电涌保护器，开路电压 $1kV \leq U_{oc} \leq 4kV$（10/700μs），短路电流 $I_{sc} = 50A$（5/300μs）。

（9）电子设备的电涌保护器根据各设备要求由厂家或弱电专业公司配置。

浪涌保护器连接导线最小截面积（系统图中不再表达）

SPD 级数	导线截面积/mm²	
	SPD 连接相线铜导线	SPD 接地端连接铜导线
第一级	6	10
第二级	4	6

13.4 剩余电流动作保护

13.4.1 非消防进线总漏电开关剩余动作电流值取 300mA 或 500mA、动作时间取 0.3~0.5s。

13.4.2 终端配电箱内的插座回路开关选用过电流保护加漏电保护功能开关（1P+N 型，同时断开 L、N 线，动作电流值 30mA）。

13.4.3 多级装设剩余电流保护器，上下级之间具有选择性，并通过额定电流值和动作时间的级差来保证。剩余电流的故障发生点由最近的上一级剩余电流保护器切断电源，末端剩余电流保护器采用瞬动无延时型。

13.4.4 当采用剩余电流动作保护器作为电击防护附加防护措施时，应符合下列规定：

（1）额定剩余电流动作值不应大于 30mA。

（2）额定电流不超过 32A 的下列回路应装设剩余电流动作保护器：

1）供一般人员使用的电源插座回路。

2）室内移动电气设备。

3）人员可触及的室外电气设备。

（3）剩余电流动作保护器不应作为唯一的保护措施。

（4）采用剩余电流动作保护器时应装设保护接地导体（PE）。

13.5 当防雷引下线、接地干线、接地装置的连接点埋设于地下、墙体内或楼板内时不应采用螺栓连接。

×××设计研究院有限公司		资质等级		证书编号	
		工程名称	××小区 1 期工程		
		子项名称	3 号住宅楼	合同编号	
审 定		专 业 负责人		设计编号	
审 核		校 对		图 别	电气
项 目 负责人		设 计	设计总说明（八）	图 号	电施-08
		制 图		日 期	2023.07

14. 无障碍设计

14.1 有无障碍要求的电梯呼叫按钮距地 1.0m 安装，距内转角处侧墙距离不小于 400mm，按钮设置盲文标志，电梯厅设置电梯运行显示装置和抵达音响。

14.2 有无障碍要求的电梯轿厢内设置电梯运行显示装置和报层音响，距地 1.0m 设置带盲文的选层按钮。

14.3 无障碍坐便器，在坐便器附近应设置救助呼叫装置，上下两处，距地高度分别为 0.5m，1.0m。

14.4 无障碍服务设施内供使用者操控的照明、设备、设施的开关和调控面板应易于识别，距地面高度应为 1.0m。

14.5 无障碍客房和无障碍住房、居室：主要人员活动空间应设置救助呼叫装置，距地高度为 1.0m。

15. 电气抗震设计专项说明

15.1 本工程抗震设防烈度为 7 度，按要求必须进行抗震设防，项目的勘察、设计、施工、使用维护须符合《建筑与市政工程抗震通用规范》GB 55002—2021 相关规定。

15.2 设计依据
《建筑与市政工程抗震通用规范》GB 55002—2021
《建筑抗震设计标准》GB/T 50011—2010
《建筑机电工程抗震设计规范》GB 50981—2014

15.3 设计中变配电所、弱电机房、控制室、监控室、配电管井等的布置已按要求避开对抗震不利或危险的场所。

15.4 配电箱（柜）、通信设备的安装方式、安装螺栓或焊接强度应满足抗震要求。

15.5 母线槽直线长度大于 80m 时，每 50m 设置伸缩节；在电缆桥架、电缆槽盒内敷设的缆线在引进、引出和转弯处，在长度上留有余量。

15.6 接地线应采取防止地震时被切断的措施。

15.7 电气管路不宜穿越变形缝，当必须穿越时：

（1）采用金属导管、刚性塑料导管敷设时宜靠近建筑物下部穿越，且在变形缝两侧设置补偿装置。

（2）电缆桥架、电缆槽盒、母线槽在变形缝两侧设置补偿装置。

15.8 当线路采用金属导管、刚性塑料导管、电缆梯架或电缆槽盒敷设时，使用刚性托架或支架固定，不宜使用吊架。当必须使用吊架时，安装横向防晃吊架。

15.9 建筑的非结构构件及附属机电设备，其自身及与结构主体的连接，应进行抗震设防。

15.10 建筑附属机电设备不应设置在可能致使其功能障碍等二次灾害的部位；设防地震下需要连续工作的附属设备，应设置在建筑结构地震反应较小的部位。

15.11 管道、电缆、通风管和设备的洞口设置，应减少对主要承重结构构件的削弱；洞口边缘应有补强措施。管道和设备与建筑结构的连接，应具有足够的变形能力，以满足相对位移的需要。

15.12 建筑附属机电设备的基座或支架，以及相关连接件和锚固件应具有足够的刚度和强度，应能将设备承受的地震作用全部传递到建筑结构上。建筑结构中，用以固定建筑附属机电设备预埋件、锚固件的部位，应采取加强措施，以承受附属机电设备传给主体结构的地震作用。

15.13 内径不小于 60mm 的电气配管及重力不小于 150N/m 的电缆梯架、电缆槽盒、母线槽均应进行抗震设防。

1）刚性电缆桥架抗震支撑最大设计间距 12m，纵向抗震支撑最大设计间距 24m。

2）管道侧向抗震支撑最大设计间距 12m，纵向抗震支撑最大设计间距 24m。

3）水平管线在转弯处 0.6m 范围内须设置侧向抗震支撑。

4）管道两端设置侧向抗震支撑，抗震支撑间距超过最大设计间距时，应在中间增设抗震支撑。

5）门型抗震斜撑必须至少由一个侧向支撑或两个纵向支撑组成。

6）管道两端设置侧向抗震支撑，抗震支撑间距超过最大设计间距时，应在中间增设抗震支撑。

15.14 侧向及纵向抗震支撑安装角度 45°，当安装角度改变时抗震吊架安装间距需进行调整。

15.15 其他未尽事宜按《建筑机电工程抗震设计规范》GB 50981—2014 要求执行。

16. 太阳能光伏发电系统

16.1 本工程设置分布式太阳能光伏发电系统，在屋顶上安装封装好的光伏组件，组成光伏发电系统。系统的设计与建筑设计同步完成，光伏系统由建设方委托专业公司完成，土建专业设计人员配合预留相关设计条件。本楼光伏发电预计安装容量为 12.87kWp，年平均发电量约 1.4 万 kW·h。

16.2 太阳能光伏系统通过 380/220V 电压等级接入配电电网。与电网并网的光伏发电系统应具有相应的并网保护及隔离功能。在并网处设置并网控制装置，并设置专用标识和提示性文字符号。

16.3 太阳能光伏系统与构件及其安装安全，应满足：

16.3.1 满足结构、电气及防火安全的要求。

16.3.2 由太阳能光伏电池板构成的围护结构构件，应满足相应围护结构构件的安全及功能性要求。

16.3.3 安装太阳能系统的建筑，应设置安装和运行维护的安全防护措施，以及防止太阳能光伏电池板损坏后部件坠落伤人的安全防护措施。

16.3.4 在人员可接触或接近光伏发电系统的区域，设置电击安全防护措施和警示标志。

16.3.5 安装在建筑屋面的光伏组件，应满足承载、保温、隔热、防水及防护要求，并应成为建筑的有机组成部分，保持与建筑和谐统一的外观。

16.3.6 安装在建筑各部位的光伏组件，包括直接构成建筑围护结构的光伏构件，应具有带电警告标识及相应的电气安全防护措施，并应满足该部位的建筑围护、建筑节能、结构安全和电气安全要求。

16.3.7 光伏接线箱设置位置应便于操作和检修，并宜选择室内干燥的场所，设置在室外的光伏接线箱应采取防水、防腐措施，其防护等级不应低于 IP65。穿过楼面、屋面和外墙的引线应做防水套管和防水密封处理。

16.4 太阳能系统应对系统的发电量、光伏组件背板表面温度、室外温度、太阳总辐照量等参数进行监测和计量。

16.5 太阳能光伏发电系统中的光伏组件设计使用寿命应高于 25 年，系统中多晶硅、单晶硅、薄膜电池组件自系统运行之日起，一年内的衰减应分别低于 2.5%、3%、5%，之后每年衰减应低于 0.7%。

16.6 太阳能光伏发电系统设计时，应根据光伏组件在设计安装条件下光伏电池最高工作温度设计其安装方式，保证系统安全稳定运行。

16.7 光伏发电系统的防雷接地，除应满足 13.1 条有关规定外，尚应符合下列要求：

16.7.1 光伏汇流箱内应设置限压型电涌保护器。

×××设计研究院有限公司		资质等级		证书编号	
		工程名称	××小区 1 期工程		
审 定		专 业 负责人	子项名称	3 号住宅楼	合同编号	
审 核		校 对			设计编号	
项 目 负责人		设 计		设计总说明（九）	图 别	电气
		制 图			图 号	电施-09
					日 期	2023.07

16.7.2 光伏发电系统应设置总等电位联结母排。

16.7.3 当敷设保护等电位联结导体时，应使其与直流电缆和交流电缆以及附件平行，并尽可能紧密接触。

16.7.4 在直流侧，不得采用不接地的局部等电位联结保护。

16.7.5 本工程采用的光伏组件金属边框、支架的材料和尺寸满足作为接闪器的要求，可作为防直击雷接闪器。

16.7.6 组件边框和支架采用螺栓连接，支架和热镀锌扁钢采用焊接，组件金属支撑结构之间和屋顶接闪带均通过热镀锌扁钢进行等电位联结。

16.7.7 钢质接地装置间应可靠焊接，其搭接长度要求如下：扁钢和扁钢间搭接为扁钢宽度的2倍，不少于三面施焊；圆钢与圆钢搭接为圆钢直径的6倍，双面施焊；圆钢与扁钢搭接为圆钢直径的6倍，双面施焊；扁钢与角钢焊接，应紧贴角钢外侧两面，上下两侧施焊；焊接部位均应采取防腐措施。

16.7.8 等电位连接线在穿越墙壁、楼板等处应加钢套管，钢套管应与等电位连接线做电气连通。

16.8 光伏组件的防雷接地参照15D202-4第63页。

16.9 设计依据

《建筑节能与可再生能源利用通用规范》GB 55015—2021
《建筑光伏系统应用技术标准》GB/T 51368—2019
《公共建筑节能设计标准》GB 50189—2015
《分布式光伏并网专用低压断路器技术规范》Q/GDW 1972—2013
《光伏发电站设计规范》GB 50797—2012
《分布式电源并网技术要求》GB/T 33593—2017
《光伏发电接入配电网设计规范》GB/T 50865—2013

17. 其他

17.1 配合土建施工，做好预埋管、预留孔洞工作。

17.2 凡与本工程有关而又未说明之处，参见国家、地方标准图集施工，或与设计院协商解决。

17.3 本工程所选设备、材料必须具有国家级检测中心的检测合格证书（3C认证），必须满足与产品相关的国家标准。供电产品、消防产品应具有入网许可证。各重要或关键设备确定厂家后，应进行由建设、施工、设计、监理四方参与的技术交底。

17.4 本设计文件需报具有县以上人民政府建设行政主管部门或其他部门审查批准后方可施工。

17.5 施工单位必须按照工程设计图纸和施工技术标准施工，在施工阶段若发现设计文件有差错，应及时提出。

17.6 施工中各相关单位必须依照国家、行业和本地区保障工程质量、生产安全和环境保护的相关法律，技术规范、规程的规定。

17.7 图中所注产品型号仅供参考，具体品牌由甲方确定，但应选用同等规格产品。

17.8 本楼火灾自动报警系统及各弱电系统由专业公司进行系统深化设计并进行设备的选型、安装及调试，最终经设计院认可后方可施工。本设计仅作为基本技术条件。

17.9 本工程所选用的配电设备，配电断路器的短路分断能力均为标准型两段式；电动机回路的交流接触器均为AC-3型，消防风机、消防水泵主回路的短路保护电器与其负荷侧的控制电器和过负荷保护电器均应满足2类配合标准。

17.10 选用国家标准设计图集如下：
1）《建筑电气常用数据》19DX101—1
2）《应急照明设计与安装》19D702—7
3）《常用风机控制电路图》16D303—2
4）《常用水泵控制电路图》16D303—3
5）《〈火灾自动报警系统设计规范〉图示》14X505—1
6）《防雷与接地（2016年合订本）》D500～D505
7）《室内管线安装（2004年合订本）》D301—1～3
8）《110kV及以下电缆敷设》12D101—5
9）《电缆桥架安装》22D701—3
10）《矿物绝缘电缆敷设》09D101—6
11）《常用低压配电设备及灯具安装（2004年合订本）》D702—1～3
12）《建筑一体化光伏系统电气设计与施工》15D202—4
13）《建筑物防雷设施安装》15D501
14）《等电位联结安装》15D502
15）《利用建筑物金属体做防雷及接地装置安装》15D503
16）《接地装置安装》14D504

线缆敷设管材				线缆敷设方式			
SC	焊接钢管	KPC	塑料波纹电缆管	AB	沿或跨梁（屋架）敷设	SCE	吊顶内敷设
JDG	套接紧定式钢管	CT	电缆桥架	AC	沿或跨柱敷设	BC	暗敷于梁内
MT	普通碳素钢电线管	MR	金属线槽	WS	沿墙面敷设	CC	暗敷于屋面或顶板内
CP	金属软管	φ	无缝钢管	CE	沿吊顶或顶板面敷设	WC	暗敷于墙内
PC	重型硬塑料导管			CLC	暗敷于柱内	FC	暗敷于地板或地面下

附表一：导线穿管原则

导线型号	BV-450/750V型		
管道类别	热镀锌焊接钢管（SC）壁厚≥2.5mm	套接紧定式电线管（JDG）1. 干燥场所壁厚≥1.5mm。2. 潮湿场所或建筑物底层及地面层以下外墙内壁厚≥2.0mm（改为SC管）且应采取防潮防腐措施。	重型硬塑料管（PC）
导线截面	导线根数		
	2　3　4　5　6　7　8	2　3　4　5　6　7　8	2　3　4　5　6
2.5mm²	15　15　20　20　20　25　25	20　20　20　20　20　25　25	20　20　20　20　20
4mm²	20　20　20　20　25　25　25	20　20　25　25　25　32　32	20　25　25　25　25
6mm²	20　20　25　25　25　32　32	20　25　25　25　32　32　32	20　25　25　25　25
10mm²	20　25　25　32　32　32　32	25　32　32　32　40　40　40	25　32　32　32　40

×××设计研究院有限公司		资质等级		证书编号	
			工程名称	×× 小区 1 期工程	合同编号
审 定		专 业负责人	子项名称	3 号住宅楼	设计编号
审 核		校 对		设计总说明（十）	图 别　电气
项 目负责人		设 计			图 号　电施-10
		制 图			日 期　2023.07

电气图例表

序号	图例	名称	型号规格	单位	备注
1		照明配电箱	见系统图	套	暗装,距地1.8m
2		电表箱	见系统图	台	底边距地0.8m明装
3		动力配电箱	见系统图	台	配电间明装,距地1.2m安装 地下车库内明装,底边距1.5m
4		LED节能户内普通灯	1×18W,光效100lm/W	个	吸顶安装,未封闭阳台灯具防护等级不应低于IP54
5		LED节能防水防尘灯	1×18W,光效100lm/W	个	吸顶安装
6		LED户内红外感应+光控灯	1×10W,光效100lm/W	个	吸顶安装,自带红外感应+光控开关
7		LED红外感应灯	1×10W,光效100lm/W	个	吸顶安装,自带红外感应开关
8		LED座灯头	1×10W,光效100lm/W	个	距地2.6m壁装,露台灯具防护等级不应低于IP54
9		LED楼梯间:红外感应+光控灯	12W,光效100lm/W	个	吸顶安装,自带红外感应+光控开关
10		LED户内红外感应+光控夜灯	1×3W,光效100lm/W	个	距地0.3m,自带红外感应+光控开关
11		LED壁灯	1×18W,光效100lm/W	个	距地2.6m壁装
12		带蓄电池LED单管荧光灯	1×18W,光效100lm/W	个	吸顶安装,带非玻璃不燃材料保护罩供电时间不少于180min
13		壁灯,带蓄电池LED单管荧光灯	1×18W,光效100lm/W	个	壁顶安装,带非玻璃不燃材料保护罩供电时间不少于180min
14		暗装单联(双联,三联)单控开关	250V,10A	个	距地1.3m
15		一键断电开关	250V,10A	个	暗装,距地1.3m
16	K	挂机单相三极空调插座	16A 250V(带开关安全型)	个	暗装,卧室距地2.4m
17	GK	柜机单相三极空调插座	16A 250V(安全型)	个	暗装,客厅距地0.3m
18	C	厨房单相二三极插座	10A 250V(带开关安全型)	个	暗装,距地1.3m,防护等级IP54
19	R	单相三极电热水器插座	16A 250V(带开关安全型)	个	暗装,距地2.3m,防护等级IP54
20		单相二三极户内插座	10A 250V(安全型)	个	地下室插座距地1.3m;床头柜侧距地0.65m;电梯底坑插座防护等级IP54,距地1.5m;客厅及卧室电视墙距地1.0m
21	Q	单相二三极燃气热水器插座	10A 250V(带开关安全型)	个	暗装,距地1.3m,防护等级IP54
22	X	洗衣机、阳台插座,单相二三极	10A 250V(安全型)	个	暗装,距地1.5m,防护等级IP54
23	P B	单相二三极抽油烟机、电冰箱插座	10A 250V(安全型)	个	暗装,防护等级IP54,抽油烟机、冰箱分别距地2.3m、1.3m
24	W	卫生间单相二三极插座	10A 250V(安全型)	个	暗装,距地1.3m,防护等级IP54
25	Z	卫生间智能马桶二三极插座	10A 250V(安全型)	个	暗装,距地0.3m,防护等级IP54
26	J	地暖集水器二三极插座	10A 250V(安全型)	个	暗装,距地0.5m
27		预留浴霸接线盒		个	暗装,吸顶
28		预留浴霸开关		个	暗装,距地1.5m
29		排气扇	详见暖施	个	暗装,吸顶
30		无障碍求助按钮 无障碍求助喇叭		个	距地0.5m,1.0m分别设置 距地2.5m
31		分配器	建设单位选型	个	距地2.3m明装
32	VH	电视前端箱	建设单位选型	个	距地2.3m明装
33		光缆分纤箱	建设单位选型	个	距地2.3m明装

序号	图例	名称	型号规格	单位	备注
34		消防栓按钮	J-SAM-GST9123	个	消火栓箱内安装
35		点型光电感烟火灾探测器	JYY-GD-G3T	个	吸顶
36		消防接线端子箱	GST-JX100	个	设于电井内
37	I/O	单输入/单输出模块	GST-LD-8301	个	位于受监视设备旁边
38	R	彩色半球摄像机	建设单位选型		门厅距地2.5m明装,电梯轿厢吸顶安装
39	DMT	家庭多媒体箱	建设单位选型		距地0.3m
40	TP	暗装电话插座	建设单位选型	个	距地0.3m
41	TV	暗装电视插座	建设单位选型	个	距地1.0m
42	TO	暗装信息插座	建设单位选型		距地0.3m,客厅主卧电视墙后距地1.0m
43		安防报警按钮	建设单位选型	个	客厅与主卧底地0.65m嵌墙暗装,卫生间底距地0.5m嵌墙暗装
44		户内可视对讲机	建设单位选型	个	挂墙安装,距地1.3m
45		可视对讲主机	建设单位选型	个	挂墙安装距地1.3m或门外立柱安装
46		红外/微波双鉴探测器	建设单位选型	个	客厅及主卧室距顶及侧墙边0.5m安装,入户门框上方0.2m居中安装
47	EL	电控锁	建设单位选型	个	单元门上安装
48		电控按钮	建设单位选型	个	距地1.3m明装
49	PD4	4回路消防应急照明配电箱	输入电压为AC220V 输出电压为DC36V,IP33		电井内明装,底边距地1.5m
50	PD8	8回路消防应急照明配电箱	输入电压为AC220V 输出电压为 DC36V,IP33		电井内明装,底边距地1.5m
51	LEB	局部等电位端子箱	建设方选型	个	暗装,距地0.3m,洗手台下或门后
52	MEB	总等电位端子箱	建设方选型		安装高度0.3m
53	E	疏散出口标志灯(DC36V)	1W A型,不锈钢面板	套	门框上方0.1m壁挂
54	F	楼层标志灯(DC36V)	1W A型,不锈钢面板	套	门框上方0.1m壁装,或距地2.3m
55	E	出口指示/禁止入内灯(DC36V)	1W A型,不锈钢面板	套	门框上方0.1m壁装,或距地2.3m
56		消防应急灯(DC36V)	5W,车库疏散走道8W	套	壁装,距地2.3m;室外防护等级IP67
57		方向标志灯(单面双向)(DC36V)	1W A型,不锈钢面板	套	底距地0.5m壁挂
58	D	方向标志灯(双面双向)(DC36V)	1W A型,不锈钢面板	套	吊装,距地2.3m

注:1. 以上开关、插座均为设备底边距建筑完成面的高度。

2. 强电插座与弱电插座间原则上列紧靠安装(底盒边距10mm)。

3. 开关插座等面板设于剪力墙时,单个面板应避开剪力墙端部100mm以上。

×××设计研究院有限公司

		资质等级	证书编号
		工程名称	××小区1期工程
审定	专业负责人	子项名称 3号住宅楼	合同编号
			设计编号
审核	校对		
项目负责人	设计	电气图例表	图别 电气
	制图		图号 电施-11
			日期 2023.07

附图31 电气图例表

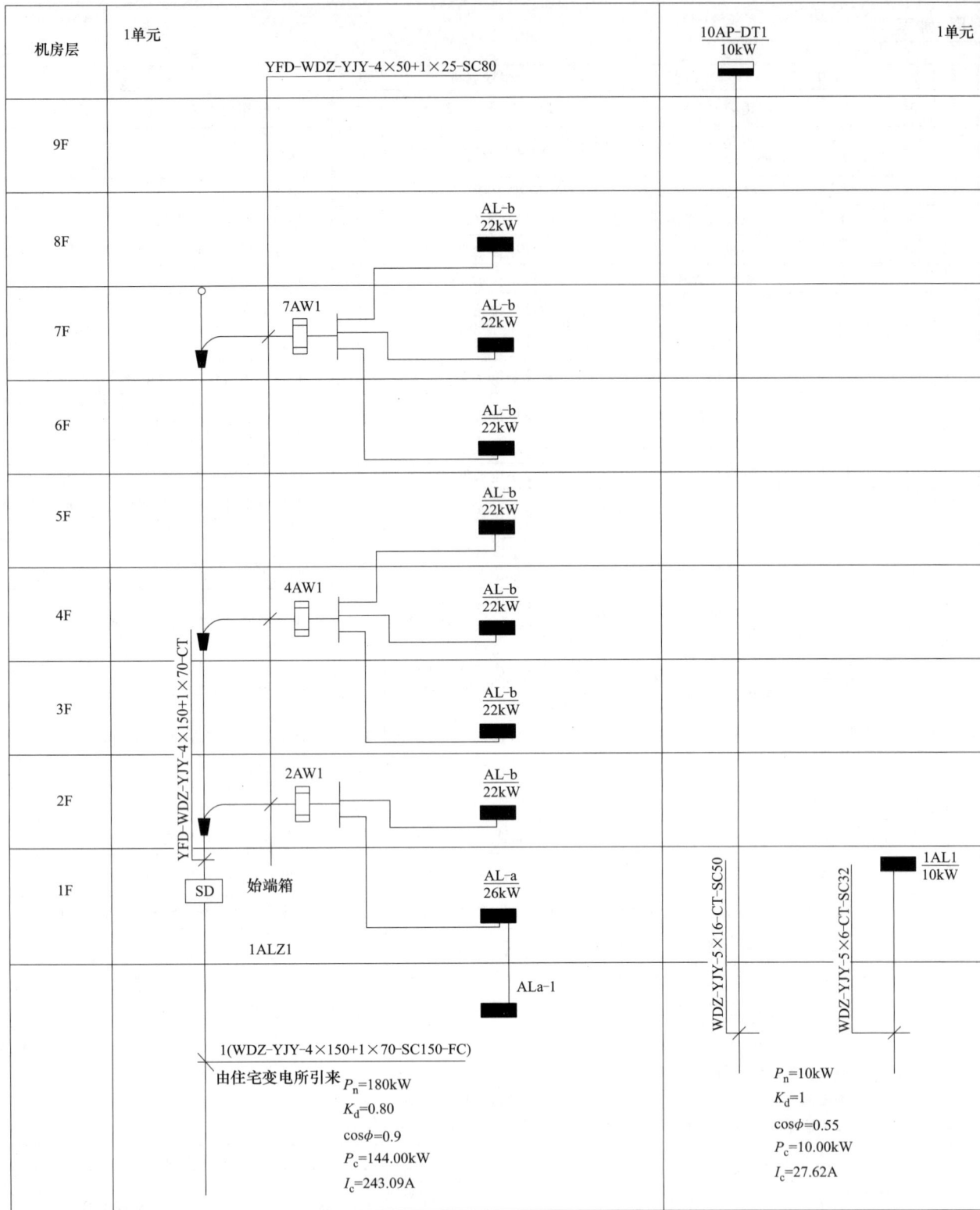

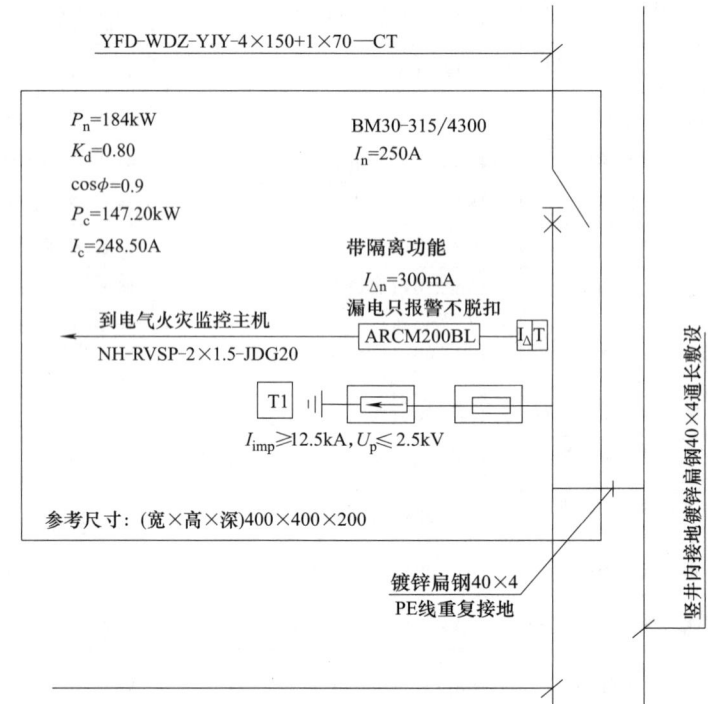

配电干线一览表

回路编号	容量/kW	计算电流/A	起止点	线材规格型号	上级开关建议值	保护管	备注
2号-1	184	249	住宅变电所—1AZ1箱	WDZ-YJY-4×150+1×70	250A	SC150	居民用电干线1
2号-2	10	17	公共配电柜—1AL1箱	WDZ-YJY-5×6	25A	SC32	公共照明干线（主）
2号-3	10	27.6	公共配电柜—10AP-DT1箱	WDZ-YJY-5×16	63A	SC50	普通电梯干线（主）

电缆规格仅供参考，以变电所出线为准。

机房层 1单元

10AP-DT1 10kW 1单元

YFD-WDZ-YJY-4×50+1×25-SC80

9F

8F AL-b 22kW

7F 7AW1 AL-b 22kW

6F AL-b 22kW

5F AL-b 22kW

4F 4AW1 AL-b 22kW

3F AL-b 22kW

2F 2AW1 AL-b 22kW

1F SD 始端箱 AL-a 26kW 1AL1 10kW

1ALZ1

ALa-1

YFD-WDZ-YJY-4×150+1×70-CT

1(WDZ-YJY-4×150+1×70-SC150-FC)

由住宅变电所引来 $P_n=180kW$
$K_d=0.80$
$cos\phi=0.9$
$P_c=144.00kW$
$I_c=243.09A$

WDZ-YJY-5×16-CT-SC50
WDZ-YJY-5×6-CT-SC32

$P_n=10kW$
$K_d=1$
$cos\phi=0.55$
$P_c=10.00kW$
$I_c=27.62A$

YFD-WDZ-YJY-4×150+1×70—CT

$P_n=184kW$
$K_d=0.80$
$cos\phi=0.9$
$P_c=147.20kW$
$I_c=248.50A$

BM30-315/4300
$I_n=250A$

带隔离功能
$I_{\Delta n}=300mA$

到电气火灾监控主机
漏电只报警不脱扣
NH-RVSP-2×1.5-JDG20 ARCM200BL

T1

$I_{imp}≥12.5kA, U_p≤2.5kV$

参考尺寸：(宽×高×深)400×400×200

竖井内接地镀锌扁钢40×4通长敷设

镀锌扁钢40×4 PE线重复接地

1ALZ1 共1台

1单元用户照明竖向配电系统图

竖向配电系统图一

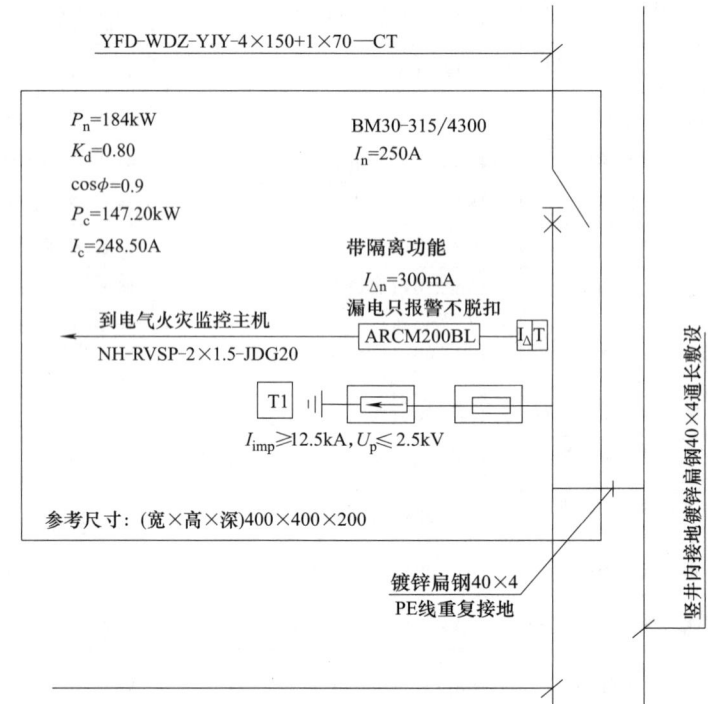

×××设计研究院有限公司

		资质等级		证书编号	
		工程名称	××小区1期工程		
审 定		专 业负责人	子项名称	3号住宅楼	合同编号
					设计编号
审 核		校 对	竖向配电系统图	图 别	电气
项 目		设 计		图 号	电施-12
负责人		制 图		日 期	2023.07

附图 32 竖向配电系统图

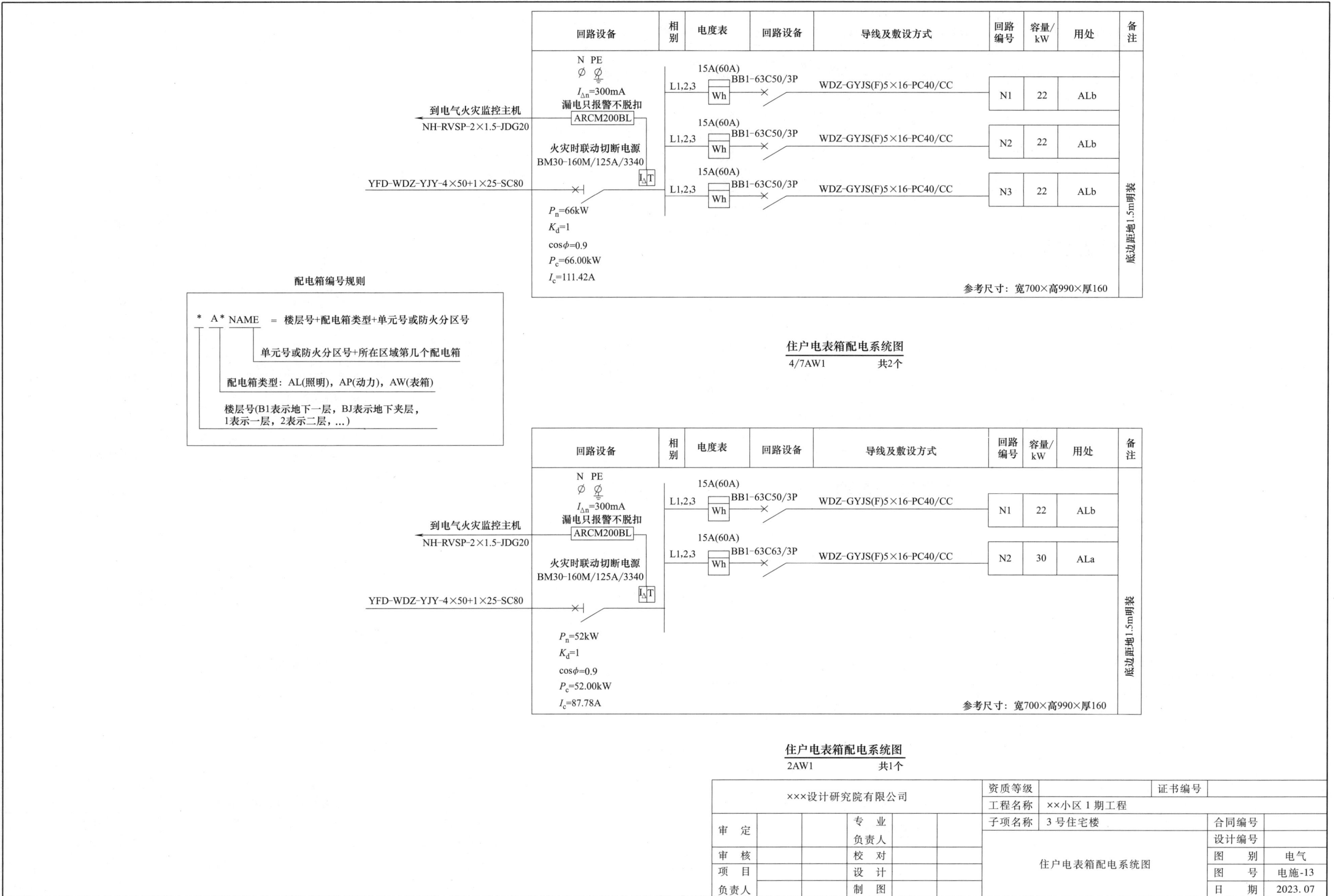

住户电表箱配电系统图

第一个系统图 (4/7AW1 共2个)

回路设备	相别	电度表	回路设备	导线及敷设方式	回路编号	容量/kW	用处	备注
N PE $\varnothing$ $\varnothing$ $I_{\Delta n}$=300mA 漏电只报警不脱扣 ARCM200BL	L1,2,3	Wh	15A(60A) BB1–63C50/3P	WDZ–GYJS(F)5×16–PC40/CC	N1	22	ALb	底边距地1.5m明装
火灾时联动切断电源 BM30–160M/125A/3340	L1,2,3	Wh	15A(60A) BB1–63C50/3P	WDZ–GYJS(F)5×16–PC40/CC	N2	22	ALb	
	L1,2,3	Wh	15A(60A) BB1–63C50/3P	WDZ–GYJS(F)5×16–PC40/CC	N3	22	ALb	

到电气火灾监控主机 NH–RVSP–2×1.5–JDG20

YFD–WDZ–YJY–4×50+1×25–SC80

P_n=66kW
K_d=1
$\cos\phi$=0.9
P_c=66.00kW
I_c=111.42A

参考尺寸：宽700×高990×厚160

住户电表箱配电系统图
4/7AW1　　　共2个

配电箱编号规则

*　A* NAME　＝楼层号+配电箱类型+单元号或防火分区号

单元号或防火分区号+所在区域第几个配电箱

配电箱类型：AL(照明)，AP(动力)，AW(表箱)

楼层号(B1表示地下一层，BJ表示地下夹层，
1表示一层，2表示二层，...)

第二个系统图 (2AW1 共1个)

回路设备	相别	电度表	回路设备	导线及敷设方式	回路编号	容量/kW	用处	备注
N PE $\varnothing$ $\varnothing$ $I_{\Delta n}$=300mA 漏电只报警不脱扣 ARCM200BL	L1,2,3	Wh	15A(60A) BB1–63C50/3P	WDZ–GYJS(F)5×16–PC40/CC	N1	22	ALb	底边距地1.5m明装
火灾时联动切断电源 BM30–160M/125A/3340	L1,2,3	Wh	15A(60A) BB1–63C63/3P	WDZ–GYJS(F)5×16–PC40/CC	N2	30	ALa	

到电气火灾监控主机 NH–RVSP–2×1.5–JDG20

YFD–WDZ–YJY–4×50+1×25–SC80

P_n=52kW
K_d=1
$\cos\phi$=0.9
P_c=52.00kW
I_c=87.78A

参考尺寸：宽700×高990×厚160

住户电表箱配电系统图
2AW1　　　共1个

×××设计研究院有限公司		资质等级		证书编号	
		工程名称	××小区1期工程		
审　定		专　业 负责人	子项名称 3号住宅楼	合同编号	
				设计编号	
审　核		校　对		图　别	电气
项　目 负责人		设　计 制　图	住户电表箱配电系统图	图　号	电施-13
				日　期	2023.07

附图 33　住户电表箱配电系统图

住户照明箱用电系统图 (ALa 共1个)

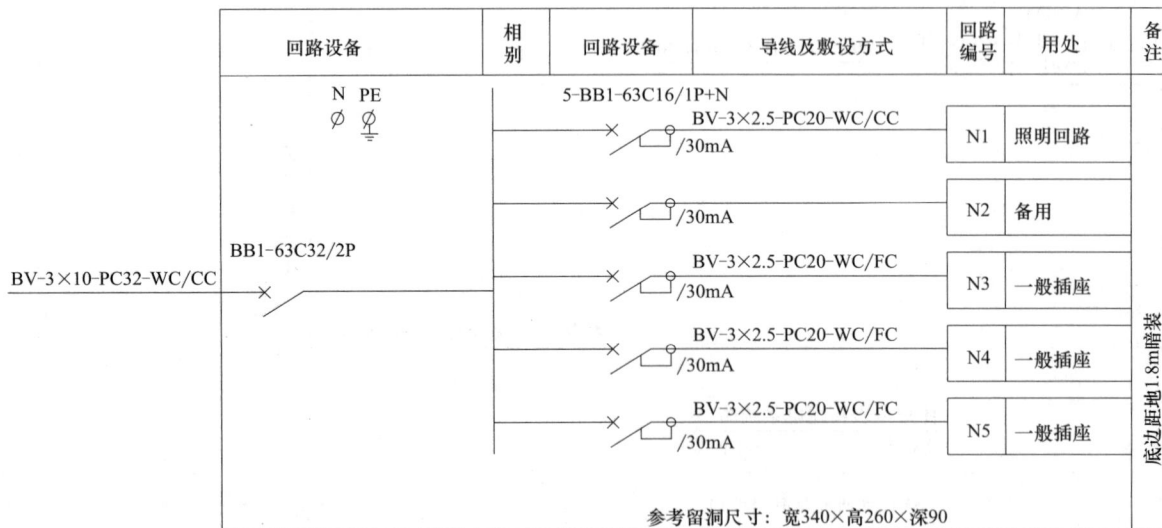

回路设备	相别	回路设备	导线及敷设方式	回路编号	用处	备注
	N PE					
	L1	BB1-63C16/1P+N /30mA	BV-3×2.5-PC20-WC/CC	N1	照明回路	
	L2	BB1-63C16/1P+N /30mA		N2	备用	
	L3	BB1-63C16/1P+N /30mA	BV-3×2.5-PC20-WC/FC	N3	一般插座	
BV1-63/3P+N 63A	L3	BB1-63C16/1P+N /30mA	BV-3×2.5-PC20-WC/FC	N4	一般插座	底边距地1.8m暗装
WDZ-GYJS(F)-5×16-PC40-WC/CC	L1	BB1-63C20/1P+N /30mA	BV-3×4-PC20-WC/FC	N5	厨房插座	
BB1-63C63/4P 自复式过欠电压保护器	L2	BB1-63C20/1P+N /30mA	BV-3×4-PC20-WC/FC	N6	卫生间插座	
	L3	BB1-63C20/1P+N /30mA	BV-3×4-PC20-WC/FC	N7	卫生间插座	
P_n=26kW K_d=1 cosϕ=0.9 P_c=26.00kW I_c=43.89A	L1	BB1-63C20/1P+N /30mA	BV-3×4-PC20-WC/FC	N8	集水器插座	
	L1,2,3	BB1-63D32/3P+N /30mA	BV-5×10-PC32-WC/CC	N9	三相空调	
	L2	BB1-63C32/1P	BV-3×10-PC32-WC/CC	N10	负一层	

参考留洞尺寸：宽400×高460×深90

住户照明箱用电系统图
ALa 共1个

住户照明箱用电系统图 (ALb 共7个)

回路设备	相别	回路设备	导线及敷设方式	回路编号	用处	备注
	N PE					
	L1	BB1-63C16/1P+N /30mA	BV-3×2.5-PC20-WC/CC	N1	照明回路	
	L2	BB1-63C16/1P+N /30mA		N2	备用	
	L3	BB1-63C16/1P+N /30mA	BV-3×2.5-PC20-WC/FC	N3	一般插座	
BV1-63/3P+N 63A	L3	BB1-63C16/1P+N /30mA	BV-3×2.5-PC20-WC/FC	N4	一般插座	底边距地1.8m暗装
WDZ-GYJS(F)-5×16-PC40-WC/CC	L1	BB1-63C20/1P+N /30mA	BV-3×4-PC20-WC/FC	N5	厨房插座	
BB1-63C63/4P 自复式过欠电压保护器	L2	BB1-63C20/1P+N /30mA	BV-3×4-PC20-WC/FC	N6	卫生间插座	
P_n=22kW K_d=1 cosϕ=0.9 P_c=22.00kW I_c=37.14A	L3	BB1-63C20/1P+N /30mA	BV-3×4-PC20-WC/FC	N7	卫生间插座	
	L1	BB1-63C20/1P+N /30mA	BV-3×4-PC20-WC/FC	N8	集水器插座	
	L1,2,3	BB1-63D32/3P+N /30mA	BV-5×10-PC32-WC/CC	N9	三相空调	

参考留洞尺寸：宽400×高460×深90

住户照明箱用电系统图
ALb 共7个

住户照明箱用电系统图 (ALa-1 共1个)

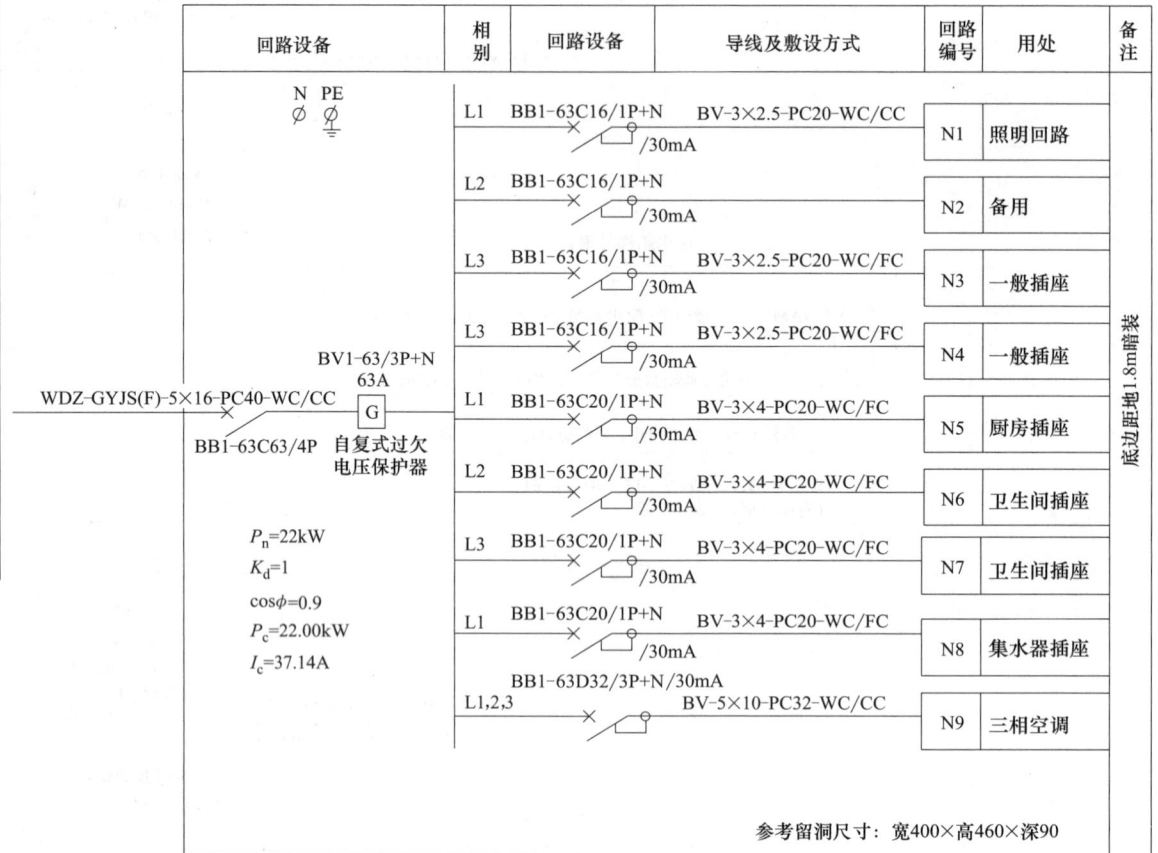

回路设备	相别	回路设备	导线及敷设方式	回路编号	用处	备注
	N PE					
		5-BB1-63C16/1P+N /30mA	BV-3×2.5-PC20-WC/CC	N1	照明回路	
BB1-63C32/2P		/30mA		N2	备用	底边距地1.8m暗装
BV-3×10-PC32-WC/CC		/30mA	BV-3×2.5-PC20-WC/FC	N3	一般插座	
		/30mA	BV-3×2.5-PC20-WC/FC	N4	一般插座	
		/30mA	BV-3×2.5-PC20-WC/FC	N5	一般插座	

参考留洞尺寸：宽340×高260×深90

住户照明箱用电系统图
ALa-1 共1个

×××设计研究院有限公司		资质等级		证书编号	
		工程名称	××小区1期工程		
审 定	专 业 负责人	子项名称	3号住宅楼	合同编号	
				设计编号	
审 核	校 对			图 别	电气
项 目	设 计	住户照明箱用电系统图		图 号	电施-14
负责人	制 图			日 期	2023.07

附图 34 住户照明箱用电系统图

公共照明配电箱系统图

回路设备	相别	回路设备	导线及敷设方式	回路编号	用处	备注
N PE ∮ ∮	L1	BB1-63C16/1P	WDZ-BYJ-3×2.5/JDG20/SC15-WC	N1	2~8层电井照明	底边距地1.5m明装
	L2	BB1-63C16/1P	WDZ-BYJ-3×2.5/JDG20/SC15-WC	N2	2~8层水井照明	
	L3	BB1-63C16/1P	WDZ-BYJ-3×2.5/JDG20/SC15-WC	N3	一层水井/电井照明	
	L1	BB1L-63C20/2P 30mA	WDZ-BYJ-3×4/JDG20/SC15-WC	N4	1~8层电井插座	
	L2	BB1L-63C20/2P 30mA	WDZ-BYJ-3×4/SC15-FC	N5	B1层大堂预留装修插座电源	
	L3	BB1L-63C20/2P 30mA	WDZ-BYJ-3×4/SC15-FC	N6	1层大堂预留装修插座电源	
	L1	BB1L-63C20/2P 30mA	WDZ-BYJ-3×4/SC15-FC	N7	1层可视对讲电源	
BB1-63C25/3P WDZ-YJY-5×6-SC32-CT	L2	BB1L-63C20/2P 30mA	WDZ-BYJ-3×4/SC15-FC	N8	B1层,1层电视插座	
进线断路器应具有隔离功能	L3	BB1-63D16/3P 30mA	WDZ-YJY-5×2.5-SC20-FC	N9	B1层排污泵AC-PW1	
	L1	BB1-63C16/1P 时钟控制器	WDZ-BYJ-3×2.5-SC15-CC	N10	B1层大堂预留装修照明电源	
	L2	BB1-63C16/1P 时钟控制器	WDZ-BYJ-3×2.5JDG20-CC	N11	1层大堂预留装修照明电源	
	L3	BB1-63C16/1P	WDZ-BYJ-3×2.5JDG20/SC15-WC	N12	B1~5层楼梯间照明电源 注:B1层穿管SC15	
P_n=10kW	L1	BB1-63C16/1P	WDZ-BYJ-3×2.5JDG20-WC	N13	6~顶层楼梯间照明电源	
K_d=1	L2	BB1-63C16/1P	WDZ-BYJ-3×2.5JDG20-WC	N14	1层照明电源	
$\cos\phi$=0.9	L3	BB1-63C16/1P	WDZ-BYJ-3×2.5JDG20-WC	N15	B1层照明电源	
P_c=10.00kW	L1	BB1L-63C20/2P 30mA	WDZ-BYJ-3×4/SC15-WC	N16	普通电梯井道坑底插座	
I_c=16.88A	L2	BB1L-63C20/2P 30mA		N17	备用	
	L3	BB1L-63C20/2P 30mA		N18	备用	

T2 参考尺寸:600×480×150

I_{imp}≥5kA, U_p≤2.5kV

公共照明配电箱系统图
1AL1   共1个

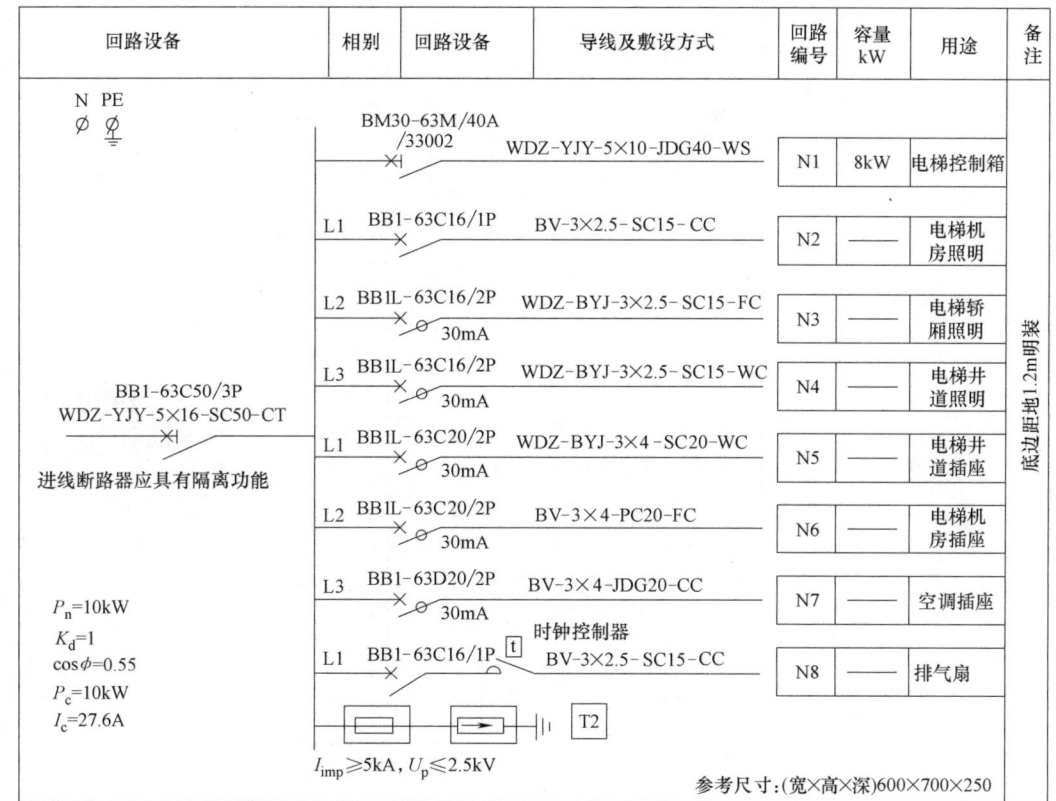

电梯配电箱系统图

回路设备	相别	回路设备	导线及敷设方式	回路编号	容量kW	用途	备注
N PE ∮ ∮		BM30-63M/40A /33002	WDZ-YJY-5×10-JDG40-WS	N1	8kW	电梯控制箱	底边距地1.2m明装
	L1	BB1-63C16/1P	BV-3×2.5-SC15-CC	N2	——	电梯机房照明	
	L2	BB1L-63C16/2P 30mA	WDZ-BYJ-3×2.5-SC15-FC	N3	——	电梯轿厢照明	
BB1-63C50/3P WDZ-YJY-5×16-SC50-CT	L3	BB1L-63C16/2P 30mA	WDZ-BYJ-3×2.5-SC15-WC	N4	——	电梯井道照明	
进线断路器应具有隔离功能	L1	BB1L-63C20/2P 30mA	WDZ-BYJ-3×4-SC20-WC	N5	——	电梯井道插座	
	L2	BB1L-63C20/2P 30mA	BV-3×4-PC20-FC	N6	——	电梯机房插座	
P_n=10kW	L3	BB1-63D20/2P 30mA	BV-3×4-JDG20-CC	N7	——	空调插座	
K_d=1	L1	BB1-63C16/1P 时钟控制器	BV-3×2.5-SC15-CC	N8	——	排气扇	
$\cos\phi$=0.55							
P_c=10kW							
I_c=27.6A							

T2

I_{imp}≥5kA, U_p≤2.5kV

参考尺寸:(宽×高×深)600×700×250

电梯配电箱系统图
10AP-DT1   共1个

×××设计研究院有限公司		资质等级		证书编号	
		工程名称	××小区1期工程		
	专业负责人	子项名称	3号住宅楼	合同编号	
审 定				设计编号	
审 核	校 对	公共照明及电梯配电箱系统图		图 别	电气
项 目	设 计			图 号	电施-15
负责人	制 图			日 期	2023.07

附图 35   公共照明及电梯配电箱系统图

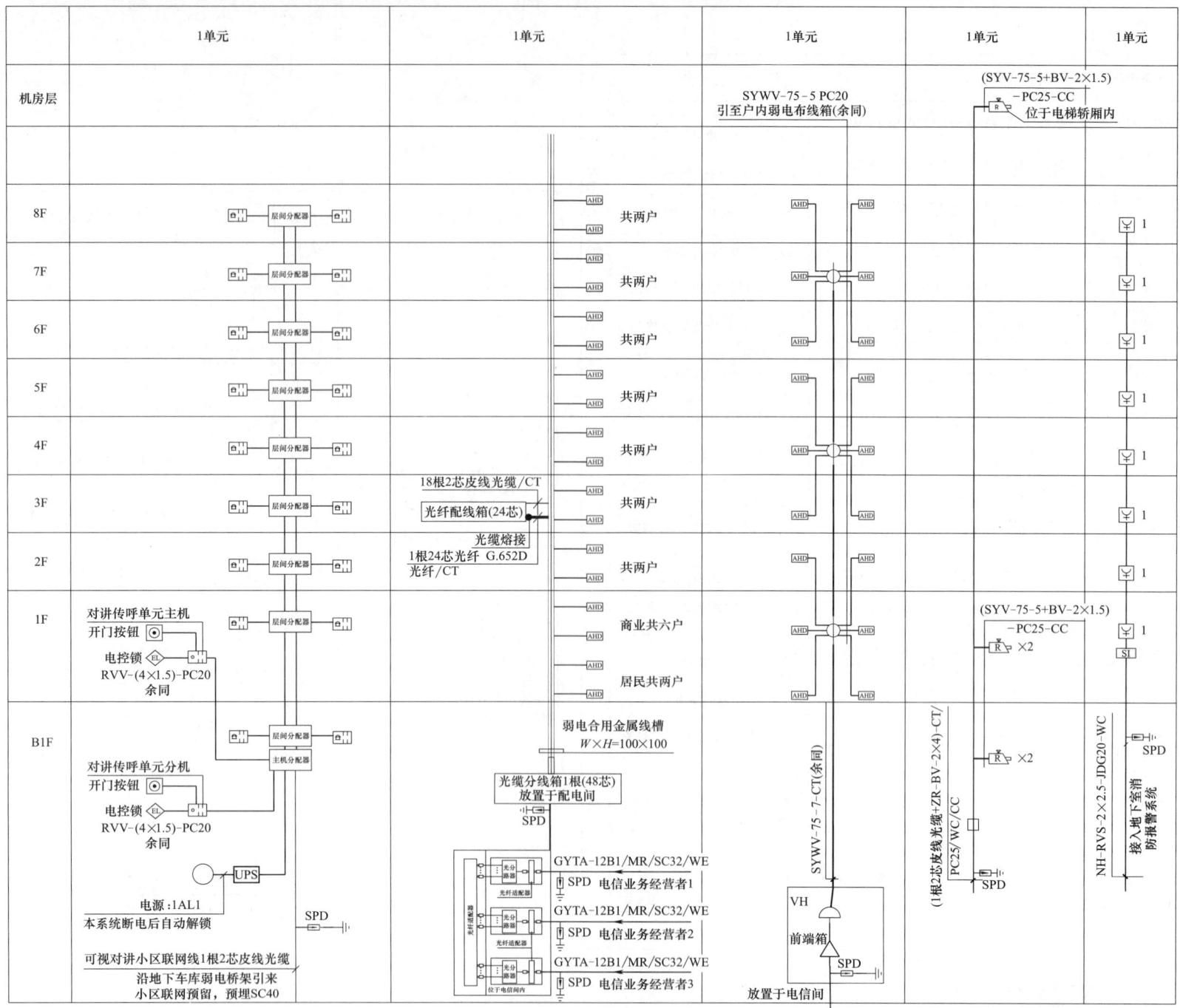

	1单元	1单元	1单元	1单元	1单元

机房层

SYWV-75-5 PC20
引至户内弱电布线箱(余同)

(SYV-75-5+BV-2×1.5)
└ -PC25-CC
位于电梯轿厢内

8F 层间分配器 共两户 AHD AHD ↓1

7F 层间分配器 共两户 AHD AHD ↓1

6F 层间分配器 共两户 AHD AHD ↓1

5F 层间分配器 共两户 AHD AHD ↓1

4F 层间分配器 共两户 AHD AHD ↓1

3F 层间分配器 共两户 AHD AHD ↓1
18根2芯皮线光缆/CT
光纤配线箱(24芯)

2F 层间分配器 共两户 AHD AHD ↓1
光缆熔接
1根24芯光纤 G.652D
光纤/CT

1F
对讲传呼单元主机
开门按钮
层间分配器 商业共六户 AHD AHD
居民共两户 AHD
(SYV-75-5+BV-2×1.5)
-PC25-CC
R ×2
↓1 SI
电控锁
RVV-(4×1.5)-PC20
余同

B1F
对讲传呼单元分机
开门按钮
主机分配器
弱电合用金属线槽
W×H=100×100
R ×2

电控锁
RVV-(4×1.5)-PC20
余同
光缆分线箱1根(48芯)
放置于配电间
SPD
(1根2芯皮线光缆+ZR-BV-2×4)-CT/
PC25/WC/CC
NH-RVS-2×2.5-JDG20-WC
SPD

UPS
GYTA-12B1/MR/SC32/WE
SPD 电信业务经营者1
接入地下室消
防报警系统
SPD

电源:1AL1
本系统断电后自动解锁
GYTA-12B1/MR/SC32/WE
SPD 电信业务经营者2
SYWV-75-7-CT(余同)
VH
前端箱

可视对讲小区联网线1根2芯皮线光缆
沿地下车库弱电桥架引来
小区联网预留,预埋SC40
GYTA-12B1/MR/SC32/WE
SPD 电信业务经营者3
位于电信间内
SPD
放置于电信间

SYWV-75-9-SC40-CT

消火栓系统图

可视对讲系统图   光纤到户通信系统图   视频监控系统图

有线电视系统图

×××设计研究院有限公司		资质等级		证书编号	
		工程名称	××小区1期工程		
审　定		专　业负责人	子项名称	3号住宅楼	合同编号
					设计编号
审　核		校　对			图　别 电气
项　目		设　计	弱电系统图（一）		图　号 电施-16
负责人		制　图			日　期 2023.07

附图 36　弱电系统图（一）

住宅室内综合弱电箱系统图

住宅户内

RVV-4×0.5/PC20 /WC/FC

RVV-4×0.5/PC20 /WC/FC

紧急报警按钮RVV-2×0.5/PC20 /WC/FC

可视对讲户内机

RVV-4×0.5+SYV-75-3/
PC25/WC/FC

电井内

层间分配器

AC 220V电源
预留接线盒　　SC20

HD
电视
模块

SYWV-75-5/PC20-WC/FC

有线电视分配系统

TV　SYWV-75-5/PC20 /WC/FC

TP　RVS-2×0.5/PC20/WC/FC

TO　超六类四对对绞线 /PC20/WC/FC

ONT
ONU

光纤(2芯)-PC20-CT/FC/WC

配线箱

RVS-2×0.5/PC20/WC/FC
网络、电话、电视分管敷设

户内多媒体箱

住宅室内综合弱电箱系统图

(留洞尺寸：450×350×120)

MEB总等电位联结示意图

防雷接闪器

火花放电间隙
(煤气公司确定)

燃气表

采暖管

绝缘段
(煤气公司确定)

空调管

热水管

总煤气管

建筑物金属结构

电子信息设备

电源进线

水表

总给水管

MEB线

MEB端子板　　MEB线

接地母线

PE线

接地

避雷接地

总下水管

PE母排

总进线配电盘

注：总电位联结做法详见15D502第15、16页。

LEB局部等电位联结示意图

本层建筑物钢筋网

墙

浴盆

墙

淋浴

墙

采暖管

坐便器

金属管

BVR-1×4/PVC20/WC/FC

卫生间插座

LEB端子板

注：卫生间等电位联结见15D502第18、19页。

洋房电井大样图 1:50

强弱电箱错层安装

－40×4热镀锌扁钢
及预留等电位端子板

住宅桥架：100×100
留洞尺寸：200×150

弱电桥架：100×50
留洞尺寸：200×150

普通公共桥架：100×100
留洞尺寸：300×200

洋房电井大样图 1:50

弱电槽盒布置示意图 1:10

电信线路

槽1

50　50

盖板

50

电视，监控，
可视对讲线
槽2

底板　隔板

弱电槽盒布置示意图 1:10

强弱电箱安装立面图

照明、挂机回路

配电箱

1800

弱电箱

插座、柜机回路

300

±0.000

强弱电箱安装立面图

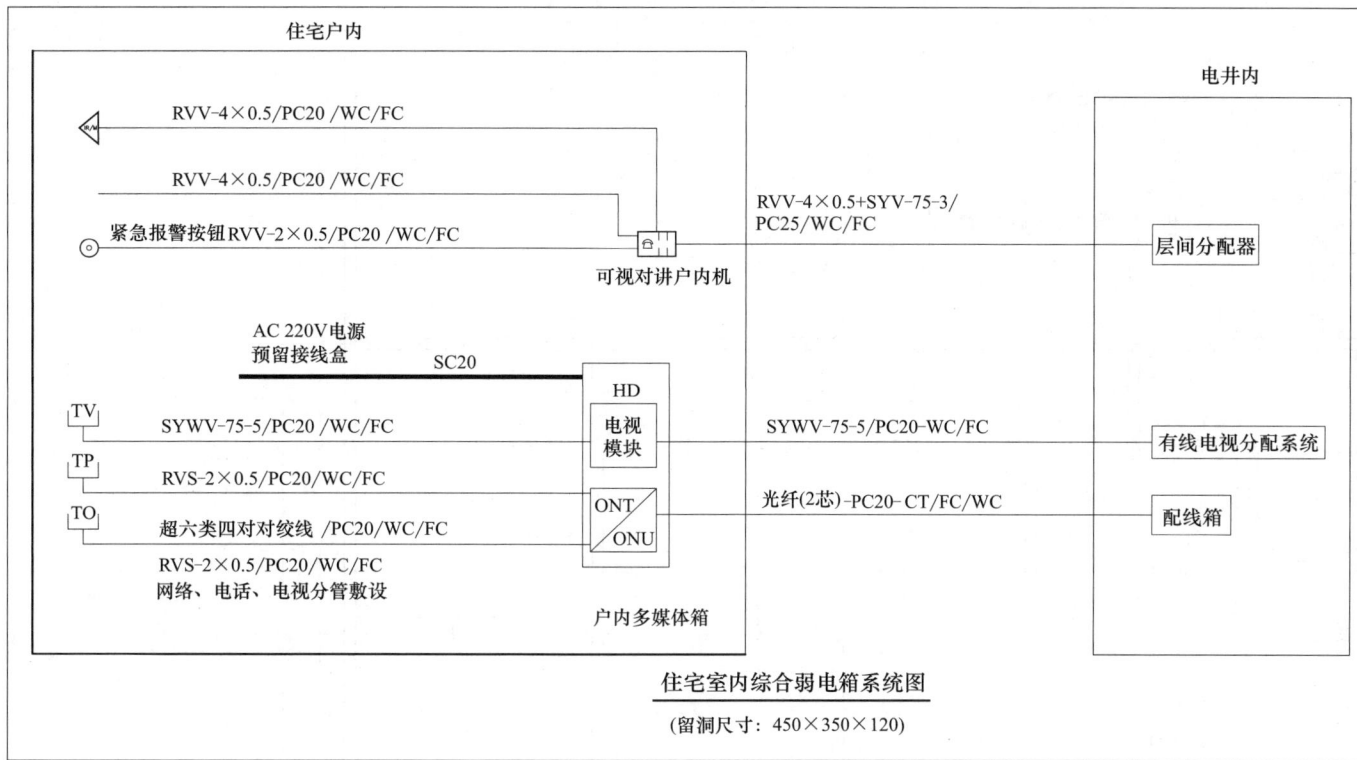

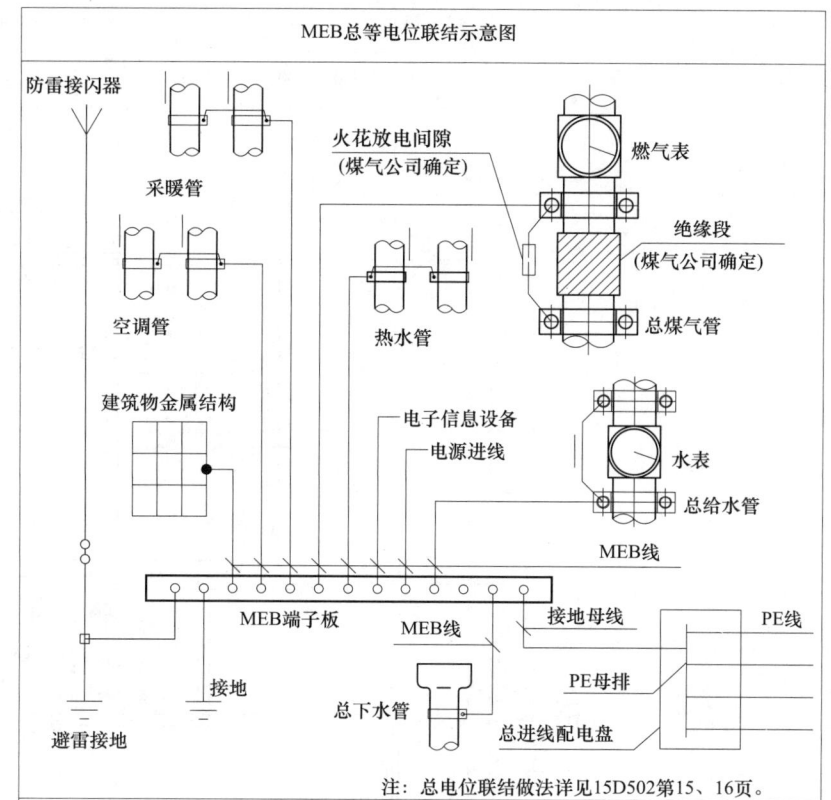

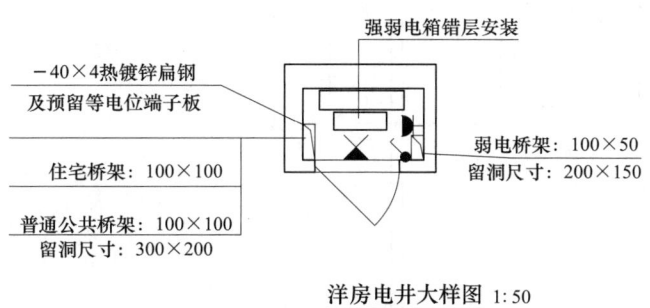

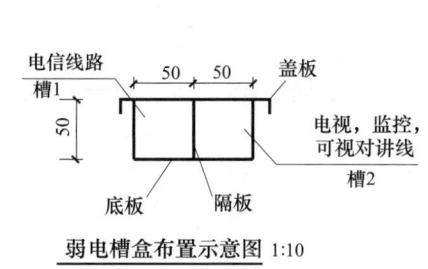

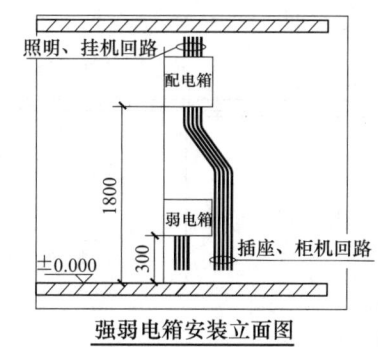

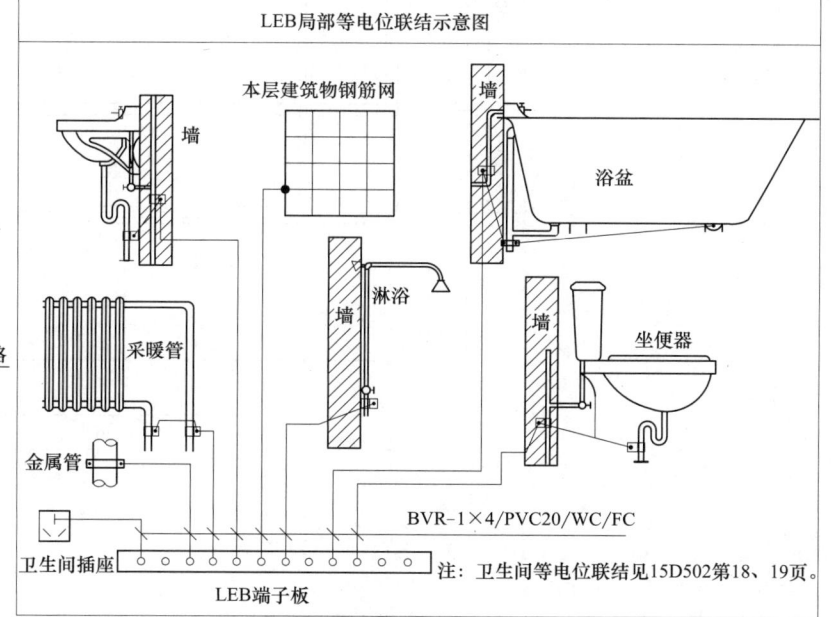

1.电气井道内最终设备排列安装应根据设备订货后的准确设备尺寸现场排列(现场根据实际情况调整)，必
须保证用电安全及检修方便。
2.根据竖向系统强弱电设备在电井内错层安装，若有同层安装且排列困难的，弱电箱体可提高安装高度。
3.各设备接地线与MEB干线连接应设引出端子或扁钢。
4.金属槽盒、套管穿过各楼层楼板时，应在安装完成后，用防火材料封堵。
5.抗震设防烈度为6度及6度以上地区的建筑机电工程必须进行抗震设计，具体做法见16D707-1。

×××设计研究院有限公司		资质等级		证书编号	
		工程名称	×× 小区 1 期工程		
审　定		子项名称	3 号住宅楼	合同编号	
		专业
负责人		设计编号	
审　核		校　对		图　别	电气
项　目		设　计		图　号	电施-17
负责人		制　图	弱电系统图（二）	日　期	2023.07

附图 37　弱电系统图（二）

地下一层公共照明配电平面图

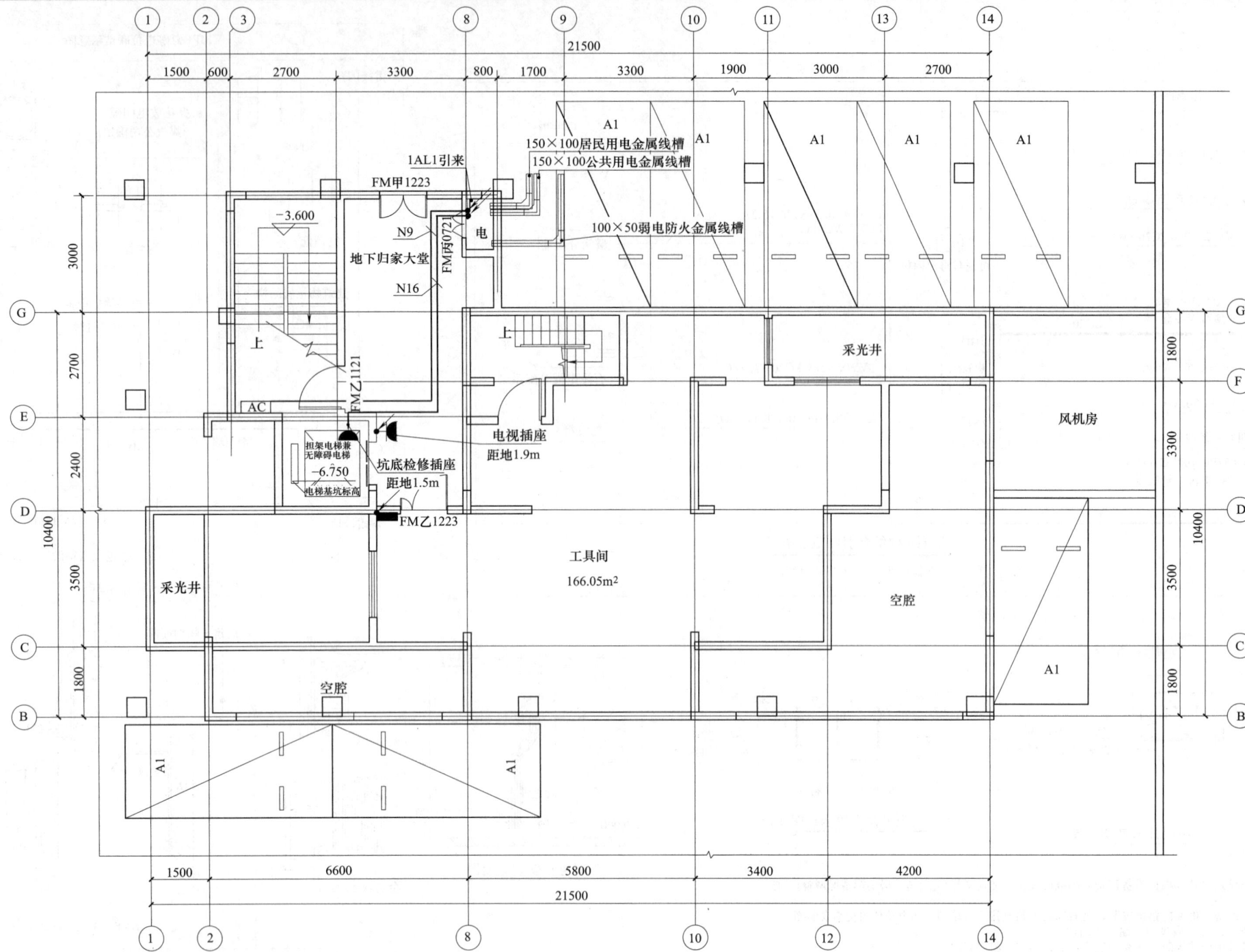

21500

1500 600 2700 3300 800 1700 3300 1900 3000 2700

A1
150×100居民用电金属线槽
150×100公共用电金属线槽

A1   A1   A1   A1

1AL1引来

FM甲1223

100×50弱电防火金属线槽

−3.600

N9

地下归家大堂

N16

上

采光井

风机房

FMZ1121

AC

担架电梯兼
无障碍电梯
−6.750
电梯基坑标高

坑底检修插座
距地1.5m

电视插座
距地1.9m

FM乙1223

工具间
166.05m²

空腔

A1

采光井

空腔

A1   A1

1500 6600 5800 3400 4200

21500

地下一层公共照明配电平面图 1:100

×××设计研究院有限公司		资质等级	××	证书编号	
		工程名称	×× 小区 1 期工程		
审　定		专　业负责人	子项名称	3 号住宅楼	合同编号
					设计编号
审　核		校　对	地下一层公共照明配电平面图		图　别　电气
项　目		设　计			图　号　电施-18
负责人		制　图			日　期　2023.07

附图 38　地下一层公共照明配电平面图

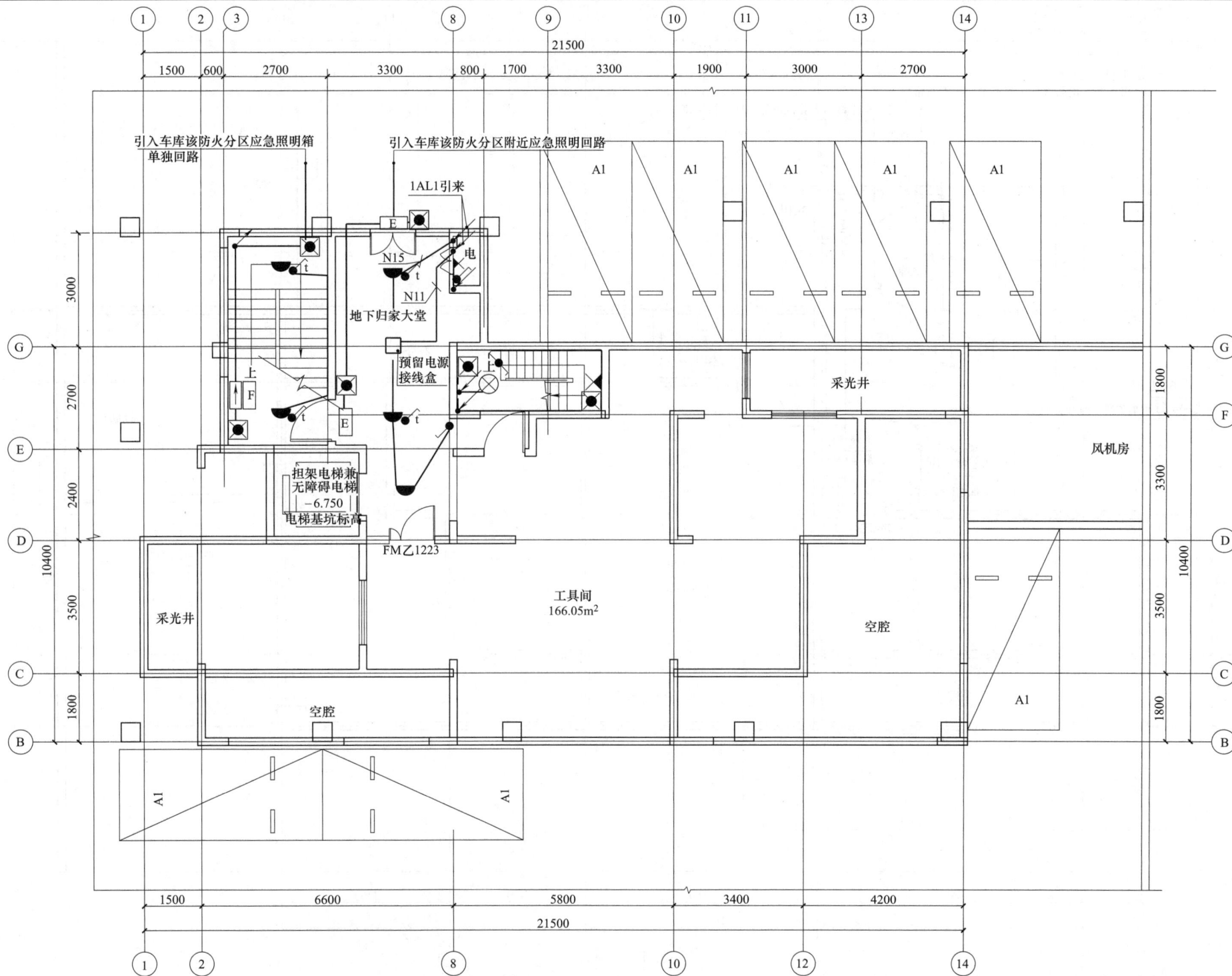

引入车库该防火分区应急照明箱 单独回路

引入车库该防火分区附近应急照明回路

1AL1引来

E
N15
N11
电

地下归家大堂

预留电源 接线盒

上
F

E

E

担架电梯兼 无障碍电梯 -6.750 电梯基坑标高

FM乙1223

采光井

风机房

采光井

工具间 166.05m²

空腔

A1

空腔

A1

A1

A1

A1

A1

A1

A1

A1

A1

21500

1500 600 2700 3300 800 1700 3300 1900 3000 2700

3000 2700 2400 3500 1800

1800 3300 3500 1800

10400

10400

1500 6600 5800 3400 4200

21500

地下一层公共照明平面图 1:100

×××设计研究院有限公司			资质等级		证书编号	
			工程名称	××小区1期工程		
审 定		专 业 负责人	子项名称	3号住宅楼	合同编号	
					设计编号	
审 核		校 对	地下一层公共照明平面图		图 别	电气
项 目		设 计			图 号	电施-19
负责人		制 图			日 期	2023.07

附图 39　地下一层公共照明平面图

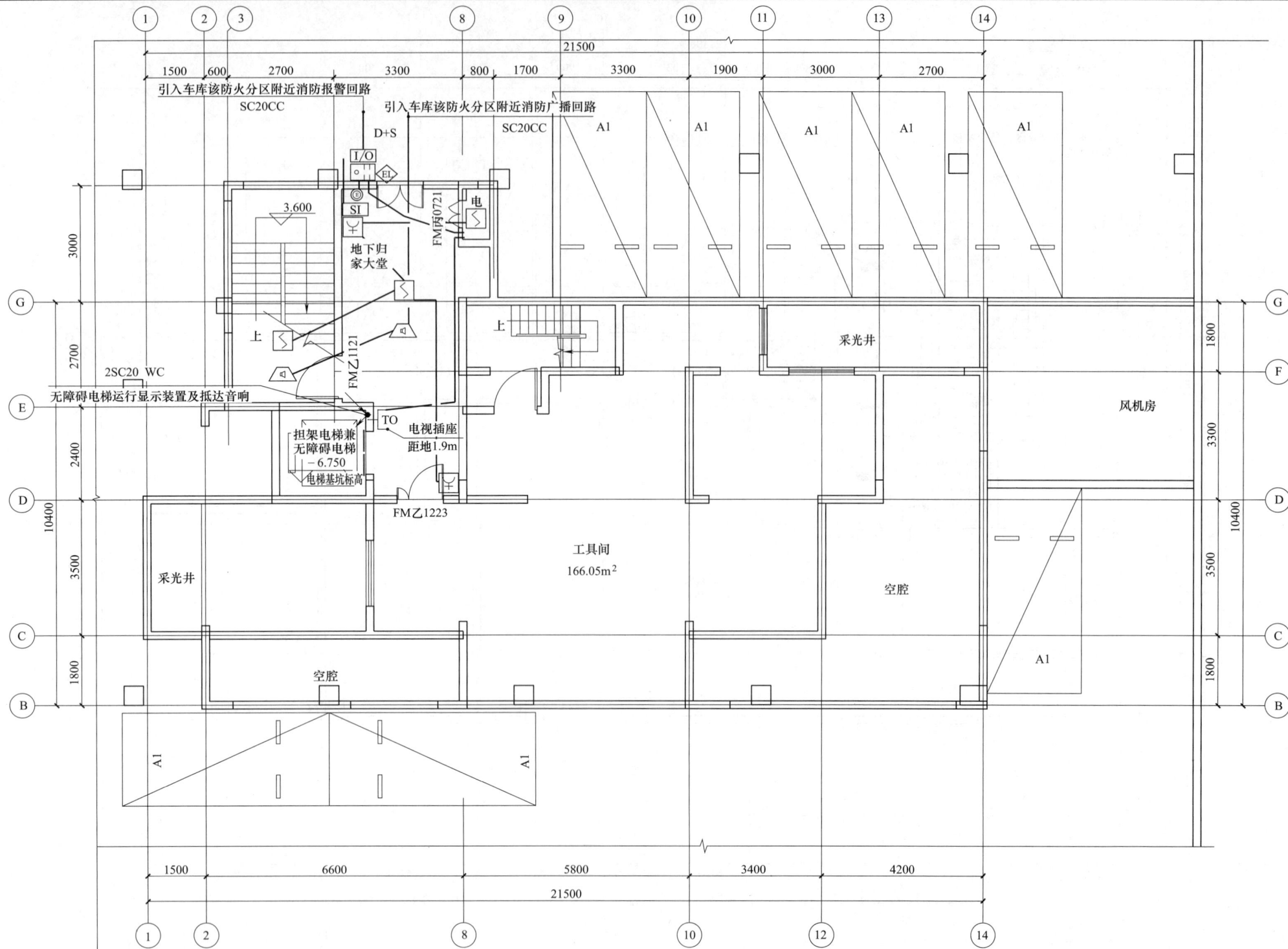

地下一层弱电平面图 1:100

×××设计研究院有限公司			资质等级		证书编号	
			工程名称	××小区1期工程		
			子项名称	3号住宅楼	合同编号	
审　定		专　业 负责人			设计编号	
审　核		校　对		地下一层弱电平面图	图　别	电气
项　目		设　计			图　号	电施-20
负责人		制　图			日　期	2023.07

附图 40　地下一层弱电平面图

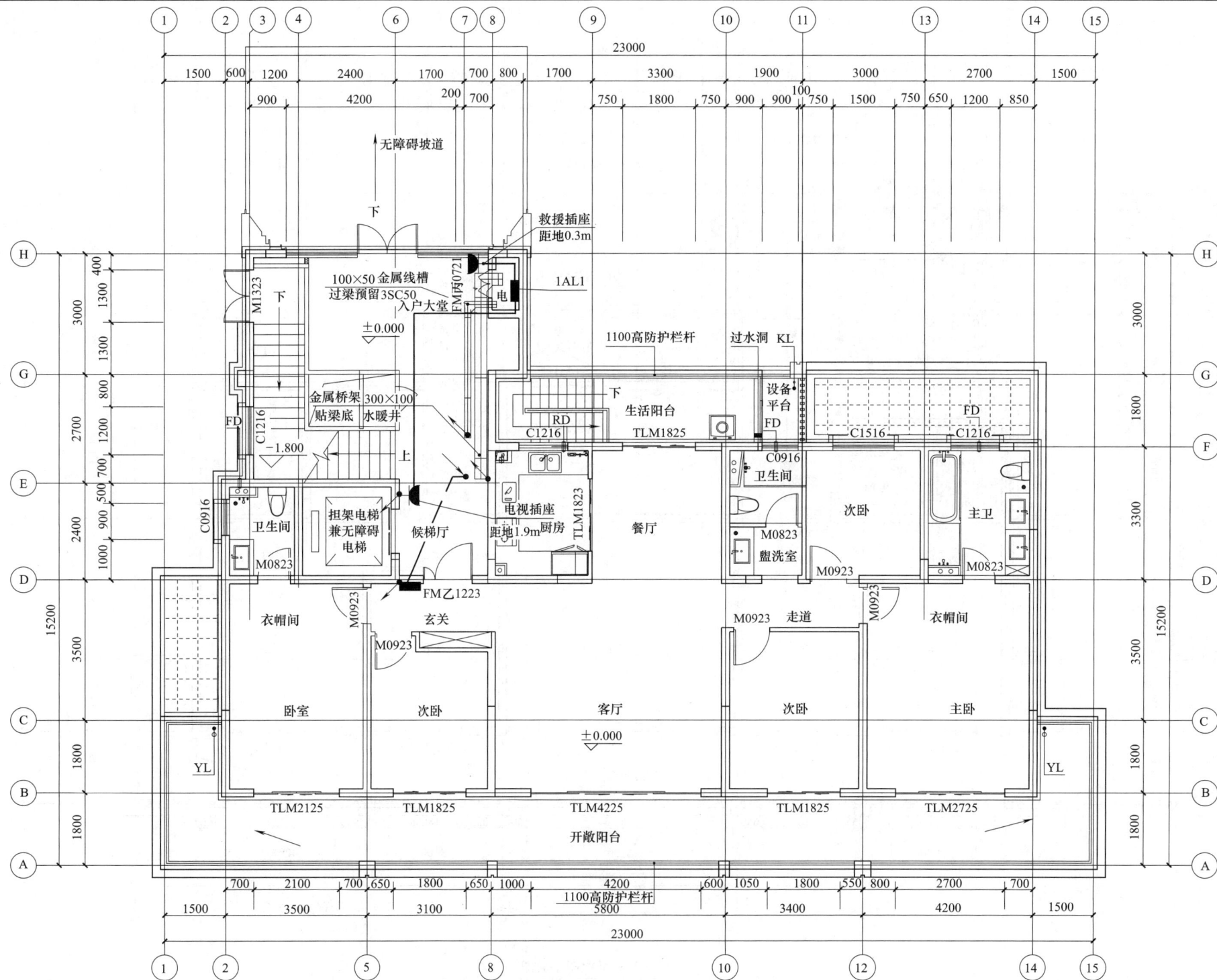

一层公共照明配电平面图 1:100

	无障碍坡道
	救援插座 距地0.3m
	100×50金属线槽 过梁预留3SC50 入户大堂
	1100高防护栏杆
	过水洞 KL
	金属桥架300×100 贴梁底 水暖井
	担架电梯 兼无障碍 电梯
	电视插座 距地1.9m
	1100高防护栏杆

项目	内容
×××设计研究院有限公司	
资质等级	证书编号
工程名称	××小区1期工程
子项名称	3号住宅楼
合同编号	
设计编号	
审定	专业负责人
审核	校对
项目负责人	设计
	制图
一层公共照明配电平面图	
图别	电气
图号	电施-21
日期	2023.07

附图 41　一层公共照明配电平面图

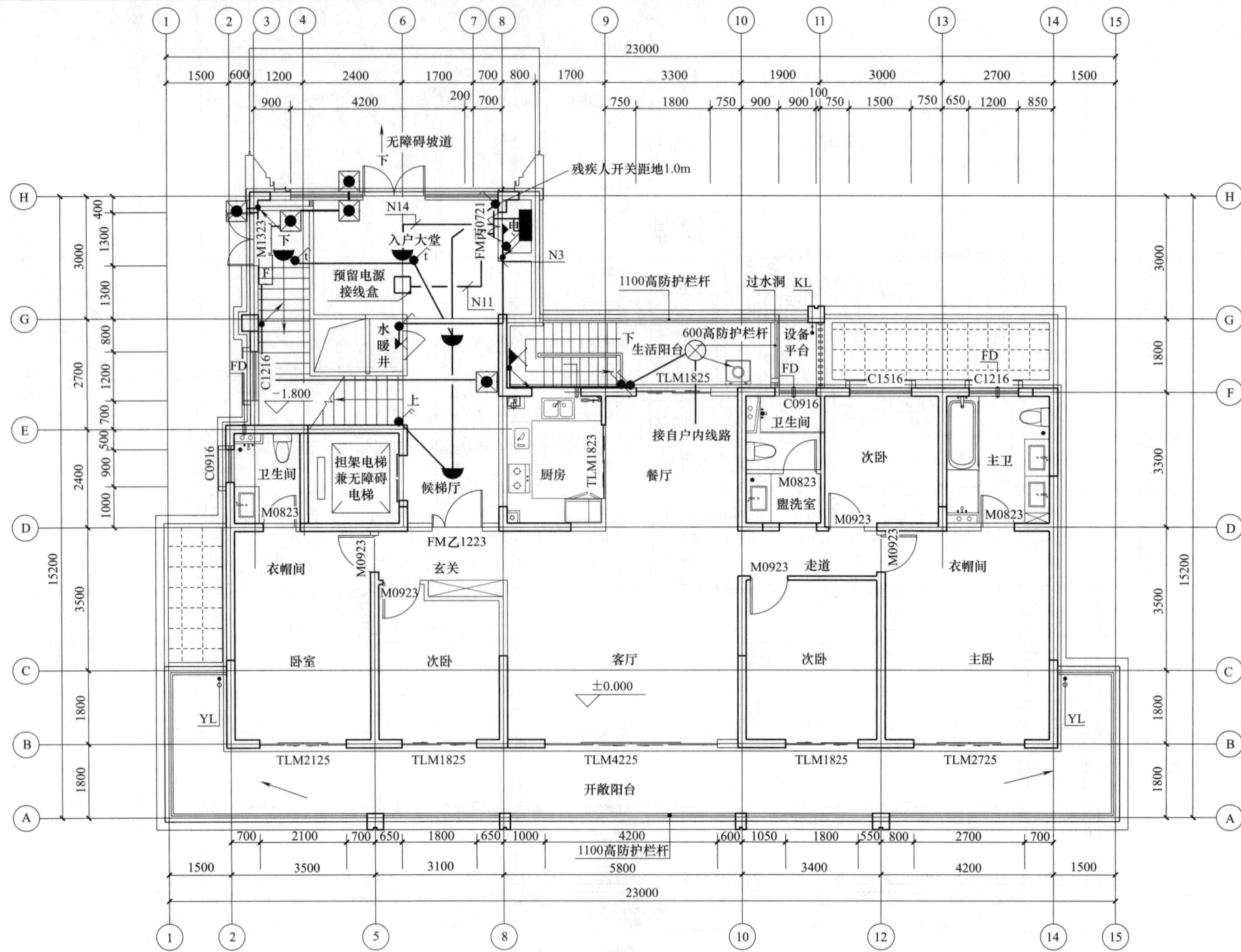

一层公共照明平面图 1:100

×××设计研究院有限公司		资质等级		证书编号	
		工程名称	×× 小区 1 期工程		
审 定	专 业 负责人	子项名称	3 号住宅楼	合同编号	
				设计编号	
审 核	校 对	一层公共照明平面图		图 别	电气
项 目	设 计			图 号	电施-22
负责人	制 图			日 期	2023.07

附图 42 一层公共照明平面图

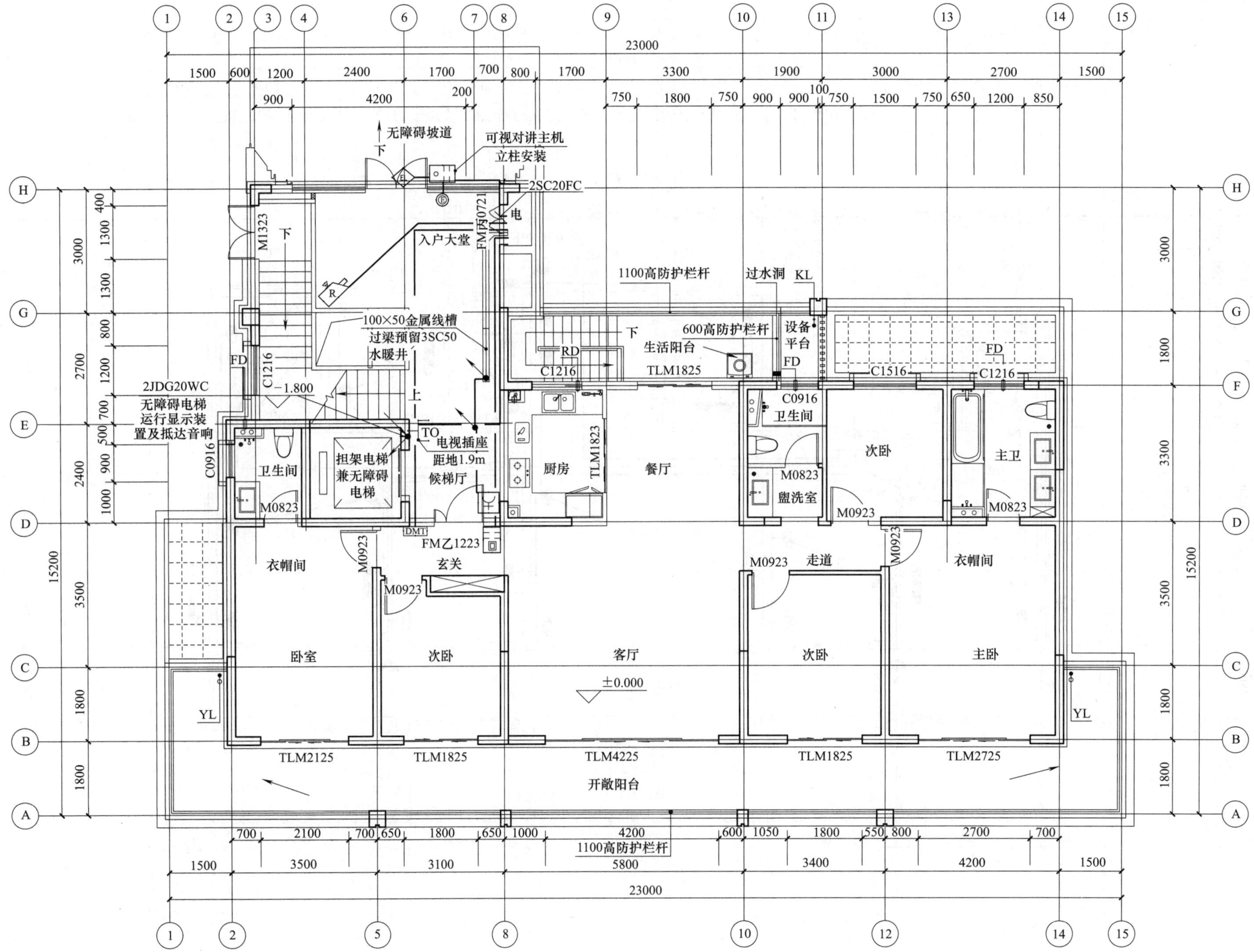

一层公共区域弱电平面图 1:100

×××设计研究院有限公司				资质等级		证书编号	
				工程名称	××小区1期工程		
				子项名称	3号住宅楼	合同编号	
审 定		专 业负责人				设计编号	
审 核		校 对		一层公共区域弱电平面图		图 别	电气
项 目		设 计				图 号	电施-23
负责人		制 图				日 期	2023.07

附图 43　一层公共区域弱电平面图

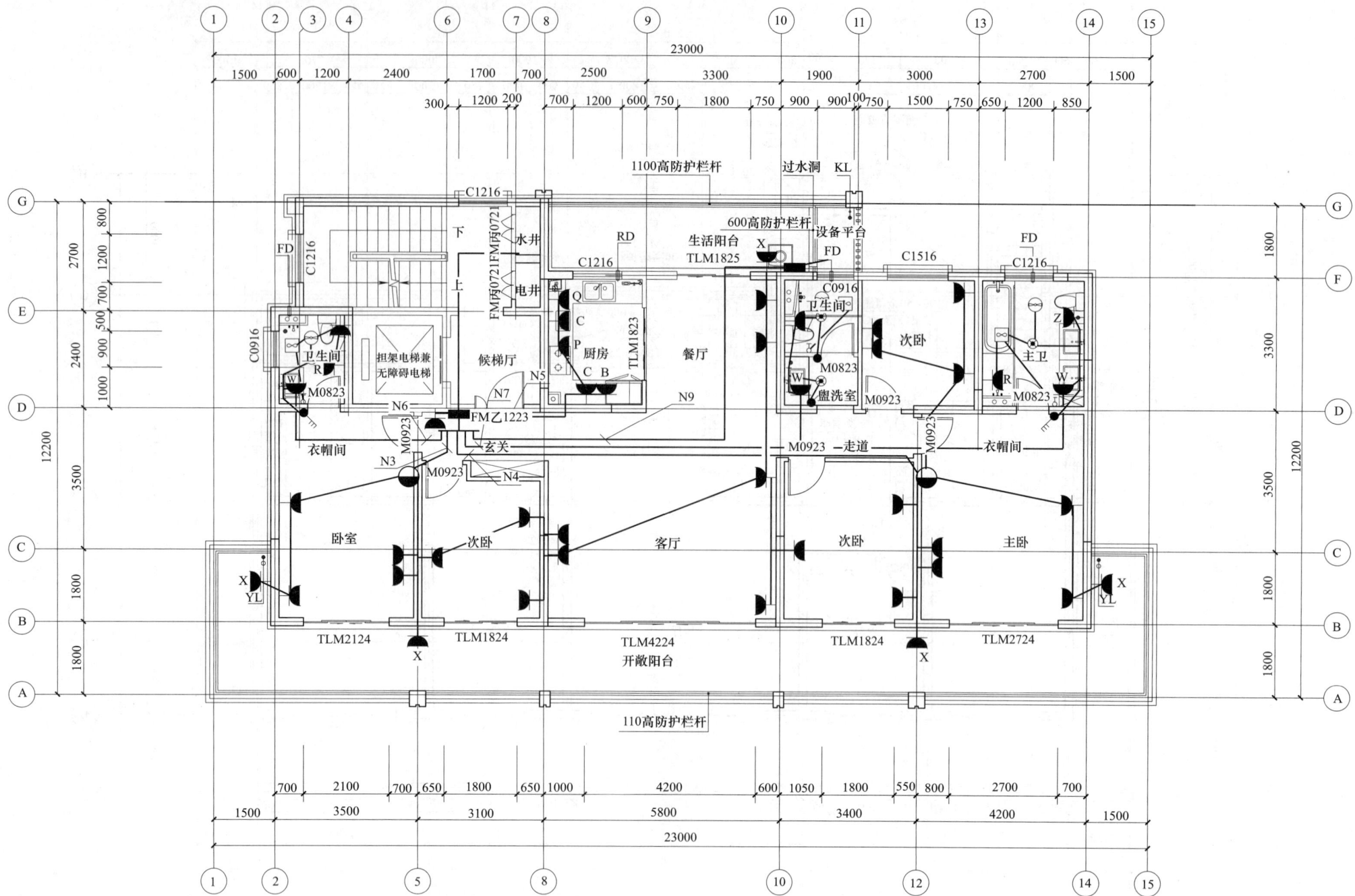

标准层配电平面图 1:100

×××设计研究院有限公司		资质等级			证书编号	
		工程名称	××小区1期工程			
		子项名称	3号住宅楼		合同编号	
审 定		专 业 负责人			设计编号	
审 核		校 对		标准层配电平面图	图 别	电气
项 目 负责人		设 计			图 号	电施-24
		制 图			日 期	2023.07

附图 44 标准层配电平面图

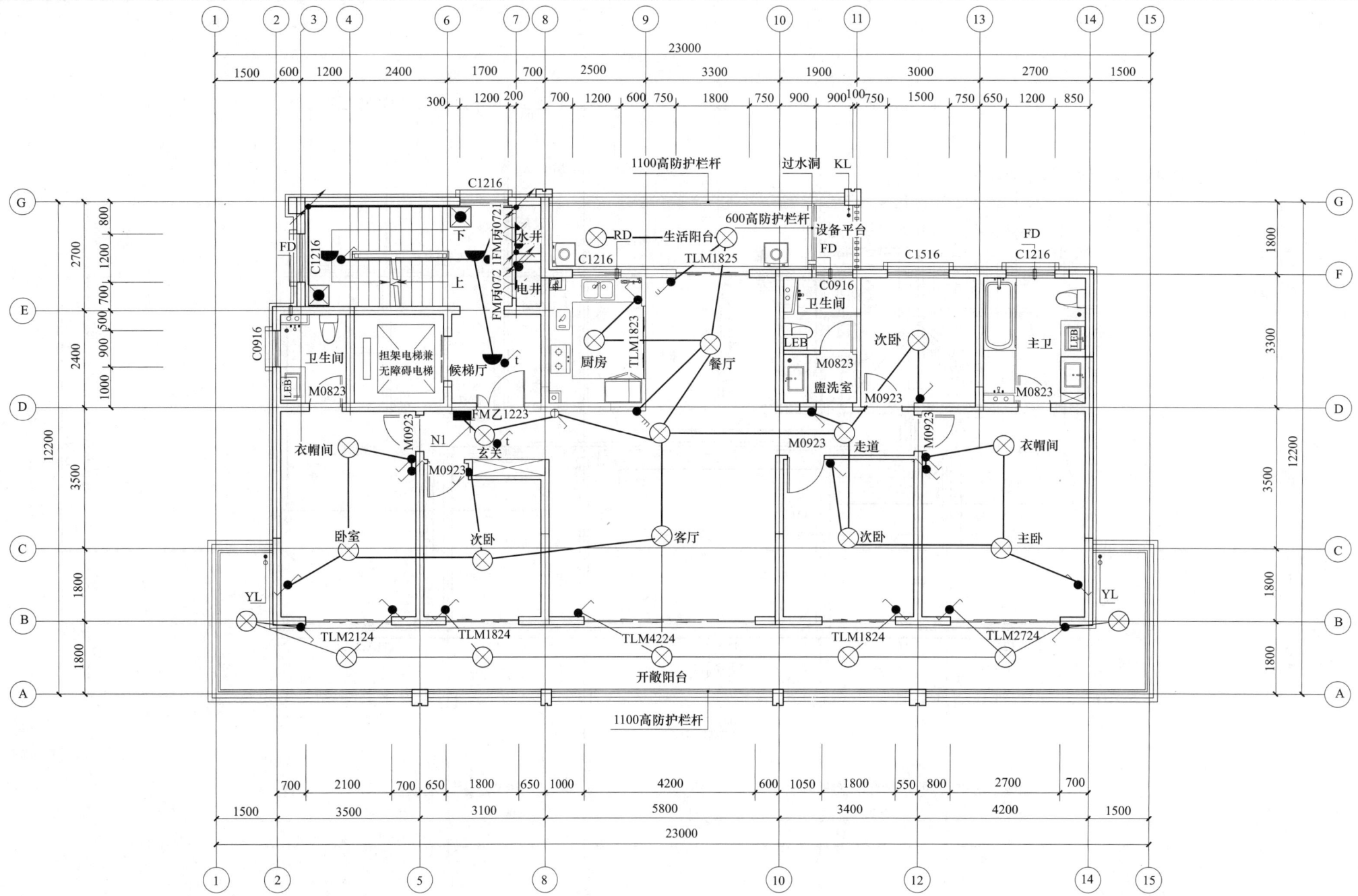

标准层照明平面图 1:100

×××设计研究院有限公司			资质等级		证书编号	
			工程名称	××小区1期工程		
审 定		专 业 负责人	子项名称	3号住宅楼	合同编号	
					设计编号	
审 核		校 对	标准层照明平面图		图 别	电气
项 目 负责人		设 计			图 号	电施-25
		制 图			日 期	2023.07

附图45 标准层照明平面图

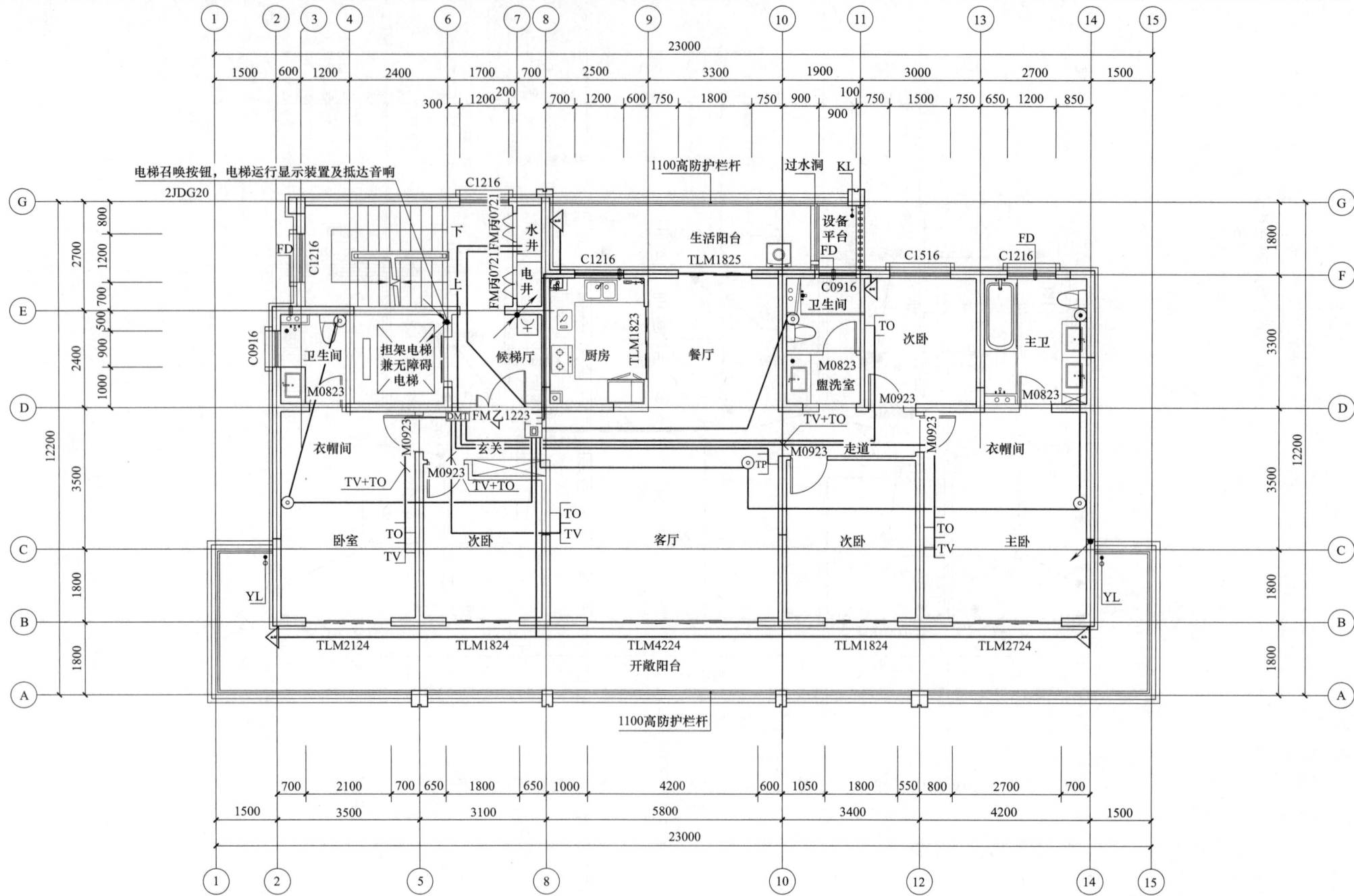

电梯召唤按钮，电梯运行显示装置及抵达音响
2JDG20

1100高防护栏杆
过水洞 KL

C1216

FD
C1216

水井
FD

设备平台
FD

FD
C1516 C1216

FM丙0721 FM丙0721

电井

C1216

生活阳台
TLM1825

C0916
卫生间

C0916

卫生间

次卧

主卫

C0916

卫生间
担架电梯兼无障碍电梯

候梯厅

厨房

餐厅

M0823
盥洗室

TO

M0823

M0823
TLM1823
TLM1823

DMT FM乙1223

衣帽间

M0923

M0923

M0923

衣帽间

玄关

M0923

TV+TO

走道

TV+TO

TV+TO

M0923

TP

卧室

TO

次卧

TO

客厅

次卧

TO

主卧

TV

TV

TV

TV

YL

YL

TLM2124

TLM1824

TLM4224
开敞阳台

TLM1824

TLM2724

1100高防护栏杆

标准层弱电平面图 1:100

×××设计研究院有限公司		资质等级		证书编号	
		工程名称	××小区1期工程		
		子项名称	3号住宅楼	合同编号	
审 定		专 业 负责人		设计编号	
审 核		校 对		图 别	电气
项 目		设 计	标准层弱电平面图	图 号	电施-26
负责人		制 图		日 期	2023.07

附图 46　标准层弱电平面图

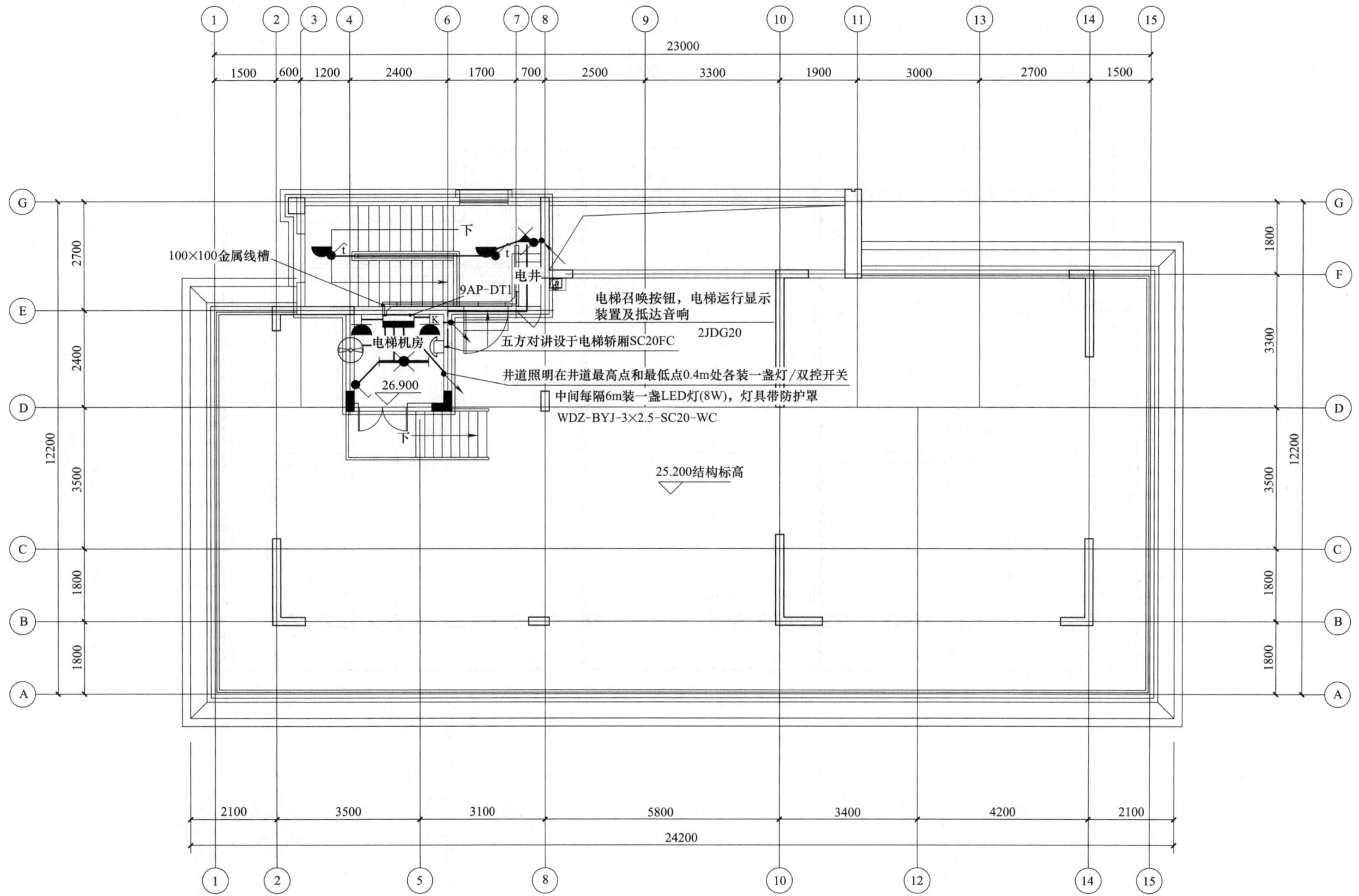

屋面层照明平面图 1:100

| 1500 | 600 | 1200 | 2400 | 1700 | 700 | 2500 | 3300 | 1900 | 3000 | 2700 | 1500 |

23000

100×100金属线槽

9AP-DT1

电梯召唤按钮，电梯运行显示
装置及抵达音响
2JDG20
五方对讲设于电梯轿厢SC20FC
井道照明在井道最高点和最低点0.4m处各装一盏灯/双控开关
中间每隔6m装一盏LED灯(8W)，灯具带防护罩
WDZ-BYJ-3×2.5-SC20-WC

电梯机房

26.900

25.200结构标高

| 2100 | 3500 | 3100 | 5800 | 3400 | 4200 | 2100 |

24200

		资质等级		证书编号	
×××设计研究院有限公司		工程名称	××小区1期工程		
		子项名称	3号住宅楼	合同编号	
审　定		专　业 负责人		设计编号	
审　核		校　对		图　别	电气
项　目 负责人		设　计	屋面层照明平面图	图　号	电施-27
		制　图		日　期	2023.07

附图47　屋面层照明平面图

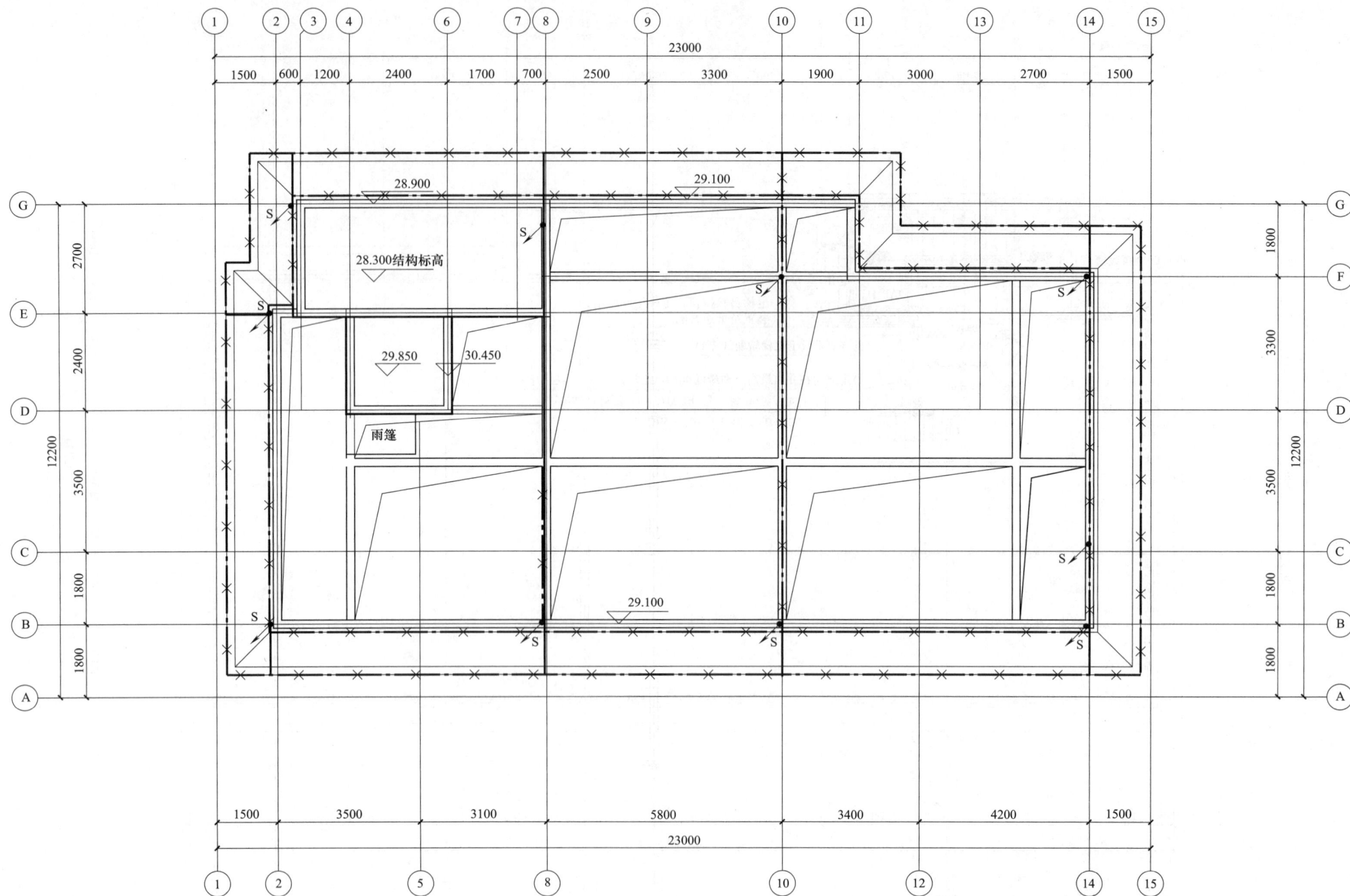

屋顶防雷平面图 1:100

×××设计研究院有限公司		资质等级		证书编号	
		工程名称	××小区1期工程		
审 定		子项名称	3号住宅楼	合同编号	
	专 业 负责人			设计编号	
审 核	校 对		屋顶防雷平面图	图 别	电气
项 目 负责人	设 计			图 号	电施-28
	制 图			日 期	2023.07

附图48 屋顶防雷平面图

基础接地平面图 1:100

资质等级		证书编号	
×××设计研究院有限公司			
工程名称	××小区1期工程		
子项名称	3号住宅楼	合同编号	
		设计编号	
基础接地平面图		图别	电气
		图号	电施-29
		日期	2023.07

附图 49　基础接地平面图

图 纸 目 录

采暖工程设计说明

一、工程概况

1. 项目名称：××××××××××××××××××

2. 建设地点：×××××××××××××××××××××

3. 建设单位：××××××××××××××××××××

4. 总建筑面积为 1829.84m²，建筑基底面积 273.5m²。地下建筑面积计入地下车库，地上建筑面积 1829.84m²。

5. 建筑层数、高度：地下一层，地上八层；其中地下一层为工具间，地上一~八层为住宅；建筑高度为 25.5m（建筑室外地坪至坡屋面的高度），室内外高差为 0.30m。

6. 绿建设计等级：基本级。

二、设计依据

1. 建设方认可的设计方案和建设方提供的设计委托书。

2. 依据设计合同、甲方提供的设计要求及有关资料。

3. 现行的国家有关建筑设计规范、规程和规定：

《建筑工程设计文件编制深度规定（2016 年版）》

《民用建筑设计统一标准》GB 50352—2019

《民用建筑通用规范》GB 55031—2022

《民用建筑供暖通风与空气调节设计规范》GB 50736—2012

《辐射供暖供冷技术规程》JGJ 142—2012

《供热计量技术规程》JGJ 173—2009

《住宅设计规范》GB 50096—2011

《民用建筑绿色设计规范》JGJ/T 229—2010

《河南省绿色建筑评价标准》DBJ41/T 109—2020

《供热工程项目规范》GB 55010—2021

4. 其他专业提供的相关资料。

三、设计参数

1. 城市：××市　气候分区：寒冷地区

2. 室外计算参数

夏季	空调计算干球温度/℃	35.0	冬季	空调计算干球温度/℃	-5.7
	空调计算湿球温度/℃	28.1		通风计算温度/℃	0.6
	通风计算温度/℃	30.9		空调计算相对湿度（%）	68
	平均风速/(m/s)	2.0		平均风速/(m/s)	2.4
	大气压力/hPa	999		大气压力/hPa	1020.6
	空调计算日平均温度/℃	30.2		采暖计算温度/℃	-3.2

3. 室内空气计算参数

主要房间名称	夏季温度/℃	冬季温度/℃	噪声 dB/A
卧室、客厅	26	18	≤30
卫生间	—	18℃，卫生间洗浴时借助辅助加热设备升温至25℃	≤40
厨房	—	15	≤40
餐厅、客厅	26	18	≤40

注：噪声值采用《建筑环境通用规范》GB 55016—2021 第 2.1.5 条要求。

×××设计研究院有限公司		资质等级		证书编号	
		工程名称	××小区 1 期工程		
审 定		专 业负责人		子项名称	3 号住宅楼	合同编号	
						设计编号	
审 核		校 对		图纸目录采暖工程设计说明（一）		图 别	暖通
项 目负责人		设 计				图 号	暖施-01
		制 图				日 期	2023.12

附图 50　图纸目录　采暖工程设计说明（一）

4. 主要围护结构传热系数单位［W/(m²·K)］

围护结构	外墙	外窗				户门	屋面	分隔供暖与非供暖空间的隔墙
		东	南	西	北			
传热系数	0.34	1.9	1.9	1.9	1.9	1.7	0.30	0.76

四、供暖系统设计

1. 热源：热源由城市热力管网提供，经小区换热站分区换热、加压后进入各楼供暖系统，系统定压及补水在热交换站内解决。热交换站内设气候补偿器，预留 DN50 穿线管，引至室外背阴处，与热交换站距离不超过 15m。

2. 供暖系统形式：根据甲方要求，室内供暖采用分户计量地板辐射供暖系统，供回水温度为45℃/35℃。

3. 供暖系统分区及热负荷：

3.1 根据本小区竖向高程及各建筑单体实际情况（层数及高度等），本栋住宅供暖系统仅设一个竖向分区。

3.2 热负荷：用天正暖通 2014 计算软件计算，各用户热负荷及系统阻力见下表：

楼号	服务区域	系统编号	热负荷 /kW	系统阻力损失 /kPa	供暖建筑面积 /m²	热指标 /(W/m²)	总热负荷 /kW
3 号楼	一~八层	3-N-1	54.0	57.0	1829.84	29.5	54.0

3.3 供暖系统工作压力：循环水泵出口处工作压力 0.8MPa，户内供暖管道工作压力 0.7MPa。

4. 供暖系统：采用共用立管异程式分户独立系统形式。分户计量，采用分户独立温控；室内为机械循环热水供暖系统。

5. 热力入口：住宅按单元设置热力入口，入口装置均安装在地下一层专用热力小室内。供暖热力入口处设热量表、控制阀门、过滤器、温度表、压力表、平衡阀等装置。热力入口处的 Y 形过滤器要求滤芯材料为不锈钢丝网，第一级为 3mm 孔径的粗过滤器，第二级为 60 目的精过滤器，局部阻力系数不大于 2.0；供暖设施阀件的公称压力均为 1.6MPa。

6. 分户温控：采用单组分配器整体温控方式，每户地暖分配器供水管上安装自动温控阀，温控器及温控面板距地面 1.3m，具体位置见电气图纸。

7. 热计量装置：本工程采用楼前热量表作为贸易结算热量表。

8. 当供暖管道利用自然补偿不能满足要求时，应设置补偿器。

五、抗震设计

1. 本工程抗震设防烈度为 6 度，本建筑按重点设防类（标准类）设防。

2. 根据《建筑与市政工程抗震通用规范》GB 55002—2021 第 5.1.12 条规定：建筑的非结构构件及附属机电设备，其自身及与结构主体的连接，应进行抗震设防。建筑附属机电设备指为建筑使用功能服务的附属机械、电气构件、部件和系统，包括管道系统、采暖和空气调节系统、消防系统等；本项目所有直径大于 0.7m 的圆形风管系统、截面积大于 0.38m² 的矩形风管、公称直径不小于 DN65 的水管均应设抗震支吊架。

六、节能专篇

1. 设计依据

《建筑节能工程施工质量验收标准》GB 50411—2019

《严寒和寒冷地区居住建筑节能设计标准》JGJ 26—2018

《河南省居住建筑节能设计标准（寒冷地区 65%+）》DBJ41/062—2017

2. 严格执行国家相关节能规范，从建筑设计上满足建筑的保温隔热性能达到节能要求指标。

3. 供暖热源采用城市区域供热，供暖系统采用集中供暖并按连续供暖设计。

4. 供暖系统采用适于计量的共用立管的分户独立循环双管系统，户内系统采用低温热水地面辐射供暖系统，用于热量结算的热量表采用超声波热量表，采用户用热量表作为热量分配装置。

5. 地面辐射供暖系统设置户温自动调控装置，主要房间为独立环路，各环路供回水支管均设置阀门便于调节与控制。

6. 所有暖通设备均采用高效节能产品，并合理布置风管水管，减少管道阻力损失。

7. 围护结构传热系数均小于《严寒和寒冷地区居住建筑节能设计标准》规定的限值。

8. 供暖系统总热负荷为 54.0kW，单位建筑面积供暖热指标为 29.5W/m²。

采暖工程施工说明

0. 总则

0.1 本说明与施工图纸同样有效，是施工安装的依据性文件；若与施工图纸有矛盾，以施工图纸为准。

0.2 修改施工图纸及说明必须有设计单位的设计更改通知单或技术认可签证。

0.3 施工单位除严格执行上述现行规范、标准外，尚应有效履行国务院《建设工程质量管理条例》及《建设工程安全生产管理条例》有关内容。

0.4 地板辐射供暖工程应由专业公司施工，未述及的施工安装要求，应严格按现行相关国家规范及标准施工。

0.5 图纸中标高以 m 计，长度和管径以 mm 计。矩形风管标高指管顶标高，圆形风管及水管标高指管中心。FL+表示为距本层建筑完成面的标高，H+表示为距本层结构板的标高。

1. 管材

1.1 本工程进热力小室以前二次网管道：公称直径≤DN200 采用无缝钢管，公称直径>DN200 采用螺旋焊钢管。出热力小室以后管道：公称直径≤DN40 时采用热镀锌钢管螺纹连接，连接时破坏的镀锌层表面及外露部分应做防腐处理；公称直径>DN40 时，采用无缝钢管焊接。

1.2 地板辐射加热管采用耐热聚乙烯（PE-RT）管，管材使用条件级别为 4 级，管系列 S4，管径均为 De20×2.3。管道布置间距见平面图。埋设于填充层内的加热管不应有接头，一个环路一根管材。加热管与分配器的连接采用夹紧式连接，连接件本体为锻造黄铜。

×××设计研究院有限公司			资质等级		证书编号	
			工程名称	××小区 1 期工程		
			子项名称	3 号住宅楼	合同编号	
审 定		专 业 负责人			设计编号	
审 核		校 对		采暖工程设计说明（二） 采暖工程施工说明（一）	图 别	暖通
项 目 负责人		设 计			图 号	暖施-02
		制 图			日 期	2023.12

1.3 水暖井至户内分配器之间的入户埋地管道均采用耐热聚乙烯（PE-RT）管材，使用条件级别为 4 级，管系列 S4，管径为 De25×2.8、De32×3.6，热熔连接。

1.4 用于户内的供暖塑料管应能保证在热水的设计温度及工作压力下，使用寿命不低于50 年。

2. 阀门的选择

热力站入口主管道和分支管道上应设置阀门。蒸汽管道减压减温装置后应设置安全阀。热水供热管道输送干线应设置分段阀门；除设备房外，采暖系统中的关闭阀门，DN50 及以下采用铜球阀，DN50 以上采用焊接球阀，地埋部分必须采用焊接球阀。阀门承压能力不小于 1.6MPa，一次网阀门耐温≥130℃。

3. 加热管的敷设要求

3.1 地板辐射供暖管道安装时，环境温度不宜低于 5℃。

3.2 加热管安装时应禁止拧劲，进行弯管时，塑料管圆弧的顶端应加以限制（顶住）防止出现死折；加热管敷设时曲率半径不宜小于 8 倍管外径，同时不大于 11 倍管外径。

3.3 加热管的敷设间距，应严格遵守设计规定，安装误差不应大于 10mm，敷设加热管时，管道必须固定；直管段固定点间距宜为 0.5~0.7m，弯曲管段固定点间距宜为 0.2~0.3m。

3.4 加热管始末端出地面至连配件的明装管段应设置在聚氯乙烯（PVC）套管内，套管应高出装饰面 150~200mm。在分集水器附近及其他局部加热管排列比较密集的部位，当管间距小于100mm 时，加热管外部采取设置柔性套管等保温措施。

3.5 管井至户内分集水器之间的埋地管做法见 12YN1 第 56 页做法二。

3.6 加热管在卫生间过门处设置止水墙。止水墙做法详见 12K404 第 19 页。

4. 分水器、集水器宜在加热敷设之前进行安装。水平安装时，宜将分水器安装在上，集水器安装在下，中心距宜为 200mm，集水器中心距地面不应小于 300mm。

5. 地面绝热层要求

5.1 加热管道敷设在贴有铝箔的聚苯乙烯泡沫塑料板上，铝箔面朝上，保温板上铺设钢丝网。管道采用扎带与钢丝网固定。系统与外墙接触时设 20mm 厚的边界保温带。铺设保温板时要求地面平整，在潮湿房间（卫生间、浴室等）敷设地板辐射供暖系统时，加热管覆盖层上应做防水层。地面辐射供暖工程施工过程中，严禁人员踩踏加热管。

5.2 本工程中采用的聚苯乙烯泡沫塑料主要技术指标应符合相关规定。

5.3 本工程中采用的聚苯乙烯泡沫塑料的厚度应符合以下规定：楼层之间楼板上的绝热层≥20mm；与土壤或者不供暖地下室相邻的楼板上的绝热层≥30mm；与室外空气相邻的楼板上的绝热层≥40mm。

5.4 地面构造（自上而下）：钢筋混凝土楼板、绝热层、钢丝网、加热盘管、豆石混凝土填充层、水泥砂浆找平层、地板面层。加热盘管用尼龙扎带固定在钢丝网上，钢丝网规格要求网格间距不大于 150×100，钢丝直径不低于 φ2mm。

5.5 与土壤相邻的地面，必须设绝热层，且绝热层下部必须设置防潮层。直接与室外空气相邻的楼板，必须设绝热层，卫生间、浴室等潮湿房间，在填充层上部应设置隔离层。

6. 在地面面积超过 30m² 或边长超过 6m 及各房间门口处，应按不大于 6m 间距设置伸缩缝，

伸缩缝宽度不应小于 8mm，伸缩缝宜采用高发泡聚乙烯泡沫塑料或内填弹性膨胀膏。在与内外墙、柱等垂直构件交接处留不间断伸缩缝，伸缩缝填充材料采用搭接方式连接，搭接宽度不应小于10mm，伸缩缝做法详见 12K404 第 21、23 页。穿墙或穿过膨胀缝处盘管加聚乙烯波纹套管（长500mm），与分配器连接处盘管间距<100mm 时加设 φ25 聚乙烯波纹套管。

7. 加热盘管的环路布置不宜穿越填充层内的伸缩缝，必须穿越时，伸缩缝处应设长度不小于200mm 的柔性套管，埋于填充层内的加热盘管不应有接头。

8. 试压

8.1 本工程供暖系统最低点工作压力 0.8MPa；户内供暖管道工作压力 0.7MPa。

8.2 系统管道试压：供暖系统安装完毕，管道保温之前应进行水压试验。系统的试验压力为1.0MPa。在十分钟内压力下降不超过 0.02MPa，降至工作压力后检查，不渗不漏为合格。

8.3 户内埋地盘管及立管至户内分集水器之间的管道在管道隐蔽前和填充层养护期满后进行两次水压试验，应以每组分集水器为单位，逐个回路进行。试验压力为 1.05MPa，稳压 1h 内压力下降不超过 0.05MPa，且各连接处不渗不漏为合格。

9. 系统试压合格后，应对系统进行冲洗并清扫过滤器及除污器。室内供暖管道冲洗应在分集水器以外主供回水管道冲洗合格后再进行。

10. 系统冲洗完毕应充水、加热，进行试运行和调试；地面辐射供暖系统未经调试，严禁进行使用。

11. 初始加热时，热水升温应平缓，供水温度应控制在比当时环境温度高 10℃，且不应高于32℃，并连续运行 48h，以后每隔 24h 水温升高 3℃，直至达到设计供水温度。在此温度下应对每组分水器、集水器连接的加热管逐路进行调节，直至达到设计要求。

12. 原则上，管道穿剪力墙、梁、防火墙及楼板处应加焊接钢套管，其管径比主管大两号。管道穿填充墙处应加塑料套管，其管径比主管大两号。安装在楼板内的套管，其顶部应高出装饰地面20mm；安装在卫生间及厨房内的套管，其顶部应高出装饰地面 50mm，底部应与楼板底面相平；安装在墙壁内的套管，其两端与饰面相平。穿过楼板的套管与管道之间缝隙应用阻燃密实材料和防水油膏填实，端面光滑。穿墙套管与管道之间缝隙宜用阻燃密实材料填实，且端面应光滑。管道的接口不得设在套管内；管道穿墙时套管必须在土建施工时预留。

13. 室外供热管沟不应直接与建筑物连通。管沟敷设的供热管道进入建筑物或穿过构筑物时，管道穿墙处应设置套管，保温结构应完整，套管与供热管道的间隙应封堵严密。

14. 管道上必须配备必要的支吊架。室内管道支吊架间距、形式、用料规格详见 05R417-1；具体形式由安装单位根据现场具体情况确定。立管支吊架位置：层高小于 5m 时，每层设一个；层高大于 5m 时，每层不得少于两个。

15. 供暖立管如果需要设置补偿器时，管道上应安装防止管道失衡的导向支架，设置原则详见《全国民用建筑工程设计技术措施-暖通空调·动力》第 49 页及 01R415 第 25 页。补偿器要求采用316 不锈钢。

16. 供暖管道穿人防工程时，防护密闭套管及穿越处阀门施工详见 12YN1 第 238 页。

17. 水暖井在每层楼板处孔隙采用不低于楼板耐火极限的不燃材料或防火封堵材料封堵，水暖井与房间、走道等相通的孔隙采用防火封堵材料封堵。

×××设计研究院有限公司		资质等级		证书编号	
		工程名称	××小区 1 期工程		
审　定		专　业 负责人		子项名称	3 号住宅楼	合同编号	
						设计编号	
审　核		校　对		采暖工程施工说明（二）		图　别	暖通
项　目 负责人		设　计				图　号	暖施-03
		制　图				日　期	2023.12

附图 52　采暖工程施工说明（二）

18. 防腐、保温

18.1 防腐工程施工需在水管强度试验及风、水管气密性试验合格后进行，而保温工程在防腐后进行。

18.2 所有金属管道、管件均应做防腐处理，在涂刷底漆前必须清除表面的灰尘污垢锈斑焊渣等物。经除锈处理后刷防锈底漆两遍；对于非保温的明装金属管道、管件及所有支架，应先刷防锈底漆两遍，再刷耐热色漆或银粉漆两遍。支架为热镀锌材质，不刷漆，焊接破损处刷红丹防锈漆两道，银粉漆两遍。

19. 辐射供暖系统的试运行调试，应在施工完毕且养护期满后，且具备正常供暖的条件下，由施工单位在建设单位配合下进行。

20. 在供热前必须对系统进行水力平衡调试，调试可由当地供热部门承认并具有资质的单位进行，主要是调整各楼栋热力入口处的静态平衡阀和自力式压差平衡阀，使之满足每栋建筑供回水管设计流量和压差值，并出示调试报告后方可正式供热。

主要设备材料表

序号	名称	型号及规格	单位	数量	备注
1	钢制法兰球阀	DN32	个	详图	
2	静态平衡阀	DN32	个	详图	
		DN80	个	详图	
3	锁闭阀	DN25	个	详图	
4	静态平衡阀	DN25（数字锁定）	个	详图	
5	组合式热量表	公称流量 0.5m/h³	个	详图	
6	测温球阀	热量表配套 DN25	个	详图	
7	活接球阀	DN25	个	详图	
8	自动排气阀	E121 DN20	个	详图	
9	Y 形过滤器（60目）	DN80	个	详图	
		DN25	个	详图	
	Y 形过滤器（孔径 3mm）	DN25	个	详图	
10	温度计	0~100℃	个	详图	
11	压力表	0~2.0MPa	个	详图	
12	超声波热量表	公称流量 10.9m³/h,工作压力 1.6MPa	套	详图	
13	球阀	DN80	个	详图	
		DN40	个	详图	
		DN32	个	详图	

×××设计研究院有限公司		资质等级		证书编号	
		工程名称	××小区 1 期工程		
审 定		专 业 负责人		子项名称	3 号住宅楼	合同编号	
					设计编号	
审 核		校 对		采暖工程施工说明（三） 主要设备材料表	图 别	暖通
项 目 负责人		设 计			图 号	暖施-04
		制 图			日 期	2023.12

附图 53 采暖工程施工说明（三） 主要设备材料表

通风空调设计说明

一、空调设计

住宅、物管用房设分体空调，由建筑专业预留室外机、室内机安装位置及穿墙套管，电气专业预留分体空调电量及插座，给排水专业预留冷凝水立管及排放接驳口，设备由业主自理。

二、通风系统

1. 住户的厨房由土建专业设置成品厨房用防倒流式变压式排风道，利用抽油烟机排除厨房油烟，抽油烟机由用户自备，利用门窗进行补风。

2. 无外窗卫生间由建筑专业设防止回流措施的排气道，电气专业预留插座，通风设施由用户自行考虑；住宅有外窗卫生间采用自然通风。建筑专业在外墙预留排气口，后期排气扇业主自理；同时电气专业预留排气扇插座。

3. 进线间、电信间设机械排风系统，换气次数为 6 次/h。

4. 电梯机房设机械排风系统，换气次数为 15 次/h。

5. 地下工具间排气扇安装由用户自理。

三、防排烟系统

1. 防烟设计

1.1 本工程地上楼梯为开敞楼梯间。

1.2 本项目地下封闭楼梯间不与地上楼梯共用且地下仅为一层，有直通室外的疏散门。

1.3 自然通风的可开启外窗均能方便直接开启，设置在高处不便于直接开启的可开启外窗在距地面高度为 1.3~1.5m 的位置设置手动开启装置。

2. 排烟设计

2.1 本项目建筑面积大于 $100m^2$ 的商业用房、物管办公等房间均有可开启外窗，位于储烟仓内的可开启外窗面积大于房间面积的 2%，且可开启外窗布置分散均匀，距该防烟分区最远点的水平距离不超过 30m，采用自然排烟。

2.2 本项目空间净高大于 6m 的场所，其每个防烟分区排烟量应根据场所内的热释放速率以及《建筑防烟排烟系统技术标准》GB 51251—2017 第 4.6.6 条~第 4.6.13 条的规定计算确定，且不应小于 GB 51251—2017 中表格的数值，或设置自然排烟窗（口），其所需有效排烟面积应根据 GB 51251—2017 中表格数据及自然排烟窗（口）处风速计算。

2.3 设置机械排烟系统的场所应结合该场所的空间特性和功能分区划分防烟分区。防烟分区及其分隔应满足有效蓄积烟气和阻止烟气向相邻防烟分区蔓延的要求；本项目防烟分区根据下表要求进行划分：

空间净高 H/m	最大允许面积/m^2	长边最大允许长度/m
$H \leq 3.0$	500	24
$3.0 < H \leq 6.0$	1000	36
$H > 6.0$	2000	60m，具有自然对流条件，不应大于 75m

防烟分区利用挡烟垂壁、结构梁及隔墙等进行分隔，挡烟分隔设施的深度均不小于排烟空间储烟仓厚度。当采用自然排烟方式时，储烟仓的厚度不应小于空间净高的 20%，当采用机械排烟时，

不应小于空间净高的 10%，两种排烟方式储烟仓的厚度均不应小于 500mm。所有敞开楼梯和自动扶梯穿越楼板的开口部位均设置挡烟垂壁。

2.4 无吊顶防烟分区采用固定挡烟垂壁划分，挡烟垂壁采用防火玻璃，其性能应符合 GB 15763.1—2009 的规定，挡烟垂壁应设置永久性标牌，标牌应牢固，标识内容清楚，挡烟垂壁的单节宽度不应大于 2000mm，组装、拼接或连接应牢固，挡烟垂壁部件在（200±15）℃、（25±5）Pa 压差时的漏烟量不应大于 $25m^3/(m^2 \cdot h)$，挡烟垂壁在（620±20）℃温度下保持 30min，其完整性不应破坏。

2.5 排烟窗采用有利于烟气排出的开启形式，高位窗在距地 1.3~1.5m 处设置手动开启装置。

四、通风及防排烟系统的防火技术措施

1. 通风、空调系统的风管等，采用不燃材料制作；风管和设备的保温材料、消声材料和黏结剂采用不燃材料制作。

2. 通风和空气调节系统的管道、防烟与排烟系统的管道穿过防火墙、防火隔墙、楼板、建筑变形缝处，建筑内未按防火分区独立设置的通风和空气调节系统中的竖向风管与每层水平风管交接的水平管段处，均应采取防止火灾通过管道蔓延至其他防火分区的措施，措施如下：

2.1 下列情况之一的通风、空调及排烟系统的风管上应设置 70℃ 防火阀：

2.1.1 穿越防火分区处。

2.1.2 穿越通风、空气调节机房的房间隔墙和楼板处。

2.1.3 穿越重要或火灾危险性大的场所的房间隔墙和楼板处。

2.1.4 穿越防火分隔处的变形缝两侧。

2.1.5 竖向风管与每层水平风管交接处的水平管段上。

2.1.6 排油烟系统的风管在上述部位应设置公称动作温度为 150℃ 的防火阀。

2.2 下列部位应设置排烟防火阀，排烟防火阀应具有在 280℃ 时自行关闭和联锁关闭相应排烟风机、补风机的功能：

2.2.1 垂直主排烟管道与每层水平排烟管道连接处的水平管段上。

2.2.2 一个排烟系统负担多个防烟分区的排烟支管上。

2.2.3 排烟风机入口处。

2.2.4 排烟管道穿越防火分区处。

3. 机械加压送风管道的设置和耐火极限应符合下列要求：风管耐火极限做法见 22K311-5 第 73 页。

4. 排烟管道的设置和耐火极限应符合下列要求：风管耐火极限做法参照 22K311-5 第 73 页。

5. 补风管道的耐火极限不低于 0.5h，当补风管跨越防火分区时耐火极限不低于 1.5h。

6. 送风管道、排烟管道的耐火极限应按照《通风管道耐火试验方法》GB/T 17428—2009 的测试方法判定，当耐火完整性和耐火隔热性同时符合规范要求时为合格。

五、通风、防排烟系统自动控制

1. 机械加压送风系统应与火灾自动报警系统联动，并应能在防火分区内的火灾信号确认后 15s 内联动，同时开启该防火分区的全部疏散楼梯间、该防火分区所在着火层、相邻上下各一层疏散楼梯间及其前室或合用前室的常闭加压送风口和加压送风机。

2. 加压送风机、排烟风机、补风机应具有现场手动启动、与火灾自动报警系统联动启动和在消防控制室手动启动的功能。当系统中任一常闭加压送风口开启时，相应的加压风机均应能联动启动；当任一排烟阀或排烟口开启时，相应的排烟风机、补风机均应能联动启动。

×××设计研究院有限公司		资质等级		证书编号	
		工程名称	××小区 1 期工程		
审 定		专 业 负责人		子项名称	3 号住宅楼	合同编号	
审 核		校 对				设计编号	
项 目 负责人		设 计		通风空调设计说明（一）	图 别	暖通
		制 图			图 号	暖施-05
					日 期	2023.12

3. 当火灾确认后，火灾自动报警系统应在 15s 内联动相应防烟分区的全部活动挡烟垂壁，60s 内挡烟垂壁开启到位。

4. 当火灾确认后，与火灾自动报警系统联动的自动排烟窗应在 60s 内或小于烟气充满储烟仓的时间内开启完毕。

5. 消防控制设备应显示防排烟系统的送风机、排风机、补风机、阀门等设施启闭状态。

6. 电动防排烟风口、电动排烟窗应有就地操作功能。

六、抗震设计

1. 本工程抗震设防烈度为 6 度，本建筑按重点设防类（标准类）设防。

2. 城镇给水排水和燃气热力工程中，管道穿过建（构）筑物的墙体或基础时，应符合下列规定：

2.1 在穿管的墙体或基础上设置套管，穿管与套管之间的间隙应用柔性防腐、防水材料密封。

2.2 当穿越的管道与墙体或基础嵌固时，应在穿越的管道上就近设置柔性连接装置。

3. 建筑附属机电设备不应设置在可能致使其功能障碍等二次灾害的部位；设防地震下需要连续工作的附属设备，应设置在建筑结构地震反应较小的部位。

4. 管道、电缆、通风管和设备的洞口设置，应减少对主要承重结构构件的削弱；洞口边缘应有补强措施。管道和设备与建筑结构的连接，应具有足够的变形能力，以满足相对位移的需要。

5. 建筑附属机电设备的基座或支架，以及相关连接件和锚固件应具有足够的刚度和强度，应能将设备承受的地震作用全部传递到建筑结构上。建筑结构中，用以固定建筑附属机电设备预埋件、锚固件的部位，应采取加强措施，以承受附属机电设备传给主体结构的地震作用。

6. 所有抗震支吊架产品需通过 FM 认证，由建设方委托专业公司二次深化设计，深化设计文件需提交原主体设计单位审核确认后方可实施。

七、节能专篇

1. 设计依据

《建筑节能工程施工质量验收标准》 GB 50411—2019

《严寒和寒冷地区居住建筑节能设计标准》 JGJ 26—2018

《河南省居住建筑节能设计标准（寒冷地区 65%+）》 DBJ41/062—2017

2. 严格执行国家相关节能规范，从建筑设计上满足建筑的保温隔热性能达到节能要求指标。

3. 供暖热源采用城市区域供热，供暖系统采用集中供暖并按连续供暖设计。

4. 供暖系统采用适于计量的共用立管的分户独立循环双管系统，户内系统采用低温热水地面辐射供暖系统，用于热量结算的热量表采用超声波热量表，采用户用热量表作为热量分配装置。

5. 地面辐射供暖系统设置户温自动调控装置，主要房间为独立环路，各环路供回水支管均设置阀门便于调节与控制。

6. 居住建筑宜采用自然通风方式满足热舒适及空气质量要求，当自然通风不能满足要求时，可辅以机械通风。通风设备应采用符合国家现行标准规定的节能型产品。住宅业主自行选用及电梯机房配置的房间空调器应满足《房间空气调节器能效限定值及能效等级》 GB 21455—2019 的要求，本工程采用分散式房间空调器进行空调时，除严寒地区外，采用房间空气调节器的全年性能系数（APF）和制冷季节能效比（SEER）不小于下表的规定：

热泵型房间空气调节器能效等级指标值

额定制冷量 CC/kW	热泵型房间空调器全年性能系数 APF	单冷式房间空调器制冷季节能效比 SEER
CC ≤ 4.5	4.00	5.00
4.5 < CC ≤ 7.1	3.50	4.40
7.1 < CC ≤ 14.0	3.30	4.00

7. 风机效率不低于《通风机能效限定值及能效等级》 GB 19761—2020 规定的 2 级能效；循环水泵效率不低于《清水离心泵能效限定值及节能评价值》 GB 19762—2007 规定的节能评价值。

8. 普通机械通风系统单位风量耗功率 W_s 均不大于 0.27 W/(m³·h)，满足节能要求。

9. 严格执行国家相关节能规范，从建筑设计上满足建筑的保温隔热性能达到节能要求指标。

八、环保设计

1. 悬吊安装电动设备均采用减振弹簧支吊架；电动设备落地安装时，转速小于等于 1500 转/分的设备采用弹簧减震器，转速大于 1500 转/分的设备采用弹簧减振座或橡胶减震器，并由设计院认可。

2. 餐厅厨房油烟及空调室外机排风应避免向行人通过区域排热与排风，应采取合理布局、隔离或处理措施，或采取高位排放等措施避免对行人产生不利影响。

3. 选用高效、低噪声、低振动的设备。

4. 对于噪声要求较高的房间，选用超低噪声设备或采取消声器等降噪措施，使其满足使用要求。

5. 通风设备机房、设备夹层均由土建专业隔声降噪处理，机房采用防火隔声门。

6. 通风设备进出口设柔性不燃材料制作的软接头。

7. 厨房油烟井设排风竖井，屋顶或裙楼屋面排放，排放口与周边建筑的距离须满足当地环保要求。

8. 新风取风口、室外排风口、隔墙设置的联通管等设置防鼠防虫网。

九、卫生防疫设计

1. 卫生间、地下室房间等设置机械通风系统，确保房间空气清新，且杜绝空气的交叉污染。

2. 厨房油烟井设排风竖井，屋面排放，排放口与周边建筑的距离须满足当地环保要求。

3. 空调冷凝水设专用排水立管，集中排放。

4. 外墙排风口均设防虫网，采用 10 目金属网格。

十、绿建专篇

绿色建筑设计详见绿色居住建筑施工图设计说明专篇。

十一、节能运行及维护设计

1. 需要定期对过滤器、换热表面等影响设备及系统能效的设备及部件进行检查和清洗。

2. 对设备及管道绝热设施定期进行维护和检查。

3. 对自动控制系统的传感器、变送器、调节器和执行器等基本元件进行日常维护保养，并应按工况变化调整控制模式和设定参数。

×××设计研究院有限公司			资质等级		证书编号	
			工程名称	××小区 1 期工程		
			子项名称	3 号住宅楼	合同编号	
审 定		专 业负 责 人			设计编号	
审 核		校 对		通风空调设计说明（二）	图 别	暖通
项 目负责人		设 计			图 号	暖施-06
		制 图			日 期	2023.12

通风空调施工说明

一、风管系统安装

1. 管材及连接

1.1 空调、通风工程风管除特别说明外，均用镀锌钢板制作，角钢法兰连接，其厚度按下表选用。

风管大边长 b 或直径 D/mm	钢板厚度/mm				连接方式	矩形风管法兰 /mm	圆形风管法兰 /mm
	微压、低压系统风管	中压系统风管		高压系统风管			
		圆形风管	矩形风管				
$D(b)\leqslant320$	0.50	0.50	0.50	0.75	插接（适用于微、低压风管） 立咬口（适用于微、低、中压矩形风管） 角钢法兰连接（适用于微、低、中、高压风管）	L25×3	L25×3
$320<D(b)\leqslant450$	0.50	0.60	0.60	0.75		L25×3	L25×3
$450<D(b)\leqslant630$	0.60	0.75	0.75	1.00	薄钢板法兰连接（适用于微、低、中压矩形风管） 角钢法兰连接（适用于微、低、中、高压风管）	L30×3	L30×4
$630<D(b)\leqslant1000$	0.75	0.75	0.75	1.00			
$1000<D(b)\leqslant1250$	1.00	1.00	1.00	1.20			
$1250<D(b)\leqslant1500$	1.00	1.00	1.00	1.20			L40×4
$1500<D(b)\leqslant2000$	1.00	1.20	1.20	1.50		L40×4	
$2000<D(b)\leqslant4000$	1.20	1.20	1.20	1.50	角钢法兰连接	L50×5	L50×5

注：本工程通风按中、低压系统选用，防排烟系统风管钢板厚度按高压系统。低压系统：$P\leqslant500Pa$，中压系统：$500Pa<P\leqslant1500Pa$，高压系统：$P>1500Pa$。

1.2 防排烟土建竖井内均应设置 2mm 厚热镀锌钢板风道，焊接连接；风井周围隔墙均为结构剪力墙时，钢板风道应在土建施工时同步安装。

1.3 防火风管的本体、框架与固定材料、密封垫料等必须采用不燃材料，防火风管的耐火极限时间应符合系统防火设计的规定。

1.4 一般风管法兰间采用厚 5mm 闭孔海绵橡胶带密封。风管上的可拆卸接口，不得设置在墙体或楼板内。

排烟系统及其与通风空调系统合用风管应采用角钢法兰连接，法兰间垫片采用厚度为 5mm 的橡胶石棉板。

1.5 专门用于防排烟系统的风机、管道系统上不宜设置任何软接管，当防排烟系统与平时通风系统合用时，应在风机接口设不燃 A1 级的软接头，必须保证在 280℃能连续工作 30min。

2. 风管加固要求

2.1 风管可采用管内或管外加固、管壁压制加强筋等形式进行加固。矩形风管加固件宜采用角钢、轻钢型材或钢板折叠；圆形风管加固件应采用角钢。

2.2 矩形风管长边大于或等于 630mm，保温风管长边大于或等于 800mm 均应采用加固措施；管段长度大于 1250mm 或低压风管单边面积大于 1.2m²，中、高压风管单边面积大于 1.0m² 时，均应采取加固措施。长边大于或等于 800mm 的风管宜采用压筋加固。长边在 400~630mm 之间，长度

小于 1000mm 的风管也可采用压制十字交叉筋的方式加固。

2.3 圆形风管（不包括螺旋风管）直径大于或等于 800mm，其管段长度大于 1250mm 或总面积大于 4m² 时，均应采用加固措施。

2.4 中、高压风管的管段长度大于 1250mm 时，应采用加固框的形式加固。高压风管的单咬口缝应有防止交口膨胀裂的加固措施。

3. 风管支吊架

3.1 所有水平或垂直的风管，应配置必要的支吊架，材质选用热镀锌管。支吊架应固定在可靠的建筑结构上，满足承重要求。支吊架的形式和具体位置由安装单位根据牢固、可靠的原则结合现场实际情况依据 19K112 选择确定。

3.2 边长（直径）≥630mm 的防火阀、边长（直径）>1250mm 的弯头、三通等部位应设置独立支吊架。

3.3 金属风管支吊架的间距应符合要求：直径或长边尺寸≤400mm 的水平风管，间距不应大于 4.0m；直径或长边尺寸>400mm 时，间距不应大于 3.0m；薄钢板法兰风管的支吊架间距不应大于 3m。垂直安装时设置两个固定点，间距≤4.0m。柔性风管支吊架最大间距不大于 1.5m。悬吊的水平主干风管直线长度大于 20m 时，应设置防晃支架或防止摆动的固定点。

4. 风管安装

4.1 排除、输送有燃烧或爆炸危险混合物的通风设备和风管（包括法兰跨接），均应采取防静电接地措施（详见电专业说明），且不应采用容易聚静电的绝缘材料制作。

4.2 风井内设置加压送风管道、排烟管道、空调通风管道时，风井土建墙体应在风管安装完成后砌筑。

4.3 风管穿越墙体时应预留洞，预留洞尺寸为风管尺寸加 100mm。除注明者外，预留洞洞顶或套管管顶贴梁底。

4.4 可燃气体和甲乙丙类液体的管道严禁穿过防火墙，其他管道确需穿过时，应采用防火封堵材料将墙与管道之间的空隙紧密填实。

4.5 管道应在每层楼板处采用不低于楼板耐火极限的不燃材料或防火封堵材料封堵；管道井与房间、走道等相连通的空隙应采用防火封堵材料封堵。

4.6 风管防火保护措施

4.6.1 防烟、排烟、供暖、通风和空气调节系统中的管道，在风管穿过需要封闭的防火、防爆墙体或楼板时，设置厚度不小于 1.6mm 的钢制防护套管；在穿越防火隔墙、楼板和防火墙处的孔隙采用防火封堵材料封堵。所有通风、空调、排烟管道及设备均采用不燃材料制作；管道及设备的保温、隔热、消声材料，风管柔性接头均采用不燃材料制作。

4.6.2 风管穿过防火隔墙、楼板和防火墙处时，风管上的防火阀、排烟防火阀两侧各 2m 范围内的风管应采用防火风管，其耐火极限不应低于该防火分隔体的耐火极限。未设置在管井及机房内的加压送风管采用耐火极限不小于 1h 的防火风管。防火风管的本体、框架与固定材料、密封垫料必须为不燃材料。在防火阀两侧各 2m 范围内的风管及其绝热材料应采用不燃材料。防火风管的耐火极限时间应符合系统防火设计的规定。防火保护措施详见《防排烟系统设备及部件选用与安装》22K311-5。

4.7 在加工和安装风管时，施工安装单位应根据调试要求在风管的适当部位配置测定孔，测定孔应设置在不产生涡流区且便于测量和观察的部位。吊顶内的风管测定孔部位，应留有活动吊顶板或检查口。测定孔的加工制作方法见《风管测量孔和检查门》06K131。

×××设计研究院有限公司			资质等级		证书编号	
			工程名称	××小区1期工程		
审　定		专　业 负责人	子项名称	3号住宅楼	合同编号	
					设计编号	
审　核		校　对	通风空调施工说明（一）		图　别	暖通
项　目 负责人		设　计			图　号	暖施-07
		制　图			日　期	2023.12

附图 56　通风空调施工说明（一）

4.8 空调通风风管连接的密封材料采用阻燃密封胶带；厨房排油烟风管、防排烟系统风管应采用不燃材料。

4.9 非焊接形式的风管各管段间的连接，应采用可拆卸的形式，管段长度应保持1.8～4.0m。风管的可拆卸接口，不应设置于墙体或楼板结构内。

4.10 风管穿越建筑物变形缝空间时，应设置长度为200～300mm的柔性短管；风管穿越建筑物变形缝墙体时，应设置钢制套管，风管与套管之间采用柔性防水材料填塞密实，墙体两侧应设置150～200mm的柔性短管。

4.11 风管与通风机、组合式空调机组、单元式空调器等带振动的设备相连接时，应设置柔性软管；排烟或排烟兼排风系统的柔性软管，必须用硅玻钛金不燃材料制作。柔性软管不得强行对口连接，与其连接的风管应设置独立支架，且在柔性软管处的风管禁止变径。柔性短管长度150～300mm。

4.12 矩形风管一般应采用曲率半径为一个平面边长的内外同心弧形弯管。当采用其他形式的弯管，平面边长大于500mm时，必须设置弯管导流片。

4.13 设置在高低压配电房内的金属风管应采取防静电措施：在金属风道上焊接导线连接至房间内等电位联结端子板上。

4.14 风管安装完毕后，应进行强度及严密性测试，详见《通风与空调工程施工质量验收规范》GB 50243—2016附录C。

4.15 风管与砖、混凝土风道的连接接口，应顺着气流方向插入，并应采取密封措施。风管穿出屋面处应设置防雨装置，且不得渗漏。

4.16 通风管道应满足设计耐火极限要求，且需提供国家防火建筑材料质量监督检验中心出具的耐火性能的型式检测报告，耐火极限的判定应按照《通风管道耐火试验方法》GB/T 17428—2009的测试方法，当耐火完整性跟隔热性同时达到要求时，方能视作符合要求。

5 风口、风阀安装

5.1 除注明者外，所有通风口均采用钢制百叶风口；设置在外墙上的风口采用防雨风口。

5.2 当风管高度≤200mm时，可用单叶调节阀，风管高度>200mm时，均采用多叶调节阀；安装风量调节阀时，必须注意确保调节手柄位于方便操作的部位。

5.3 排烟系统中的风口、风阀、软连接等附件，必须采用防火材料，保证在280℃的条件下连续工作不少于30min。

5.4 防火阀、排烟阀、电动加压送风口、排烟口应符合有关消防要求规定，具备相应的产品合格证明文件。手动开启应灵活、关闭可靠严密，驱动装置动作应可靠，在最大工作压力下工作正常。

5.5 防火阀宜靠近防火分隔处设置，并宜设置在气流方向的上风侧；风管穿过空调、通风机房隔墙需要设置防火阀时，宜设在机房内侧；防火阀与防火隔墙的间距不宜大于200mm。

5.6 吊顶内安装的风阀，应在安装部位留有活动吊顶板或检查口。

5.7 常闭式多叶送风口、排烟口、排烟阀均应具备现场手动启动功能，当其设置在吊顶、侧墙且手动操作结构距地高度大于1.5m时，应设置远程钢缆手动启动装置，启动按钮就近设置，距地高度1.5m。

5.8 加压送风口高度详见平面图（常闭型执行机构位于百叶下方）。

5.9 边长（直径）大于或等于630mm的防火阀应设独立的支吊架；水平安装的边长（直径）大于200mm的风阀等部件与非金属风管连接时，应单独设置支吊架。

6 管道与设备防腐绝热

6.1 管道设备涂漆前应作除锈处理，使其被涂表面无污垢、油迹、水迹、锈斑、焊渣、毛刺，处理后的管道设备应刷红丹漆两遍。无防腐措施的管道、设备、支吊架等除锈、清洁（清除表面的灰尘、污垢、锈斑、焊渣等）后，刷防锈漆两道，非保温的明装管道、设备支吊架等再刷耐热色漆或银粉漆两道。

6.2 防腐工程施工需在水管强度试验及风、水管气密性试验合格后进行。保温工程在防腐后进行。

6.3 设备和风管的绝热材料、用于加湿器的加湿材料、消声材料及其黏结剂，均应采用不燃材料。

7. 消声与减震

7.1 防排烟风道、事故通风风道及相关设备应采用抗震支吊架。吊装重力大于1.8kN的风机等设备应采用抗震支吊架。

7.2 日常运行的安装在楼板上的风机、水泵等设备，应按设计图纸要求做好减振、隔振、防噪等措施。日常运行的吊装在楼板下的风机等设备，应设减振支吊架。

7.3 通风机进出风口处若设置消声静压箱，其做法如下：用1.2mm厚镀锌铁皮做外壳，内部粘贴50mm厚玻璃棉加玻璃布，再设一层穿孔率为30%、厚0.5mm的穿孔镀锌铁皮，穿孔孔径为φ3mm。穿孔板与箱壳间用间距0.5m、宽30mm、厚5mm的铝合金型材和自攻螺丝连接。

8 设备安装

8.1 通风设备应有装箱清单、设备说明书、产品质量合格证和产品性能检测报告等随机文件，进口设备还应有商检合格文件。建筑防排烟系统的设备，应选用符合国家现行有关标准和有关准入制度的产品。通风设备的安装，应严格按照制造厂安装说明书的要求进行，并全面检验其技术性能。通风空调设备的性能参数必须符合设计要求。设备基础必须待设备到货，并核对其型号、底座及地脚螺栓等有关尺寸是否与图纸符合；若与图纸不符，则必须根据实际情况进行修改后才能确定是否进行浇灌。基础表面必须平整，平面找平误差应符合该设备的要求。

8.2 日常运行的安装在楼板上的风机、水泵等设备，应按设计图纸要求做好减振、隔振、防噪等措施。日常运行的吊装在楼板下的风机等设备，应设减振支吊架。

8.3 风机等电动设备均选用高效、低噪声设备。悬吊安装电动设备均采用减振弹簧支吊架。落地安装在楼板上的风机等设备，转速≤1500r/min时采用弹簧减震器，转速>1500r/min时采用橡胶减震器。防排烟风机应设在混凝土或钢架基础上，且不应设置减震装置；若排烟系统与通风空调系统共用且需要设置减震装置时，不应使用橡胶减震装置。减振设施由专业厂家计算确定，并获得设计院认可。

8.4 设在室外可遭雨淋的通风机，其电动机必须设防雨罩。通风机传动装置的外露部位以及直通大气的进、出口，必须装设防护罩（网）或采取其他安全设施。防护网采用直径1.2mm、网孔为10mm×10mm的镀锌铁丝网。防雨百叶面积遮挡系数应≤0.5。

8.5 排烟风机应保证在280℃时能连续工作30min。

8.6 设备混凝土基础的标号，具体以土建施工图纸为准。其中地脚螺栓预留孔灌注混凝土标号，应不低于C25。

×××设计研究院有限公司		资质等级		证书编号	
		工程名称	××小区1期工程		
审 定		子项名称	3号住宅楼	合同编号	
	专业负责人			设计编号	
审 核	校 对	通风空调施工说明（二）		图 别	暖通
项 目负责人	设 计			图 号	暖施-08
	制 图			日 期	2023.12

8.7 设备及配件采购应由业主或业主委托的单位经招标确定。负责订货者应着重认定其产品质量、控制、检测手段是否科学、完善，是否符合国家（省、部）标准及厂标要求。进口设备应查核其生产标准要求。对特殊产品，如消防设备及配件，还应经消防安全主管部门的认可。设计图所选用的设备及配件，仅表示设计选用型号或设定型号，不代表最终所用设备的采购型号。由于通风空调设备多属非标设备，因此在基本规格和性能参数相一致时，可按此规格和性能参数要求进行采购。

二、消防设施要求

1. 消防设施的施工现场应满足施工的要求。消防设施的安装过程应进行质量控制，每道工序结束后应进行质量检查。隐蔽工程在隐蔽前应进行验收；其他工程在施工完成后，应对其安装质量、系统与设备的功能进行检查、测试。

2. 消防设施的安装工程应进行工程质量和消防设施功能验收，验收结果应有明确的合格与不合格的结论。

3. 消防设施施工、验收过程应有相应的记录，并应存档。

4. 消防设施投入使用后，应定期进行巡查、检查和维护，并应保证其处于正常运行或工作状态，不应擅自关停、拆改或移动。超过有效期的灭火介质、消防设施或经检验不符合继续使用要求的管道、组件和压力容器不应使用。

5. 消防设施上或附近应设置区别于环境的明显标识，说明文字应准确、清楚且易于识别，颜色、符号或标志应规范。手动操作按钮等装置处应采取防止误操作或被损坏的防护措施。

三、其他

1. 所有设备基础待设备订货核对尺寸后再施工。

2. 土建施工时，应结合本设计图，及时做好预留预埋工作。土建风道应内壁光滑，封堵严密，净尺寸满足设计要求。

3. 设备管道安装时，安装公司应统筹考虑设备专业各种设备管道安装的施工方案，遵循有压管让无压管、小管让大管、先上后下、先里后外的原则。因受机房尺寸限制，安装困难的部分机房及设置风管的管道井，需待设备管道安装就位后再行砌筑机房或管道井隔墙。图中管道、设备及风口位置可根据现场实际情况作适当调整。

4. 各类管道穿过防火墙、防火隔墙、竖井井壁、建筑变形缝处和楼板处的孔隙应采取防火封堵措施。防火封堵组件的耐火性能不应低于防火分隔部位的耐火性能要求。

5. 当建筑物上设置暖通空调设备等附属构件或设施时，应采取防止构件或设施坠落的安全防护措施，并应满足建筑结构及其他相应的安全性要求。

6. 除通风管道井、送风管道井、排烟管道井、必须通风的燃气管道竖井及其他有特殊要求的竖井可不在层间的楼板处分隔外，其他竖井应在每层楼板处采取防火分隔措施，且防火分隔组件的耐火性能不应低于楼板的耐火性能。

7. 本项目留洞应认真核对、校正安装所需的土建基础、预埋件和预留孔洞。风管预留洞尺寸为风管宽高+100mm；风口预留洞尺寸为风口长宽+50mm。

8. 防烟、排烟系统中的送风口、排烟口、排烟防火阀、送风机、排烟风机、固定窗等应设置明显永久标识。

9. 设备的安装和试车除应遵守规范的规定外，还应遵守各厂商提供的该设备技术文件上的各项要求和规定。

10. 通风系统安装完毕，应对系统进行调试，调试合格且各项记录文件齐全方可投入使用。防排烟系统竣工后，应进行工程验收，验收不合格不得投入使用。

11. 通风机传动装置的外漏部分和直通室外的进、出风口，必须装设防护罩、防护网或采取其他防护措施。

12. 其他各项施工要求，图中未说明部分应严格按照《通风与空调工程施工质量验收规范》GB 50243—2016中的有关规定执行。

13. 土建施工时，所有出地面风井均内衬镀锌铁皮。

14. 土建竖井内设置金属风管时，为减少风管安装难度，同时减少土建风井尺寸，应采用后砌墙体，图纸上应注明该墙体应在设备专业风管安装完成后砌筑。竖井内设置金属风管的施工顺序应为：钢筋混凝土墙、板→金属风管→建筑砖墙。

防火、排烟类阀门（风口）

图例	名称	备注
70℃	70℃防火阀	常开，70℃熔断关闭，手动复位
280℃	280℃防火阀	常开，280℃熔断关闭，手动复位
150℃	150℃防火调节阀	常开，150℃熔断关闭，带风量调节功能
70℃	70℃防火阀（联锁）	常开，70℃时熔断关闭，消防控制室显示阀门启闭状态，熔断关闭后输出电信号联锁关闭补风机
280℃	280℃排烟防火阀（联锁）	常开，消防控制室显示阀门启闭状态，280℃时熔断关闭，熔断关闭后输出电信号联锁关闭排烟风机，并联动关闭补风机
70℃	防烟防火调节阀	常开，具有电信号关闭（或开启）及阀体手动关闭功能，70℃熔断关闭，带风量调节功能
280℃	排烟阀	常闭，消防控制室显示阀门启闭状态，具有电信号开启及远程手动开启功能（带钢绳及控制盒）；用于机械排烟系统
	常闭式多叶送风口	常闭，消防控制室显示阀门启闭状态，具有电信号开启及远程手动开启功能（带钢绳及控制盒），风口开启时，联锁相应风机开启
	多叶排烟口	常闭，消防控制室显示阀门启闭状态，具有电信号开启及远程手动开启功能（带钢绳及控制盒），风口开启时，联锁相应风机开启
	自垂式百叶风口	常开，带风量调节功能

注：1. 消防电源（24V DC），由消防中心控制。
　　2. 所有的阀体在动作后均可手动复位。

风口类标注

1. 风口代号示例

代号	名称
AV	单层百叶风口
BH	双层百叶风口
GJ	球形喷口
W	防雨百叶,由土建施工
TS	温控旋流风口
GF	防火风口
ZA	自垂式百叶风口
GP	多叶送风口
GS	多叶排烟口

风口表示方法:
1. 风口代号
2. 附件(可省略)
3. 风口颈尺寸:
   矩形为＊×＊
   圆形为ϕ＊
4. 数量
5. 每个风口的风量(m³/h)

2. 附件代号示例

代号	名称
B	带风口连接箱
D	带风阀
F	带过滤网
E	带电动控制阀

参考图集名称

图集编号	图集名称	备注
K507-1~2、R418-1~2	《管道与设备绝热(2008年合订本)》	甲方自备
16R405	《暖通动力常用仪表安装》	甲方自备
18R409	《管道穿墙、屋面防水套管》	甲方自备
19K112	《金属、非金属风管支吊架(含抗震支吊架)》	甲方自备
05R417-1	《室内管道支吊架》	甲方自备
12K101-1~4	《通风机安装(2012年合订本)》	甲方自备
01K403、01(03)K403	《风机盘管安装(含2003年局部修改版)》	甲方自备
94K302	《卫生间通风器安装图 壁挂式、吊顶式》	甲方自备
JGJ/T 141—2017	《通风管道技术规程》	甲方自备
07K120	《风阀选用与安装》	甲方自备
21K201	《管道阀门选用与安装》	甲方自备
07K506	《多联式空调机系统设计与施工安装》	甲方自备
07K133	《薄钢板法兰风管制作与安装》	甲方自备
15K606	《〈建筑防烟排烟系统技术标准〉图示》	甲方自备
10K121	《风口选用与安装》	甲方自备
22K311-5	《防排烟系统设备及部件选用与安装》	甲方自备

×××设计研究院有限公司		资质等级		证书编号	
审 定	专业负责人	工程名称	×× 小区 1 期工程		
		子项名称	3 号住宅楼	合同编号	
审 核	校 对			设计编号	
项 目	设 计	通风空调施工说明(四)		图 别	暖通
负责人	制 图			图 号	暖施-10
				日 期	2023.12

附图 59 通风空调施工说明(四)

河南省寒冷地区居住建筑暖通专业节能设计表

项目建设地点	周口市			供暖（空调）面积/m²	—
供暖设计热负荷	54.0kW	建筑面积/m²			
		供暖设计热负荷指标	29.5W/m²	空调设计冷负荷指标/（W/m²）	—
				空调设计冷负荷/kW	—

供暖空调方式： (√)1.集中供暖；(　)2.集中空调；(　)3.燃气壁挂炉；(　)4.电供热；(　)5.热泵、多联机；(　)6.无集中供暖空调；(　)7.其他

计量方式：
- 热力入口（热量）结算点方式：(√)1.超声波热量表；(　)2.电磁式热量表；(　)3.冷热量能量表；(　)4.其他
- 结算点内热计量方式：(√)1.户用热量表；(　)2.热量分配表；(　)3.温度面积法、时间通断法；(　)4.空调时间当量法
- 供暖设计温度：供水45℃ 回水35℃
- 空调设计温度：供水 ℃ 回水 ℃

末端形式： (　)1.散热器；(√)2.低温地板辐射供暖；(　)3.风机盘管；(　)4.低温电热膜供暖；(　)5.发热电缆辐射供暖；(　)6.电散热器；(　)7.其他

室温控制方式： (√)1.室温自力式温控阀；(　)2.室温电动温控阀；(　)3.户温自力式控制阀；(　)4.户温电动温控器；(　)5.电供暖温控器；(　)6.其他

家用燃气灶具：

热源：

	类型	热源名称	数量（台）	机组类型	名义制冷量/kW	综合性能系数IPLV(C)		性能系数COP(W/W)/能效比EER(W/W)		热效率（%）			变速调节
						IPLV(C)	A(B+aΣL/ΔT)限值	限值	限值要求	热效率限值	热效率设计值	热效率限值	
1. 市政供热	1	市政供热				限值要求 0.27							
2. 燃气锅炉房													是□ 否□
3. 燃气壁挂炉													是□ 否□
4. 其他													是□ 否□

输配系统 耗电输冷（热）比 EC(H)R：

	系统类型	总输送长度 ΣL/m	耗电输热（冷）比设计值	循环水泵		
				扬程/m	功率/m	
空气源热泵机组						变速调节
冷水（热泵）机组						是□ 否☑
单元式空调机组						是□ 否□
多联式空调机组						是□ 否□

通风系统：

系统名称	风道系统单位风量耗电功率 W_s [W/（m³·h）]	通风风机的全压/Pa	W_s设计值	限值
配电间、电梯机房通风		54	0.02	

供热（冷）管道及保温与绝热：

冷/热介质温度/℃	材料类型	公称直径/mm	保温层设计厚度/mm	公称直径/mm	保温层设计厚度/mm
45/35	难燃B1级闭孔柔性泡沫橡塑	≤DN20	25	DN25~DN40	28
		DN50~DN125	32	DN150~DN400	36
		≥DN450	40		

×××设计研究院有限公司		资质等级		证书编号	
		工程名称	××小区1期工程		
审　定	专业负责人	子项名称	3号住宅楼	合同编号	
审　核	校　对			设计编号	
项目负责人	设　计	暖通节能设计表		图别	暖通
	制　图			图号	暖施-11
				日期	2023.12

附图 60　暖通节能设计表

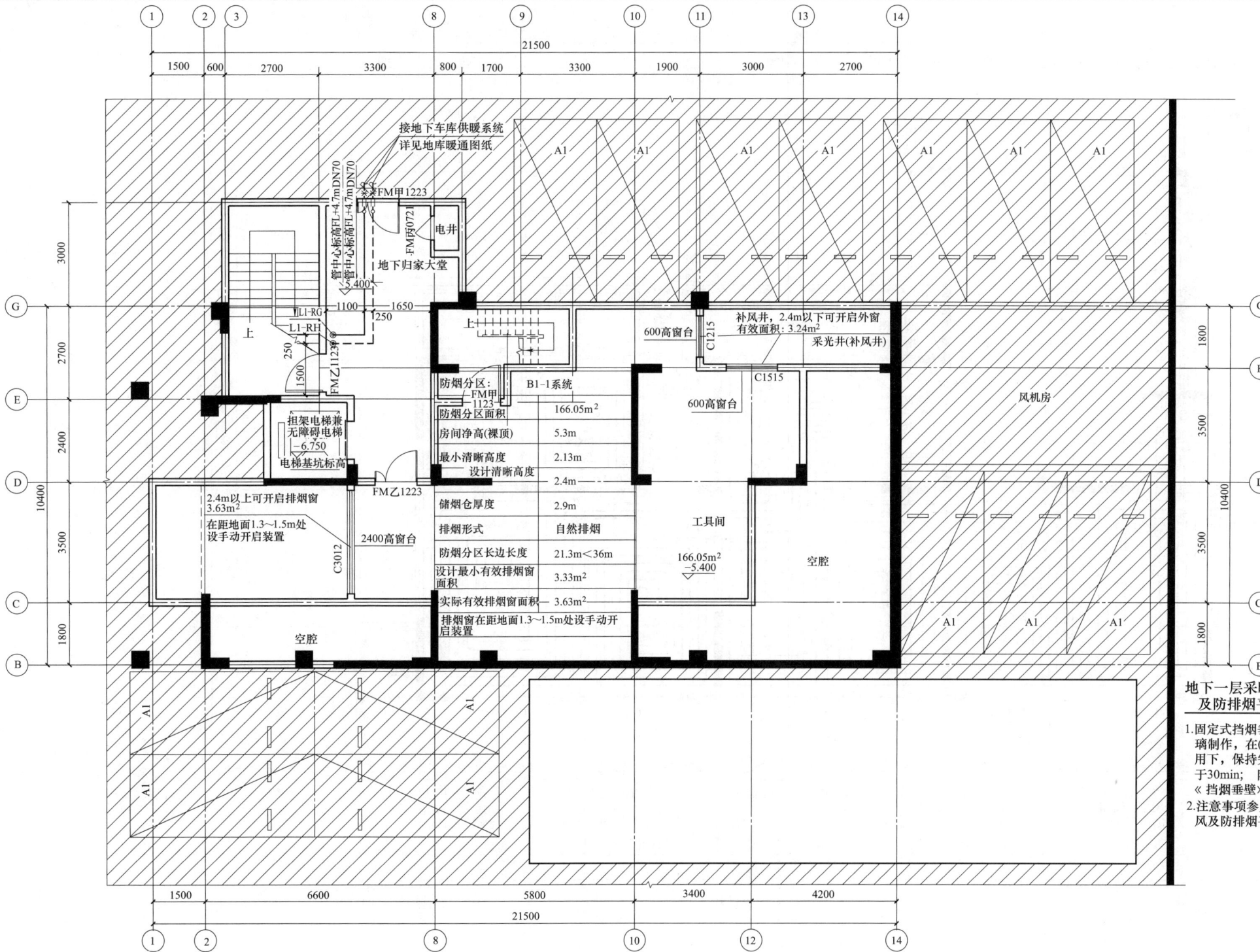

附图 61　地下一层采暖、通风及防排烟平面图

图中标注（平面图内文字）：

- 接地下车库供暖系统详见地库暖通图纸
- 套管FM甲1223
- 管中心标高FL-4.7m DN70
- 管中心标高FL-4.7m DN70
- FM丙0721
- 电井
- 地下归家大堂
- -5.400
- 上
- YL1-RG
- L1-RH
- 1100
- 1650
- 250
- FMZ1123
- 250
- 1500
- 担架电梯兼无障碍电梯 -6.750
- 电梯基坑标高
- FM乙1223
- 2.4m以上可开启排烟窗 3.63m²
- 在距地面1.3~1.5m处设手动开启装置
- C3012
- 2400高窗台
- 空腔
- 上
- FM甲1123
- B1-1系统
- 补风井，2.4m以下可开启外窗有效面积：3.24m²
- 采光井(补风井)
- 600高窗台
- C1215
- C1515
- 600高窗台
- 风机房
- 工具间
- 166.05m² -5.400
- 空腔
- A1（多处）

防烟分区参数表：

项目	数值
防烟分区	B1-1系统
防烟分区面积	166.05m²
房间净高(裸顶)	5.3m
最小清晰高度	2.13m
设计清晰高度	2.4m
储烟仓厚度	2.9m
排烟形式	自然排烟
防烟分区长边长度	21.3m<36m
设计最小有效排烟窗面积	3.33m²
实际有效排烟窗面积	3.63m²
排烟窗在距地面1.3~1.5m处设手动开启装置	

尺寸标注：
21500
1500 600 2700 3300 800 1700 3300 1900 3000 2700
3000 2700 2400 3500 1800
1500 6600 5800 3400 4200
21500
1800 3500 10400 3500 1800

轴线编号：① ② ③ ⑧ ⑨ ⑩ ⑪ ⑬ ⑭ ／ ① ② ⑧ ⑩ ⑫ ⑭ ／ G F E D C B

地下一层采暖、通风及防排烟平面图　1:100

1. 固定式挡烟垂壁采用夹丝防火玻璃制作，在(620±20)℃的高温作用下，保持完整性的时间不应小于30min；防火玻璃性能需满足《挡烟垂壁》XF 533—2012要求。
2. 注意事项参见三~八层采暖、通风及防排烟平面图。

×××设计研究院有限公司

资质等级		证书编号	
工程名称	××小区1期工程		
子项名称	3号住宅楼	合同编号	
		设计编号	

审　定		专　业负责人		地下一层采暖、通风及防排烟平面图	图　别	暖通
审　核		校　对			图　号	暖施-12
项　目负责人		设　计			日　期	2023.12
		制　图				

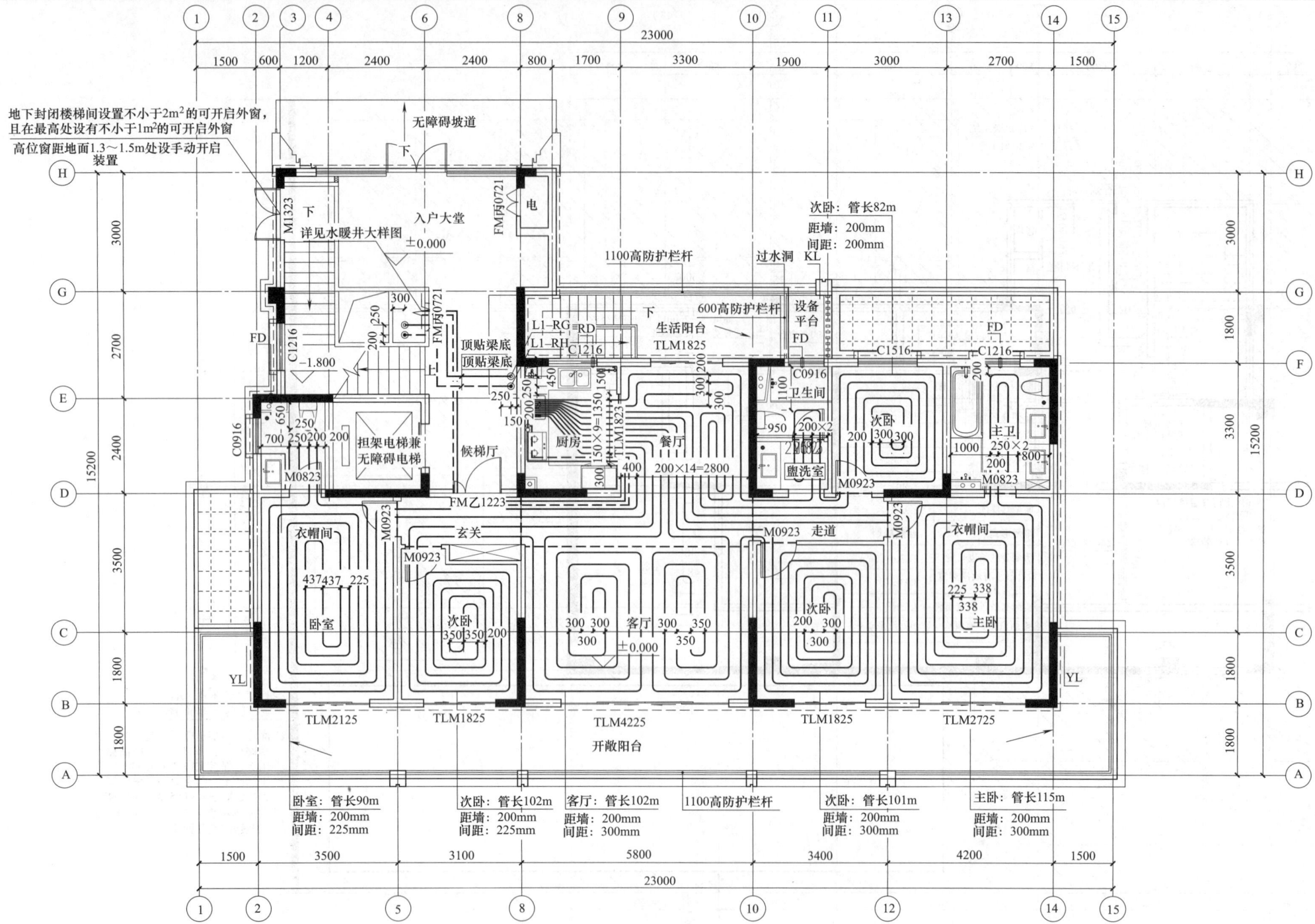

一层采暖、通风及防排烟平面图 1:100
注意事项参见三～八层采暖、通风及防排烟平面图。

地下封闭楼梯间设置不小于2m²的可开启外窗，且在最高处设有不小于1m²的可开启外窗。高位窗距地面1.3～1.5m处设手动开启装置

无障碍坡道

入户大堂
±0.000

次卧：管长82m
距墙：200mm
间距：200mm

1100高防护栏杆

过水洞 KL

600高防护栏杆

设备平台

顶贴梁底
顶贴梁底

卫生间

次卧

主卫

担架电梯兼无障碍电梯

候梯厅

厨房

餐厅

盥洗室

衣帽间

卧室

玄关

次卧

客厅

走道

次卧

主卧

衣帽间

开敞阳台

卧室：管长90m
距墙：200mm
间距：225mm

次卧：管长102m
距墙：200mm
间距：225mm

客厅：管长102m
距墙：200mm
间距：300mm

1100高防护栏杆

次卧：管长101m
距墙：200mm
间距：300mm

主卧：管长115m
距墙：200mm
间距：300mm

TLM2125 TLM1825 TLM4225 TLM1825 TLM2725

	×××设计研究院有限公司		资质等级		证书编号	
审 定		专 业负责人	工程名称	××小区1期工程		
			子项名称	3号住宅楼	合同编号	
审 核		校 对			设计编号	
项 目		设 计	一层采暖、通风及防排烟平面图		图 别	暖通
负责人		制 图			图 号	暖施-13
					日 期	2023.12

附图 62　一层采暖、通风及防排烟平面图

次卧：管长82m
距墙：200mm
间距：200mm

大堂上空

电
水暖

1100高防护栏杆　过水洞　KL

600高防护栏杆　设备平台

C1216

FD

C1216

下

电
L1-RG　RD
L1-RH

详见水暖井大样图

上

FM乙0721 FM丙0721

396 132

水暖

C1216

TLM1826

生活阳台

FD

C1516

FD

C1216

C0916

C0916

572
220
616　176
220　176

担架电梯兼无障碍电梯

候梯厅

厨房

餐厅

卫生间

次卧

主卫

836　200×2
225×2　250×2
盥洗室

M0923

M0823

264 176
264

968

176　264 264

880　704
176

264 150×9=1350 132
176
264 150×14
352 200×14=2800

FM乙1223

衣帽间

M0923

玄关

M0923

走道

M0923

衣帽间

385 385 198

卧室

次卧

308　176
308

264 264 客厅 264 308
264　308
3.150

次卧

主卧

198 297
297

176 264
264

YL

YL

TLM2125　TLM1825　TLM4225　TLM1825　TLM2725

开敞阳台

1100高防护栏杆

卧室：管长90m
距墙：200mm
间距：225mm

次卧：管长102m
距墙：200mm
间距：225mm

客厅：管长102m
距墙：200mm
间距：300mm

次卧：管长101m
距墙：200mm
间距：300mm

主卧：管长115m
距墙：200mm
间距：300mm

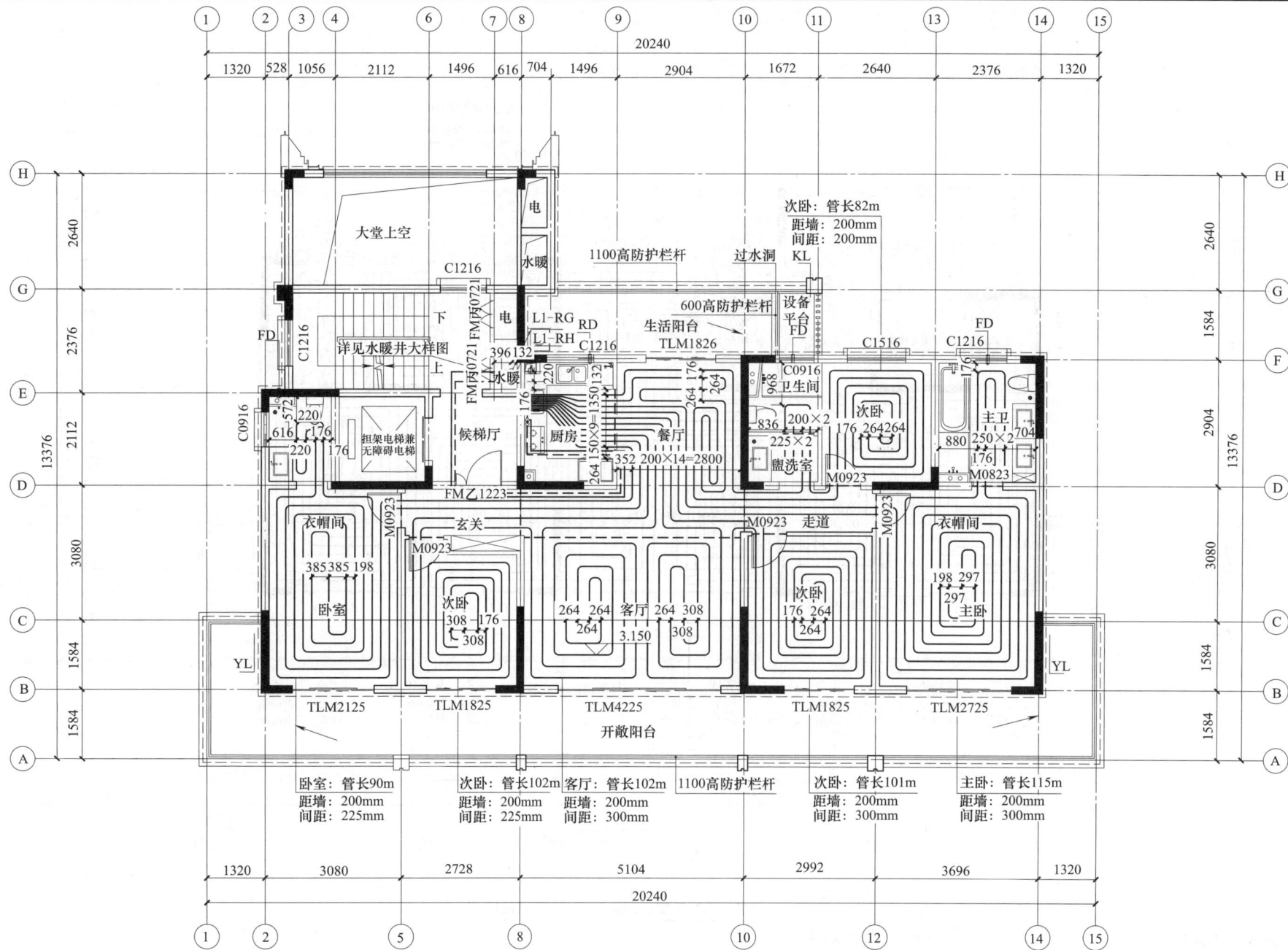

二层采暖、通风及防排烟平面图　1:100
注意事项参见三~八层采暖、通风及防排烟平面图。

20240
1320 528 1056 2112 1496 616 704 1496 2904 1672 2640 2376 1320

2640 2376 2112 3080 1584 1584

13376

1320 3080 2728 5104 2992 3696 1320
20240

	资质等级		证书编号		
×××设计研究院有限公司	工程名称	××小区1期工程			
	子项名称	3号住宅楼		合同编号	
审　定	专业负责人			设计编号	
审　核	校　对		二层采暖、通风及防排烟平面图	图　别	暖通
项　目负责人	设　计			图　号	暖施-14
	制　图			日	

附图63　二层采暖、通风及防排烟平面图

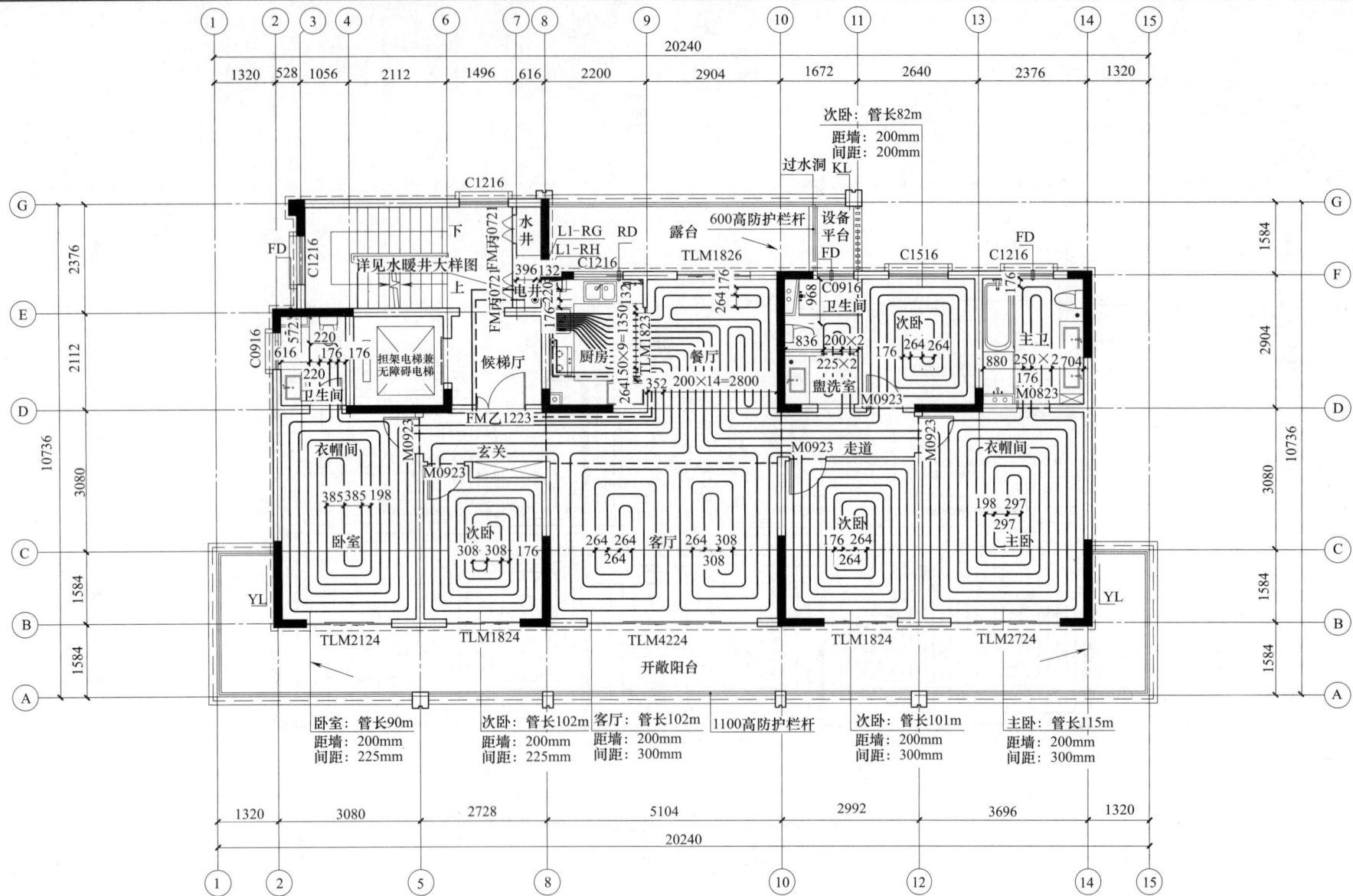

三~八层采暖、通风及防排烟平面图 1:100

注：1. 户内分集水器至各房间的加热管管径为 $De20\times2.3$。水暖井至户内分集水器的管道管径为 $De32\times3.6$。

2. 未标注的外侧盘管距墙均为 200mm，卫生间未标注的盘管间距均为 150mm。

3. ---代表伸缩缝，伸缩缝宽度不小于 8mm。

4. 当水暖井至分集水器的管道与加热管道交叉敷设时，水暖井至分集水器的管道在绝热层敷设。当水管与采暖管道交叉敷设时，水管在绝热层敷设。

5. 在分集水器附近及其他局部加热管排列比较密集的部位，当管间距小于 100mm 时，加热管外部采取设置柔性套管等保温措施。

6. 分集水器及阀门布置于洗菜池下的橱柜中，橱柜中间不能设横向或纵向固定隔板。

7. 管道穿剪力墙及楼板、防火墙处应预埋钢套管，穿非剪力墙时应预留 PVC 塑料套管。

8. 户内分集水器安装详见大样图。

9. 分室（户）温控：采用单组分配器整体温控方式，每户地暖分配器供水管上安装自动温控阀，温控面板位置详见电气图纸。

×××设计研究院有限公司		资质等级		证书编号	
		工程名称	××小区 1 期工程		
		子项名称	3 号住宅楼	合同编号	
审 定	专 业 负责人			设计编号	
		三~八层采暖、通风及防排烟平面图		图 别	暖通
审 核	校 对			图 号	暖施-15
项 目	设 计				
负责人	制 图			日 期	2023.12

附图 64　三~八层采暖、通风及防排烟平面图

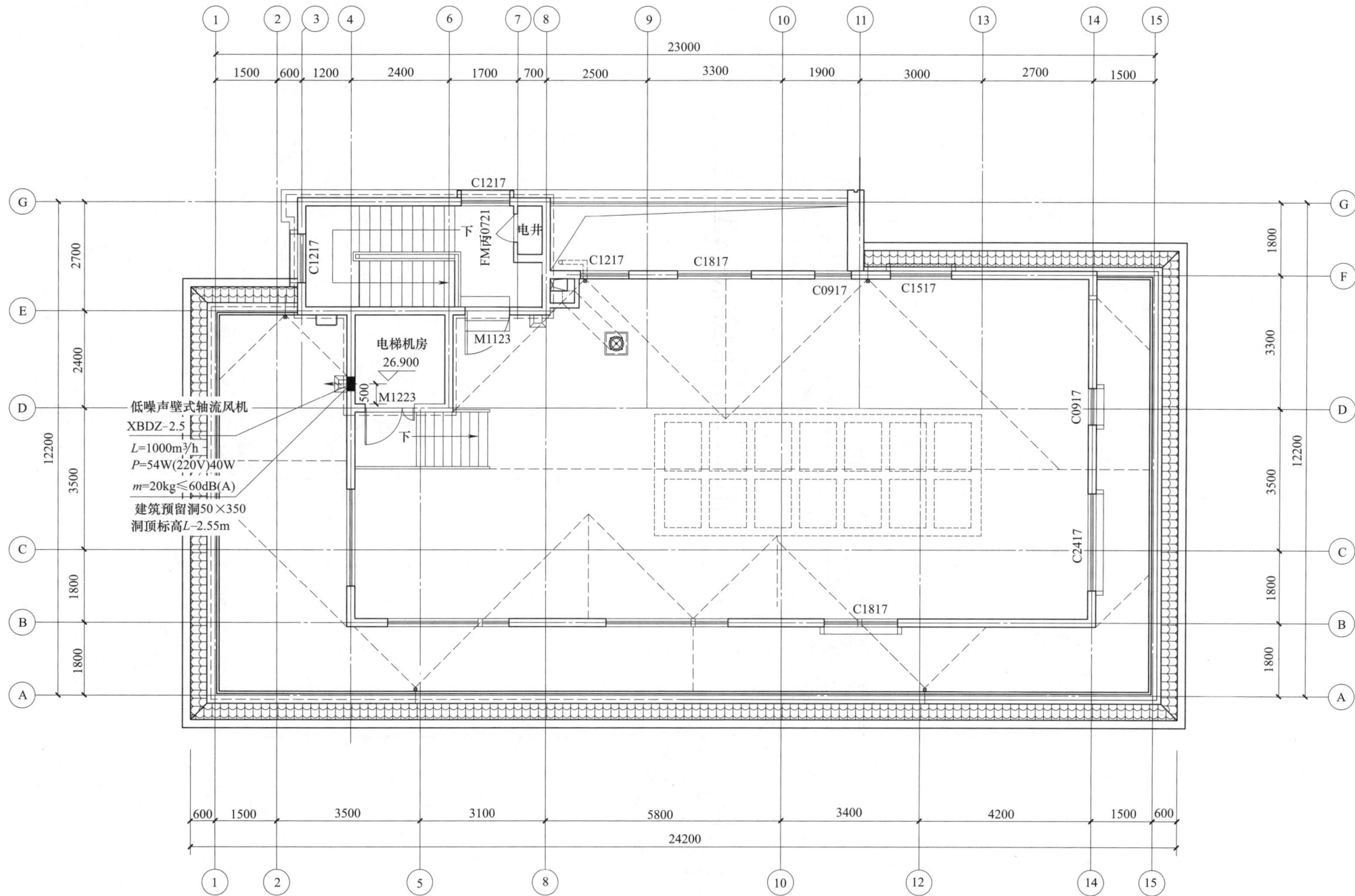

机房层通风及防排烟平面图 1:100

低噪声壁式轴流风机
XBDZ-2.5
$L=1000m^3/h$
$P=54W(220V)40W$
$m=20kg\leq60dB(A)$
建筑预留洞50×350
洞顶标高$L-2.55m$

电梯机房
26.900

电井

C1217
C1817
C0917
C1517
C0917
C2417
C1817

M1123
M1223

FM乙0721

下
下

×××设计研究院有限公司		资质等级		证书编号	
工程名称		××小区1期工程			
审 定		专 业 负责人		子项名称	3号住宅楼		合同编号	
							设计编号	
审 核		校 对		机房层通风及防排烟平面图		图 别	暖通
项 目		设 计				图 号	暖施-16
负责人		制 图				日 期	2023.12

附图 65　机房层通风及防排烟平面图

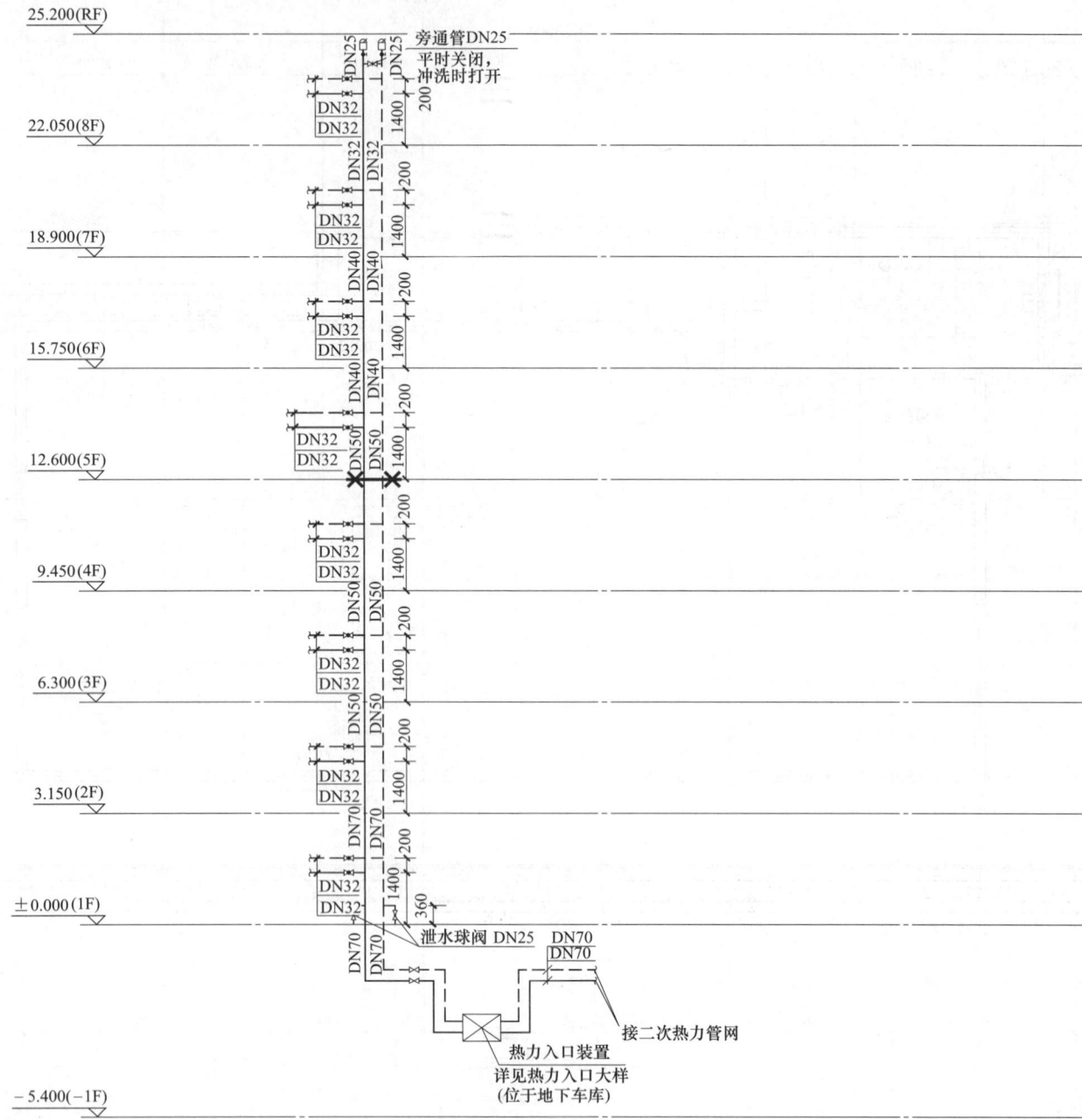

供暖立管系统图

附图 66　供暖立管系统图

×××设计研究院有限公司	资质等级		证书编号
	工程名称	××小区 1 期工程	
审　定	子项名称	3 号住宅楼	
审　核			
项　目		供暖立管系统图	
负责人			

供暖供水管

保温

室外管网

室内管网

供暖回水管

保温

导压管

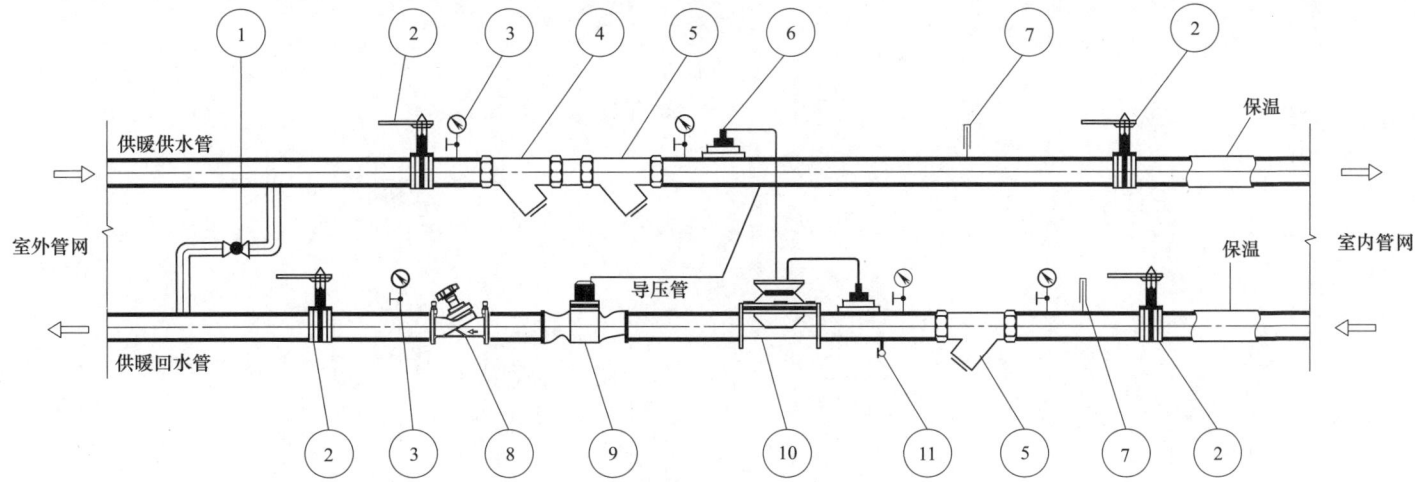

供暖系统热力入口大样图

注：具体以热力公司要求为准。

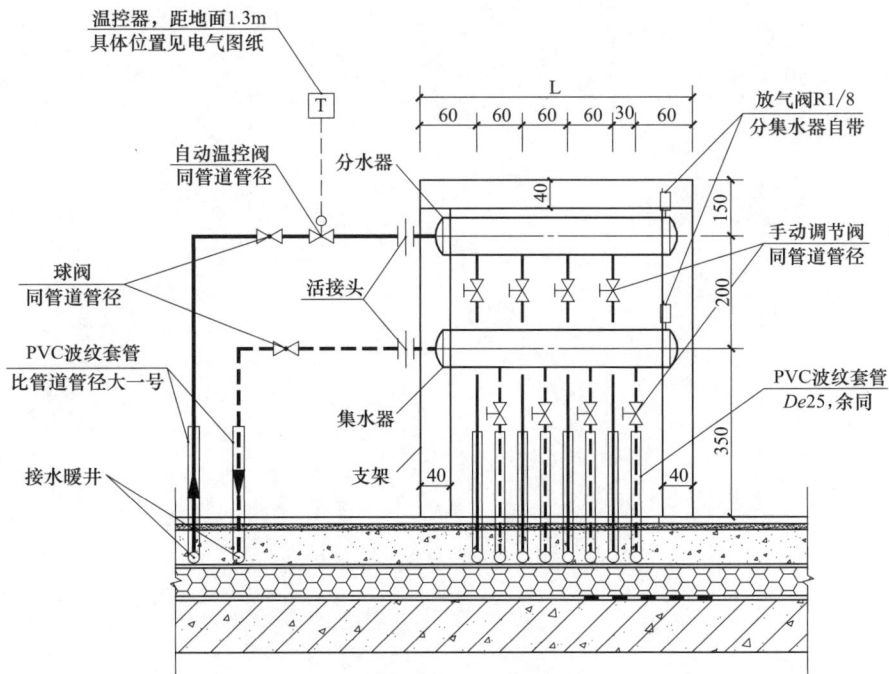

单体供暖热力入口装置材料明细表

编号	名称	材料规格	单位	数量	备注
1	球阀	规格同管径	个	1	
2	关断阀	公称尺寸≤DN80 闸阀,公称尺寸≥DN100 蝶阀	个	4	
3	压力表	弹簧压力表 Y-100,1.5 级 0~1MPa	个	5	
4	Y 形水过滤器	规格同管径,网孔直径 3mm	个	1	
5	Y 形水过滤器	规格同管径,网孔直径 60 目	个	2	材料数为单个入口装置所需数量
6	温度传感器	与热量表配套	个	2	
7	温度计	WSS-301 型,计量范围 0~100℃	个	2	
8	静态水力平衡阀	规格同管径	个	1	
9	自力式压差控制阀	规格同管径	个	1	
10	超声波热量表	YG-RLM 型,公称流量:10m³/h	个	1	
11	泄水球阀	DN25	个	2	

注：具体以热力公司要求为准。

温控器,距地面1.3m
具体位置见电气图纸

自动温控阀
同管道管径

球阀
同管道管径

PVC波纹套管
比管道管径大一号

接水暖井

分水器

活接头

集水器

支架

放气阀R1/8
分集水器自带

手动调节阀
同管道管径

PVC波纹套管
De25,余同

分集水器正立面接管示意图

注：1.户内分集水器以甲方采购实际尺寸为准。
2.三分支及以下分集水器采用DN25,三分支以上分集水器采用DN32。此示意图适用于住宅户内明装部分。

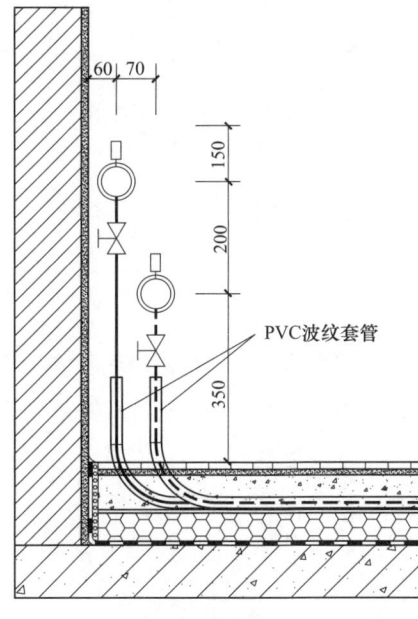

PVC波纹套管

分集水器支架明装大样图

×××设计研究院有限公司		资质等级		证书编号	
		工程名称	×× 小区 1 期工程		
		子项名称	3 号住宅楼	合同编号	
审 定		专 业 负责人		设计编号	
审 核		校 对		图 别	暖通
项 目		设 计	安装大样图	图 号	暖施-18
负责人		制 图		日 期	2023.12

附图 67 安装大样图